国家社科基金资助项目
（立项号：12XZS015）

陕甘宁青旱灾的社会应对研究
（1644—1949）

耿占军 等 著

陕西师范大学出版总社

图书代号　SK19N2041

图书在版编目(CIP)数据

陕甘宁青旱灾的社会应对研究：1644—1949／耿占军等著. — 西安：陕西师范大学出版总社有限公司，2019.12
ISBN 978-7-5695-0658-7

Ⅰ.①陕…　Ⅱ.①耿…　Ⅲ.①旱灾—灾害防治—研究—西北地区—1644-1949　Ⅳ.①P426.616

中国版本图书馆 CIP 数据核字(2019)第 277021 号

陕甘宁青旱灾的社会应对研究(1644—1949)

SHAN GAN NING QING HANZAI DE SHEHUI YINGDUI YANJIU(1644—1949)

耿占军　仇立慧　王建国　李喜霞　李　乐　著

责任编辑	雷亚妮
责任校对	巩亚男　雷亚妮
出版发行	陕西师范大学出版总社
	(西安市长安南路 199 号　邮编 710062)
网　　址	http://www.snupg.com
印　　刷	西安牵井印务有限公司
开　　本	720mm×1020mm　1/16
印　　张	21.75
字　　数	300 千
版　　次	2019 年 12 月第 1 版
印　　次	2019 年 12 月第 1 次印刷
书　　号	ISBN 978-7-5695-0658-7
定　　价	98.00 元

读者购书、书店添货或发现印刷装订问题，请与本公司营销部联系、调换。
电话：(029) 85307864　85303635　传真：(029) 85303879

目　　录

第一章　绪论 ……………………………………………………………… 001
　第一节　研究意义 ……………………………………………………… 001
　第二节　研究的区域范围 ……………………………………………… 003
　第三节　陕、甘、宁、青四省区的自然状况 ………………………… 011
　第四节　清至民国时期陕、甘、宁、青旱灾研究综述 ……………… 018

第二章　清至民国陕、甘、宁、青旱灾发生的时空规律 …………… 044
　第一节　陕西省旱灾的时空分布规律 ………………………………… 046
　第二节　甘肃省旱灾的时空分布规律 ………………………………… 054
　第三节　宁夏旱灾的时空分布规律 …………………………………… 060
　第四节　青海省旱灾的时空分布规律 ………………………………… 064

第三章　清至民国陕、甘、宁、青旱灾影响的多角度分析 ………… 069
　第一节　旱灾的发生与人口的变迁 …………………………………… 070
　第二节　旱灾的发生对社会经济的影响 ……………………………… 090
　第三节　旱灾的发生对社会秩序的影响 ……………………………… 102
　第四节　旱灾的发生对社会文化的影响 ……………………………… 115

第四章　清至民国陕西旱灾应对机制的发展与完善 ………………… 124
　第一节　清代陕西官方的救灾措施 …………………………………… 124
　第二节　清代陕西官方的救灾资源调控体系 ………………………… 152
　第三节　政府主导：民国陕西旱灾应对机制的现代化构建 ………… 159
　第四节　清至民国陕西民间救灾力量的兴起与壮大 ………………… 190

第五章　清至民国甘肃旱灾的应对思想与实践 · 213
第一节　甘肃旱灾应对思想的发展 · 213
第二节　救灾机构与程序的系统化分析 · 220
第三节　清至民国甘肃旱灾应对的措施与实践 · 226

第六章　清至民国宁夏地区的禳灾思想与旱灾应对 · 251
第一节　清至民国宁夏地区的禳灾思想——以雨神信仰为例 · 251
第二节　清至民国宁夏地区的备灾措施 · 257
第三节　清至民国宁夏地区官方的旱灾救济 · 280
第四节　清至民国宁夏地区民间的旱灾救济 · 290

第七章　清至民国青海旱灾的应对措施与实践 · 294
第一节　清至民国青海官方的应灾机制与实践 · 294
第二节　清至民国青海赈灾中的民间力量 · 317

第八章　清至民国陕、甘、宁、青旱灾应对活动的特点与启示 · 320
第一节　清至民国陕、甘、宁、青旱灾应对活动的特点 · 320
第二节　清至民国陕、甘、宁、青旱灾应对活动的启示 · 330

主要参考书目 · 334

后记 · 343

第一章　绪论

自然灾害总是与人类的繁衍生息、生存发展相伴而行，人类社会的漫长发展史，也是一部充满了哀号与饥馑的灾荒史。几千年来，人类一直与各式各样的灾害进行着不断的抗争。目前，在全球范围内，包括旱灾在内的各种自然灾害严重。20世纪的最后10年被联合国确定为"国际减轻自然灾害十年"，我国也进入自然灾害频发期。自然灾害给广大人民的生产生活造成了重大损失，亟待学界研究预防灾害、减灾救灾的有效机制。

第一节　研究意义

中国自古就是一个农业国，农业被视为各业之本，备受历代统治者重视。在进行社会主义现代化建设的今天，尽管工业在国民经济中所占的比重已远远超过农业，农业作为国民经济基础部门的地位却未受到丝毫的影响和削弱。尤其对于我们这样一个拥有十几亿人口的大国来说，对农业的发展更是不敢稍有疏忽。

农业生产是天、地、人三者的统一，人能承天之时、尽地之利、做农之事，就能取得农业生产的丰收。但天时是变化无常的，正如恩格斯所说："直到今天，农业不但不能控制气候，还不得不受气候的控制。"[1]正因为人类到目前为止还不能完全有效地控制自然，所以就难免受到水、旱、风、雹、蝗等自然灾害的侵袭，以致给农业生产和农民生活造成极大的灾难。而在诸多的自然灾害中，旱灾对农牧业生产的影响最为巨大，"大旱灾的出现，通常导致田土龟裂、赤地千里；百业凋敝、饿殍遍野"[2]，"甚至引发社会政治危机，农民起义，王朝

---

[1] 恩格斯：《反杜林论》，人民出版社1970年版，第172页。
[2] 朱凤祥：《中国灾害通史·清代卷》，郑州大学出版社2009年版，第76页。

更迭"①。在封建社会及近代半殖民地半封建社会小农经济条件下,农民的抗灾能力是很弱的,故每逢灾害,就有大批的农民流离、逃亡,因饥饿而死的人也不在少数,直接影响了社会安定和经济发展,甚至导致王朝的覆灭。20世纪以来,无论是中国还是其他各国,自然灾害及其所造成的损失,都呈现出上升的趋势。这一现象已引起世界各国的关注,如何有效地防灾减灾已成为人类目前面临的紧迫课题。作为一个农业大国,要解决关系到社会稳定、国家富强、民族复兴的"三农"问题,旱灾的应对机制研究就具有典型的标本研究价值。

从研究的时段来看,清到民国时期正处于我国社会从古代到近现代发展转型的一个重要时期,一方面,各级政府对灾荒都非常重视,由灾前备荒措施、临灾赈济措施和灾后补救措施等组成的减灾救荒体系比较系统化和全面化;另一方面,虽然作为中国传统救灾形式的"荒政"依然是救灾的主要形式,但受外国传教士和国内资本主义萌芽的影响,具有现代意义的"义赈"应势而生。二者既合作又碰撞,借鉴西方模式的现代新型救灾机制逐步建立,并且社会各个阶层、团体发起的新型救灾活动也以积极的姿态参与其中,民间赈灾主体如外国传教士、本地乡绅等力量的增强,尤其是华洋义赈会的强力参与,以及对现代化交通技术和大众媒体的利用,凸显了该阶段社会救灾机制的时代性和特殊性。所以,研究清至民国时期的社会救灾机制,具有时段上的典型性。

本书"中国西部"特指陕西、甘肃、宁夏、青海四省区。与全国其他地区相比,这四个省区除少部分地区属于湿润半湿润区之外,大部分属于干旱半干旱区,年降水量少,如陕西南部年降水量在800—1000毫米,陕西中部、甘肃南部及中、东部偏南地区,年降水量为500—700毫米,陕北、陇北、宁夏大部分地区及青海东部为200—400毫米。而且这些地区年降水量的地理分布非常不均衡,总的来说是南多北少、东多西少,逐步降低,相差悬殊。由于降水稀少,蒸发量大,所以这一区域在历史上一直是旱灾的多发区,旱灾对西北地区农牧业生产的发展和广大人民的生活影响巨大。故把"中国西部"作为旱灾社会应对的研究地域,具有地域代表性。

灾害与荒政是互相影响、互相依存的动态关系,即灾害促使政府采取应对措施,而应对措施会反过来对灾害产生消减作用。一些应对措施会发展为稳定的制度设置,如防灾的仓储制度、防旱的兴修水利措施等;当然也有短期行为,如救灾的"异地就食"、减免税赋、发放物资、鼓励救济等。防灾、减灾的关键在于"防",而要做到这一点,最佳、最重要的途径是对灾害的预测。对历史时

---

① 赫治清:《中国古代灾害史研究》,中国社会科学出版社2007年版,第2页。

期旱灾时空分布规律的研究，就有助于做到这一点。通过对比清至民国陕、甘、宁、青荒政制度，不仅可以找出其地域差异形成的原因，而且可以体现救灾制度的发展与完善过程。总结各级官府与民间社会历次救灾实践，对于我们正确认识中国历史上旱灾的演变规律，深入了解清至民国时期防灾、减灾、救灾的经验教训，为现代政府实现"农民增收、农业增长、农村稳定"的目标提供借鉴、帮助，以及有效防灾、减灾、救灾，具有重要的理论意义和现实意义。

第二节　研究的区域范围

本书研究的时间段上自清朝建立（1644），下至中华人民共和国成立（1949），贯穿了整个清朝一代并民国时期。研究的地域范围包括今天的陕西省、甘肃省、宁夏回族自治区及青海省等4个省区。

从清代到民国的这300多年间，由于政治、军事、社会经济等各方面因素的影响，陕、甘、宁、青四省区的地域范围在此期间发生了诸多变化。

一、陕西

清初因明制，陕西与甘肃合为陕甘行省，设左、右两个布政使。康熙六年（1667）七月，陕、甘分省而治。陕西"东濒黄河，南据汉水，西连秦陇，北居朔漠"①，范围相当于今陕西省长城以南的地域。据《大清一统志》《续修陕西通志稿》等史料的记载，清代，陕西省下辖西安、凤翔、同州、汉中、兴安、榆林、延安等7个府和乾州、邠州、鄜州、绥德州、商州等5个直隶州，各个山地被开发，大量流民涌入。为了加强对这些地区的管理，清政府分别在乾隆、嘉庆年间于西安府设立孝义厅、宁陕厅，于汉中府设立留坝厅、定远厅、佛坪厅，后又于道光二年（1822）从安康、平利二县分出部分土地设立砖坪厅，隶属于兴安府。因此，晚清时期陕西全省共辖有大小91个县（州、厅）。

民国二年（1913）三月，陕西省分设陕中、陕东、陕南、陕西、陕北五道。由于陕西省"地形南北广而东西狭，分设五道，殊形破碎"，陕西民政长拟将东、西两道裁撤，由民政长兼理②。内务部饬令就地理形势将陕西省划分为陕西中道、陕西南道、陕西北道3道，并调整各道辖县。民国三年（1914）五月，改设关中道（原中路道改设）、汉中道（原陕南道改设）、榆林道（原陕北道改

---

① 《大清一统志》卷226，上海古籍出版社2008年版，第524页。
② 《政府公报》第644号，1914年2月22日，第541页。

设)等3道。民国二十四年(1935)八月,将全省划为榆林、绥德、洛川、商县、安康、南郑等6个行政督察区,其间行政督察区几经变化。到抗日战争结束后,又将全省划分为11个区,行政院于民国三十六年(1947)六月核准备案①。到民国三十六年(1947),全省土地面积187 691平方千米,东接山西、河南、湖北,北邻绥远,西接甘肃,南接四川。东部、南部界限基本与今相近。西部界线亦与今相近,但西南角宁强县西界与今不同,今界已西移。北部法律界线仍以长城一线为界,事实界线已与今界相近②。

二、甘肃

康熙六年(1667)七月,陕、甘分省而治,甘肃布政司由巩昌迁至兰州,遂定兰州为甘肃省省会。康熙七年(1668),甘肃巡抚由武威迁驻兰州,行政区域包括今甘肃、青海、宁夏全部及新疆东部地区。雍正三年(1725),裁行都指挥使司,改置河西各卫、所为县,并增设甘州、凉州、宁夏、西宁4府,肃州、秦州、阶州3直隶州,安西、靖逆2厅。至此,甘肃共辖8府、3直隶州、8州、45县、8卫所。乾隆三年(1738),临洮府迁至兰州,改名为兰州府;改狄道县为州,将兰州改为皋兰县。皋兰之名,即始于此。乾隆二十九年(1764),将陕甘总督由肃州移驻兰州,并兼管甘肃巡抚,又设置安西府,旋又改为直隶州,乾隆四十二年(1777),改泾州为直隶州。同治十年(1871),改固原州为直隶州,又设化平直隶厅通判。光绪十年(1884),将新疆分设为省。迨至清末,甘肃行省凡辖8府(兰州府、西宁府、宁夏府、平凉府、庆阳府、巩昌府、凉州府、甘州府)、6州(秦州、阶州、固原州、泾州、肃州、安西州)、1直隶厅(化平川直隶厅)。

民国初期,甘肃省区域与清代无变。民国十七年(1928)10月,裁宁夏区行政长,改设宁夏省;裁西宁区行政长,改设青海省。民国十八年(1929)1月,旧宁夏道各县、旧青海道各县之一切行政事务,分别由宁夏省政府、青海省政府处理。由此,辖境大幅度减小,区域包括今甘肃省全境(除玛曲县外),以及今宁夏回族自治区的隆德、固原、海原、化平、西吉等县。民国二十四年(1935),将全省划分为7个行政督察区,至民国三十三年(1944)增划为9个行政督察区。

---

① 傅林祥、郑宝恒:《中国行政区划通史》(中华民国卷),复旦大学出版社2007年版,第395—406页。
② 二者的差别,参见丁文江:《中国分省新图》,申报馆1933年版。

三、宁夏

在清代，今宁夏地区除大部分属甘肃省的宁夏府以外，还有一部分属理藩院管辖的内蒙古西套两旗，设将军管理。阿拉善额鲁特旗在清初为蒙古额鲁特部落，游牧于套西地；康熙二十五年（1686），始定牧于阿拉善，该地称为阿拉善额鲁特；康熙三十六年（1697），始封多罗贝勒，掌旗事，该地称阿拉善额鲁特旗，直到清末直属理藩院。额济纳旧土尔扈特旗在清初为土尔扈特部，康熙年间徙驻于额济纳河一带；康熙四十三年（1704）始封固山贝子，掌旗事，该地称额济纳旧土尔扈特旗，直到清末直属理藩院。①

南京国民政府成立后，冯玉祥为了巩固自己在西北的地位，于民国十七年（1928）九月通过时任国民政府内政部长的冯系人物薛笃弼提出的甘肃省分治案：以宁夏、青海距离甘肃省城太远、交通不便、不易发展为由，提出新设宁夏、青海两行省的提案②。青海设省以后，内政部以"甘肃面积过广，北部阿拉善额鲁特旗及额济纳土尔扈特旗地方，汉蒙杂处，凤号难治，甘肃省政府鞭长莫及，难以控制"，且"宁夏地方东濒黄河，土地肥沃"为由，提出设立宁夏省，"一面先就宁夏附近之地从事屯垦，一面向阿拉善额济纳地方逐渐开发"③。1928年10月17日，国民党中央政治会议第159次会议议决建立宁夏省；10月19日，国民政府令正式公布设置宁夏省，行政区域为原甘肃省宁夏道所属8县及宁夏护军使辖地④。民国十八年（1929）1月1日，宁夏省政府成立，下设民政、财政等厅。原属甘肃省宁夏道各县来属⑤。省会先后驻宁夏县、银川市，即今宁夏回族自治区银川市。民国三十六年（1947），宁夏土地面积为233 320平方千米，辖1市、13县、2设治局，另境内有蒙旗3旗。辖境相当于今宁夏回族自治区大部（隆德、固原、海原、化平、西吉等县除外）和内蒙古自治区阿拉善盟、甘肃省肃北蒙古族自治县马鬃山镇东部。未设行政督察区⑥。

---

① 牛平汉：《清代政区沿革综表》，中国地图出版社1990年版，第71—72页。
② 吴忠礼、刘钦斌：《宁夏通史》（近现代卷），宁夏人民出版社1993年版，第101页。
③ 《内政年鉴》，第（B）48页。
④ 《国民政府公报》第2号，1928年10月27日，第9页。
⑤ 《国民政府公报》第80号，1929年1月31日，第8页。
⑥ 内政部《全国行政区域简表》（1944年）、《中国之行政督察区》均未载宁夏省之行政督察区。《全国行政区域变更一览表（民国三十三年九月至三十四年十一月）》言宁夏省增设第一、第二两行政督察区，行政院于1945年2月2日核准。疑未能施行。

四、青海

清代的青海不包括今西宁、海东、黄南以及青海省边缘的部分地区。统辖青海地方的官员为西宁办事大臣,常驻西宁(属甘肃省)。

清初,游牧于青海之蒙古各部内附。雍正元年(1723)平定罗卜藏丹津叛乱,称其地为青海。雍正三年十二月辛巳(1725年1月20日)于甘肃省属之西宁府设西宁办事大臣,总理青海各族事务。雍正六年(1728)勘定青海与川康间界线,以黄河为界始于此。雍正十年(1732)勘分青海西南境79族为二:近西宁办事大臣之玉树40族归西宁办事大臣管辖;近西藏之39族归驻藏大臣管辖。至清末,青海西宁办事大臣领和硕特、绰罗斯、土尔扈特、辉特、喀尔喀5部,计29旗,另附察汗诺们罕游牧1旗、玉树40族土司。办事大臣驻甘肃省属之西宁府[①]。

直到北伐战争胜利前,青海的区域范围都没有多大变化。北伐战争胜利以后,根据全国行政管理区划的需要,民国十七年(1928)9月17日,国民政府令在青海地方建立青海省[②],暂以西宁县为省治。民国十八年(1929)1月20日,省政府在西宁成立[③]。民国三十六年(1947),全省土地面积667 236平方千米,辖1市、19县、2设治局,境内另有蒙古29旗。辖境与今相似,东部界限有所变化,包括今甘肃省玛曲县区域。东、北接甘肃,西接新疆、西藏,南邻四川、西康[④]。

表1-1 清代陕西政区简表

自然区	府州	辖县
陕北	延安府	肤施县、安塞县、甘泉县、安定县、保安县、宜川县、延长县、延川县、靖边县、定边县
	榆林府	榆林县、横山县、葭州、神木县、府谷县
	绥德直隶州	米脂县、清涧县、吴堡县
	鄜州直隶州	鄜州、洛川县、中部县、宜君县

---

① 牛平汉:《清代政区沿革综表》,中国地图出版社1990年版,第478—485页。
② 《国民政府公报》第93期,1928年9月,第5页。
③ 郭卿友:《中华民国时期军政职官志》(上),甘肃人民出版社1990年版,第793页。
④ 傅林祥、郑宝恒:《中国行政区划通史》(中华民国卷),复旦大学出版社2007年版,第424—431页。

续表

自然区	府州	辖县
关中	西安府	长安县、咸宁县、咸阳县、兴平县、高陵县、临潼县、鄠县、蓝田县、泾阳县、三原县、盩厔县、渭南县、富平县、醴泉县、同官县、耀州、宁陕厅、孝义厅
关中	凤翔府	凤翔县、岐山县、扶风县、郿县、宝鸡县、汧阳县、麟游县、陇州
关中	同州府	大荔县、朝邑县、郃阳县、澄城县、韩城县、华阴县、蒲城县、潼关厅、华州、白水县
关中	乾州直隶州	武功县、永寿县
关中	邠州直隶州	三水县、淳化县、长武县
陕南	汉中府	南郑县、褒城县、城固县、洋县、西乡县、凤县、宁羌州、沔县、略阳县、佛坪厅、留坝厅、定远厅
陕南	兴安府	安康县、平利县、洵阳县、白河县、紫阳县、石泉县、汉阴厅、砖坪厅
陕南	商州直隶州	镇安县、雒南县、山阳县、商南县

注：

本表参考牛平汉：《清代政区沿革综表》，中国地图出版社1990年版，第441—452页。

表1-2 清代甘肃、宁夏政区简表

省（地区）	府州	辖县
甘肃省	兰州府	皋兰县、渭源县、金县、靖远县、狄道州、河州
甘肃省	平凉府	平凉县、华亭县、隆德县、静宁州
甘肃省	庆阳府	安化县、合水县、环县、正宁县、宁州
甘肃省	巩昌府	陇西县、安定县、会宁县、通渭县、宁远县、伏羌县、西和县、岷州、洮州厅
甘肃省	凉州府	武威县、镇番县、永昌县、平番县、古浪县、庄浪厅
甘肃省	甘州府	张掖县、山丹县、抚彝厅
甘肃省	宁夏府	宁夏县、宁朔县、平罗县、中卫县、灵州、宁灵厅
甘肃省	西宁府	西宁县、碾伯县、大通县、巴燕戎格厅、贵德厅、循化厅、丹噶尔厅
甘肃省	泾州直隶州	灵台县、崇信县、镇原县
甘肃省	固原直隶州	平远县、海城县

续表

省（地区）	府州	辖县
甘肃省	秦州直隶州	秦安县、清水县、礼县、两当县、徽县
	阶州直隶州	文县、成县
	肃州直隶州	高台县
	安西直隶州	玉门县、敦煌县
	化平川直隶厅	—
宁夏地区	理藩院	阿拉善额鲁特旗、额济纳旧土尔扈特旗

注：

本表参考牛平汉：《清代政区沿革综表》，中国地图出版社1990年版，第453—477页。

表1-3 清代青海政区简表

部（土司）	辖区
和硕特部	和硕特前头旗、和硕特西前旗、和硕特前左翼头旗、和硕特西后旗、和硕特北右翼旗、和硕特北左翼旗、和硕特南左翼后旗、和硕特北前旗、和硕特南右翼旗、和硕特西左翼中旗、和硕特西右翼前旗、和硕特南右翼中旗、和硕特南左翼中旗、和硕特北左末旗、和硕特北右末旗、和硕特东上旗、和硕特南左翼次旗、和硕特南左翼末旗、和硕特南右翼末旗、和硕特西右翼后旗、和硕特西左翼后旗
绰罗斯部	绰罗斯南右翼头旗、绰罗斯北中旗
土尔扈特部	土尔扈特南中旗、土尔扈特西旗、土尔扈特南前旗、土尔扈特南后旗
辉特部	辉特南旗
喀尔喀部	喀尔喀南右旗
察汗诺们罕旗	察汗诺们罕旗
玉树四十族土司	阿里克二司、蒙古尔津司、永沙普司、玉树一司、玉树二司、玉树三司、玉树四司、苏鲁克司、尼牙木错司、固察司、称多司、洞巴司、安图司、阿萨克司、列玉司、阿永司、叶尔吉司、拉尔吉司、典巴司、隆布司、扎武三司、上下阿拉克硕二司、上下隆坝二司、苏尔莽司、白利司、哈尔受司、上中下格尔吉三司、班石司、巴彦囊谦、桑巴尔司、隆东司、绰大尔司、吹冷多尔司、觉巴拉司、拉布司

注：

本表参考牛平汉：《清代政区沿革综表》，中国地图出版社出版1990年版，第478—485页。

表1-4 民国时期陕西省政区简表

自然区	辖县	行政督察区
陕北	榆林县、神木县、府谷县、葭县、横山县、靖边县、定边县	第1行政督察区
	延安县、延长县、保安县、安塞县、甘泉县、鄜县	第2行政督察区
	洛川县、宜川县、黄陵县、宜君县、铜川县、黄龙设治局	第3行政督察区
	米脂县、绥德县、清涧县、吴堡县、安定县、延川县	第11行政督察区
关中	西安市	—
	邠县、长武县、永寿县、乾县、醴泉县、栒邑县、淳化县	第7行政督察区
	大荔县、朝邑县、平民县、郃阳县、澄城县、蒲城县、韩城县、白水县、华县、华阴县、潼关县、渭南县	第8行政督察区
	宝鸡县、凤翔县、岐山县、扶风县、武功县、盩厔县、郿县、陇县、汧阳县、麟游县	第9行政督察区
	咸阳县、泾阳县、高陵县、长安县、临潼县、蓝田县、鄠县、兴平县、三原县、富平县、耀县	第10行政督察区
陕南	商县、雒南县、柞水县、山阳县、镇边县①	第4行政督察区
	安康县、汉阴县、洵阳县、白河县、紫阳县、岚皋县、平利县、石泉县、镇坪县、宁陕县	第5行政督察区
	南郑县、褒城县、沔县、略阳县、凤县、留坝县、洋县、佛坪县、城固县、西乡县、镇巴县、宁强县	第6行政督察区

注：

1. 资料来源于傅林祥、郑宝恒：《中国行政区划通史》（中华民国卷），复旦大学出版社2007年版，第395—406页。

2. 本表以民国三十六年（1947）信息为准。

---

① 经与其他资料对比、核实，此处应为"镇安县"。

表1-5 民国时期甘肃、宁夏政区简表

省份		辖县
甘肃省	第一区	岷县、陇西县、漳县、临潭县、夏河县、卓尼设治局
	第二区	平凉县、华亭县、化平县、隆德县、庄浪县、静宁县、崇信县、海原县、西吉县、固原县
	第三区	庆阳县、泾川县、灵台县、环县、合水县、宁县、正宁县、镇原县
	第四区	天水县、甘谷县、武山县、礼县、西和县、秦安县、通渭县、清水县、两当县、徽县
	第五区	临夏县、永靖县、宁定县、和政县
	第六区	武威县、民勤县、永昌县、山丹县、民乐县、张掖县、临泽县、古浪县
	第七区	酒泉县、金塔县、鼎新县、高台县、玉门县、安西县、敦煌县、肃北设治局
	第八区	武都县、文县、西固县、成县、康县
	第九区	临洮县、洮沙县、康乐县、定西县、榆中县、会川县、渭源县
	省政府直属	兰州市、皋兰县、景泰县、靖远县、会宁县、永登县
宁夏省		银川市、宁朔县、灵武县、盐池县、平罗县、磴口县、中卫县、贺兰县
		陶乐县、永宁县、惠农县、金积县、紫湖设治局、居延设治局、中宁县、同心县
		额济纳旧土尔扈特旗、鄂尔多斯右翼中旗、阿拉善额鲁特旗

注：

1. 资料来源于傅林祥、郑宝恒：《中国行政区划通史》（中华民国卷），复旦大学出版社2007年版，第407—423页。

2. 本表以民国三十三年（1944）4月信息为准。

表 1-6 民国南京国民政府时期青海政区简表

地区	辖县
省直辖地区	西宁市、湟中县、互助县、大通县、亹源县、乐都县、民和县、循化县、共和县、同仁县、贵德县、化隆县、湟源县、都兰县、同德县、海晏县、兴海县、祁连设治局、星川设治局
第一行政督察区	玉树县、称多县、囊谦县
蒙古盟部旗	霍硕特西前旗、霍硕特北左翼旗、霍硕特西后旗、霍硕特北前旗、霍硕特南右翼后旗、霍硕特南左翼后旗、霍硕特北左末旗、霍硕特南左翼中旗、霍硕特西右翼中旗、霍硕特南左翼末旗、霍硕特北右末旗、土尔扈特西旗、土尔扈特南后旗、霍硕特前左翼首旗、霍硕特北右翼旗、霍硕特前首旗、霍硕特东上旗、霍硕特南右翼中旗、霍硕特西右翼前旗、霍硕特西右翼后旗、霍硕特南右翼末旗、霍硕特西左翼后旗、绰尔特南右翼首旗、绰尔罗斯北中旗、辉特南旗、喀尔喀南右翼旗、土尔扈特南中旗、土尔扈特南前旗、察罕诺们汗旗

注：

1.资料来源于傅林祥、郑宝恒：《中国行政区划通史》（中华民国卷），复旦大学出版社 2007 年版，第 424—431 页。

2.本表以民国三十六年（1947）信息为准。

第三节 陕、甘、宁、青四省区的自然状况

陕西、甘肃、青海三省和宁夏回族自治区属于西北地区。本区土地辽阔，有 310 多万平方千米，占全国土地面积的 32%；人口相对较少，共约 9664 万人[①]，只占全国人口的 7%；除汉族外，还有回、维吾尔、藏、蒙古、土、东乡、撒拉、哈萨克等少数民族约 2036 万人，为我国多民族聚居地区之一。本区深处我国内陆，偏于西北，四周与华北、华中、西南等地区接壤，为从内蒙古高原到西藏高原、从东部沿海到西部边疆的必经之地，交通和国防位置都相当重要。境内资源蕴藏很丰富，但原有经济基础很薄弱，中华人民共和国成立后才开始大规模建设，成为全国重点建设地区之一。大力开发西北地区，对于合理利用自然资源、改进全国生产布局、巩固国防、发展少数民族经济文化均有巨大意义。

---

① 参考全国第六次人口普查数据。

西北地区大部分是高原和山地。青甘交界处的祁连山和横贯陕西的秦岭为本区重要的自然分界线。祁连山以南的青海高原，由一系列东西向的山脉和盆地、谷地组成，地势在西北区为最高，大部分地区海拔超过3000米，且有不少海拔5000米以上常年积雪的高山，但相对高度并不太大。青海高原以东，秦岭以南的陕南、陇南山地，海拔已降低，多在1000—2000米，但山势较陡峻，相对高度较高。陕北、陇东、陇中一带的黄土高原，海拔也多在1000米以上，地形破碎，沟壑纵横，水土流失严重。虽然本区高原、山地所占面积很大，但也有不少低平肥沃的平原和盆地，如陕西关中平原、汉中盆地，宁夏平原，甘肃河西走廊等，均是著名的灌溉农业地区。

由于本区地处内陆，地势高峻，大陆性气候显著，气温年较差和日较差都很大。大部分地区冬季漫长而严寒，1月的平均气温，东部关中平原为-1℃左右，西部敦煌地区为-5℃，青海高原则多在-10℃以下。夏季较短，7月平均气温一般在25—28℃之间，但青海高原多在16℃以下。就无霜期、积温等因素来看，本区除了青海高原小部分特别高寒的地区，一般都可以进行作物栽培，东南部的某些地区还可以一年两熟。但干旱对作物生长威胁较大。境内除个别地区（如秦岭以南）比较湿润外，一般雨量较少。年雨量分布由东部关中地区600—800毫米，向西递减至10—50毫米（敦煌等地），2/3以上地区年降雨量在250毫米以下，而且雨量季节分配不均，变率很大。降雨多集中在夏季，常以暴雨形式出现，加剧了黄土高原的水土流失。春秋两季雨量稀少，蒸发量很大，容易发生旱象。在特别干燥的地区，如无水灌溉，作物难于生长。由此可见，发展水利灌溉对本区农业增产有头等重要的意义，广大地区只有具备良好的灌溉保证，才能成为农业高产地区。

水是西北地区的宝中之宝，因此必须对水资源进行最充分、最合理的利用。总的看来，境内水源并不缺乏，东部黄河流域面积很广，主要干支流的水量均可用于灌溉；西部河西走廊和柴达木盆地等内陆河地区，则可利用丰富的高山冰雪资源。据初步计算，整个西北地区，只要积极兴修水利、因地制宜、充分利用各种水源，不仅可满足现有耕地的灌溉需要，还可为进一步扩大耕地面积、开垦荒地提供条件。由于本区地形大部分是高原山地，因此不论是天然水流或人工河渠，落差都很大，在发展灌溉的同时，还有大量水力资源可开发。

西北地区矿藏资源丰富多样。燃料资源中的石油，金属矿藏中的有色金属，化学资源中的池盐、钾盐、芒硝等，在全国均占重要地位。其他如煤、铁矿石、黄铁矿、石膏、石棉、耐火黏土、白云石、石灰石等资源，储量也大，都能满足本区工业发展的需要。广大高原山区均有矿藏分布，祁连山山区和柴达木盆地则为国内少见的资源宝库,各种主要资源几乎应有尽有①。

一、陕西的自然状况②

陕西南北跨度大,在自然环境的综合结构上形成了三大区域,即由黄土沉积物堆积而成的陕北高原、由渭河干支流的冲积作用而形成的关中平原,以及由秦岭和大巴山等组成的陕南山地。三个自然区内环境特征差异明显:

陕北,又称陕北高原,是辽阔的黄土高原的一部分,位于陕蒙边境与北山之间,地势西北高、东南低,分布有沙漠、滩地相间地貌,黄土丘陵沟壑与黄土高原沟壑地貌。沙地主要分布在长城沿线,为毛乌素沙漠的一部分,是一个东西长约420千米、南北宽12—120千米的狭长地带,地势平缓,海拔1000—1500米。风沙滩地与关中盆地之间为黄土高原丘陵沟壑与高原沟壑地貌,东以黄河为界,西至陕甘交界与陇东黄土高原相连,海拔900—1800米,由于流水、重力等外营力的长期作用,地面形成了千沟万壑、支离破碎的地貌特征。就气候条件而言,区内南部属于暖温带,北部属于中温带。区内水分条件不足,干燥度高,北部高于南部。

关中,又称渭河平原和关中盆地,位于北山与秦岭之间,由渭河及其支流冲积而成。地势西高东低,东西长360千米,西窄东宽,呈现喇叭形,号称"八百里秦川"。渭河横贯平原中部,形成两岸宽广的阶地平原。从渭河向南北两侧,地貌分布依次为:河漫滩—河流阶地—黄土台塬—山前洪积扇—山地,构成本区主要的地貌特征。渭河河流阶地又称川地,高出渭河水位10—20米,地面平坦,引河水灌溉方便,自古为农耕区。黄土台塬为分布在渭河二级阶地外侧的黄土高阶地,面积约占关中盆地面积的2/5。渭河北岸台塬比较宽广平坦,故又称作"渭北台塬",潜水层埋藏较深,生活与生产用水不便;北山南麓,沙石多,壤土少,一般适宜耕种,也可栽培果树,发展多种经营。由于关中地区自然环境的优越性以及开发较早,使这一区域最早有"天府之国"的美誉。

陕南,位于秦岭以南,长约450千米、宽约300千米,占全省面积的44%。主要地貌类型有河谷平原、山间盆地、丘陵、低山(浅山)、中山、高山,境内可分为秦岭山地、大巴山地、汉江谷地,是一个"八山一水一分田"的资源丰

---

① 中国科学院中华地理志编辑部:《西北地区经济地理》,科学出版社1963年版。
② 本部分内容主要参考《陕西省经济地理》(唐海彬主编,新华出版社1988年版)第一章第一节内容。

富的山区。秦岭山系横亘于渭河平原与汉江谷地之间,是长江与黄河的分水岭,也是我国南北方的天然分界线,在陕西境内东西长400—500千米,南北宽120—180千米,北坡陡峻,断崖如壁,峡谷深切,河短而流急,多急流瀑布和险滩;南坡较缓,河流源远流长,宽谷与峡谷交替出现,间或有山间断陷盆地分布,如洛南盆地、商丹盆地、山阳盆地、商南盆地、太白盆地、香泉盆地等。汉江谷地界于秦岭、大巴山之间,以800米等高线为界,东西长约450千米,南北宽10—60千米,峡谷与盆地相间出现,主要有汉中盆地、安康盆地等,这部分地区地面平坦,水源充足,土壤肥沃,为本省最主要的稻谷产区及全省亚热带资源的宝库。大巴山地是汉江与嘉陵江的分水岭,基本走向为西北—东南,高出汉江谷地1000—1500米。该区气候属于亚热带气候,温暖潮湿,年降水量在800毫米以上,水分条件好。

二、甘肃的自然状况[①]

甘肃地处黄河上游,位于我国的黄土高原、内蒙古高原与青藏高原的交汇地带。东接陕西,南邻四川,东北与宁夏毗邻,西靠青海、新疆,北与我国内蒙古和蒙古国接壤,面积45.44万平方千米。其形态大体从东南到西北呈一狭长的形状,长约1400千米。东南部属于湿润区,西北部处于干旱区。境内山脉重叠,河谷纵横,经纬跨度较大,不仅地区性气候差别大,而且局部气候、水文、土壤等自然条件也较复杂,因此本省动物、植物资源与矿产资源丰富多样。

甘肃地貌类型复杂多样,在整体上为山地型高原地貌,但是各地区的地表形态是复杂多样的,大致可分为黄土高原、陇南山地、甘南高原、祁连山地、河西走廊、北山山地六个地形。山地和高原占总土地面积的70%以上,戈壁和沙漠约占14.99%。

甘肃居西北内陆,大部分地区干旱少雨,年降水量较少,全省年平均降水量在29—850毫米之间。降水量在地区分布上很不均匀,东南部降水多,西北部降水少,最多相差29倍。甘肃年降水量的季节分布也不均衡,多集中于夏季,夏季降水量占年降水量的50%—70%;其他季节降水较少,春季仅占17%—20%,春旱几乎年年发生,特别是中部干旱区,春旱比较严重。处于内陆地区使得甘肃具有显著的大陆性气候特点,光能资源丰富,大部分地区晴天多,日照时间长,这为提高农作物的质量与产量提供了有利条件。

甘肃不但水资源较少,并且地表水资源分布不均,黄河干流水系年拥有水

[①] 本部分内容主要参考郑宝嘉:《甘肃省经济地理》,新华出版社1985年版,第3—24页。

量约占全省年总水量（包括境外来水）的56.5%，东南部的嘉陵江水系占23%，河西内陆河水系占13.1%，渭河水系占4.5%，泾河水系占2.8%。地表水分布的地区差异对甘肃各地区经济的发展造成很大影响。

甘肃省土地广阔，海拔较高，草原面积大，草场类型有森林草场、森林草原草场、草原草场、荒漠草原草场、荒漠草场、高原与山地草场等，其中可利用的草场约占全省土地面积的30%，仅次于新疆、西藏、青海、内蒙古，位于第五位。辽阔的草场生长多种牧草，为甘肃省畜牧业生产提供了优良的牧草资源。甘肃省森林面积较小，森林覆盖率只占6.99%（包括灌木林地），是全国森林覆盖率较低的省区之一。

三、宁夏的自然状况[①]

宁夏地处我国黄土高原与内蒙古高原的过渡地带，地势南高北低。宁夏南部地区（后简称"宁南地区"）是黄土地貌，以流水侵蚀为主；宁夏北部地区（后简称"宁北地区"）以干旱剥蚀、风蚀地貌为主，是内蒙古高原的一部分。

贺兰山绵亘于宁夏的西北部，山势雄伟，阻挡了西北寒风的侵袭及腾格里沙漠的东移，成为银川平原的天然屏障。六盘山位于宁夏的南部，耸立于黄土高原之上，是一条近似南北走向的狭长山脉。山腰地带降雨较多，气候较为湿润，宜于林木生长，使六盘山成为突起于黄土高原之上的一个"绿岛"，也是宁夏重要的林区之一。宁夏平原位于贺兰山与鄂尔多斯高原之间，经黄河长期冲积而成，是我国西北地区比较开阔的冲积平原。平原土层深厚，地势平坦，引水便利，便于自流灌溉，2000多年来，经过劳动人民的辛勤开发，这里早已是沟渠纵横、阡陌相连的"塞上江南"。丘陵起伏的黄土高原区位于宁夏南部，黄土覆盖厚的地方可达100多米。由于人们在对黄土丘陵区长期开垦的过程中不注重环境的保护，这里生态环境逐年恶化，水土流失严重。黄土丘陵区以北、银川平原以东的广大地区为鄂尔多斯高原的一部分，是海拔在1200—1500米的台地，台面上固定和半固定沙丘较多。

宁夏深居内陆高原，大陆性气候显著，气候特征主要表现为：①光能资源丰富，利用潜力大。绝大部分地区太阳辐射强，日照时间长，光能资源丰富，热量条件好，有利于植物的生长发育。②雨量少，蒸发强，风沙大。宁夏年降水量少，除六盘山地区受东南季风影响，降水较多，可达400—700毫米，属温

[①] 本部分内容主要参考蓝玉璞：《宁夏回族自治区经济地理》，新华出版社1985年版，第5—24页。

带半湿润地区外，其他地区属于中温带半干旱和干旱地区。宁夏降水多集中在6—9月，到春季，蒙古高压转弱，气候多变，时起狂风，黄沙蔽日，危及禾苗，加大了干旱的程度。

宁夏是全国水资源非常少的省区，地表水和地下水都十分贫乏。黄河的过境流量虽然丰富，但主要限于北部平原地区，且使用有限制。除黄河过境流量外，全区天然径流量只有8.89亿立方米，折合径流深为17.3毫米，是全国平均值（276毫米）的1/16。宁夏天然径流量的季节变化和年际变化都很大，70%以上的降水集中在7—9月；1月份径流量最小，只占全年径流量的1%—3%。宁夏地表水资源时空分布的巨大变化，严重限制了地表水资源的充分利用。

宁夏植被具有明显的过渡特征。地带性植被由南向北可分为森林草原、干草原、荒漠草原、荒漠四个植被带。非地带性植被有灌丛、草甸、沼泽、水生及沙生植被。宁夏植被类型多样，并以草原植被为主，干草原和荒漠草原分别占宁夏自然植被的23.9%和55.1%，这为发展畜牧业提供了物质基础。干旱的气候、稀疏的植被，对宁夏土壤的形成和发育具有深刻的影响。宁夏的土壤类型分为地带性土壤、非地带性土壤、灌淤土三种类型。宁夏的地带性土壤以草原和荒漠土壤为主，由南向北分布有黑垆土、灰钙土、灰漠土等土类，其中黑垆土与灰钙土构成自治区自然土壤的主体。

四、青海的自然状况[①]

青海省位于我国特殊的地理单元——青藏高原的东北部，其东北和东部与黄土高原、秦岭山地相邻；北部与河西走廊相望；西北部通过阿尔金山与塔里木盆地相隔；南与藏北高原相连；东南部通过山地和高原盆地——若儿盖高原，与四川盆地相接。青海省所在的青藏高原东北部，地理单元有以下特征：

①高峻的山原地貌。地处中国第一地势阶梯青藏高原上的青海省，地势高峻，平均海拔超过3000米，仅低于西藏。最低点位于青甘交界处的民和县下川口湟水谷地，海拔高度为1650米；最高点是东昆仑山主峰布喀达坂峰（海拔高度为6860米）。省内海拔5000米以上的地区占全省总面积的5%；海拔3000—5000米的地区占总面积的67%。境内大小山脉纵横交错，此起彼伏，著名的有昆仑山、祁连山、巴颜喀拉山、唐古拉山、阿尔金山、阿尼玛卿山等。这些山脉山势高大，峥嵘挺拔，冰川积雪广布，既是中国主要大江大河的发源地，又

[①] 本部分内容主要参考青海省地方志编纂委员会：《青海省志·自然地理志》，黄山书社1995年版。

是全国著名的湖泊区域。集水面积在500平方千米以上的河流约271条；湖泊率为2%，仅次于西藏（湖沧率为2.04%），湖水面积在0.5平方千米以上的湖泊共458个。长江、黄河、澜沧江等河流均发源于青海省，故有"江河源"之称。

青海省地势西高东低，南北高中间低。既有高大的高山和高原、宽坦的盆地，也有宽缓的高原宽谷和湖盆，更有流水切割强烈的河谷和中山。祁连—阿尔金山、唐古拉山、昆仑山三大山系构成了青海省地貌骨架。水平方向地貌差异和垂直分化都十分明显，地貌类型齐全，复杂多样，分成三大区：北部阿尔金山—祁连山高山高原区、中部柴达木—河湟谷地中海拔盆地区、青南高原区。

②特殊的高寒气候。青海省深居高原内陆，地势高耸，相对高差大，气候属特殊的高原型。其气候特征是：第一，高海拔，空气稀薄，气压低，含氧量少。空气稀薄、密度小，平均空气密度只有海平面的60%—80%；气压低，大约在420—800毫巴之间，仅为海平面的1/3至2/3；空气稀薄、气压低导致大气氧量少，大部分地区空气的含氧量只有海平面的60%—80%。稀薄的空气有利于太阳光在大气中的穿透和散射，因而高原日照充足，天空分外碧蓝，加剧气温的日变化强度。第二，青海省日照充足，辐射量大。省内年总辐射量仅次于西藏高原，平均年辐射总量可达140—177千卡/平方厘米，大大超过东部同纬度地区。日照时数在2250—3600小时之间，日照百分率达51%—85%，尤以柴达木盆地西部更为突出，利于作物和牧草进行光合作用，积累更多的有机质。第三，年平均气温低，冬长夏短，气温年变化小，日变化大。青海省地势高，气温低，年平均气温大都低于5℃，比东部同纬度地区低得多。大部分地区"春已暮草始生，秋未尽霜已降"，若以所划分的四季标准而言，则全省大部地区长冬无夏，春秋相连。冬季气温与东北长春以南的地区相似。青海无夏，7月全省平均气温在5℃—20℃，仅与河北春暖花开气候温和的5月相似，为全国夏温最低的地区，这时在高山和青南高原区仍有霜雪。即使在海拔较低的黄河、湟水谷地，最热月平均气温也在20℃以下。气温年较差多在20℃—28℃，比同纬度地区低4℃—6℃；日较差达14℃—20℃，比同纬度地区高几度到十几度。第四，降水量较少，季节不均，地域差异大。青海省2/3面积年降水量在400毫米以下，而且主要集中在下半年，多数地区5—10月降水量占全年降水总量的80%—90%，尤以8、9月最为集中。11—4月为旱季，干湿季节分明。年降水量海拔高处大于海拔低处，南北多，中间盆地、谷地较少，年降水量最多的是东南部的久治，达770毫米以上，最少的是西北部的冷湖，只有15毫米，两地相差50倍以上。

③独有的高原生物和土壤。青海地处高寒植被、温带草原、荒漠与亚热带

阔叶林交汇的特殊位置，受制于高寒气候等因素的影响，形成独有的高原生物和土壤。

青海省生物的特有种、属少，具备独有的抗旱、抗风、耐寒、耐盐碱的生态特征。主要植被类型有：高山草甸、高山草原、干寒荒漠、高寒灌丛、高寒沼泽，以及零星分布和人工栽培的温带针叶林和落叶阔叶林，尤以草甸草原为优势植被类型。

干旱、高寒的气候条件及其生物种类，发育了与其相适应的土壤。青藏高原形成时代较晚，第四纪冰期的冰川作用时间长，土壤具有极强的年轻性，成土过程中的生物及生物化学作用相对减弱，寒冻风化作用增强，形成土层较薄、原生矿物分解程度低、粗骨性明显、土壤质地疏松、淋溶淀积作用弱的土壤类型。土壤发育较差，发生层不明显，多属砾质、粉砂土质。常见土壤的17个土类和56个亚类中，尤以高山草甸土、高山草原土、高山寒漠土、温带荒漠土及栗钙土等土壤类型最为广泛，并重复出现。

第四节　清至民国时期陕、甘、宁、青旱灾研究综述

旱灾研究横跨自然科学和社会科学两个领域，其研究成果更是广泛分布于各类学科之中。自然科学领域的研究者大多从事天文、地理、气候、农业等学科研究，而社会科学领域的研究者则多从事历史领域的研究。现代学科意义上的灾荒史研究开始于20世纪20年代初期，不同领域的研究者采取不同的研究方法，为灾害与灾荒学的研究贡献各自的力量。诸多涉及清至民国旱灾的研究成果大体可划分为三大类：一是对旱灾本身的研究，包括对旱灾成因、实际发生情况、特点及规律等方面的考察；二是对旱灾所造成的社会影响的研究，此类研究将旱灾的发生与社会的动态紧密地结合在一起，以灾害为线索探讨社会现实，其中包括灾害与政治、灾害与经济、灾害与社会文化、灾害与群众心理等一系列深层关系；三是有关旱灾应对问题的研究，主要是关于救灾、备灾、防灾等方面的研究。有关清到民国时期灾害的研究论述颇为丰富，而针对自然灾害中旱灾的研究也数量众多。但从笔者所掌握的资料来看，目前为止还没有一本论著是专门针对清代至民国时期（1644—1949）陕、甘、宁、青这四个省区的旱灾进行研究的。已有的大量相关论著，对本书的构思与写作具有重要的参考价值，主要有以下几个方面：

一、关于中国历史时期自然灾害的通论性研究成果

研究灾害首先要找到正确的研究方法。关于灾害研究方法，现今可借鉴的

成果主要是邹逸麟的《"灾害与社会"研究刍议》[①]与夏明方的《中国灾害史研究的非人文化倾向》[②]。邹逸麟在文章中提到，灾荒研究与社会关系研究是双向互动关系；夏明方在文章中则提出，在灾害史的研究中应同时关注自然和社会两个方面。二者的结论大体一致，就是指对于灾害的研究不能单单将视角停留在灾害本身，还要同时关注社会层面，灾害与社会是息息相关的，不能将二者割裂开来。

关于清代和民国时期自然灾害的研究综述，此前已有学者写过文章。对于清代灾荒的研究，朱浒的《二十世纪清代灾荒史研究评述》[③]是代表性著作，作者对清代灾荒史研究的历史发展状况进行了回顾，并对具体的研究成果进行了评述，指出各项论著的特点、论述的内容及其优缺点，最后在肯定前人在此领域研究成果的同时，指出了清代灾荒研究领域的不足。欧阳晴的《民国自然灾害史研究综述》[④]则是评述民国时期自然灾害研究成果的代表性论文，作者总结了中华人民共和国成立以来对民国自然灾害史的研究成果，尤其对20世纪80年代后期在社会学视角下自然灾害史研究的新成果和新趋向进行了介绍，同时指出今后自然灾害史研究需要在研究深度和广度、拓展资料来源、促进多学科交叉等方面进一步加强。杨晓辉的《十多年来中国近代灾荒史研究综述》[⑤]一文，评述了1985年至1995年灾荒史的研究状况，认为在研究理论、方法和研究时段上尚存缺陷。阎永增、池子华的《近十年来中国近代灾荒史研究综述》[⑥]总结了1990年到2000年中国近代灾荒史的研究成果，认为要构建灾荒史的理论和加强史料的编辑出版。王欣欣等人的《近十年来中国自然灾害史研究综述》[⑦]和《近十年来中国救灾史研究综述》[⑧]两篇文章，前者从自然灾害的研究角度，整理了2002年到2011年这十年的自然灾害研究成果；后者也以这十年为基准，梳理了学界在救灾思想、政府救灾对策、民间救灾对策方面的研究成果，认为灾荒史研究在历史阶段上较为集中，对救灾措施的实际效果关注较少。

自然灾害研究的论文集是有关灾害研究领域的一些代表性成果的集成，收

---

① 邹逸麟：《"灾害与社会"研究刍议》，载《复旦学报》2000年第6期。
② 夏明方：《中国灾害史研究的非人文化倾向》，载《史学月刊》2004年第4期。
③ 朱浒：《二十世纪清代灾荒史研究评述》，载《清史研究》2003年第2期。
④ 欧阳晴：《民国自然灾害史研究综述》，载《防灾科技学院学报》2008年第4期。
⑤ 杨晓辉：《十多年来中国近代灾荒史研究综述》，载《高校社科信息》1997年第3期。
⑥ 阎永增、池子华：《近十年来中国近代灾荒史研究综述》，载《唐山师范学院学报》2001年第1期。
⑦ 王欣欣、杨超：《近十年来中国自然灾害史研究综述》，载《经济与社会发展》2013年第1期。
⑧ 王欣欣、李鑫：《近十年来中国救灾史研究综述》，载《经济与社会发展》2013年第3期。

录的论文涉及灾害领域的诸多方面，研究范围较为宽广。例如：赫治清主编的《中国古代灾害史研究》①，内容涉及先秦至明清历代各类灾害的灾情，对历代的赈灾防灾政策及灾害与社会的关系进行了论述。李文海、夏明方主编的《天有凶年——清代灾荒与中国社会》②是针对清代灾荒研究的论文集，书中以多编体例对清代灾荒的社会影响、政府及民间的救荒制度与实践、思想层面上的救荒理论进行了论述。另外，曹树基主编的《田祖有神——明清以来的自然灾害及其社会应对机制》③是由14篇论文组成的论文集，此书从文化、微生物学、流行病学等角度展开灾荒史研究，并涉及政府的赈灾救灾措施。

灾害研究领域还有一些工具书性质的著作，此类著作以灾害史料的整理与统计为主，对历史时期全国发生的各类重大自然灾害情况进行了详细说明，这些著作为后人研究历史时期的自然灾害提供了诸多便利。此方面的研究者当首推李文海先生，他在近代中国灾荒研究中用力颇多，其主编的《近代中国灾荒纪年》④《近代中国灾荒纪年续编》⑤是迄今为止最为完备的中国近代灾荒的资料汇编，系统详细地反映了中国近代各类灾荒发生的原因、灾况及政府的救灾情形。此外还有陈高佣的《中国历代天灾人祸表》⑥，本表将历代天灾人祸之事实按年记述，以年为经、以事为纬，是一部灾害资料整理与统计方面的著作。赵连赏、翟清福主编的《中国历代荒政史料》⑦是中华人民共和国成立以来第一部全面收录历史上自然灾害内容的史料集，内容包括历史上各类灾害的灾况及政府的救灾措施，并首次集中收录了历代皇帝针对各类灾害的朱批奏折，这对灾害研究来说有极高的史料价值。骄宇骞的《地方志灾异资料丛刊》⑧则是从地方志的"灾异志"等志中摘录了相关的灾异资料，为灾害史研究奠定了一定的史料基础。图集的编纂对自然灾害的研究也十分重要，如中央气象局气象科学研究院主编的《中国近五百年旱涝分布图集》⑨，收录了我国自1470年至1979

---

①赫治清：《中国古代灾害史研究》，中国社会科学出版社2007年版。
②李文海、夏明方：《天有凶年——清代灾荒与中国社会》，生活·读书·新知三联书店2007年版。
③曹树基：《田祖有神——明清以来的自然灾害及其社会应对机制》，上海交通大学出版社2007年版。
④李文海：《近代中国灾荒纪年》，湖南教育出版社1990年版。
⑤李文海：《近代中国灾荒纪年续编》，湖南教育出版社1993年版。
⑥陈高佣：《中国历代天灾人祸表》，北京图书馆出版社2008年版。
⑦赵连赏、翟清福：《中国历代荒政史料》，京华出版社2010年版。
⑧骄宇骞：《地方志灾异资料丛刊》，国家图书馆出版社2010年版。
⑨中央气象局气象科学研究院：《中国近五百年旱涝分布图集》，地图出版社1981年版。

年历年旱涝分布图510幅,为历史时期旱涝灾害研究提供了有价值的地图材料;白虎志等编的《中国西北地区近五百年旱涝分布图集(1470—2008)》①,是研究西北地区旱涝灾害的基本材料。另外宋正海的《中国古代重大自然灾害和异常年表总集》②、张波的《中国农业自然灾害史料集》③、国家经贸委灾害综合研究组编的《中国重大自然灾害与社会图集》(第二编)④、马宗晋主编的《中国重大自然灾害及减灾对策(分论)》⑤等,都以灾害史料的整理与统计为主,其中也涉及灾害的类型、规律及相关应灾措施。

对于灾害本身的研究,上文已经提到,此领域涉及灾害的成因、灾况、灾害的特点及规律等。此领域的研究成果颇多,主要有:朱凤祥的《中国灾害通史·清代卷》⑥,书中分析了灾害的发生概况、时空分布、危害程度等,也涉及当时的救灾制度、救灾措施及相关的防灾理念;李文海的《中国近代十大灾荒》⑦则对中国近代史上灾情尤为严重、影响巨大的十次自然灾害进行了相关论述。另外李文海与周源所著的《灾荒与饥馑:1840—1919》⑧是一本专门研究近代灾荒史的开拓性历史新著,将"天灾"与"人祸"联系在一起,对产生灾害的社会因素的研究具有独到见解,以求将灾荒的研究最终应用于社会需求;孔祥成、刘芳的《试论民国时期的战争与灾荒》⑨,认为战争与灾荒是民国时期的两大显征,二者之间存在着紧密的因果关系;李明志、袁嘉祖所写的《近600年来我国的旱灾与瘟疫》⑩,依据相关的历史文献、气象史料及地方志,以时间为线索,对我国15—20世纪的旱灾与疫情进行了论述,并得出旱灾与疫情的相关性规律;刘毅、杨宇的论文《历史时期中国重大自然灾害时空分异特征》⑪,对我国历史时期的重大自然灾害进行了梳理,并得出重大自然灾害发生的频次、时空格局分异特征,将灾种与发生频次及灾害损失之间的相互关系结合在一起;

---

① 白虎志等:《中国西北地区近五百年旱涝分布图集(1470—2008)》,气象出版社2010年版。
② 宋正海:《中国古代重大自然灾害和异常年表总集》,广东教育出版社1992年版。
③ 张波:《中国农业自然灾害史料集》,陕西科学技术出版社1994年版。
④ 国家经贸委灾害综合研究组:《中国重大自然灾害与社会图集》,广东科技出版社2004年版。
⑤ 马宗晋:《中国重大自然灾害及减灾对策(分论)》,科学出版社1993年版。
⑥ 朱凤祥:《中国灾害通史·清代卷》,郑州大学出版社2009年版。
⑦ 李文海:《中国近代十大灾荒》,上海人民出版社1994年版。
⑧ 李文海、周源:《灾荒与饥馑:1840—1919》,高等教育出版社1991年版。
⑨ 孔祥成、刘芳:《试论民国时期的战争与灾荒》,载《延安大学学报》(社会科学版)2007年第5期。
⑩ 李明志、袁嘉祖:《近600年来我国的旱灾与瘟疫》,载《北京林业大学学报》(社会科学版)2003年第3期。
⑪ 刘毅、杨宇:《历史时期中国重大自然灾害时空分异特征》,载《地理学报》2012年3月。

张喜顺、羊守森的《民国时期灾荒探析》①，就民国时期灾荒的特点、灾荒的成因及灾荒的影响进行了论述；吴德华的《试论民国时期的灾荒》②，就民国时期灾荒的特点、灾荒的影响及发生的原因进行了系统论述。

一次重大灾荒的后果不亚于一场战争，灾荒影响的严重性突显于社会的各个层面，研究灾荒的社会影响，探讨灾荒与社会深层结构之间的复杂关系，最终将成果服务于社会，无疑是众多学者研究灾荒的最终目的。此领域的研究成果也非常丰硕，其着力点多是探讨灾荒与政治、灾荒与经济、灾荒与思想理念之间的关系。刘仰东、夏明方的《百年灾荒史话》③是一部全面介绍灾荒社会影响的代表性著作，主要介绍了发生在1840年到1949年间的自然灾害及与此相关的史事，并将灾荒与当时中国的政治、经济、军事和文化等各个领域相联系，体现灾害所造成的社会影响。康沛竹的《灾荒与晚清政治》④，主要研究晚清灾荒的社会影响，揭示了晚清灾荒频发的政治原因，将灾荒与晚清政局相挂钩，反映了二者之间的相互关系。夏明方的《民国时期自然灾害与乡村社会》⑤，对民国时期自然灾害与乡村社会各个方面的互动关系进行了系统分析，反映了自然灾害的形成与演变规律，指出了灾害与社会脆弱性的相互作用。张艳丽的《嘉道时期的灾荒与社会》⑥，则以嘉道时期为研究时段，从灾荒切入社会，探讨这一时期的灾荒成因，分析灾荒的社会影响，总结政府的应灾举措，最终突显特殊时期的特殊社会现象。卜风贤的《农业灾荒论》⑦是研究农业灾荒的著作，从灾荒理论、灾荒发生演变规律、农业减灾与农村社会发展等多方面进行了研究。孟昭华的《中国灾荒史记》⑧主要记载了历代灾荒对民生的影响。李文海的《中国近代灾荒与社会生活》⑨，对近代灾荒状况及其与社会生活的关系做了轮廓性的介绍。刘仰东的《灾荒：考察近代中国社会的另一个视角》⑩，以灾荒为视角，论述了近代中国社会的受灾性及近代灾害的社会作用。王虹波在《论民国

---

①张喜顺、羊守森：《民国时期灾荒探析》，载《贵州文史丛刊》2004年第1期。
②吴德华：《试论民国时期的灾荒》，载《武汉大学学报》1993年第3期。
③刘仰东、夏明方：《百年灾荒史话》，社会科学文献出版社2000年版。
④康沛竹：《灾荒与晚清政治》，北京大学出版社2002年版。
⑤夏明方：《民国时期自然灾害与乡村社会》，中华书局2000年版。
⑥张艳丽：《嘉道时期的灾荒与社会》，人民出版社2008年版。
⑦卜风贤：《农业灾荒论》，中国农业出版社2006年版。
⑧孟昭华：《中国灾荒史记》，中国社会出版社2003年版。
⑨李文海：《中国近代灾荒与社会生活》，载《近代史研究》1990年第5期。
⑩刘仰东：《灾荒：考察近代中国社会的另一个视角》，载《清史研究》1995年第2期。

时期灾荒对民生的影响》①《论民国时期自然灾害对乡村经济的影响》②两篇文章中，分别论述了自然灾害对人口的削减及流动、社会环境的恶化、人们的精神思想及农业生产造成的严重影响。胡克刚在《试论晚清时期灾荒及其政治后果》③中，就晚清时期灾荒的基本情况及灾荒与政治的关系进行了论述。池子华的《流民问题与社会控制》④等一系列著作，对流民的产生、影响和政府对流民的应对做了深入论述。胡英泽《灾荒与地权变化——清代至民国永济县小樊村黄河滩地册研究》⑤，通过对地册的研究，指出此地的地权并未因灾荒而发生大的变化，其原因则是当地的自然环境和社会因素。张祥稳的《天灾视角下的乾隆盛世衰落缘由探略》⑥从灾害的角度分析了清代乾隆盛世的衰落，认为灾害引起的农业破坏、财政负担、流民等社会危机是其衰落的主要原因。

中国古代把国家有关救济灾荒的法令、制度与政策措施统称为荒政。荒政是中国古代政治中一个非常特殊且重要的领域。由于清朝至民国时期中国的灾荒具有频发性与严重性的特征，破坏力非常大，使得此时期的荒政更显突出，故有关这一时期灾荒应对方面的研究成果亦颇为可观，其中当首推邓拓的《中国救荒史》⑦，此著作对历代灾荒史实进行了分析，对历代救荒思想的发展及历代救荒政策的实施进行了分编论述，并附有中国历代救荒大事年表，是"一部全面系统的中国救荒史专著"。在荒政研究方面，对清代荒政的研究无论是在数量还是质量上都远远超过了其他的朝代，如李向军的《清代荒政研究》⑧，论述了清代的防灾减灾活动及其基本特征；其论文《清代前期的荒政与吏治》⑨更是从经济史与政治史的视角，考察了清代荒政和清代政治的某些关系，得出吏治是影响荒政成效重要因素的结论。陈桦、刘宗志的《救灾与济贫——中国封建

---

①王虹波：《论民国时期灾荒对民生的影响》，载《通化师范学院学报》2006年第3期。
②王虹波：《论民国时期自然灾害对乡村经济的影响》，载《通化师范学院学报》2007年第1期。
③胡克刚：《试论晚清时期灾荒及其政治后果》，载《湘潭师范学院学报》1992年第5期。
④池子华：《流民问题与社会控制》，广西人民出版社2001年版；池子华：《中国流民史（近代卷）》，安徽人民出版社2001年版；池子华：《中国近代流民》，社会科学文献出版社2007年版；池子华：《流民史话》，社会科学文献出版社2011年版；池子华：《流民问题与近代社会》，合肥工业大学出版社2013年版。
⑤胡英泽：《灾荒与地权变化——清代至民国永济县小樊村黄河滩地册研究》，载《中国社会经济史研究》2011年第1期。
⑥张祥稳：《天灾视角下的乾隆盛世衰落缘由探略》，载《中国农史》2013年第6期。
⑦邓云特：《中国救荒史》，生活·读书·新书三联书店1958年版。
⑧李向军：《清代荒政研究》，中国农业出版社1995年版。
⑨李向军：《清代前期的荒政与吏治》，载《中国社会科学院研究生院学报》1993年第3期。

社会时代的社会救助活动（1750—1911）》①，上编系统论述了清代的国家防灾救灾体制及社会救助，下编从国家救助与民间救助的角度分析了两者的作用，得出国家作用下降、民间作用上升的结论。另外一些学术论文，如鲁克亮的《清末民初的灾荒与荒政研究（1840—1927）》②对清末民初的义赈和荒政近代化进行了研究；叶依能的《清代荒政述论》③则对清代荒政的特点、救荒措施、荒政评价等方面进行了论述；管恩贵的《晚清灾荒与荒政研究》④，主要针对晚清时期（1840—1911）的自然灾害及其成因，考察了清政府的救荒政策，评析了晚清政府荒政的得失；张若开在《晚清时期的灾荒及清政府的赈灾措施》⑤中，对晚清时期我国自然灾害的发生、灾害成因及影响进行了阐述，并对清代赈灾措施及其特点进行了总结与评价；曹琳、许颖的《浅述清代荒政程序及措施》⑥，对清代荒政的基本程序及措施加以阐述，得出清代备荒救灾已成体系并取得很大成效的结论；张祥稳、刘亚中的《乾隆朝灾赈对象之条规考辨》⑦，研究了乾隆朝灾赈制度的形成、效果及不足，认为其不完善是乾隆朝后期一些社会问题的动因。

关于救灾思想的研究成果主要有张涛、项永琴、檀晶合著的《中国传统救灾思想研究》⑧与苏全有、邹宝刚所写的论文《晚清赈灾思想研究评述》⑨，前者对中国传统救灾思想进行了广泛的考察与系统整理，分析总结了中国历史时期的防灾救灾思想主张，形成了一部以救灾思想为线索的中国思想文化史；后者则是从官赈思想和义赈思想两个方面对晚清赈灾思想的研究进行了评述。而蔡勤禹、李元峰的《试论近代中国社会救济思想》⑩，则认为近代西方社会救济思想及制度传入中国，引起了中国传统社会救济思想的变革，并指出清末至民国时期思想界试图结合社会救济思想主张，构建新的社会保障体系。高中华的

---

① 陈桦、刘宗志：《救灾与济贫——中国封建社会时代的社会救助活动（1750—1911）》，中国人民大学出版社2005年版。
② 鲁克亮：《清末民初的灾荒与荒政研究（1840—1927）》，硕士学位论文，广西师范大学，2004年。
③ 叶依能：《清代荒政述论》，载《中国农史》1998年第4期。
④ 管恩贵：《晚清灾荒与荒政研究》，硕士学位论文，山东大学，2008年。
⑤ 张若开：《晚清时期的灾荒及清政府的赈灾措施》，硕士学位论文，吉林大学，2006年。
⑥ 曹琳、许颖：《浅述清代荒政程序及措施》，载《学理论》2009年第15期。
⑦ 张祥稳、刘亚中：《乾隆朝灾赈对象之条规考辨》，载《中国农史》2012年第4期。
⑧ 张涛、项永琴、檀晶：《中国传统救灾思想研究》，社会科学文献出版社2009年版。
⑨ 苏全有、邹宝刚：《晚清赈灾思想研究评述》，载《防灾科技学院学报》2011年第1期。
⑩ 蔡勤禹、李元峰：《试论近代中国社会救济思想》，载《东方论坛》2002年第5期。

《试论左宗棠的荒政思想及其边疆救荒实践》①，探讨了左宗棠荒政思想的形成，并结合边疆的特殊环境分析了边疆救灾活动的特点。

关于中国救灾制度的研究成果主要有孙绍骋的《中国救灾制度研究》②，书中介绍了各种自然灾害及其成因、灾害的特点与发展趋势，对我国救灾制度的演变进行了阐述。李军的《中国传统社会的救灾：供给阻滞与演进》③，则对中国传统社会的救灾体系进行层级划分，将救灾制度的演变与中国王朝的更替相联系。另外如张明爱、蔡勤禹的《民国时期政府救灾制度论析》④、马真的《南京国民政府救灾体制研究（1927—1937）》⑤，都对民国时期的救灾体制进行了研究，并分析了其中的利与弊。关于民国时期的灾害应对研究还有杨琪的《民国时期的减灾研究（1912—1937）》⑥，书中以此时期的减灾问题为主旨，运用多学科知识对民国减灾政策、措施、救灾方式的演化作了总体研究。葛凤的《〈大公报〉与近代灾荒救济》⑦、徐元德的《1935年水旱灾害与救济——大众传媒视阈下》⑧，分别从《大公报》等大众传媒的视角进行灾害研究，体现出媒体在民国时期灾害救助过程中所起的作用。其他诸如倪玉平的《试论清代的荒政》⑨、吕美颐《略论清代赈灾制度中的弊端与防弊措施》⑩、杨明《清朝救荒政策述评》⑪、宋湛庆《宋元明清时期备荒救灾的主要措施》⑫等，都是关于灾害应对方面的研究成果。这些对于本书的研究都具有借鉴价值。

义赈是政府荒政之外的救荒形态，是晚清、民国时期民间自发的跨地域救荒活动。虽然义赈仍属于灾荒应对的领域，但由于其在晚清、民国时期的特殊地位及影响力，故将其研究成果在此单独表述。现今对于义赈研究的著作主要有朱浒的《地方性流动及其超越——晚清义赈与近代中国的新陈代谢》⑬及

---

①高中华：《试论左宗棠的荒政思想及其边疆救荒实践》，载《中国边疆史地研究》2005第3期。
②孙绍骋：《中国救灾制度研究》，商务印书馆2004年版。
③李军：《中国传统社会的救灾：供给阻滞与演进》，中国农业出版社2011年版。
④张明爱、蔡勤禹：《民国时期政府救灾制度论析》，载《东方论坛》2003年第2期。
⑤马真：《南京国民政府救灾体制研究（1927—1937）》，硕士学位论文，山东师范大学，2006年。
⑥杨琪：《民国时期的减灾研究（1912—1937）》，齐鲁书社2009年版。
⑦葛凤：《〈大公报〉与近代灾荒救济》，硕士学位论文，山东师范大学，2007年。
⑧徐元德：《1935年水旱灾害与救济——大众传媒视阈下》，硕士学位论文，安徽大学，2011年。
⑨倪玉平：《试论清代的荒政》，载《青岛大学学报》2002年第4期。
⑩吕美颐：《略论清代赈灾制度中的弊端与防弊措施》，载《兰州大学学报》1995年第4期。
⑪杨明：《清朝救荒政策述评》，载《四川师范大学学报》1988年第3期。
⑫宋湛庆：《宋元明清时期备荒救灾的主要措施》，载《中国农史》1990年第2期。
⑬朱浒：《地方性流动及其超越——晚清义赈与近代中国的新陈代谢》，中国人民大学出版社2006年版。

《民胞物与——中国近代义赈（1876—1912）》①、蔡勤禹的《民间组织与灾荒救治——民国华洋义赈会研究》②、薛毅的《中国华洋义赈救灾总会研究》③等，这些著作深入研究了义赈在中国的形成和发展演变进程，探讨了近代中国社会团体、民间组织的救灾机制及其与中国社会转型之间的关系。靳环宇的《晚清义赈组织研究》④，则从历时性和共时性的研究视角聚焦于晚清义赈组织，概括了义赈组织的结构和功能，并初步探讨了其成败得失。研究论文主要有：蔡勤禹的《华洋义赈会工赈救灾活动析论》⑤，以华洋义赈会为研究对象，以近代中国为社会背景，突显出义赈的社会作用；杨琪、徐林的《试论华洋义赈会的工赈赈灾》⑥，则以义赈为主题，体现出"防灾胜于救灾"的基本理念；杨剑利的《晚清社会灾荒救治功能的演变——以"丁戊奇荒"的两种赈济方式为例》⑦，对晚清特大旱灾"丁戊奇荒"的两种赈灾方式进行了论述，其中一种便是义赈。而虞和平的《经元善集》⑧、夏东元的《郑观应集》⑨以及《申报》等都不乏关于清代义赈的资料，这些对本书的写作都有借鉴价值。

对于自然灾害的研究还有众多的个案研究成果。在实证的个案研究方面，汪汉忠的《灾害社会与现代化：以苏北民国时期为中心的考察》⑩，以苏北为个案研究对象，对灾害状况、灾害赈济及灾害对社会的影响进行了论述，并得出灾荒是导致苏北现代化滞后的直接原因；陈业新的《明至民国时期皖北地区灾害环境与社会应对研究》⑪与尹玲玲的《明清两湖平原的环境变迁与社会应对》⑫，都属于"500年来环境变迁与社会应对丛书"系列，二者分别以皖北地区和两湖平原为个案进行相关灾害问题研究；郝平的《丁戊奇荒——光绪初年

---

① 朱浒：《民胞物与——中国近代义赈（1876—1912）》，人民出版社2012年版。
② 蔡勤禹：《民间组织与灾荒救治——民国华洋义赈会研究》，商务印书馆2005年版。
③ 薛毅：《中国华洋义赈救灾总会研究》，武汉大学出版社2008年版。
④ 靳环宇：《晚清义赈组织研究》，湖南人民出版社2008年版。
⑤ 蔡勤禹：《华洋义赈会工赈救灾活动析论》，载《东方论坛》2004年第4期。
⑥ 杨琪、徐林：《试论华洋义赈会的工赈赈灾》，载《北方论坛》2005年第2期。
⑦ 杨剑利：《晚清社会灾荒救治功能的演变——以"丁戊奇荒"的两种赈济方式为例》，载《清史研究》2000年第4期。
⑧ 虞和平：《经元善集》，华中师范大学出版社1988年版。
⑨ 夏东元：《郑观应集》，上海人民出版社1988年版。
⑩ 汪汉忠：《灾害社会与现代化：以苏北民国时期为中心的考察》，社会科学文献出版社2005年版。
⑪ 陈业新：《明至民国时期皖北地区灾害环境与社会应对研究》，上海人民出版社2008年版。
⑫ 尹玲玲：《明清两湖平原的环境变迁与社会应对》，上海人民出版社2008年版。

山西灾荒与救济研究》①，从自上而下的角度研究了从中央到地方政府和民间力量在"丁戊奇荒"中的救济作用，并分析了其影响和时人的反思；另外，苏新留的《民国时期河南水旱灾害与乡村社会》②、池子华的《明清直隶灾害及救灾措施研究》③、吴媛媛的《明清时期徽州的灾害及其社会应对》④、高岩的《明清时期四川地区水灾及社会救济》⑤、吴启琳的《明清时期丰城水灾与灾后社会应对》⑥、孙语圣的《民国时期自然灾害救治社会化研究——以1931年大水灾为重点的考察》⑦等，都是关于灾害个案研究的成果。虽然这些成果基本未涉及西北地区，但是其研究的思路与方法，对于本书的研究同样具有借鉴意义。

二、关于历史时期西北地区自然灾害的区域性研究成果

我国西北地区地处欧亚大陆腹地，从灾害学的角度来说，是处于西北风沙、水土流失多灾区和西部地震、高寒灾害区⑧。西北地区独特的自然条件、脆弱的生态环境，加之人为因素的影响，使得西北地区的自然灾害更具频繁性、严重性等特点，极大影响了西北地区经济社会的发展，故对西北地区自然灾害的研究历来备受学者们的重视。

提及西北地区自然灾害的研究成果，当首推袁林的《西北灾荒史》⑨，该书分上下两编，上编主要研究自然灾害的理论、方法及发生规律，下编则以编年形式记录了历史时期西北地区各种自然灾害的发生情况，引用的史料多为正史或地方志，考证严实，是一部灾荒资料的汇编。温艳的《20世纪20—40年代西北灾荒研究》⑩《民国时期西北地区自然灾害研究》⑪、李喜霞的《民国时期西

---

① 郝平：《丁戊奇荒——光绪初年山西灾荒与救济研究》，北京大学出版社2012年版。
② 苏新留：《民国时期河南水旱灾害与乡村社会》，博士学位论文，复旦大学，2003年。
③ 池子华：《明清直隶灾害及救灾措施研究》，载《清史研究》2007年第2期。
④ 吴媛媛：《明清时期徽州的灾害及其社会应对》，博士学位论文，复旦大学，2007年。
⑤ 高岩：《明清时期四川地区水灾及社会救济》，硕士学位论文，西南大学，2010年。
⑥ 吴启琳：《明清时期丰城水灾与灾后社会应对》，载《西南科技大学学报》（哲学社会科学版）2011年第1期。
⑦ 孙语圣：《民国时期自然灾害救治社会化研究——以1931年大水灾为重点的考察》，博士学位论文，苏州大学，2006年。
⑧ 何爱萍的《灾害经济学》把全国分为8大自然灾害区，其中陕西、甘肃、宁夏位于西北风沙、水土流失多灾区，以干旱、水土流失、沙漠化、滑坡等自然灾害为主；青海、新疆位于西部地震、高寒灾害区，以地震、雪崩、雪灾等自然灾害为主。
⑨ 袁林：《西北灾荒史》，甘肃人民出版社1994年版。
⑩ 温艳：《20世纪20—40年代西北灾荒研究》，硕士学位论文，西北大学，2005年。
⑪ 温艳：《民国时期西北地区自然灾害研究》，博士学位论文，西北大学，2012年。

北地区的灾荒研究》①，则对民国时期西北地区灾荒的特点、发生规律、灾荒对社会的影响及当时政府的赈灾措施进行了论述，并在一定程度上对义赈作了相关研究，认为这一时期救灾方式呈现出传统与现代性共存的特点。

  对于西北地区自然灾害本身的研究成果也有不少。王金香的《近代北中国旱灾特点》②与《近代北中国旱灾成因探析》③，分别从旱灾的特点、发生原因等方面对我国北方地区近代旱灾进行了系统论述。杨志娟的《近代西北地区自然灾害特点规律初探——自然灾害与近代西北社会研究之一》④，对近代西北地区自然灾害的发生概况、灾害爆发规律进行了论述。温艳的系列论文，如：《民国时期西北地区灾祸因素探析》⑤，分析了战争对灾害的影响，认为战乱频繁、兵役繁重、军事摊派等大大削弱了各地在人力、物力上对农业的投入，使得国家、地方和个人的防灾、救灾能力大为减弱，同时战争还使西北地区的生态环境遭到严重破坏，进一步加重了灾荒的程度；《民国时期西北地区灾荒成因探析》⑥《民国时期西北地区灾荒与社会脆弱性问题》⑦，从自然条件和社会因素角度分析了西北地区灾害频发的原因，认为这些因素进一步降低了民众的防灾水平和能力，使得西北地区陷入贫困和灾荒交替的恶性循环中；《民国时期西北地区自然灾害特征》⑧对民国时期西北地区自然灾害发生的主要特点进行了分析，并从灾种、地域、时间上进行了总结。王金香的《光绪初年北方五省灾荒述略》⑨，对光绪年间的特大旱灾——"丁戊奇荒"的社会原因进行了分析，得出灾荒的严重性在一定程度上源自政府的腐败及农业的衰退。万金红、吕娟、刘和平、刘建刚、杨志勇、陈方舟的《1470—2008年中国西北干旱地区旱涝变化

---

① 李喜霞：《民国时期西北地区的灾荒研究》，载《西安文理学院学报》（社会科学版）2006年第2期。
② 王金香：《近代北中国旱灾特点》，载《黄河科技大学学报》2000年第1期。
③ 王金香：《近代北中国旱灾成因探析》，载《晋阳学刊》2000年第6期。
④ 杨志娟：《近代西北地区自然灾害特点规律初探——自然灾害与近代西北社会研究之一》，载《西北民族大学学报》（哲学社会科学版）2008年第4期。
⑤ 温艳：《民国时期西北地区灾祸因素探析》，载《陕西理工学院学报》（社会科学版）2006年第3期。
⑥ 温艳：《民国时期西北地区灾荒成因探析》，载《社会科学家》2010年第3期。
⑦ 温艳：《民国时期西北地区灾荒与社会脆弱性问题》，载《陕西理工学院学报》（社会科学版）2010年第4期。
⑧ 温艳：《民国时期西北地区自然灾害特征》，载《甘肃社会科学》2012年第4期。
⑨ 王金香：《光绪初年北方五省灾荒述略》，载《山西师范大学学报》（社会科学版）1991年第4期。

特征分析》①，通过建立旱涝指数序列，对这一阶段的旱涝态势进行了分析。

对于西北地区灾荒的社会影响研究，则有王向辉、卜风贤、樊志民的《历史时期西北地区季节性灾害对农业技术选择的影响》②，此文从农业技术的角度对历史时期西北地区的防灾减灾策略进行了论述，突显出农业减灾技术的重要性；雷波的《历史时期西北地区自然灾害与农业生产结构变迁研究》③与卜风贤、彭莉的《明清时期西北地区自然灾害与农业生产结构变化》④，围绕历史时期西北地区自然灾害与农业生产结构的互动关系展开论述，分析了自然灾害对农业生产结构变迁的影响，并剖析了农业结构变迁对灾害的反作用；杨志娟的《近代西北自然灾害与乡村经济》⑤，从乡村农业、农民生活的角度探讨了灾害对农村经济的破坏；温艳、岳珑的《论民国时期西北地区自然灾害对人口的影响》⑥，论述了灾害对人口数量、质量、伦理道德等方面所产生的严重影响；李强的《民国时期西北民族地区灾荒引发的社会问题研究》⑦，论述了民国时期西北地区频繁的灾荒而引起的鸦片问题、救济问题、人口问题、土匪问题等，及其给当时的民族、社会带来的深远影响；沈社荣的《浅析1928—1930年西北大旱灾的特点及影响》⑧，专门针对1928年至1930年西北大旱灾展开研究，对旱灾的特点及影响作了相关分析；温艳在《灾荒与人性——以民国时期西北为例》⑨中，着重论述了民国时期西北灾荒在人们心理、伦理道德等精神层面上所造成的恶劣影响；其《自然灾害与农村经济社会变动研究——以20世纪二三十年代之交陕甘地区旱灾为中心》⑩一文，指出1928年至1930年的连续干旱导致

---

① 万金红、吕娟、刘和平等：《1470—2008年中国西北干旱地区旱涝变化特征分析》，载《水科学进展》2014年第5期。
② 王向辉、卜风贤、樊志民：《历史时期西北地区季节性灾害对农业技术选择的影响》，载《安徽农业科学》2007年34期。
③ 雷波：《历史时期西北地区自然灾害与农业生产结构变迁研究》，硕士学位论文，西北农林科技大学，2008年。
④ 卜风贤、彭莉：《明清时期西北地区自然灾害与农业生产结构变化》，载《安徽农业科学》2008年21期。
⑤ 杨志娟：《近代西北自然灾害与乡村经济》，载《宁夏社会科学》2010年第4期。
⑥ 温艳、岳珑：《论民国时期西北地区自然灾害对人口的影响》，载《求索》2010年第9期。
⑦ 李强：《民国时期西北民族地区灾荒引发的社会问题研究》，硕士学位论文，兰州大学，2006年。
⑧ 沈社荣：《浅析1928—1930年西北大旱灾的特点及影响》，载《固原师专学报》（社会科学版）2002年第1期。
⑨ 温艳：《灾荒与人性——以民国时期西北为例》，载《社会科学家》2005年第12期。
⑩ 温艳：《自然灾害与农村经济社会变动研究——以20世纪二三十年代之交陕甘地区旱灾为中心》，载《史学月刊》2014年第4期。

陕甘乡村社会不再是以士绅为核心的权力网络,而是地方强人控制了乡村社会,地方政府在灾荒中失去了对乡村社会的有效控制。

在灾害应对层面,针对历史时期西北地区的自然灾害,政府与群众也采取了相应的防灾救灾措施,目前的研究成果主要有:尚季芳的《传教士与民国甘宁青社会赈灾研究》①,从宗教视角将外国传教士与甘宁青的灾荒相联系,论述了传教士在记述灾情及参与救灾方面的积极作用;杨继业的《论那彦成的荒政保障建设——以嘉庆十五年甘肃灾赈为例》②,对那彦成在嘉庆十五年(1810)灾赈中的荒政思想进行了研究,并进而探讨了清末救灾制度的缺失;温艳的《民国时期西北地区救灾制度的考察》③指出,民国时期中央和地方制定了较为详尽的救灾法规,同时国民政府还实行了一系列临时政策,以应对各地多发的灾害;其另一篇文章《民国时期西北地区救灾中的以工代赈探析》④,从以工代赈的角度讨论了民国时期西北地区的救济;在《再论民国时期灾荒与国民政府开发西北》⑤中,温艳指出,由于灾荒严重,国民政府推动了对西北的开发,其中水利开发处于首要地位,并取得了显著成效,但由于忽视了环境保护,最终没有达到根治西北灾荒的目的。

三、关于清至民国陕、甘、宁、青旱灾的区域性研究成果

关于清至民国时期陕、甘、宁、青四省区自然灾害,尤其是旱灾研究的专著目前较为少见,笔者所见的多是单篇论文,其研究成果主要有以下几个方面:

(一)有关清至民国时期陕西地区旱灾与社会应对的研究成果

陕西三个自然区之间,自然环境与社会经济差异明显,因而针对各个区域的分区研究比较多见。关中是陕西人口密集、经济发达的地区,对关中旱灾的研究多是从自然地理的角度进行的。赵景波等人发表了一系列论文,如《关中地区清代干旱灾害研究》⑥《1850—1949年关中地区干旱灾害研究》⑦《近200年

---

① 尚季芳:《传教士与民国甘宁青社会赈灾研究》,载《宗教学研究》2010年第3期。
② 杨继业:《论那彦成的荒政保障建设——以嘉庆十五年甘肃灾赈为例》,载《中国石油大学学报》(社会科学版)2015年第4期。
③ 温艳:《民国时期西北地区救灾制度的考察》,载《宁夏社会科学》2013年第4期。
④ 温艳:《民国时期西北地区救灾中的以工代赈探析》,载《宁夏社会科学》2012年第4期。
⑤ 温艳:《再论民国时期灾荒与国民政府开发西北》,载《甘肃社会科学》2011年第1期。
⑥ 赵景波、李艳芳、董雯等:《关中地区清代干旱灾害研究》,载《干旱区研究》2008年第6期。
⑦ 赵景波、郁耀闯、王长燕:《1850—1949年关中地区干旱灾害研究》,载《陕西师范大学学报》(自然科学版)2006年第4期。

来关中地区干旱灾害时空变化研究》①,通过对不同时期关中地区历史资料的搜集、整理和数学分析,构建了关中地区的干旱灾害等级,并对其特征、趋势进行了分析,认为降水量的变化与降水分配不均是干旱的主要原因;其另一篇论文《关中地区旱涝灾害研究》②,通过对3个观测站20世纪50—70年代气温、降水资料和90年代旱涝灾害资料的整理,分析了该地区旱涝灾害的类型、发生规律及其与降水、气温之间的关系。另外,张玉芳等人的《关中地区历史特大干旱探讨》③、唐亦工、郝松枝的《关中地区旱涝灾害演变的时间序列分形研究》④亦属于这一方面的文章。从历史文化角度对清代关中灾荒研究的代表作是朱瑨的《晚清关中农业灾害与民间信仰风俗》⑤,文章分析了晚清关中地区主要的农业灾害及其民间应对方式,重在对信仰与社会应灾关系的探讨;周珍珍的《康熙三十年陕西西安、凤翔府荒政及其应对》⑥,从中央、地方政府和民间对康熙三十年在西安、凤翔府的救灾实践进行了分析,并对其得失进行了评价;徐娜的《灾荒中的妇女——以1928—1930年的关中地区为例》⑦,以1928年至1930年关中大旱为例,对比了灾前和灾后的妇女生活状况和地位,并对灾后的妇女状况进行了探究,认为灾后妇女地位的上升是一种病态的变化;张娜的《陕西关中地区1900年、1929年两次大旱荒的对比研究》⑧,对两次不同时期的旱灾进行了研究,并对比了其发生前后社会及民众应灾时的变化,总结了旱灾的影响和启示。

陕南的开发在清代呈现快速化的态势,对该区旱灾的研究多着眼于对灾害本身发生原因、过程、分布的探讨,如党群、殷淑燕、殷方圆、李慧芳、王蒙

---

① 张允、赵景波:《近200年来关中地区干旱灾害时空变化研究》,载《干旱区资源与环境》2008年第7期。
② 刘晓琼、赵景波:《关中地区旱涝灾害研究》,载《陕西师范大学学报》(自然科学版)2002年第4期。
③ 张玉芳、邢大伟、刘明云等:《关中地区历史特大干旱探讨》,载《西北水资源与水工程》2002年第3期。
④ 唐亦工、郝松枝:《关中地区旱涝灾害演变的时间序列分形研究》,载《西北大学学报》2001年第3期。
⑤ 朱瑨:《晚清关中农业灾害与民间信仰风俗》,载《西藏民族学院学报》2007年第3期。
⑥ 周珍珍:《康熙三十年陕西西安、凤翔府荒政及其应对》,硕士学位论文,华中师范大学,2012年。
⑦ 徐娜:《灾荒中的妇女——以1928—1930年的关中地区为例》,载《中国减灾》2012年第18期。
⑧ 张娜:《陕西关中地区1900年、1929年两次大旱荒的对比研究》,硕士学位论文,陕西师范大学,2014年。

的《明清时期陕南汉江上游山地灾害研究》[1]，统计分析了陕南汉江上游山地灾害的时空规律，并分析了其影响因子，认为地质地貌、气候水文是基础和主导因子，而人类活动是直接因素；其他还有张健民的《碑石所见清代后期陕南地区的水利问题与自然灾害》[2]等。另外，关于清代陕南社会应灾机制的论文也有两篇：张韬岚的《试论清代陕南地区的荒政实施》[3]、张健的《灾害与应对——以清代安康地区为例》[4]。

关于陕北地区旱灾的研究主要集中于明代，专门论述清代、民国时期陕北旱灾的文章主要有：于国珍的《清代陕北地区旱灾时空特征分析》[5]对该地区的旱灾资料进行了统计分析，研究发现，道光二十年至宣统二年（1840—1910）为该地区旱灾的高发期，这也从一个侧面反映了对这一阶段进行研究的必要性；王颖的《1923—1932年陕北自然灾害的初步研究》[6]指出，1923年至1932年陕北自然灾害具有受灾时间长、范围广，受害程度不一、地域不平衡，受灾种类多、多灾并发的特点，自然环境的不稳定性、脆弱性及恶劣的社会政治环境是其原因；冯圣兵的《陕甘宁边区灾荒研究（1937—1947）》[7]，较为系统地对边区灾荒的概况、成因及边区救助思想、组织程序与措施进行了考证；张宪功、徐雪强、古帅、王尚义、牛俊杰的《1644—1949年陕北地区旱灾研究》[8]，整理分析了清到民国时期陕北地区旱灾的时空特征、致灾因素，认为气候波动、降水不均是其主要因素，而人类过度的农业开发则加剧了旱灾的危害。

关于整个陕西历史时期旱灾发生原因、发生次数、分布规律、影响等的研究成果主要有：袁林的《陕西历史旱灾发生规律研究》[9]，对陕西历史时期旱灾的发生规律进行了分析；于玲玲的《陕西旱作农区旱灾发生的时空规律及减灾

---

[1] 党群、殷淑燕、殷方圆等：《明清时期陕南汉江上游山地灾害研究》，载《陕西师范大学学报》（自然科学版）2015年第5期。
[2] 张健民：《碑石所见清代后期陕南地区的水利问题与自然灾害》，载《清史研究》2002年第2期。
[3] 张韬岚：《试论清代陕南地区的荒政实施》，硕士学位论文，复旦大学，2010年。
[4] 张健：《灾害与应对——以清代安康地区为例》，硕士学位论文，陕西师范大学，2009年。
[5] 于国珍：《清代陕北地区旱灾时空特征分析》，载2010年陕西师范大学历史地理学重点研究基地年会论文集。
[6] 王颖：《1923—1932年陕北自然灾害的初步研究》，载《气象与减灾研究》2006年第3期。
[7] 冯圣兵：《陕甘宁边区灾荒研究（1937—1947）》，硕士学位论文，华中师范大学，2001年。
[8] 张宪功、徐雪强、古帅等：《1644—1949年陕北地区旱灾研究》，载《地域研究与开发》2016年第3期。
[9] 袁林：《陕西历史旱灾发生规律研究》，载《灾害学》1993年第4期。

政策研究》①、石忆邵的《陕西省干旱灾害的成因及其时空分布特征》②等，都剖析了陕西省干旱灾害的成因及其影响因素，阐述了旱灾的时空分布特征；李登弟、朱凯的《史籍方志中关于陕西水旱灾情的记述》③，通过分析历史上陕西水旱灾害资料，认为陕西各地历史上的旱涝灾害越来越频繁，而且有着逐渐加重的发展趋势，并分析了造成这种状况的自然因素、社会政治因素、生态环境累积因素等；耿占军的《清代陕西农业地理研究》④，围绕影响清代陕西农业生产发展的劳动力、耕地、水利、作物及自然灾害等诸要素展开论述，其中在自然灾害章节中研究了清代陕西自然灾害的时空规律及其对农业生产的影响；张红霞的《民国时期陕西地区的灾荒研究（1928—1945）》⑤，对民国时期陕西地区各类灾害的灾情、特点、原因、影响及政府的救灾措施进行了研究；李德民、周世春的《论陕西近代旱荒的影响及成因》⑥，探讨了陕西近代旱荒对农业生产和农民生活的摧残，认为政治腐败是其发生的最主要和最根本的原因；安少梅、王建军在《陕西"民国十八年年馑"巨灾的人祸因素分析》⑦中认为，陕西民国十八年（1929）巨灾的原因，"人祸"大于"天灾"；赵楠、侯秀秀的《1928—1930年陕西大旱灾及影响探析》⑧和张玮、秦斌的《1927—1932年间的陕西旱灾》⑨，分析了不同时期陕西旱灾的灾况，并从自然因素和社会因素两方面进行了探讨，最后从农业、人口、粮价等方面分析了其影响；耿占军、仇立慧的《清至民国陕西水旱灾害研究》⑩，对清至民国陕西的水旱灾害进行了统计分析，探讨了其时空分布，最后总结了水旱灾害不同的分布特点；张建、芮旸、

---

① 于玲玲：《陕西旱作农区旱灾发生的时空规律及减灾政策研究》，硕士学位论文，西北农林科技大学，2009年。
② 石忆邵：《陕西省干旱灾害的成因及其时空分布特征》，载《干旱区资源与环境》1994年第3期。
③ 李登弟、朱凯：《史籍方志中关于陕西水旱灾情的记述》，载《人文杂志》1982年第5期。
④ 耿占军：《清代陕西农业地理研究》，西北大学出版社1996年版。
⑤ 张红霞：《民国时期陕西地区的灾荒研究（1928—1945）》，硕士学位论文，西北大学，2007年。
⑥ 李德民、周世春：《论陕西近代旱荒的影响及成因》，载《西北大学学报》（哲学社会科学版）1994年第3期。
⑦ 安少梅、王建军：《陕西"民国十八年年馑"巨灾的人祸因素分析》，载《西安文理学院学报》（社会科学版）2008年第4期。
⑧ 赵楠、侯秀秀：《1928—1930年陕西大旱灾及影响探析》，载《宁夏师范学院学报》（社会科学版）2012年第2期。
⑨ 张玮、秦斌：《1927—1932年间的陕西旱灾》，载《民国研究》第26辑，2014年秋季号。
⑩ 耿占军、仇立慧：《清至民国陕西水旱灾害研究》，载《中国历史地理论丛》2014年第1辑。

赵新正、刘晓琼的《1689—1692年陕西大旱灾情及气候背景》①，用史料构建了1689年至1692年陕西旱灾的时空分异，指出关中地区是重灾区，认为太阳活动、火山活动等气候背景也是引发旱灾的因子；徐小钰、朱记伟、解建仓、刘家宏、李占斌的《陕西省1470—2012年旱涝灾害时空分布特征及演变趋势分析》②，在总结分析陕西省旱涝灾害的分布特征及趋势的基础之上，认为周期性和阶段性是其特征；王海银的《明清陕西祈雨研究》③，对陕西的祈雨信仰与仪式进行了论述，并分析了关中、陕北、陕南三大地理区域祈雨的地区差异和特征，最后对祈雨活动在地方社会的作用进行了总结。

关于陕西旱灾应对机制的研究成果主要有：张银娜的《光绪"丁戊奇荒"与地方政府应对》④，从文化层面和物质层面对"丁戊奇荒"期间陕西渭北州县地方政府的应对措施进行了论述，其角度选择比较新颖；张莉的《乾隆朝陕西灾荒及救灾政策》⑤，通过档案资料分析了乾隆朝的灾荒及应对措施；王文涛的《清末民国时期秦东地区的民间救灾初探》⑥，对清末秦东地区的民间救灾组织进行了论述；肖育雷、吕波的《论1928—1930年陕西大旱灾的救荒》⑦，研究了国民政府和民间社会在1928年至1930年陕西大旱灾中的救灾成效与制约因素；张萍的《动荡与饥荒：极端气候事件与区域社会应对——1929年陕西"大年馑"的个案考察》⑧，从气候、农作物结构、政治等方面讨论了1929年陕西大饥荒的背景，指出连年的极端气候是引发灾害的主要原因，而政治等人为因素则是饥荒的根本原因；张天政、赵娜的《从乡村救灾到市场竞争——以20世纪30年代陕西省乡村借贷为例》⑨，对灾后政府农村借贷救济方式进行了分析，认为其不仅打压了高利贷市场，在救灾上有一定的作用，而且促成了农村借贷市场的形成。

---

① 张建、芮旸、赵新正等：《1689—1692年陕西大旱灾情及气候背景》，载《西北大学学报》（自然科学版）2016年第3期。
② 徐小钰、朱记伟、解建仓等：《陕西省1470—2012年旱涝灾害时空分布特征及演变趋势分析》，载《西安理工大学学报》2015年第2期。
③ 王海银：《明清陕西祈雨研究》，硕士学位论文，陕西师范大学，2015年。
④ 张银娜：《光绪"丁戊奇荒"与地方政府应对》，硕士学位论文，陕西师范大学，2011年。
⑤ 张莉：《乾隆朝陕西灾荒及救灾政策》，载《历史档案》2004年第3期。
⑥ 王文涛：《清末民国时期秦东地区的民间救灾初探》，载《兰台世界》2007年第1期。
⑦ 肖育雷、吕波：《论1928—1930年陕西大旱灾的救荒》，载《榆林学院学报》2007年第3期。
⑧ 张萍：《动荡与饥荒：极端气候事件与区域社会应对——1929年陕西"大年馑"的个案考察》，载《国际社会科学杂志》（中文版）2013年第2期。
⑨ 张天政、赵娜：《从乡村救灾到市场竞争——以20世纪30年代陕西省乡村借贷为例》，载《史学月刊》2016年第5期。

仓储是古代灾害应对的一个重要方面，为备荒第一要务。对清代陕西仓储进行研究的成果亦不少。康沛竹的《清代仓储制度的衰败与饥荒》①，明确提出了仓储与赈灾的问题，认为仓储制度的衰败是导致晚清饥荒严重的重要原因；吴洪琳相继发表的《论清代陕西社仓的区域性特征》②《清代陕西社仓的经营管理》③两篇文章，分析了社仓在陕北、陕南、关中的分布特征，认为陕西社仓主要是在赈济中发挥作用；刘永刚的《清代陕甘地区仓储探析》④指出，清代陕西的社仓救灾能力有限；胡波的《试论清代陕西黄土高原地区农村的仓储保障体制》⑤认为，仓储是否能发挥应灾作用与灾害的程度有关。

另外如陕西省气象局气象台主编的《陕西省自然灾害史料》⑥、陕西省历史自然灾害简要纪实编委会主编的《陕西省历史自然灾害简要纪实》⑦等，均为清至民国时期陕西旱灾的研究提供了宝贵的资料。

(二) 有关清至民国时期甘肃地区旱灾及社会应对的研究成果

对甘肃旱灾本身的研究，主要有：袁林的《甘宁青历史旱灾发生规律研究》⑧，将上古至民国时期甘、宁、青地区旱灾史料转化为量化资料，然后进行频次分析、阶段分析和周期分析，得出历史时期甘、宁、青地区旱灾的一些统计规律；袁林的另一篇文章《甘宁青历史饥荒统计规律研究》⑨，以年为时间单位，以饥荒区域大小为基本依据，将上古至民国时期甘、宁、青地区饥荒史料转化为量化数据，运用统计学方法进行频次、阶段和周期分析，得出了该地区历史饥荒的若干规律；丁文广、刘敏的《甘肃历史时期干旱、饥荒和虫害相关性研究及应对策略建议》⑩，依据甘肃近300年干旱、饥荒、虫害史料，系统研究了甘肃省干旱的历史发生规律，将干旱与虫害、饥荒联系在一起；姚辉、徐

---

① 康沛竹：《清代仓储制度的衰败与饥荒》，载《社会科学战线》1996年第3期。
② 吴洪琳：《论清代陕西社仓的区域性特征》，载《中国历史地理论丛》2001年第1期。
③ 吴洪琳：《清代陕西社仓的经营管理》，载《陕西师范大学学报》（社会科学版）2004年第2期。
④ 刘永刚：《清代陕甘地区仓储探析》，载《文博》2008年第3期。
⑤ 胡波：《试论清代陕西黄土高原地区农村的仓储保障体制》，载《陕西师范大学学报》（哲学社会科学版）2002年第1期。
⑥ 陕西省气象局气象台：《陕西省自然灾害史料》，陕西省气象局气象台1976年版。
⑦ 陕西省历史自然灾害简要纪实编委会：《陕西省历史自然灾害简要纪实》，气象出版社2002年版。
⑧ 袁林：《甘宁青历史旱灾发生规律研究》，载《兰州大学学报》（自然科学版）1994年第2期。
⑨ 袁林：《甘宁青历史饥荒统计规律研究》，载《兰州大学学报》（社会科学版）1996年第4期。
⑩ 丁文广、刘敏：《甘肃历史时期干旱、饥荒和虫害相关性研究及应对策略建议》，载《干旱区资源与环境》2011年第3期。

国昌的《甘肃省近520年旱涝特征及干旱频率变化》①，依据史料记载得出一套目前较为可靠的1470年至1989年共520年旱涝等级序列，并以此为依据，分析总结了甘肃历史时期旱涝灾害的分布特征及变化规律；徐国昌的《干旱说不尽的话题》②，重点对民国时期特大旱灾的特点、大旱灾成因中的自然因素与人为影响进行了论述；成爱芳、赵景波的《公元1400年以来陇中地区干旱灾害特征》③，论述了公元1400年至1999年甘肃陇中地区干旱灾害等级序列、时间空间变化及气候背景；郁科科、赵景波、罗大成的《河西走廊明清时期旱灾与干旱气候事件》④，对明清时期河西走廊干旱灾害等级、时空特征、成因及气候事件进行了研究；韩永翔、姚辉等的《近525年甘肃旱涝的气候背景及旱涝趋势研究》⑤，通过对甘肃最近525年旱涝气候背景及旱涝等级的分析，研究了大的气候背景、突变时间及四个代表地区的旱涝趋势和长周期变化；霍云霈的《兰州地区近540年旱涝灾害研究》⑥，依据旱涝史料建立了兰州地区近540年旱涝等级序列，对于旱涝灾害发生的规律性、周期性、阶段性和形成原因作了系统分析；王佳楠的《历史时期陕甘宁地区自然灾害与社会经济发展研究》⑦，依据史料揭示了陕、甘、宁地区自然灾害的发生特点和相关性，客观反映了自然灾害与当地社会经济发展的内在联系；贾惠珍的《民国时期兰州灾荒探析》⑧，总结了民国时期兰州灾荒的特点及成因，并在一定程度上肯定了民间救济的积极作用；侯普慧、张学博的《民国时期庆阳灾荒初探》⑨，对民国时期庆阳地区的自然灾况、灾荒的特点及产生原因进行了论述；雷兴鹤的《清代甘肃陇东地区

---

① 姚辉、徐国昌：《甘肃省近520年旱涝特征及干旱频率变化》，载《干旱区资源与环境》1992年第1期。
② 徐国昌：《干旱说不尽的话题》，载《发展》1996年第4期。
③ 成爱芳、赵景波：《公元1400年以来陇中地区干旱灾害特征》，载《干旱区研究》2011年第1期。
④ 郁科科、赵景波、罗大成：《河西走廊明清时期旱灾与干旱气候事件》，载《干旱区研究》2011年第2期。
⑤ 韩永翔、姚辉等：《近525年甘肃旱涝的气候背景及旱涝趋势研究》，载《甘肃气象》2000年第3期。
⑥ 霍云霈：《兰州地区近540年旱涝灾害研究》，载《干旱区资源与环境》2010年第5期。
⑦ 王佳楠：《历史时期陕甘宁地区自然灾害与社会经济发展研究》，硕士学位论文，西北农林科技大学，2009年。
⑧ 贾惠珍：《民国时期兰州灾荒探析》，载《兰州教育学院学报》2010年第2期。
⑨ 侯普慧、张学博：《民国时期庆阳灾荒初探》，载《陇东学院学报》2010年第6期。

水旱灾害成因探析》①，介绍了清代陇东地区水旱灾害频发的状况，并从自然、人为、社会及生态因素方面分析了水旱灾害的成因；雷兴鹤在另一篇文章《清代甘肃陇东蝗灾及相关问题研究》②中，虽以蝗灾为研究对象，但其中涉及蝗灾与水旱灾害的关系，体现出灾害种类之间的相关性、并发性特征；于国珍的《清代陇东地区旱灾时空特征分析》③与孟静静、赵景波的《清代陇东地区干旱灾害初步研究》④两篇文章，对清代陇东地区干旱灾害的等级序列、时间和空间特征及其成因进行了研究，指出形成陇东地区干旱灾害的自然因素主要是其独特的地理、地貌环境及气候水文条件，而人类对自然环境不合理的开发和利用也起了一定作用，其中最主要的原因是降水的减少与分配不均；李卓仑、王乃昂、董春雨等的《1928年甘肃旱灾的时空差异及气候背景》⑤，通过整理1928年甘肃救灾档案资料，复原了我国近代历史上的一次重大旱灾——1928年甘肃旱灾的受灾地区和受灾情况；刘立的《对民国十七至十九年甘肃特大旱灾的历史反思》⑥，对1928年至1930年甘肃特大旱灾从自然、历史及社会政治等各个方面进行了探讨；郭毅、赵景波的《1368—1948年陇中地区干旱灾害时间序列分形特征研究》⑦，采用标度变换法对陇中地区1368年至1948年各级干旱灾害及旱季序列的时间分维值进行测算，深入探讨了各旱灾序列时间分维与其线性特征之间的关系。

关于甘肃旱灾所造成的社会影响的研究成果主要有：赵艳林的《甘肃近代史上的几次特大旱灾及严重影响》⑧，论述了甘肃近代史上的几次特大旱灾的发生情况及其影响，认为频发、特大的旱情严重影响着甘肃全省的经济开发、农业生产和生态环境；雷兴鹤在《清代甘肃陇东农业经济发展与环境变迁问题探

---

① 雷兴鹤：《清代甘肃陇东地区水旱灾害成因探析》，载《西安石油大学学报》（社会科学版）2011年第5期。
② 雷兴鹤：《清代甘肃陇东蝗灾及相关问题研究》，载《咸阳师范学院学报》2010年第2期。
③ 于国珍：《清代陇东地区旱灾时空特征分析》，载《防灾科技学院学报》2010年第1期。
④ 孟静静、赵景波：《清代陇东地区干旱灾害初步研究》，载《干旱区资源与环境》2011年第2期。
⑤ 李卓仑、王乃昂、董春雨等：《1928年甘肃旱灾的时空差异及气候背景》，载《灾害学》2010年第4期。
⑥ 刘立：《对民国十七至十九年甘肃特大旱灾的历史反思》，载《社科纵横》2007年第10期。
⑦ 郭毅、赵景波：《1368—1948年陇中地区干旱灾害时间序列分形特征研究》，载《地球科学发展》2010年第6期。
⑧ 赵艳林：《甘肃近代史上的几次特大旱灾及严重影响》，载《开发研究》1995年第4期。

析》① 中指出，清初和同治年间的战乱及自然灾害使陇东的经济、人口、社会受到巨大影响，生产力发展水平较低，在经历了清中期的恢复和发展后，陇东农业经济有了较大发展，但生态环境却退化了；于国珍的《清代陇东地区自然灾害与农耕社会》②，论述了清代陇东地区旱灾、雹灾、水灾三种灾害的特征及影响因素，同时对灾害产生的社会影响及官民救灾措施作了系统分析；张连银的《自然灾害、仓储与清代甘肃的粮价（1796—1911）》③，通过对这一时期甘肃自然灾害、战乱与粮价波动之间关系的分析，认为自然灾害、仓储是影响甘肃粮价波动的主要因素。

关于甘肃旱灾应对问题的研究成果主要有：付春锋的《20世纪20年代甘肃灾荒救济》④，重点论述了20世纪20年代甘肃省的灾荒应对问题，对政府与民间的救灾活动分别进行了论述与比较；陈晓锋的《对1928年陕甘灾荒及救济的考察》⑤，分析了1928年陕甘灾荒的发生背景及当时国民政府的救济措施，并得出此次灾荒发生的根本原因是人祸的结论；汤长平的《古代甘肃旱灾成因及防治措施》⑥，重点探讨了古代甘肃旱灾发生的自然及人为原因，并从水利、农作技术层面对古代甘肃人民的抗旱举措作了相关论述；王美蓉的《民国时期甘肃自然灾害的治理及其局限》⑦，论述了民国时期政府及民间力量的救灾措施，并总结了其局限性；贾惠珍的《略论民国时期甘肃民间社会对灾荒的救济》⑧，则从民间团体与传教士两大方面对民国时期甘肃民间救灾问题进行了论述；王玉春的《清代河西仓储研究——以官仓、民仓为主》⑨，分析了清代河西地区的仓储系统，并对其运行、作用、分布进行了探讨，最后总结了仓储系统衰落的原

---

① 雷兴鹤：《清代甘肃陇东农业经济发展与环境变迁问题探析》，载《西安石油大学学报》（社会科学版）2014年第3期。
② 于国珍：《清代陇东地区自然灾害与农耕社会》，硕士学位论文，陕西师范大学，2011年。
③ 张连银：《自然灾害、仓储与清代甘肃的粮价（1796—1911）》，载《兰州学刊》2014年第8期。
④ 付春锋：《20世纪20年代甘肃灾荒救济》，硕士学位论文，兰州大学，2006年。
⑤ 陈晓锋：《对1928年陕甘灾荒及救济的考察》，载《兰州大学学报》（社会科学版）2004年第2期。
⑥ 汤长平：《古代甘肃旱灾成因及防治措施》，载《开发研究》1999年第6期。
⑦ 王美蓉：《民国时期甘肃自然灾害的治理及其局限》，载《甘肃联合大学学报》（社会科学版）2009年第4期。
⑧ 贾惠珍：《略论民国时期甘肃民间社会对灾荒的救济》，载《齐齐哈尔师范高等专科学校学报》2010年第5期。
⑨ 王玉春：《清代河西仓储研究——以官仓、民仓为主》，硕士学位论文，陕西师范大学，2014年。

因；王荣华的《国民政府时期甘肃河东水利建设》①，对抗战前后河东地区的水利建设进行了研究，认为由于民族危机、大旱灾和开发西北的政策，河东的水利建设得到了快速发展，加强了政府对甘肃社会的控制；杨洪远的《民国时期甘肃灾荒研究》②，阐述了民国时期甘肃自然灾害的发生原因、灾害类型、灾害影响及灾荒应对保障措施；权琦的《明清时期定西自然灾害研究》③，在概述明清时期定西地区灾害状况的基础上，对灾害产生的历史原因及当时政府的治理措施进行了整理与总结。

（三）有关清至民国时期宁夏地区旱灾与社会应对的研究成果

关于宁夏地区的灾害史料集，首推杨新才等编纂的《宁夏水旱自然灾害史料及分析》④，这一内部资料摘编了公元前780年到1948年的水旱灾害史料，整理分析了1949年到1991年的现代水旱灾害资料，编制出1402年到1991年共590年的连续水旱等级系列年表，并对宁夏水旱灾害的发生规律及周期进行了研究，对未来50年水旱灾害的发生趋势做出了预估，为宁夏水旱灾害研究与防治提供了基础资料。相关的灾害资料集还有夏普明的《中国气象灾害大典·宁夏卷》⑤，书中分类别整理了从公元前71年到2000年的自然灾害，并对其整体特点进行了分析；宁夏回族自治区气象局编的《宁夏气象志》⑥也有相关的灾害资料。

关于宁夏旱灾发生规律及其成因的研究成果主要有：邵天杰、赵景波的《1368—1949年西海固干旱灾害研究》⑦，重建了西海固地区在这一时段的时间和等级序列，并分析了造成干旱的自然和人为原因；张允、赵景波的《1644—1911年宁夏西海固干旱灾害时空变化及驱动力分析》⑧一文，对1644年到1911年宁夏西海固地区的旱灾进行了统计分析，认为其可以分为五个阶段，影响因子主要有气候、生态和人口，而气候是决定性因素；冯建民、梁旭、郑广芬、

---

①王荣华：《国民政府时期甘肃河东水利建设》，载《北方民族大学学报》（哲学社会科学版）2015年第4期。
②杨洪远：《民国时期甘肃灾荒研究》，硕士学位论文，西北师范大学，2007年。
③权琦：《明清时期定西自然灾害研究》，硕士学位论文，兰州大学，2007年。
④杨新才等：《宁夏水旱自然灾害史料及分析》，内部资料，1987年。
⑤夏普明：《中国气象灾害大典·宁夏卷》，气象出版社2007年版。
⑥宁夏回族自治区气象局：《宁夏气象志》，气象出版社1995年版。
⑦邵天杰、赵景波：《1368—1949年西海固干旱灾害研究》，载《干旱区资源与环境》2008年第11期。
⑧张允、赵景波：《1644—1911年宁夏西海固干旱灾害时空变化及驱动力分析》，载《干旱区资源与环境》2009年第5期。

张冰的《540年来宁夏旱涝分区及演变趋势的诊断分析》①，把宁夏分为三个区域，研究了历史时期宁夏不同区域的旱涝特征及演变趋势，指出旱涝灾害是宁夏地区最主要的自然灾害，旱灾危害尤为严重；奚秀梅、赵景波的《鄂尔多斯高原地区清代旱灾与气候特征》②，对清代鄂尔多斯高原地区的旱灾进行了研究，分析了旱灾发生的频次、阶段，指出旱灾发生的主要原因是气候和人类活动；张慧慧、赵景波、孟万忠的《鄂尔多斯高原西南部清代旱灾研究》③，对清代鄂尔多斯高原西南部的旱灾进行了统计分析，划分了旱灾等级，分析了发生规律，认为其主要是受气候影响，但人类活动亦加强了旱灾的发生强度；聂君的《清代宁夏地区旱灾成因研究》④，将清代宁夏地区旱灾的成因分为自然与社会两大方面；张维慎的《人类活动与宁夏森林的变迁》⑤，分时期论述了宁夏地区森林资源的破坏情况，文章末尾阐明了明清时期宁夏地区频发的水旱等灾害与森林破坏之间的相关性；张维慎在《宁夏农牧业发展与环境变迁研究》⑥第七章中论及历史时期宁夏农牧业灾害的种类及时空特征，其中提及干旱是宁夏发生次数多、影响面积广、危害最严重的气象灾害，并分时期对宁夏地区旱灾的发生次数及时空分布特征作了相关论述；张腾、杨云的《民国时期宁夏地区灾害的特点》⑦，分析了民国时期宁夏地区的灾害类型，认为由灾致荒、并发性和广泛性是其特点，主要影响因素是社会因素；杨云的《宁夏民国十八年年馑的社会原因分析》⑧，对民国十八年灾荒的社会原因进行了探讨，认为农田水利、仓储的破坏、农作物结构及交通运输的落后都是其原因。

关于宁夏旱灾的影响与社会应对的研究成果主要有：李智君的《清代河陇民间信仰的地域格局与边塞特征》⑨，分析了水神信仰方面的缘由、格局和特征，

---

① 冯建民、梁旭、郑广芬、张冰：《540年来宁夏旱涝分区及演变趋势的诊断分析》，载《干旱区资源与环境》2011年第7期。
② 奚秀梅、赵景波：《鄂尔多斯高原地区清代旱灾与气候特征》，载《地理科学进展》2012年第9期。
③ 张慧慧、赵景波、孟万忠：《鄂尔多斯高原西南部清代旱灾研究》，载《干旱区资源与环境》2014年第8期。
④ 聂君：《清代宁夏地区旱灾成因研究》，载《大众文艺》2010年第8期。
⑤ 张维慎：《人类活动与宁夏森林的变迁》，载《古今农业》2003年第4期。
⑥ 张维慎：《宁夏农牧业发展与环境变迁研究》，文物出版社2012年版。
⑦ 张腾、杨云：《民国时期宁夏地区灾害的特点》，载《宁夏大学学报》（人文社会科学版）2015年第6期。
⑧ 杨云：《宁夏民国十八年年馑的社会原因分析》，载《史志学刊》2015年第3期。
⑨ 李智君：《清代河陇民间信仰的地域格局与边塞特征》，载《复旦大学学报》（社会科学版）2006年第4期。

认为边塞的特殊位置使其民间信仰与内地有明显的差异；杨帆的《明清宁夏平原水利兴修与水神信仰初探》①，分析了水神信仰与宁夏平原灾民心理与行动的关系，并探讨了其内部差异；王玉琴的《明清宁夏荒政评述》②，对明清宁夏地区的救荒措施进行了比较研究；魏静的《清代宁夏地区河渠灌溉特点及灌溉制度研究》③，对清代宁夏的水利制度和运行进行了研究，指出了其在宁夏地区发展上的作用，认为人为因素对水利的破坏大于自然灾害；王小东的《生存危机与制度保障：清代宁夏地区仓储制度研究》④，对清代宁夏地区仓储制度的设立及运行情况进行了研究，分析了其发展脉络和没落的缘由。

此外，桑建人、刘玉兰、舒志亮的《近44a宁夏严重干燥事件对气候变暖的响应》⑤，谭春萍、杨建平、李曼、王世金、王生霞、韩春坛的《干旱变化、影响及适应调查与分析——以宁夏回族自治区为例》⑥，聂君的《试论清代宁夏地区灾荒发生的社会成因》⑦，马晓华的《宁夏西海固地区清代以来气象灾害研究》⑧等，都对宁夏地区的旱灾研究提供了参考。

（四）有关清至民国时期青海地区旱灾与社会应对的研究成果

有关青海地区自然灾害的史料整理与汇编有：王莘的《中国气象灾害大典·青海卷》⑨，记录了从东汉永元元年（89）到公元2000年青海发生的大部分气象灾害史料，包括干旱、洪涝、冰雹、雪灾、大风、连阴雨、雷电等主要气象灾害及其次生灾害，是当前气象灾害研究中不可多得的史料文献；王昱的《青海方志资料类编（上）》⑩"自然编"，附有自然灾害史料，包括水、旱、虫、风沙、雹、霜、雪、鼠灾、地震及饥馑，但史料多集中在清代河湟地区；史国

---

① 杨帆：《明清宁夏平原水利兴修与水神信仰初探》，载《宁夏社会科学》2010年第3期。
② 王玉琴：《明清宁夏荒政评述》，载《宁夏社会科学》2014年7月第4期。
③ 魏静：《清代宁夏地区河渠灌溉特点及灌溉制度研究》，载《甘肃理论学刊》2013年第6期。
④ 王小东：《生存危机与制度保障：清代宁夏地区仓储制度研究》，硕士学位论文，陕西师范大学，2014年。
⑤ 桑建人、刘玉兰、舒志亮：《近44a宁夏严重干燥事件对气候变暖的响应》，载《中国沙漠》2007年第5期。
⑥ 谭春萍、杨建平、李曼等：《干旱变化、影响及适应调查与分析——以宁夏回族自治区为例》，载《灾害学》2014年第2期。
⑦ 聂君：《试论清代宁夏地区灾荒发生的社会成因》，载《内蒙古农业大学学报》（社会科学版）2014年第2期。
⑧ 马晓华：《宁夏西海固地区清代以来气象灾害研究》，硕士学位论文，陕西师范大学，2015年。
⑨ 王莘：《中国气象灾害大典·青海卷》，气象出版社2007年版。
⑩ 王昱：《青海方志资料类编（上）》，青海人民出版社1987年版。

枢的《青海自然灾害》①记述了从东汉到公元1949年这数千年来青海的各种自然灾害及对地区经济和社会发展造成的影响。

有关青海地区自然灾害及其影响的研究成果主要有：朱普选的《明至民国时期青海东部地区自然灾害及其治理》②，就青海东部地区自然灾害的类型、发生特点、危害及治理措施进行了研究；孙东岭的《清代河湟地区自然灾害初探》③，通过对清代河湟地区自然灾害类型的分析，得出清代河湟地区自然灾害多样性、群发性、区域分布明显等主要特点；陈新海在《历史时期青海经济开发与自然环境变迁》④一书的第十章，在梳理青海古代自然灾害的基础上，初步研究了清代青海地区自然灾害的时空特征、烈度、政府和民间的应灾措施以及灾害的成因；姚兆余的《明清时期河湟地区人地关系述论》⑤，认为河湟地区人地关系的矛盾是导致自然灾害频发的重要因素，这严重制约着当地农业生产的发展；胡健、赵景波的《1421—1950年青海东部农业区旱灾特征及驱动力研究》⑥，通过对相关历史文献的整理统计和分析，研究了青海东部农业区干旱灾害的等级序列阶段性和周期性特征及驱动力因子，认为青海东部农业区旱灾的发生是气候变化、降水量时空分布不均和人为因素共同作用的结果，其中气候因子起决定性作用，农垦开荒和战争等人为因素造成的环境破坏也对旱灾的发生起到了重要作用；刘雯的《历史时期青海地区自然灾害与区域社会经济发展研究》⑦，在对青海地区自然灾害史料进行系统梳理的基础上，概括总结了青海东西部地区历史灾害的诸多特点，并从农业历史学角度考察了历史时期青海地区自然灾害对农业发展的影响，进而探讨了历史时期青海自然灾害与该地区经济和社会发展之间的互动关系；文忠祥的《青海东部农业区气象灾害分析》⑧，通过分析农业气象灾害对农业生产的危害，探讨了青海东部农业区气象灾害的

---

① 史国枢：《青海自然灾害》，青海人民出版社2003年版。
② 朱普选：《明至民国时期青海东部地区自然灾害及其治理》，载《中国历史地理论丛》2005年第4期。
③ 孙东岭：《清代河湟地区自然灾害初探》，载《青海民族学院学报》2007年第3期。
④ 陈新海：《历史时期青海经济开发与自然环境变迁》，青海人民出版社2009年版。
⑤ 姚兆余：《明清时期河湟地区人地关系述论》，载《开发研究》2003年第3期。
⑥ 胡健、赵景波：《1421—1950年青海东部农业区旱灾特征及驱动力研究》，载《干旱区研究》2011年第6期。
⑦ 刘雯：《历史时期青海地区自然灾害与区域社会经济发展研究》，硕士学位论文，西北农林科技大学，2009年。
⑧ 文忠祥：《青海东部农业区气象灾害分析》，载《青海师范大学学报》（自然科学版）1998年第1期。

特征及成因，指出特殊的地理环境、气候条件是内在因素，人类社会经济活动是主要推动因素，并基于此提出了相应对策和建议；熊四华的《清至民国时期青海河湟地区农业地理研究》[①]，从地理环境和人口等方面分析了河湟地区农业发展的趋势，指出了农业开发对当地自然环境的破坏，文章最后对清后期至民国时期政府的救灾措施进行了分析。

综上所述，虽然有关历史时期旱灾方面的研究成果颇为丰富，但正如夏明方、曲彦斌等学者指出的，中国灾害史的研究多侧重于成灾体即灾害自然属性的研究，而忽略了承灾体即灾害社会属性的研究，即使有救灾制度史方面的论述，也多与灾害史研究相分离，无法体现灾害与救灾制度之间密切的互动关系。另外，我国各区域地理特点差异很大，自然灾害发生发展的规律各异，各区域旱灾应对机制的形成与发展过程自然也各不相同，因此，对清至民国这样一个社会转型时期西北地区的旱灾研究具有显著的意义，能为现代防灾救灾提供有效借鉴。

---

① 熊四华：《清至民国时期青海河湟地区农业地理研究》，硕士学位论文，西北师范大学，2013年。

第二章 清至民国陕、甘、宁、青旱灾发生的时空规律

旱灾是指长时段无降雨或降雨极少,致使农作物体内水分大量亏缺,从而引起生长发育不良甚至枯死,造成农业减产或失收的自然灾害。旱灾程度取决于前期降水量、干旱的持续时间、空气温度和湿度、风力、地下水位及作物的种类、生育期和生长状况等。从旱灾发生的季节看,我国的旱灾有春旱、夏(伏)旱、秋旱和冬旱的不同。春旱以黄河流域及其以北地区最为常见,西北和长江上游也有出现;夏旱多在长江中下游梅雨过后发生;秋旱在华北、华中和华南许多地区发生;华南南部由于冬季作物仍在生长,冬旱也有发生。旱灾有时因为干旱持续的时间很长,或春旱、夏旱相连,或夏旱、秋旱相连,或冬旱、春旱相继,甚至三旱相连,此种连旱对农业生产的危害最为严重。

近年来,多位学者都对清至民国时期陕、甘、宁、青旱灾发生的频次进行了量化统计,但因统计方法、资料不同,结果呈现出一定的差异性。笔者认为,旱灾的形成是区域自然环境(气候、地貌、水文、植被)及社会环境(政治、经济、文化)综合作用的结果,因此,对其科学的评定要以不同的人类社会发展阶段,以及同一阶段不同地区的自然、社会差异性为基础。此外,随着近年来灾害研究的深入,一大批有关灾害记录的翔实资料不断被挖掘、整理,因此,本书在拓宽资料来源的基础上,科学、系统地对旱灾发生的概况加以统计,并以此为基础,总结其发生规律。

本书统计资料的来源以清到民国时期陕、甘、宁、青四省区的方志、乡土志,中华人民共和国成立后各省区、各市、各县地方志编纂委员会编纂的一系列地方志,《西北灾荒史》[①]《陕西省自然灾害史料》[②]《陕西省历史自然灾

[①] 袁林:《西北灾荒史》,甘肃人民出版社1994年版。
[②] 陕西省气象局气象台:《陕西省自然灾害史料》,陕西省气象局气象台1976年版。

害简要纪实》①《中国气象灾害大典》②《中国灾荒史记》③ 等资料为主,并以各省区档案馆馆藏的一系列档案资料及民国时期的一些报刊和电文资料作为补充。

为了使统计清楚明了,现将本书统计原则及等级划分原则叙述如下:

①关于旱灾的统计原则

凡同一地域发生在同一年度的旱灾,则记为一次旱灾年。关于旱灾发生的季节和月份,根据材料记载详略的不同,能统计到具体月份的(如陕西省),则统计到具体月份;凡不能统计到具体月份的(如甘肃、宁夏、青海),则统计到季节。

同时期(年、季、月)发生在不同地区的旱灾,如致灾成因相同,则记作同一次旱灾。如康熙六年(1667),武山(今甘肃天水地区)"夏旱秋涝,禾黍无籽种,七年民饥,奉旨减田租十之三"④;临夏(今甘肃临夏地区)"临洮、河州夏旱秋涝,斗粟千钱,饥民背井离乡者,数以千计"⑤。这两次旱灾发生在不同地区,但灾害发生时间相同,按一次灾害统计。

②关于旱灾等级的划分原则

参照袁林的《西北灾荒史》等对历史时期旱灾等级的划分,结合陕、甘、宁、青四个省份旱灾的持续时间、发生强度、受灾范围、受灾程度及影响等因素,把旱灾划分为轻旱、中旱、重旱、特旱四个等级。

第1级为轻旱。文献中用"旱""不雨"等词语来描述的旱灾,或局部地区、个别地区发生干旱,但未记载旱灾对农业及当地人们的影响,这类旱灾归为轻旱。如顺治九年(1652),陕西"潼关县七月,旱"⑥。嘉庆十八年(1813),镇原(今甘肃庆阳地)"夏,自五月不雨,至于秋八月"⑦。

第2级为中旱。文献中用"大旱""饥""歉收"等词语来描述的旱灾,或

---

①陕西省历史自然灾害简要纪实编委会:《陕西省历史自然灾害简要纪实》,气象出版社2002年版。
②温克刚:《中国气象灾害大典》,气象出版社2005年版。
③孟昭华:《中国灾荒史记》,中国社会出版社2003年版。
④中国西北文献丛书编辑委员会:《宁远县志》,《中国西北文献丛书·西北稀见方志文献》第37卷,兰州古籍出版社1990年版,第97页。
⑤临夏市地方志编纂委员会:《临夏市志》,甘肃人民出版社1995年版,第131页。
⑥(嘉庆)《潼关志》,转引自陕西省气象局气象台《陕西省自然灾害史料》,陕西省气象局气象台1976年版,第32页。
⑦《镇原县志》卷7,《中国地方志集成·甘肃府县志辑》第25册,凤凰出版社2009年版,第120页。

在灾后出现减免赋税、缓征额赋或赈恤等，这类归为中旱。如光绪二十四年（1898），青海省"丹噶尔（今湟源）等处大旱，饥"①。

第3级为重旱。文献中记载的较大区域的旱灾，粮食严重歉收，村民无以为食，粮价飞涨等，这样的旱灾归为重旱。如康熙二十九年（1690），"岁大旱，米价昂贵，奉部覆准动用常平仓及捐输粮石赈给。兰州都司张尔煜奉檄，令各官捐俸，于集庆寺中煮粥赈济贫民，赖以全活。②"

第4级为特旱。文献中记载的持续时间长、发生面积大，河流断流，水井干枯，灾民大面积死亡、迁移，人民生命财产受到特大损失，这类旱灾归为特旱。如同治七年（1868），宁夏西吉"秋大旱，翌年春夏不雨，颗粒无收，民大饥，饿殍载道。③"民国十七年（1928），"春夏，甘肃大旱，陇东受灾。又值战乱，粮价奇贵，饥民载道。正宁等县均属重灾区，自春徂秋，数月不雨，全年未降透雨，麦禾未种。灾民既乏充腹之粮，又无栖身之所，更少御寒之衣，多剥菜根树皮，炒糠秕掺和而食，鸠形菜色，人相食，甚至有掘尸碾骨、易子而食者。加以匪患，灾民占全县人口40%"④。

第一节 陕西省旱灾的时空分布规律

陕西地处中国西北内陆，传统农业根基深厚，但由于"通省山田较多，即平原种植地形亦均高燥，向来夏秋之交，患旱不患涝"⑤。旱灾，是陕西省最主要的自然灾害，造成的损害也最为严重。旱灾的发生并不是孤立的，其形成是气候、地形、土壤、生物特性等多种因素综合影响的结果。第一，从气候因素分析，陕西地处我国内陆腹地，远离海洋，大陆性季风气候显著，造成其全年降水量少且分布不均。第二，从土壤特性因素分析，陕西秦岭以北的陕北高原和关中平原都属于典型的黄土分布区，黄土的多孔性、透水性和垂直节理使其蓄水能力极为低下，一旦降水偏少，土壤就会出现干燥现象。第三，从生物特性上讲，各种生物的生理特性和生育期对干旱的敏感程度不同，若正值作物抽

---

① 王苹：《中国气象灾害大典·青海卷》，气象出版社2007年版，第19页。
② 《靖远县志》卷1，《中国地方志集成·甘肃府县志辑》第15册，凤凰出版社2009年版，第416页。
③ 西吉县志编纂委员会：《西吉县志》，宁夏人民出版社1995年版，第47页。
④ 正宁县志编纂委员会：《正宁县志》，甘肃文化出版社2010年版，第166页。
⑤ 水利电力部水管司、科技司，水利水电科学研究院：《清代黄河流域洪涝档案史料》，中华书局1993年版，第632页。

节或灌花之时发生干旱,则势必造成灾害,轻则减产,重则绝收。除此之外,地表覆被状况也影响旱灾的发生。地表植被有调节大气湿度的作用,植被覆盖良好时,其调节作用增强;植被被大规模破坏时,其调节作用减弱,地表暴露,蒸发作用增强,干旱也容易成灾。

一、旱灾的时间分布规律

（一）旱灾的年际分布特征

据统计,在清至民国（1644—1949）的306年里,陕西共发生旱灾207年次,平均1.48年发生一次,频率为0.68次/年,基本上是3年2旱。以10年为单位绘制出陕西旱灾的发生频率图（图2-1、图2-2）,并采用滑动平均法和线性趋势法对数据进行处理。由图2-1、图2-2可以看出,清至民国时期,陕北、关中和陕南的旱灾与全省旱灾发生趋势基本一致,总体呈现出上升趋势,但是波动性很大。5a滑动平均结果显示,1794年之前,旱灾发生次数相对较少,150年间共发生旱灾88次,平均1.70年发生一次;1794年以后旱灾发生频次相对增多,156年间共发生旱灾119次,平均1.31年发生一次;尤其是民国时期的38年间（1912—1949）,旱灾发生年达38次,平均1年发生1次旱灾,发生频率达到了百分之百。

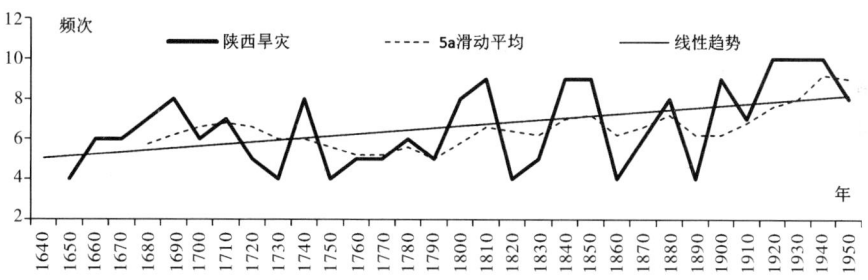

图2-1 清至民国陕西旱灾频次图

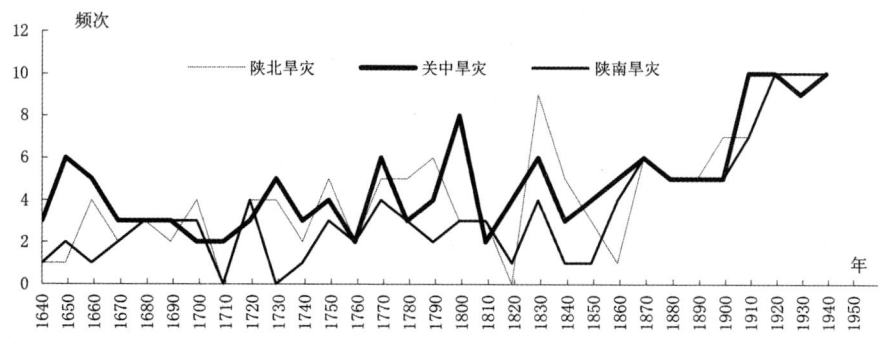

图2-2 清至民国陕北、关中、陕南旱灾频次图

此外，旱灾在发生时间上也不是很均衡。清代，旱灾间隔时间最长的为5年，即从康熙五十三年（1714）至康熙五十七年（1718）、雍正元年（1723）至雍正五年（1727）、嘉庆二十三年（1818）至道光二年（1822）、咸丰元年（1851）至咸丰五年（1855）；而旱灾年连续时间最长的可达9年，即从道光十三年（1833）至道光二十一年（1841）；到了民国时期，旱灾年更是连续长达38年；若清至民国拉通计算，1905—1949年干旱灾害持续年份长达45年。其中1928—1933年的旱灾覆盖全省，影响极其严重，出现了"陕、甘等十三省遭旱灾，被旱五百三十五县，灾民三千三百三十九万余人"①的灾况。由此可见陕西省旱灾发生的频繁性和严重性。

旱灾发生的年际分布与气候变化有一定的关系。陕西属于东亚季风气候区，受东亚季风气候的影响，陕北、关中和陕南的旱灾发生趋势具有一致性，即旱灾多发年份和贫发年份基本上一致。清至民国时期刚好处于气候变化的"明清小冰期"，即15世纪初至20世纪初的气候寒冷期。根据研究②，在小冰期，气候变化表现出一定的冷暖波动，18世纪和20世纪气候为暖期，19世纪为冷期，20世纪气候有增暖的趋势，其中1620—1660年、1720—1730年、1830—1840年、1890—1916年为气候冷暖波动或冷暖交替时期③，而陕西的旱灾高发期1650—1670年、1829—1839年、1910—1949年基本为气候的不稳定期。而在气候的相对平稳期，旱灾发生的频率较低。

表2-1　陕西清至民国时期3年以上旱灾一览表

持续年数	具体年份
4年	1719—1722、1732—1735、1737—1740、1762—1765、1782—1785、1828—1831、1891—1894
5年	1655—1659
6年	1708—1713、1896—1901

---

①邓拓：《中国救荒史》，北京出版社1998年版，第47页。
②郑景云、葛全胜、郝志新等：《1736—1999年西安与汉中地区年冬季平均气温序列重建》，载《地理研究》2003年第3期，第343—348页。
③徐蕊：《明清时期中国大陆的气候变化》，载《首都师范大学学报》（自然科学版）2009年第6期，第67—70页。

续表

持续年数	具体年份
7年	1688—1694、1792—1798、1866—1872、1875—1881
8年及以上	1677—1685、1800—1807、1833—1841、1843—1850、1905—1949

(二）旱灾发生的周期性

旱灾与气候变化具有一定的关系，而气候变化在一定时间尺度上存在着周期性变化的特点，故旱灾在长时间尺度中也存在周期性。

图2-3、图2-4、图2-5分别为陕北、关中和陕南不同时间尺度上的小波分析图（a）和小波方差图（b）。图2-3（a）、图2-4（a）和图2-5（a）各个时间尺度的正小波变化系数与旱灾的高发期相对应，用实线绘出；负小波变化系数与贫发期相对应，用虚线绘出。由旱灾小波分析图和小波方差图可以看出：陕北旱灾序列为40年、125年、150年及250年周期变化，其中150年序列方差最大，说明150年的振荡最强，为陕北旱灾变化的主周期；关中旱灾序列为20年、80年、110年、125年、190年、250年周期变化，其中125年的振荡最强，为关中旱灾变化的主周期；陕南旱灾序列为20年、50年、125年、175年、230年、250年周期变化，其中125年的震荡最强，为陕南旱灾变化的主周期。

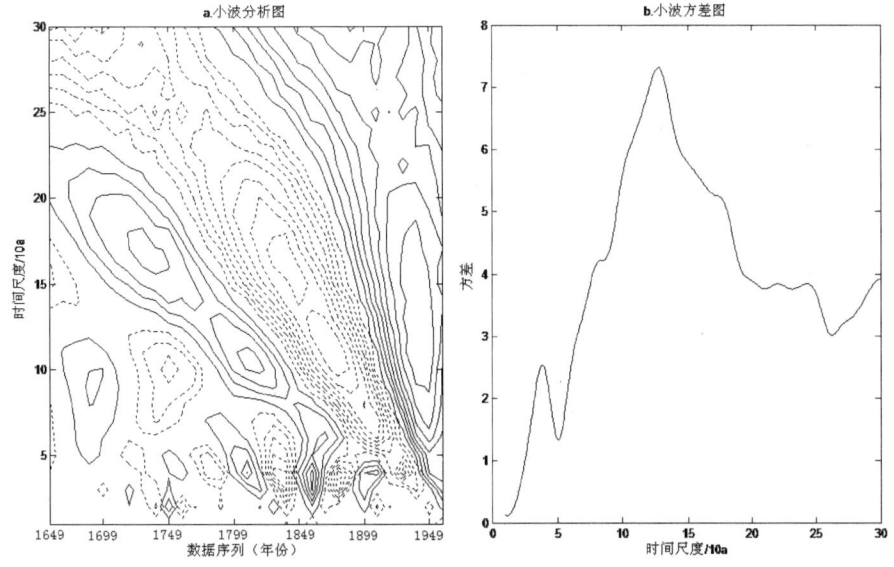

图2-3 陕北旱灾小波分析图与小波方差图

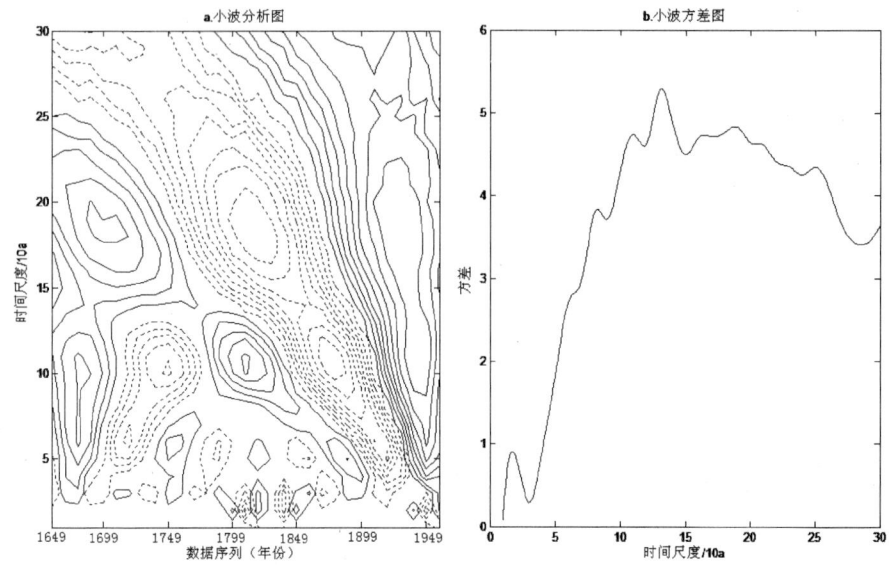

图 2-4 关中旱灾小波分析图与小波方差图

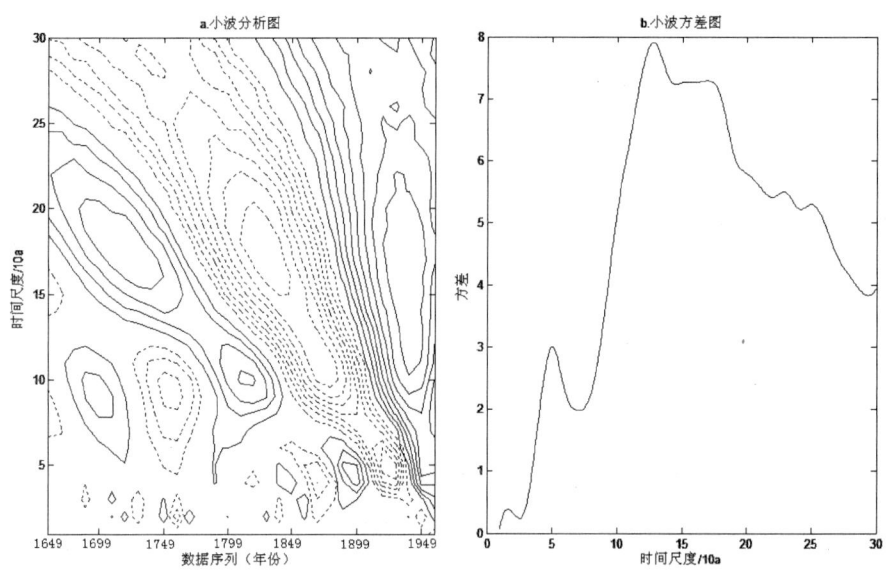

图 2-5 陕南旱灾小波分析图与小波方差图

(三) 旱灾的季节分布特征

清至民国时期陕西省的旱灾除了具有年际变化及周期性特征外,在灾害发生的季节分布上也表现出一定的特点。

如表 2-2 所示,就清至民国时期陕西旱灾的季节分布特点而言,陕北地区的旱灾以夏旱最多，共204次；秋旱次之，共127次；再次为春旱，共120次；冬旱最少，共33次。关中地区的旱灾以夏旱为最多，共219次；秋旱次之，共172次；再次为春旱，共164次；冬旱最少，共81次。陕南地区的旱灾以夏旱为最多，共170次；春旱次之，共136次；再次为秋旱，共119次；冬旱最少，共45次。当然，这其中也存在较多连季旱灾，尤以冬春连旱和夏秋连旱为最多，其次是春夏连旱，三季以上的连旱较少。此类旱灾发生频率虽低，但危害极大，历史上一些重大旱灾发生的年份往往就是连旱发生的年份。如1877年的"丁戊奇荒"即是连旱，史载："秦、晋历冬经春及夏不雨，赤地千里。秦、晋毗连，人相食，道殣相望，其鬻女弃男，指不胜屈，为百余年来未有之奇。"①就清至民国时期陕西旱灾的月份分布特点而言，陕北地区最易发生旱灾的月份为农历五月，其次依次为六月、四月、七月、九月、八月、三月等；关中地区最易发生旱灾的月份为农历五月，其次依次为六月、四月、七月、八月等；陕南地区最易发生旱灾的月份为农历六月，其次依次为五月、四月、三月、二月、一月等。

表2-2 陕西旱灾的月份分布表

		一月	二月	三月	四月	五月	六月	七月	八月	九月	十月	十一月	十二月	合计
陕北	次数	39	40	41	65	70	69	44	41	42	11	11	11	484
	百分比（%）	8.1	8.3	8.5	13.4	14.5	14.3	9.1	8.5	8.7	2.3	2.3	2.3	100
关中	次数	54	55	55	67	78	74	61	57	54	27	27	27	636
	百分比（%）	8.5	8.6	8.6	10.5	12.3	11.6	9.6	9.0	8.5	4.3	4.3	4.3	100
陕南	次数	45	45	46	53	57	60	42	39	38	15	15	15	470
	百分比（%）	9.6	9.6	9.8	11.3	12.1	12.8	8.9	8.3	8.1	3.2	3.2	3.2	100

由此可见，陕西旱灾主要发生在夏季。虽然这个阶段降水较多，但由于农作物此时正处于抽穗、扬花的旺盛生长期，需水量大，加上气温处于全年最高值，天气炎热，蒸发量大，降水往往不能满足农作物生长的需要，因此极易发生干旱灾害②。同时，陕西旱灾发生很普遍，三个区域旱灾在春季、夏季、秋季

---

① [清] 林邕：《振事三记》，转引自陕西省气象局气象台《陕西省自然灾害史料》，陕西省气象局气象台1976年版，第52页。
② 赵景波、郁耀闯、王长燕：《1850—1949年关中地区干旱灾害研究》，载《陕西师范大学学报》（自然科学版）2006年第4期，第99—103页。

和冬季都会发生。因此，陕西一年中四个季节都有旱灾发生。

二、旱灾的空间分布规律

按照陕西省气象地理区划，可分为陕北高原、关中平原和秦巴山地三部分。

据统计（表2-3），在清至民国时期的306年里，陕北地区旱灾发生年共134次，平均2.28年即有一个旱灾年，基本上是5年2旱。关中地区旱灾发生年共149次，平均2.05年即有一个旱灾年，基本上是2年1旱。陕南地区旱灾发生年共109次，平均2.81年即有一个旱灾年，基本上是5年2旱。根据陕西省的降水状况来看，陕南最多，陕北最少，关中居中。理论上来说陕北旱灾应该最多，关中次之，陕南最少。但事实上，清至民国时期陕西旱灾最多的地区却是关中，陕北次之，陕南最少。从土壤特性因素分析，陕西秦岭以北的陕北高原和关中平原都属于典型的黄土分布区，黄土的多孔性、透水性和垂直节理结构使其蓄水能力极为低下，一旦降水偏少，土壤就会出现干燥现象。所以，关中和陕北的旱灾略多于陕南。而造成关中地区旱灾发生年比陕北地区多的原因，应该说并不是降水因素，这应该与两地的作物种植制度及其耐旱性能有很大关系。在清至民国时期，陕北地区一般是一年一熟，春种秋收，越冬作物种植面积很少，故遭遇冬、春两季旱灾的机会相对也要少一些；而且，陕北地区的农作物一般耐旱性能都比其他地区要好。关中地区的种植制度一般是一年两季或者是两年三季，秋种夏收，越冬作物种植普遍，面积广大，故遭遇冬、春两季旱灾的机会相对就多一些；而且，关中地区所种主要农作物的耐旱性能相对来说要比陕北稍差，这样就造成清至民国时期关中地区旱灾的发生年比陕北多一些。此外，关中作为省会所在地，人口稠密，州、县最多，文献记载也要比陕北详细一些，这也是今天我们看到的记载中显示关中地区旱灾发生年多于陕北地区的一个因素。

表2-3 清至民国时期陕西旱灾空间分布表

	陕北	关中	陕南
旱灾次数	134	149	109
平均年次	2.28	2.05	2.81
频次（次/年）	0.44	0.49	0.36

三、灾害的等级

从灾害发生的等级来看（表2-4），陕西省清至民国时期共发生207次干旱灾害，其中 1 级轻灾 53 次，占旱灾总次数的 25.6%；2 级中灾 110 次，占旱灾总次数的 53.14%；3 级重灾 23 次，占旱灾总次数的 11.12%；4 级特大灾（表 2－5）21 次，占旱灾总次数的 10.14%。

表 2－4　陕西省旱灾等级情况表

	1 级轻灾	2 级中灾	3 级重灾	4 级特大灾	合计
旱灾次数	53	110	23	21	207
百分比（%）	25.6	53.14	11.12	10.14	100

表 2－5　陕西省清至民国时期部分特大旱灾

年代	灾情描述	资料来源
1721 年（康熙六十年）	春，无雨，夏禾绝，六月乃雨，民荒极，多逃亡，男女孩易米二三升，夫妇不相顾，复多疫，死者相枕藉，南门外掘万人坑，存活者十二三	《清涧县志》
1877 年（光绪三年）	夏不雨，赤地千里。秦、晋毗连，人相食，道馑相望，其鬻女弃男，指不胜屈，为百余年来未有之奇	《振事三记》
1900 年（光绪二十六年）	饥民乏食，甚至有挖草根、剥树皮以延残喘者，嗷鸿遍野，待哺孔殷	《中国救荒史》
1920 年（民国九年）	陕西等五省大旱，灾民两千万人，占全国五分之二，死亡五十万人，灾区三百十七县	故宫档案
1928 年（民国十七年）	陕南各属更以历年捐派过重之故，现今告罄，人民无钱买粮，其他树皮草根采掘已尽，赤野千里，树多赤身枯槁，遍野苍凉，不忍目睹	《赈灾汇刊》
1929 年（民国十八年）	陕西本年旱灾，至重且大，全省九十一县，而报灾者已七十五，现仍络绎不绝。夏秋颗粒无收，种麦又复失时，兵燹之后，继此凶荒，赤地千里，青草毫无，弃家逃亡，所在皆是，呼号成群，流离载道，劫粮夺食，时有所闻	《陕西赈务汇刊》
1930 年（民国十九年）	从十七年起至十九年冬，三年不雨，六料未收。全省灾情尤以武功、扶风、乾县、礼泉、咸阳等及河北各县为最重，真所谓十室九空，饿莩遍野，为祸之惨，空前未有	《新陕西》（民国二十一年、二十二年）
1932 年（民国二十一年）	陕西入春以来，始之以霜、风，继之以久旱，禾苗枯萎，千里复赤，麦将熟，亢旱且风，残余之苗，全形枯槁，收获成分平均不及十分之二，夏既大歉，秋仍未安，民心惶恐，流亡日多	《陕赈特刊》
1933 年（民国二十二年）	民国十七年至二十二年，连年荒旱，灾害频仍，死亡无数	《陕赈特刊》

从图 2-6 可知，这一时期陕西省的旱灾表现出以下特点：一级轻度干旱灾害主要发生在清代，民国几乎没有发生；二级中灾发生次数最多，分布相对比较均衡；发生的 23 次三级重灾阶段性比较明显，主要集中在 1690—1699 年、1920—1929 年、1940—1949 年，10 年间分别发生 4 次、3 次和 3 次；四级特大灾害的发生具有明显的阶段性，清代发生次数较少，268 年间仅发生 7 次，其中 1720—1840 年的 120 多年间没有发生特大灾害，特大灾害主要发生在民国时期，21 次特大旱灾中发生在民国时期的就达 14 次之多。

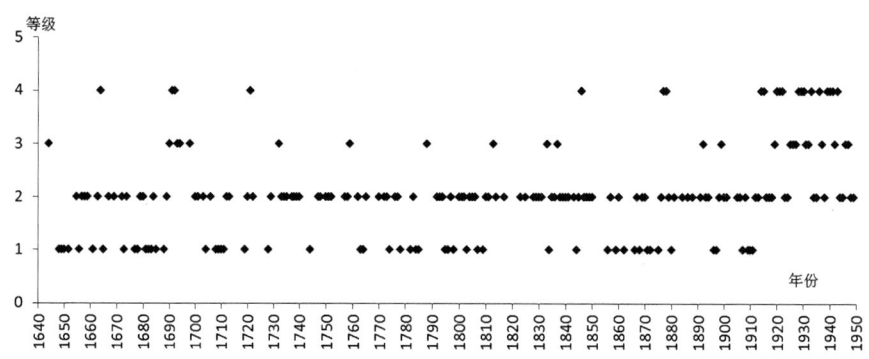

图 2-6　陕西省清至民国时期旱灾等级序列

第二节　甘肃省旱灾的时空分布规律

甘肃省地处我国西北内陆黄土高原、青藏高原和蒙古高原交会地带，境内地形复杂，山脉纵横交错，海拔相差悬殊，高山、盆地、平川、沙漠和戈壁等兼而有之，是山地型高原地貌。从东南到西北，包括了北亚热带湿润区到高寒区、干旱区的各种气候类型。在甘肃省的气象灾害中，干旱灾害居于首位，出现频率高，给工农业生产和国民经济带来了很大影响。

一、旱灾的时间分布规律

（一）旱灾的年际分布特征

在整个清至民国时期的 306 年间，甘肃共发生旱灾 187 次，平均每年发生 0.61 次旱灾。由于甘肃总体降水贫乏，季节分配不均，基本特点是春冬少而夏秋多，加之年、季、月变率较大，故而旱灾时有发生，当地常以谚语"三年两头旱"形容旱灾的发生频率。以此谚语作参照，笔者得出的清至民国时期甘肃平均每 0.61 年发生一次旱灾的规律，基本与此相吻合。由此可以看出，清至民国时期甘肃旱灾的发生是相当频繁的。

从图 2-7 可以看出，甘肃的旱灾在整个清至民国时期的年际变化基本呈现波浪式前进的特点，其中旱灾的高发时段为：1710—1719 年（8 次）、1750—1759 年（8 次）、1760—1769 年（8 次）、1770—1779 年（9 次）、1800—1809 年（9 次）、1810—1819 年（7 次）、1830—1839 年（10 次）、1860—1869 年（8 次）、1870—1879 年（7 次）、1890—1899 年（7 次）、1900—1909 年（7 次）、1920—1929 年（9 次）、1930—1939 年（10 次）、1940—1949 年（8 次）；旱灾的低发期为：1670—1679 年（1 次）、1780—1789 年（2 次）、1790—1799 年（3 次）。随着时间的推移，甘肃旱灾的发生基本上呈递增的趋势，也就是越往后旱灾发生越频繁，比如自民国十三年（1924）起，甘肃几乎每年都有旱灾发生。统计中还发现，旱灾不仅表现出明显的年际分布特征，而且有些旱灾持续时间还比较长，少者连续 2 年、3 年，多者连续 20 余年之久（表 2-6）。

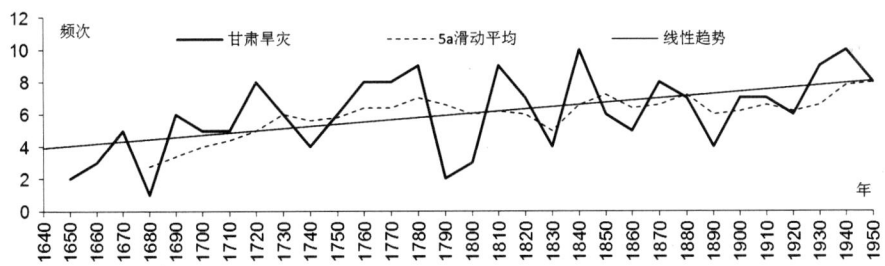

图 2-7 清至民国时期甘肃旱灾频次图

表 2-6 甘肃省清至民国时期 3 年以上旱灾一览表

持续年数	具体年份
3 年	1655—1657、1666—1668、1750—1752、1719—1721、1754—1756、1758—1760、1768—1770、1808—1810、1853—1855、1876—1878、1890—1892
4 年	1683—1686、1727—1730、1740—1743、1815—1818、1907—1910
5 年	1690—1694、1762—1766、1915—1919
6 年	1801—1806
7 年及以上	1772—1780、1829—1840、1865—1874、1896—1902、1922—1948

（二）旱灾发生的周期性

由旱灾小波分析图和小波方差图（图 2-8）可以看出，甘肃省清至民国时期的旱灾具有明显的周期性变化特征。变化序列存在 35 年、75 年、160 年、235 年的周期变化，其中 160 年序列方差最大，说明 160 年的振荡最强，为甘肃省旱灾变化的主周期，75 年为次周期。

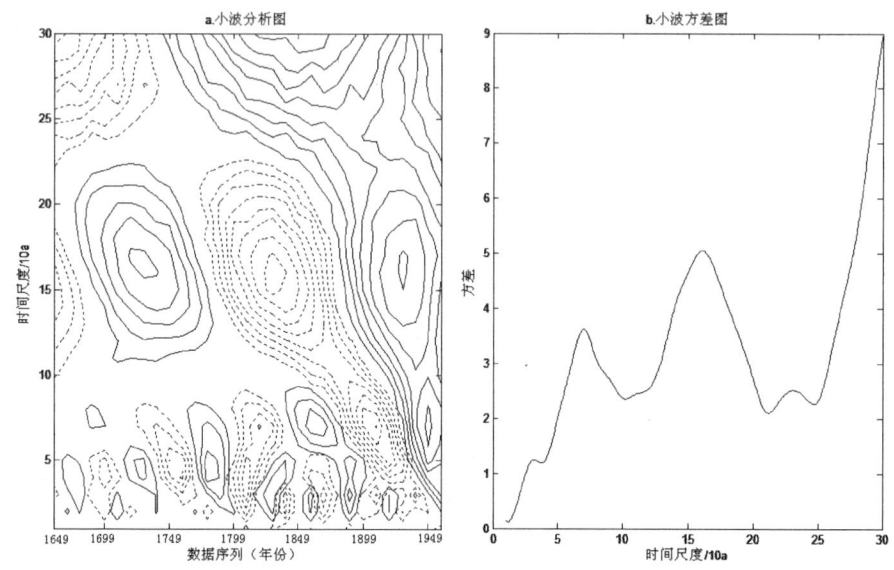

图 2-8　甘肃省旱灾小波分析图与小波方差图

（三）旱灾的季节分布特征

甘肃省清至民国时期旱灾季节记载不详的有 74 次，占旱灾总次数的 28.68%。在明确记载了发生季节或具体月份的旱灾中，春季发生 54 次，占到旱灾发生总次数的 20.93%；夏季 100 次，占 38.76%；秋季 21 次，占 8.14%；冬季 9 次，占 3.49%（表 2-7）。这一状况在《榆中县志》中也有所总结："在上述不完全的记载中，25% 的年份为春旱，35% 的年份为初夏旱，20% 的年份为伏旱，20% 的年份为秋旱。早旱的发生总概率高达 80%—90%，农民称之为'十年九旱''三年两头旱'。其中初夏旱机率最高，危害最重。"① 由此可见，甘肃省的旱灾在夏季发生的频率最高，其次是春季，秋季和冬季则相对较少。旱灾明显夏季多发的季节性分布，与甘肃省年内降水量的分配及农作物生长期需水量具有一定的关系。夏季是甘肃农业区夏禾作物的抽穗、扬花期，需水量相当大，一旦降雨不及时或者没有有效降雨，势必造成农业生产的大幅度减产甚至绝收，很容易造成旱灾。

表 2-7　甘肃省旱灾的季节分布表

	春	夏	秋	冬	不详	合计
次数	54	100	21	9	74	258
百分比（%）	20.93	38.76	8.14	3.49	28.68	100

---

① 榆中县志编纂委员会：《榆中县志》，甘肃人民出版社 2001 年版，第 140 页。

此外,甘肃省旱灾的发生还表现出多季连旱的特征。其中,主要的季节连旱有春夏连旱、夏秋连旱、春夏秋三季连旱、夏秋冬三季连旱、秋冬春三季连旱、冬春夏三季连旱等,如嘉庆元年(1796),华亭"春夏旱,六月大雨雹"①。这种季节性连旱灾害共发生了54次,占到旱灾总次数的28.72%。连旱灾害往往持续时间较长,影响较为严重,通常对应于3级重灾或4级特大旱灾,往往对社会产生毁灭性的破坏力,例如《陇西县志》载:"陇西接连三年特大旱灾,复冰雹、虫害、洪水、霜冻相继为灾……至十八年春,灾情益重,二三月间,乡区灾民在城内到处宿营,活者人相食,死者日以百计,先用薄棺收敛,旋用竹席掩埋,继而几人用一席,再后则暴尸而埋,惨象空前。"②再如民国三十五年(1946),合水(今庆阳地区)"春旱,麦苗多枯,入夏后,旱象更甚,黄风、冰雹、虫害相继,秋枯萎近半,死畜甚多。边区政府全力救灾"③。

二、旱灾的空间分布规律

在分析甘肃省干旱灾害空间分布时,按照该省气象区划划分为陇中、陇东、陇南、河西和甘南5个部分。在清至民国时期的306年间,陇中旱灾发生的频次比较高,达到125次,平均2.45年就发生一次;其次是陇东,旱灾发生的频次为110次,平均2.78年发生一次;陇南、河西地区旱灾发生的频次相对较少,分别是58次、51次,平均5.28年、6年发生一次;旱灾发生频次最少的地区是甘南,共发生15次,平均20.4年发生一次(表2-8)。

表2-8 清至民国时期甘肃旱灾空间分布表

	陇中	陇东	陇南	河西	甘南
旱灾次数	125	110	58	51	15
平均年次	2.45	2.78	5.28	6.00	20.40
频次(次/年)	0.41	0.36	0.19	0.17	0.05

从地理分布上来看,甘南、祁连山区及其他石山森林区为半湿润区,正常年降水在600毫米以上,干旱少有发生;黄河流域兰州以东大部分为半干旱区,年降水一般在400毫米左右,兰州以西及河西走廊降水在100—300毫米以下,

---

① 《华亭县志》,《中国地方志集成·甘肃府县志辑》第35册,凤凰出版社2009年版,第261页。
② 陇西县志编纂委员会:《陇西县志》,甘肃人民出版社1990年版,第103页。
③ 合水县志编纂委员会:《合水县志》,甘肃文化出版社2007年版,第108页。

为干旱区和极端干旱区，所以以兰州为中心的陇中地区旱灾发生频率最高；河西由于有祁连山冰川和水库调节及发达的灌溉系统，农业生产相对稳定，旱灾的发生相对较少；陇南地区虽然降水较多，由于山地坡陡沟深，土层薄，水土流失严重，同样容易发生旱灾；陇东属于黄土高原腹地，水土流失严重，土壤肥力下降，农业生产水平低下，旱灾极易发生。

三、灾害的等级

根据表2-9可以看出，甘肃省清至民国时期发生的188次旱灾中，1级轻灾28次，占总旱灾次数的14.89%；2级中灾发生次数最多，为80次，占总旱灾次数的42.55%；3级重灾56次，占总旱灾次数的29.79%；4级特大灾24次，占总发生旱灾次数的12.77%。

表2-9 甘肃省旱灾等级情况表

	1级轻灾	2级中灾	3级重灾	4级特大灾	合计
旱灾次数	28	80	56	24	188
百分比（%）	14.89	42.55	29.79	12.77	100

从不同等级干旱灾害在时间上的变化序列可知，第一，一级轻度旱灾的发生具有间隔性，在1711—1748年、1751—1768年、1826—1842年、1872—1901年、1913—1949年几乎没有发生；第二，二级灾害的发生具有频发性；第三，1754年之前，三级和四级灾害发生次数相对较少，分别发生了2次、3次，四级灾害主要发生在1850年以后，共17次，占四级灾害发生次数的77.3%。

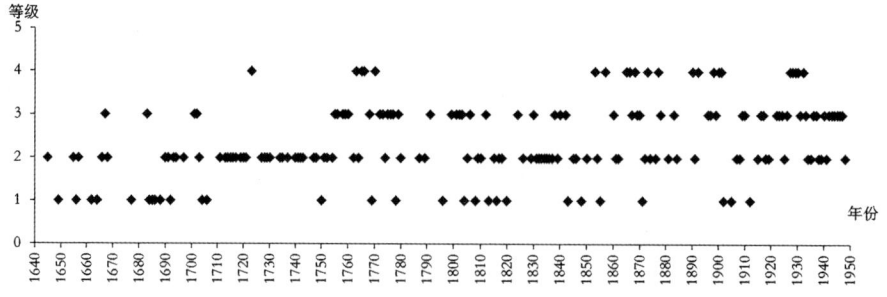

图2-9 甘肃省清至民国时期旱灾等级序列

此外，在甘肃省清至民国时期旱灾的统计过程中，还发现旱灾时常与水涝（或暴雨）、冰雹、瘟疫、蝗虫等多种灾害相继发生或交替发生。连续发生2种以上灾害的次数有51次，占甘肃省旱灾总次数的27.13%，连续发生2种灾害的主要类型有旱雹、旱涝、旱疫等；连续发生 3 种灾害的类型主要有水旱雹；连续发生 4 种及以上灾害的类型主要有水旱雹霜、水旱虫雹等。其中，旱灾、水灾和雹灾 3 种灾害连续发生的比例较大；另外，在清至民国时期，3 种以上灾害的连续发生主要集中在民国时期（表 2-10）。多种灾害的连续发生，在某种程度上也加剧了受灾程度，加重了旱灾的等级。如民国十八年（1929），"甘肃全省 58 县大旱，继以冰雹、洪水、虫害、霜冻、瘟疫流行。春耕失种，颗粒未收，全省大饥荒。入夏后，树皮、草根、麸皮、油渣、槐角等食之已尽。陇东斗麦价银币 50 元，以至易子而食。外出逃生者多饥死野外，白骨曝日，积尸盈道。尚有饿倒未死者，苍蝇成群，生蛆满嘴，狼、狗结群聚食。并有饥民争食尚未死绝之体。至夏，麦穗灌浆后，饥民群涌田间，连芒带壳抢吃生吞，腹胀而死者众多。有死后肚皮涨破麦穗完整外溢的，甚至有母亲已死而婴儿尚撮乳吃奶的。当时，甘肃军阀割据，互相残杀，击毙的士兵，饥民聚而争食。所有牲畜，因草枯竭而饥死，幸存者多被杀食度荒。正宁旱灾奇重，壮者铤而走险，老弱疾病死者触目皆是，灾民占全县人口 90%"[①]。民国二十七年（1938），"临夏等县旱、雹、洪水、暴风相继为灾，民多饥"[②]。

表 2-10 甘肃省 3 种及以上灾害连续发生年份一览表

年代	灾种
1769	旱灾、水灾、雹灾、霜冻
1772	旱灾、水灾、雹灾
1778	旱灾、水灾、雹灾、霜冻
1826	旱灾、雹灾、霜冻
1846	旱灾、水灾、雹灾、霜冻、疫情
1926	旱灾、雹灾、疫情
1927	旱灾、洪水、雹灾、虫害、霜冻、疫情
1928	旱灾、洪水、雹灾、虫害、霜冻、疫情
1929	旱灾、洪水、雹灾、虫害、霜冻、疫情
1930	旱灾、洪水、雹灾、霜冻
1931	旱灾、洪水、雹灾、虫害、疫情

---

① 正宁县志编纂委员会：《正宁县志》，甘肃文化出版社 2010 年版，第 166 页。
② 静宁县志编纂委员会：《静宁县志》，甘肃文化出版社 1993 年版，第 132 页。

续表

年代	灾种
1932	旱灾、洪水、雹灾、虫害、霜冻、风灾、疫情
1934	旱灾、雹灾、疫情
1936	旱灾、洪水、雹灾、霜冻
1938	旱灾、洪水、雹灾、风沙
1939	旱灾、洪水、雹灾
1940	旱灾、洪水、雹灾、风沙
1941	旱灾、雹灾、风沙、霜冻
1942	旱灾、洪水、雹灾、风沙
1943	旱灾、霜冻、疫情
1944	旱灾、洪水、雹灾
1945	旱灾、水灾、雹灾、虫灾
1946	旱灾、水灾、雹灾、虫灾
1947	旱灾、水灾、雹灾、虫灾
1948	旱灾、水灾、雹灾

第三节　宁夏旱灾的时空分布规律

宁夏位于我国西北地区东部，远离海洋，是黄土高原与内蒙古高原的过渡地带，也是从半湿润、半干旱向干旱区域过渡的典型的农牧交错区和生态脆弱带，受西风环流和夏季风环流的交替影响，属于大陆性中温带半干旱气候区，冬干冷、夏干热，气温变率大，年降水量少，80%以上的面积属于干旱和半干旱地区，各种气象灾害频发，是我国气象灾害严重的省区。在宁夏所发生的各种气象灾害中，干旱灾害是最常见、影响范围最广、造成损失最大的一种。尤其是南部山区（六盘山阴湿区除外）与甘肃定西、平凉部分地区共21县，处于我国旱作农业经营西北边缘，为我国著名的"黄河中游干旱区"。

一、旱灾的时间分布规律

（一）旱灾的年际分布特征

根据宁夏旱灾资料显示，从1644年至1949年的306年间，有明确记载发生时间、地区和灾情描述的旱灾共84年次，平均3.64年发生一次，频率为

0.27次/年。笔者以10年为单位绘制出干旱灾害频次图（图2-10），并采用滑动平均法和线性趋势法对数据进行处理。从图2-10可以看出，清至民国时期宁夏干旱灾害的发生具有一定的波动性，但总体上表现出增加的趋势。在1760年以前，干旱灾害的发生相对较少，117年间共发生干旱灾害9年次，平均13年发生一次，频率为0.07次/年。1761年后的189年间共发生干旱灾害75年次，平均2.52年发生一次，频率为0.4次/年。其中，发生频次较高的时段有两个，一是1760—1769年，10年间干旱灾害发生了6年次，平均1.67年发生一次，频率为0.6次/年；另一个是1920—1949年，30年间共发生干旱灾害24年次，平均1.25年发生一次，频率为0.8次/年。

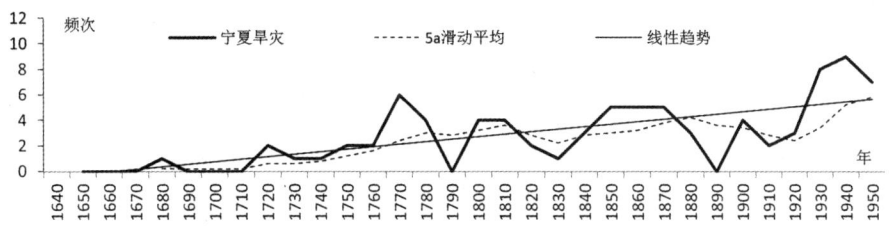

图2-10　清至民国宁夏旱灾频次图

1760年之后，不仅干旱灾害发生频次增加，而且3年以上的连发次数增多，其中以3年和4年的连发次数居多，同时也出现了连发长达14年的灾情，即1926年至1939年连续14年每年都有干旱灾害发生，没有间断（表2-11）。

表2-11　宁夏清至民国时期3年以上连发旱灾一览表

持续年数	具体年份
3年	1796—1798、1809—1811、1877—1879、1899—1901、1921—1923、1941—1943
4年	1846—1849、1853—1856、1945—1948
5年	1767—1771
7年及以上	1926—1939

（二）旱灾发生的周期性

由宁夏旱灾小波分析图和小波方差图（图2-11）可以看出，清至民国时期，宁夏旱灾的发生具有明显的周期性变化特征。变化序列存在35年、65年、120年、180年的周期变化，其中65年序列方差最大，说明65年的振荡最强，为宁夏旱灾变化的主周期，120年为次周期。

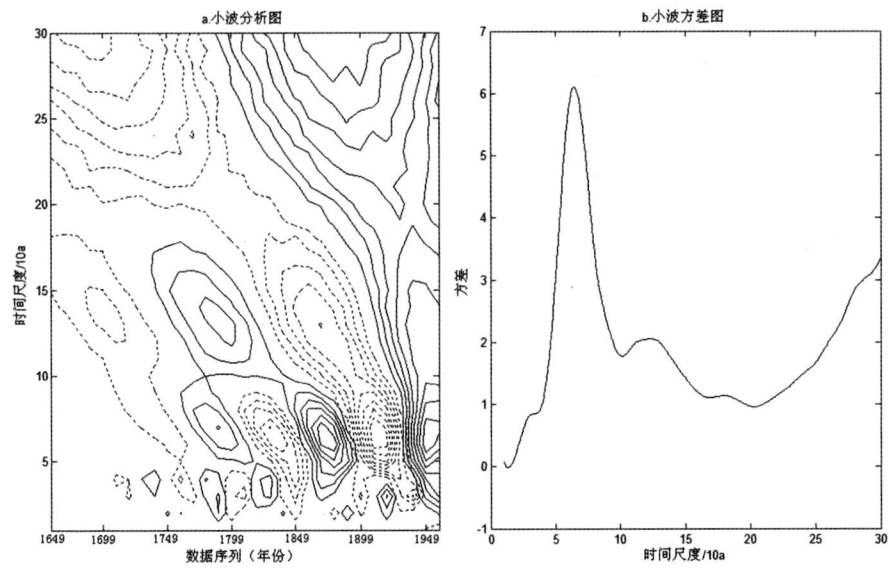

图 2-11　宁夏旱灾小波分析图与小波方差图

(三) 旱灾的季节分布特征

宁夏地处我国季风区边缘地带，降水少且不稳定，季节分布也不均衡，夏秋多，冬春少，再加上年、季、月降水的变率大，使得干旱灾害具有明显的季节性特征。

根据相关资料记载的干旱灾害发生时间，统计出宁夏清至民国时期干旱灾害的季节分布情况 (表 2-12)。在宁夏发生的 120 次旱灾年中，有 38 次旱灾年发生的季节记载不详，从有明确记载发生季节和月份的干旱灾害来看，夏季干旱灾害发生的频率最高，其次是春季，秋季和冬季干旱灾害发生相对较少。

表 2-12　宁夏旱灾的季节分布表

	春	夏	秋	冬	不详	合计
次数	27	32	18	5	38	120
百分比（%）	22.5	26.7	15	4.2	31.6	100

其中，宁夏的春旱通常发生于 4—5 月，此时太阳辐射迅速增加，温度上升快，水分扩散迅速，表层土壤极易干化，而降水往往偏少，干旱随之发生。夏旱多发生于初夏及 7 月下旬到 8 月下旬，由于作物生长旺盛，需水多，抗旱能力弱，易成灾害。而秋冬季节由于农作物已处于成熟阶段，需水不多，加上温度迅速降低，蒸发减弱，农作物受到的影响比较小，所以秋季和冬季旱灾的发生频率相对较少。

从旱灾的连季发生情况来看，有18个灾害年发生了连季旱灾，其中以春夏连旱为主，其次为夏秋连旱。这种连旱常常造成大范围的灾害，对农作物的影响很大，如乾隆二十九年（1764），德隆"春夏连旱，又遭水灾，收五成"①。每年的3—10月是宁夏农作物生长发育的关键时期，而此时春旱、夏旱和秋旱频繁出现，并造成连旱，波及范围少则一个地市，多则遍布整个宁夏。春夏连旱持续的时间愈长，波及的范围愈广，给农业生产造成的损失就愈大。

二、旱灾的空间分布规律

根据气象区划，宁夏可划分为北部灌区、中部干旱带及南部山区。从表2-13可以看出，清至民国时期，宁夏干旱灾害发生的地区差异比较明显，南部山区的固原地区旱灾的发生频次最高，共计70多次，平均4.37年发生一次，基本上是4年1旱；其次是中部干旱带，北部灌区旱灾的发生次数相对较少。

表2-13 清至民国时期宁夏旱灾空间分布表

	北部灌区	中部干旱带	南部山区
旱灾次数	16	22	70
平均年次	19.13	13.91	4.37
频次（次/年）	0.05	0.07	0.23

宁夏北部为宁夏平原，土层深厚，地势平坦，加上坡降相宜，引水方便，便于自流灌溉，较早发展了灌溉农业，所以干旱灾害相对较少；中部主要为丘陵、山间盆地、流动半流动沙丘组成的荒漠半荒漠干旱地带，干旱少雨，风大沙多，日照充足，蒸发强烈，干旱时有发生；南部山区也称西海固地区，是缺水比较严重的地区。该区域处于水土流失严重的黄土高原区，在六盘山以南，流水切割作用显著，地势起伏较大，山高沟深。六盘山以北的地区，由于降水少，流水对地表切割作用较小，除少数突出于黄土瀚海之上、状如孤岛的山峰之外，一般为起伏不大的低丘浅谷，相对高度在150米左右，许多低丘缓坡多开垦成农田，在人们对黄土丘陵地区长期垦殖过程中，生态环境恶化，破坏了植被，水土流失严重，农作物产量下降。

---

①德隆县志编纂委员会：《隆德县志》，宁夏人民出版社1998年版，第50页。

三、灾害的等级

在宁夏发生的 84 次旱灾中，1 级轻灾 33 次，占旱灾总发生次数的 39.28%；2 级中灾 32 次，占旱灾总发生次数的 38.10%；3 级重灾 13 次，占旱灾总发生次数的 15.47%；4 级特大灾 6 次，占旱灾总发生次数的 7.15%（表 2-14）。由统计结果可以看出，影响较小的 1 级和 2 级干旱灾害的发生次数最多，占干旱灾害总数的七成以上（77.38%），4 级特大干旱灾害次数相对较少。

表 2-14 宁夏旱灾等级情况表

	1 级轻灾	2 级中灾	3 级重灾	4 级特大灾	合计
旱灾次数	33	32	13	6	84
百分比（%）	39.28	38.10	15.47	7.15	100

从不同等级干旱灾害在时间上的变化序列可知：第一，1714 年以前，干旱灾害几乎没有记载，史料中仅记载了发生在 1677 年的一次 3 级重灾，1715 年之后旱灾发生的频次逐渐增加；第二，3 级重灾主要发生在民国时期；第三，在 1865 年以前，没有发生过 4 级特大干旱灾害，4 级特大灾害主要集中在 1928—1930 年，特大灾害连年发生，带来了严重的影响。

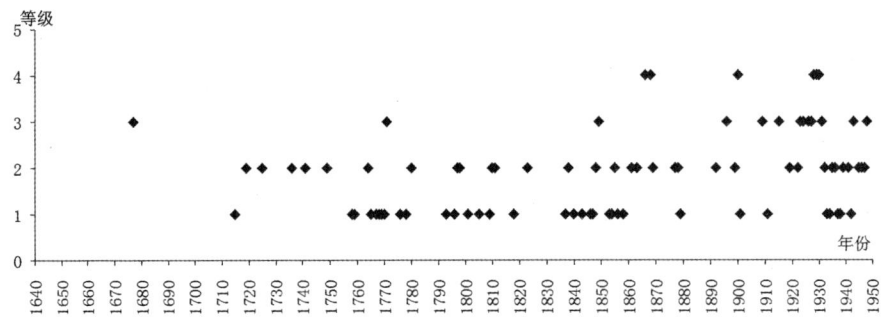

图 2-12 宁夏清至民国时期旱灾等级序列

第四节 青海省旱灾的时空分布规律

青海省位于我国特殊的地理单元——青藏高原的东北部，地势高峻，气候寒冷、干旱，生态环境极为脆弱。特殊的地理条件使青海的灾害种类较多，见于历史文献记载的灾害有旱灾、水灾、冰雹、霜、雪、冻害、风灾、瘟疫、地震、鼠害、禾病、虫类灾害等 12 类，其中旱灾是青海发生相当频繁、也是相当严重的自然灾害，对当时的政治、经济及文化都造成了很大的影响。

由于青海特殊的地理环境和社会发展状况，清至民国时期有关该区旱灾的资料记载偏少，尤其是有关西部牧区的，有限的资料多集中于东部的农业区，所以本书所讨论的青海省旱灾的发生规律只包括青海的东部地区，即清代属于甘肃省的西宁府7县（包括西宁县、碾伯县、大通县、巴燕戎格厅、贵德厅、循化厅、丹噶尔厅）及民国时期这7县的区域，并以此区域来总结其旱灾的发生特点及规律。该区域位于青藏高原与黄土高原的过渡地带，由祁连山系西北—东南走向的山脉和谷地组成，从地形上看，包括黄河谷地、湟水谷地、拉脊山等，这里日照充足，气候温暖，作物生长季长，年平均气温2—6℃，全年日照时数2500—2800小时，年蒸发量1350—1850毫米，年降水量在407毫米左右，并集中在5月上旬到9月下旬，极易发生旱灾。

一、旱灾的时间分布规律

（一）旱灾的年际分布特征

据统计，在清至民国时期的306年间，青海共发生99次旱灾，平均3年1次。以10年为单位绘制出青海省旱灾的发生频次图（图2-13），并采用滑动平均法和线性趋势法对数据进行处理。由图2-13可以看出，清至民国时期青海东部存在4个旱灾的高发时段，即：1740—1749年（10年发生7次旱灾）、1760—1769年（10年发生7次旱灾）、1840—1849年（10年发生7次旱灾）、1920—1949年（30年间发生23次旱灾），其中1930—1939年发生了10次旱灾，达到以10年为尺度统计的旱灾的最高值。60年间共发生44次旱灾，平均每年发生0.73次。与4个高发时段相对应，也存在着旱灾发生频率较低的时段，基本每个旱灾高发时段的前后，都有旱灾发生较低的时段。由此可以看出，青海东部的旱灾呈现出波浪形的发生趋势，高发时段与低发期交替出现，但总体上在清朝初期基本平稳，从清朝中期到民国时期呈明显的上升趋势。

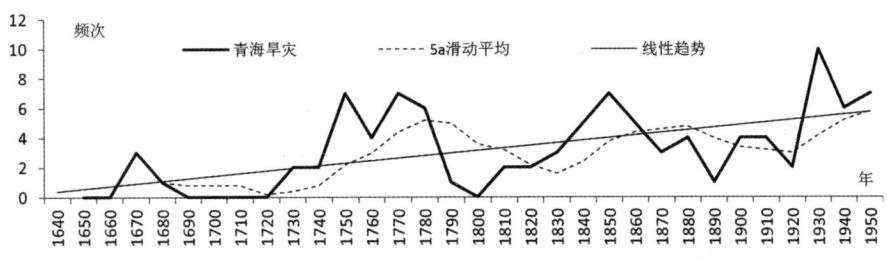

图2-13 青海东部清至民国时期旱灾频次图

(二) 旱灾发生的周期性

由青海旱灾小波分析图和小波方差图（图2-14）可以看出，清至民国时期，青海省的旱灾具有明显的周期性变化特征。变化序列存在20年、65年、125年、205年的周期变化，其中125年序列方差最大，说明125年的振荡最强，为青海省旱灾变化的主周期，205年为次周期。

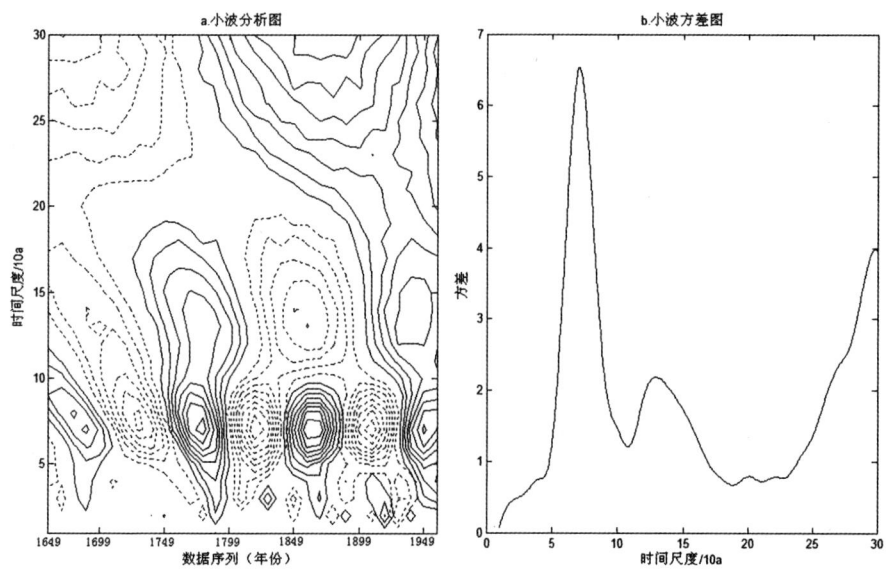

图2-14 青海旱灾小波分析图与小波方差图

(三) 旱灾的季节分布特征

青海东部旱灾的发生与降水密切相关。青海的水资源丰富，但是可利用的较少，农业和畜牧业主要靠降水来补给。青海省的年降水量在400毫米左右，夏季相比其他季节气温高，从而使夏季成为旱灾的高发季节。从史料中能确定季节的灾害次数来看，也证实旱灾多发生在夏季（表2-15），而且夏季发生的旱灾多是重旱。夏季正是农作物和牧草的生长期，如遇缺水，人畜都会面临巨大的灾害。

表2-15 青海旱灾的季节分布表

	春	夏	秋	冬	不详	合计
次数	8	17	5	2	74	106
百分比（%）	7.84	16.04	4.72	1.89	69.8	100

此外,青海东部多发生春旱和春夏连旱,秋冬旱灾很少,冬季几乎不发生旱灾。但是冬季降雪量的多少,影响来年的水资源补给。青海东部春季降水量只占全年的20%以下,头年冬天雪量的多少,对来年农作物和牧草的生长有关键性的影响。

青海省的降水量总体上呈现从东南到西北依次递减的趋势,东南侧的年降水量达700毫米以上,西北侧的冷湖年降水量不到20毫米。处于青海东北部湟水及黄河谷地区的平均年降水量只有400毫米左右,且大部分地区不足400毫米,降水相对比较稀少。降水的季节分布不均也会对旱灾的发生产生很大的影响,青海东部降水主要集中在5月上旬到9月下旬,这5个月的降水量可占到全年降水量的80%—90%。夏季降水主要来自东南暖湿气流,由于受到西太平洋副高压的影响,到达的位置和时间又有很大的年际变化,所以导致降水也有很大的年际变化。

二、旱灾的空间分布规律

从统计资料来看,青海省的旱灾主要发生在东部,东部地区共包括西宁、民和、乐都、平安、循化、互助和贵德7个地区。

表2-16 清至民国时期青海省旱灾空间分布表

	西宁	乐都	民和	平安	循化	互助	贵德
频次	32	16	13	17	5	3	3

根据区内各县市干旱灾害记载可以看出,在清至民国时期,青海省东部地区干旱灾害发生最多的县市是西宁,达30次以上;其次为乐都、平安,在15—20次之间;较少发生旱灾的县市有互助、贵德等(表2-16)。旱灾发生累计值最高为32次,最低为3次,相差29次,由此可见,青海省东部地区各县市的旱灾频次相差很大。相对于其他区域,西宁在历史上开发时间较早,人口密集,旱灾的发生也最为频繁。

三、灾害的等级

青海省清至民国期间发生的99次旱灾中,1级轻灾共发生54次,占总次数的54.54%;2级中灾30次,占总次数的30.3%;3级重灾11次,占总次数的11.11%;4级特大旱灾4次,占总次数的4.04%(表2-17)。可见,青海省的旱灾以轻旱和中旱为主,重灾和特大旱灾所占的比重比较小。

表 2-17 青海省旱灾等级情况表

	1 级轻灾	2 级中灾	3 级重灾	4 级特大灾	合计
旱灾次数	54	30	11	4	99
百分比（%）	54.55	30.3	11.11	4.04	100

从不同等级干旱灾害在时间上的变化序列（图 2-15）可知，青海省旱灾的发生存在以下特点：第一，在 1665 年之前，史料中没有关于旱灾的记载，可以理解为在此期间，青海省几乎没有旱灾发生。第二，1 级轻灾主要发生在 1738 年以后，在此之前轻灾只发生了 2 次；1829—1857 年间，青海省发生的旱灾基本上都是 1 级轻灾，期间只发生了 1 次 2 级中灾。第三，在清代，3 级重灾间隔时间相对比较长，最长为 90 年，3 级灾害相对集中在民国时期。第四，4 级特大灾害发生频次非常少，但非常集中，其中 1929—1931 年间连续 3 年发生特大旱灾。据资料记载，这 3 年河流断流，泉水干枯，并引发了蝗灾，饥民死者不计其数，甚至相食为生。

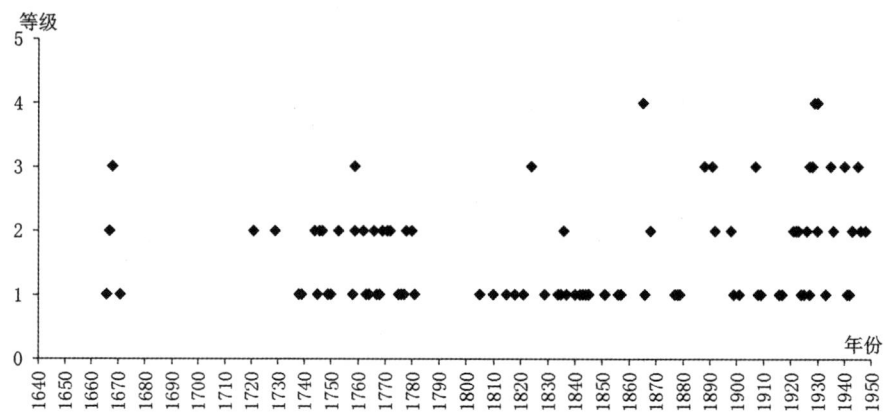

图 2-15 青海省旱灾等级序列

第三章 清至民国陕、甘、宁、青旱灾影响的多角度分析

我国自古以来就是一个灾害多发的国家,水、旱、虫、地震等各种灾害频繁发生,对中华文明造成了极大的影响,有些外国学者因此称中国为"灾荒的国度"或"饥馑的国度"。据相关文字记载,"自公元前206年到中华人民共和国成立的1949年,这2155年间,几乎每年都有一次较大的旱灾或水灾"①。旱灾作为灾害的一种类型,危害性极大。古人言,"旱既大甚,涤涤山川。旱魃为虐,如惔如焚"②,而且,"大旱灾的出现,通常导致田土龟裂、赤地千里;百业凋敝、饿殍遍野③";"甚至引发社会政治危机,农民起义,王朝更迭"④。

清至民国时期,陕、甘、宁、青旱灾频发,外加其他灾害连锁发生,对当地经济社会发展造成了巨大影响,给人民的生产生活带来了极大的灾难。据相关学者研究,"1919—1921年,西北地区形成了一个长达三年的旱灾—地震—旱灾的灾害链"⑤。旱灾的影响主要表现为人口大量伤亡、减少,粮食减产绝收,道路城市被湮没,瘟疫肆虐蔓延,从而造成物资匮乏,生产萎缩,经济一时陷入混乱状态,社会秩序遭到严重破坏。由于封建社会制度、政权性质的根本所决定,原本出发点良好的大多数赈灾运行机制和做法,却转变成政府官员腐败的机会,他们虚报瞒报灾情,克扣粮饷,甚至趁机盘剥老百姓,中饱私囊,从中渔利;一些不法商贩趁机囤积居奇、哄抬物价,引起社会恐慌;一些政府官员面对灾害的发生,却设"风云雷雨山川坛",进行祭祀天地、为民禳灾等迷信活动,延误了救灾时机,大大加重和扩大了灾情,并由此引发了一系列社会问题。"自然灾害对人类社会有着巨大的危害,根据长期的历史观察,自然灾害所涉及的范围往往超出自然灾害本身,对于整个社会的政治、经济、文化、科学

---

①周光召:《中国可持续发展战略》,西苑出版社2000年版,第233页。
②周振甫:《诗经译注》,中华书局2002年版,第467页。
③朱凤祥:《中国灾害通史·清代卷》,郑州大学出版社2009年版,第76页。
④赫治清:《中国古代灾害史研究》,中国社会科学出版社2007年版,第2页。
⑤温艳:《民国时期西北地区自然灾害的特征》,载《甘肃社会科学》2012年第4期。

等各个方面都有巨大的影响，严重影响着社会生活、社会生产和社会进步。"[1]

第一节 旱灾的发生与人口的变迁

人口是构成社会的基础，是社会精神要素的必要载体和社会物质财富的直接创造者。"人口包含人口数量、质量、构成、分布、迁移和发展等多种因素。是一切社会存在和发展的必要前提"[2]。在中国传统社会发展过程中，对人口变迁有影响的因素很多，但最重要的因素即战争和灾害。从某种程度而言，历史时期"灾害对人口变化的影响有时超过战争"[3]。无论何种灾害、程度如何，在由"灾"成"荒"这一过程中，"人"都是最直接的承灾体和受影响者。

人口变迁分为人口的死亡与流动，若一个地区的人口出现变迁，将对当地社会造成十分严重的影响，并以此为引线牵动整个社会的连锁反应。"灾荒严重发展之最主要结果，即为社会之变乱，而所谓社会变乱之主要形式，则不外人口之流移死亡，农民之暴动与异族之侵入，三者而已！"[4] 清至民国的300余年中，旱灾频发，肆虐人间，处于社会最底层的劳苦大众或在饥饿贫病中走向死亡，或为了逃离死亡而被迫离开家乡乞讨流亡，或依靠微薄的救济勉强存活，给人口在"时间上的增减与波动、空间上的集聚与扩散乃至结构上的变动与整合诸过程中打下深深的烙印"[5]。可见，旱灾极大地影响着清至民国时期陕、甘、宁、青四省区的人口，对社会生产生活和社会稳定造成了极大破坏。

一、人口大量死亡

联合国公布的资料显示，全世界各类自然灾害造成的直接和间接经济损失每年约1200亿美元，至少有25万人死亡，其中洪涝占40%，台风占20%，旱灾占15%，地震占15%，其他占10%。可见，旱灾的爆发，特别是较大旱灾的爆发，对人口有很大的影响。就是在现代社会，特大旱灾的发生也会造成人口的削减。如1984年，非洲埃塞俄比亚及相邻国家持续干旱，死亡200万人[6]。

据夏明方先生研究，明清至民国时期，全国共发生死亡万人以上的重大灾

---

[1] 孟昭华:《中国灾荒史记》，中国社会出版社1999年版，第36页。
[2] 夏征农、陈至立:《辞海》，上海辞书出版社2009年版，第1881页。
[3] 邹逸麟:《"灾害与社会"研究刍议》，载《复旦学报》2000年第6期。
[4] 邓云特:《中国救荒史》，河南大学出版社2010年版，第103页。
[5] 夏明方:《民国时期自然灾害与乡村社会》，中华书局2000年版，第73页。
[6] 刘学礼:《龟裂的大地——非洲萨赫勒地区旱灾》，载《生命与灾害》2011年第6期。

害221次，其中水灾65次、飓风53次、疾疫46次、旱灾22次、地震21次，但各灾型的死亡人数并不与其发生的次数成正比，尤其是旱灾，位数仅居第四，死亡人数却居诸灾之首，共计30 393 186人，占全部死亡人数（42 737 008）的71%。明代如此，清代如此，民国时期更是如此，可谓愈演愈烈[1]。由于旱灾持续的时间长达数月乃至数年，成灾面积广至一省至数省，因此它虽然不构成对人类生命的直接威胁，但它对农作物造成的破坏远比其他灾害来得严重和彻底。它主要是通过切断维持人类生命的能源补给线而造成饥馑，继而引发瘟疫，从而摧残人类的生命。而人口衰减在一定程度上是衡量灾害影响程度的一个重要指标。

由此可见，在各种农业自然灾害中，旱灾对人口数量的影响可以说是最大的。小的旱灾假如应对及时、妥当，一般只是造成粮食的减产，尚不至于造成人口的大量死亡，但大范围、长时间的旱灾，若再加之"旱极而蝗"或者与其他灾害交织，则往往会造成"饿殍遍野"的人间惨剧。

老舍先生曾在他的自传体小说《正红旗下》中对19世纪末的自然灾害这样描述道："黄河不断泛滥，像从天而降，海啸山崩滚向下游，洗劫了田园，冲倒了房舍，卷走了牛羊，把千千万万老幼男女飞快地送到大海中去。在没有水患的地方，又连年干旱，农民们成片地倒下去，多少婴儿饿死在胎中。是呀，我的悲啼似乎正和黄河的怒吼，灾民的哀号，互相呼应。"[2] 可见，灾害的发生导致人口衰减。

清至民国时期陕、甘、宁、青旱灾频发，特大灾害爆发较多，同时又值我国历史人口最多的时期，"从十七世纪末起到十八世纪末止这一长时期的国内和平阶段中，中国人口翻了一番，从一亿五千万增加到了三亿多。到十九世纪中叶，人口已达四亿三千万左右"[3]。所以，这一时期因灾死亡的人口数量也就大大超过了之前任何一个朝代[4]。加之民国时期西部地区政局动荡，统治阶级腐朽，兵祸、匪患频发，最直接的后果是区域内短时期人口大量衰减。

检索梳理清至民国陕、甘、宁、青的相关史料，特别是地方志史料，可以发现其中记载的大多数旱灾所涉及的人口死亡纪录和具体数字。如陕西盩厔县

---

[1] 夏明方：《历史上的旱灾：最厉害的天灾》，载《时代青年》2014年第8期。
[2] 老舍：《正红旗下》，人民出版社1989年版，第76页。
[3] 何炳棣：《中国人口的研究（1368—1953年）》，转引自〔美〕费正清《剑桥中国晚清史（1800—1911年）》，中国社科院历史研究所编译室译，中国社会科学出版社1985年版，第136页。
[4] 袁祖亮、朱凤祥：《中国灾害通史·清代卷》，郑州大学出版社2009年版，第360页。

从康熙二十九年（1690）秋即大旱，禾不登，三十年（1691）大饥，秋冬继起大疫，到康熙三十一年（1692）的时候，全县人口十亡六七①。康熙三十年（1691），乾县"大旱，飞蝗蔽天，民死大半"②。相较于清代前期，清代后期和民国时期因旱灾而导致人口死亡的记录更多，资料更加翔实。相对于"民有饥死者"，呈现更多的则是"死亡甚众"。如在光绪初年的"丁戊奇荒"中，醴泉县"饿死者如山积，洛城东门外掘两坑埋之，俗称万人坑。始就以席卷之，继一席卷两人，终无席。城隍庙、保安寺两处，稚儿毙者，填井为满"③。邻阳县户口"经光绪戊寅之饥，异常损减，计其死亡之数约三分之一"④。甘肃宁县，光绪二十六年（1900）大旱，"颗粒无收，大饥。人多食树皮草根，饿死者数千，有'人吃人，狗吃狗，山里老鸦吃石头'之谣。复又瘟疫流行，哀鸿遍野"⑤。民国十七年（1928）甘肃广河县"大旱，禾几无收，民大饥，人相食，死者枕藉，东西门外掘万人坑埋之，数逾万"⑥。民国十八年（1929）青海东部农业区和甘肃省遭受特大旱灾，巴燕县受灾村庄80个，灾民35 700人，占全县总人口的4/5，死亡1230多人⑦；民和县腰岭、联合等4村就有370户饿死175人；逃亡在外、流离失所者1181人⑧。民国十九年（1930）化隆地区连续遭灾，灾民达21 130人，死亡800多人⑨。宁夏隆德县民国十八年（1929）"大旱、冰雹、洪水、霜冻相继为害，夏秋禾颗粒无收。秋后大疫，死者满路，十室九空"⑩。如此等等，不一而足。

从这些史料我们可以发现，清至民国时期，不仅旱灾爆发的次数越往后越频繁，而且记录旱灾的资料也越来越翔实，有关受灾人口和因灾死亡人口数量的记载也越来越具体、准确。以发生于民国十六年（1927）至十八年（1929）

---

① (乾隆)《盩厔县志》卷8《杂记》，《中国地方志集成·陕西府县志辑》第9册，凤凰出版社2007年版，第355页。
② [民国]《乾县新志》，《中国地方志集成·陕西府县志辑》第12册，凤凰出版社2007年版，第100页。
③ [民国]《续修醴泉县志稿》卷14《杂记》，《中国地方志集成·陕西府县志辑》第10册，凤凰出版社2007年版，第402页。
④ (光绪)《邻阳县乡土志·户口》，《陕西省图书馆稀见方志丛刊》，北京图书馆出版社2006年版，第87页。
⑤ 宁县志编委会：《宁县志》，甘肃人民出版社1988年版，第141页。
⑥ 广河县志编纂委员会：《广河县志》，兰州大学出版社1995年版，第66页。
⑦ 化隆回族自治县地方志编纂委员会：《化隆县志》，陕西人民出版社1994年版，第17页。
⑧ 青海省地方志编纂委员会：《青海省志·自然地理志》，黄山书社1995年版，第299页。
⑨ 化隆回族自治县地方志编纂委员会：《化隆县志》，陕西人民出版社1994年版，第18页。
⑩ 隆德县志编纂委员会：《隆德县志》，宁夏人民出版社1998年版，第52页。

的甘肃大旱灾为例，史料多记载有人口死亡现象，并且死亡数量庞大，例如："民国十六、十七年，全省大旱，秋夏无收，造成民国十八年年荒，饿死灾民数万，逃荒外出者无算"①；"狄道、定西、甘谷、渭源、洮沙等县及陇东、陇南各县发生多年不遇的大旱……全县四万余人，死亡三分之二"②；"全省继上年又有58县空前大旱……全省灾民达250余万人（总人口625万），其中饿死者140余万，病疫死者60余万，兵匪死者30余万人，全年死亡340多万人，漳县为重灾区"③。严重的灾害给甘肃社会造成了巨大的灾难，物资极度缺乏，饥荒盛行，饥民食不果腹、衣不蔽体，饿殍遍野，死相枕藉。慕寿祺《喜雨歌》云："望穿银海雨愆期，密云四捲狂飙吹。老龙酣睡呼不起，麦芽告病丛棘茨。农夫日守空仓哭，斗粟千金家家饥。饥肠鸣雷口生焰，朝餐草根暮木皮。草木焦卷有时尽，掘鼠罗燕亦不支。饥肤青黄成菜色，借问苦心救者谁。……死者已矣壮者走，绘作郑侠《流民图》。……鸠形鹄面鸿嗷嗷，官人槌门犹叫呼。卖儿贴妇钱不足，残户逃匿田荒芜。"④在这首诗中，大旱导致麦芽枯黄，农夫饥肠辘辘，饥不择食。但官吏照常征税不误，迫使灾民卖儿贴妇，背井离乡，填尸沟壑。可见，官府的苛政成为加剧旱灾社会危害的一个重要因素。人口的大量死亡，直接动摇了社会的根基，使原本动荡的社会越发飘摇不定。

而青海的情况也好不到哪里去。如光绪三十三年（1907），因大旱致使贵德东、西河流干枯，造成该年饥饿⑤。宣统元年（1909），甘肃全省亢旱，被灾州县有循化、碾伯等十余处之多，亢旱历时三年之久，灾区甚广，加以连年旱歉，户鲜盖藏，各处饥民，至剥去草根树皮为食，乡间牲畜多至饿，哀鸿遍野，惨目伤心⑥。民国十五年（1926）至十七年（1928），乐都县"雨量缺乏，天久不雨，年年歉收；十八年则终年不雨，颗粒俱无，灾民总数达七万余人，哀号遍野，惨不忍闻；十九、二十两年亦歉收；二十一年四五月间，青苗蓬勃，正需大雨，乃赤日炎炎，致禾苗大半枯死"⑦。

---

① 甘肃省武威市志编纂委员会：《武威市志》，兰州大学出版社1998年版，第71页。
② 渭源县志编纂委员会：《渭源县志》，兰州大学出版社1998年版，第153页。
③ 漳县志编纂委员会：《漳县志》，甘肃文化出版社2005年版，第271页。
④ [民国]《重修镇原县志》卷19，《中国方志丛书》第558号，成文出版社1968年版，第2060页。
⑤ [民国]《贵德县志稿》卷1《祥异》，《中国地方志集成·青海府县志辑》第4册，凤凰出版社2008年版，第483页。
⑥ 《故宫档案》，转引自袁林：《西北灾荒史》，甘肃人民出版社1994年版，第562页。
⑦ 顾执中、陆诒：《到青海去》，商务印书馆1934年版，第223页。

表 3-1 清至民国时期青海人口总数一览表

时间（年）	人数	时间（年）	人数
1645	109 490	1934	537 981
1746	245 735	1935	855 712
1820	208 603	1936	1 196 054
1853	874 418	1940	1 512 823
1908	361 255	1943	1 300 113
1909	367 114	1944	1 384 958
1912	367 737	1945	1 384 648
1921	450 297	1946	1 317 364
1922	615 249	1947	1 308 943
1928	428 605	1948	1 291 559
1931	637 965	1949	952 671
1933	1 010 038	—	—

注：

1. 表中 1645—1928 年的人数只是西宁府七县的人口数，1931—1949 年的人口数是指青海东部和青海其他地区的人数。

2. 资料来源于翟松天：《中国人口·青海分册》，中国财政经济出版社 1989 年版，第 39、54、55、58、59 页。

据上表，绘制折线图如下：

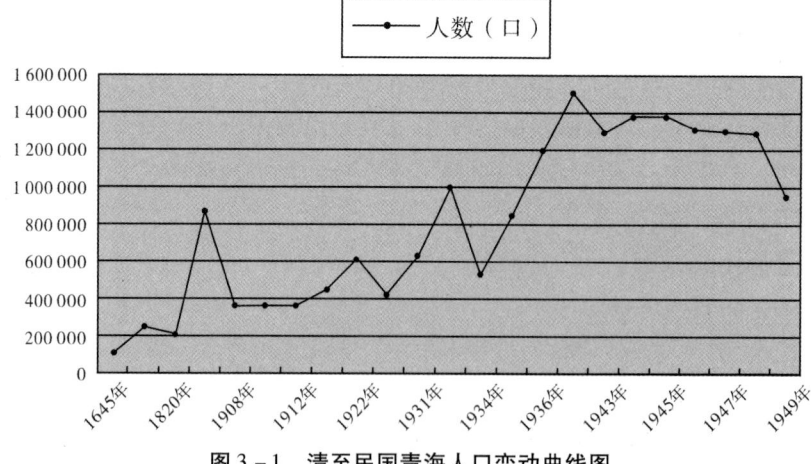

图 3-1 清至民国青海人口变动曲线图

从表 3-1 和图 3-1 可以明显看出，清到民国时期青海的人口数变动大致经历了 6 大阶段：1645—1853 年人口不断增长，尤其 1820—1853 年人口幅度增长大；1853—1908 年人口大幅度减少；1908—1933 年人口处于增长阶段，在 1931—1933 年增长幅度大；1933—1934 年人口减少；1934—1945 年人口缓慢增长；1945—1949 人口缓慢减少。显而易见，清到民国时期青海的人口总数在不断地增长，同时中间也存在较大的波动性。

相较于甘、宁、青地区，陕西由于其地理位置的优势和历史文化积淀的深厚，相关的资料记载更为丰富和翔实。比如在光绪初年的"丁戊奇荒"中，受灾的北方五省因饥荒和继起的疫病就造成了 1000 万以上的人口损失①。陕西省人口损失的具体数字，史料中缺乏详细的记载，但据时任陕西巡抚谭钟麟奏报中称，陕西全省共有约 314 万人受灾②，死亡人数当是不少。由于陕甘回民起义和光绪初年的大旱灾接踵而至，战争和旱灾对人口的损耗无法一一加以区别，故《中国人口史》将战争与大旱灾对陕西人口的影响综合起来分析。泾阳县在道光二十一年（1841）人口为 16 万，按照清代中期泾阳县人口 5‰的年平均增长率推测，咸丰十一年（1861）泾阳县人口约为 17.7 万。据宣统《泾阳县志》卷二记载，战后的光绪三年（1877），全县户数为 12 354，口数 71 235；光绪六年（1880 年）该县有人口约 6 万。大灾中人口损失约 1.1 万，人口损失比例约为 17.3%③。据《中国人口史》一书估算，西安府 7 县在陕甘回民起义中人口损失的比例约为 57%。至光绪元年（1875），即大灾之前，西安府人口约为 150.3 万，整个西安府在"丁戊奇荒"中损失人口约 46.4 万，剩余人口约 103.9 万。西安府从战前的 1861 年的 335.7 万人口减少至"丁戊奇荒"后 1880 年的 103.5 万人口，人口损失约 232 万，其中约 82%的人口死于战争，18%的人口死于灾荒④。

悲剧在时隔 20 多年后的"庚子大旱"中重演。当时整个陕西境内"道殣相望，十不活一"⑤；盩厔县"光绪二十六年（1900）大旱，无麦苗，斗麦钱五千，道殣相望；二十七年（1901），疫大作"⑥；凤翔县"十八万三千余人，死

---

① 李文海：《中国近代十大灾荒》，上海人民出版社 1994 年版，第 98 页。
② [民国]《续修陕西通志稿》卷 127《荒政一》，《中国西北文献丛书》第 1 辑，兰州古籍出版社 1990 年版，第 157 页。
③ 葛剑雄：《中国人口史》第 5 卷，复旦大学出版社 2001 年版，第 571 页。
④ 葛剑雄：《中国人口史》第 5 卷，复旦大学出版社 2001 年版，第 575 页。
⑤ [民国]《续修陕西通志稿》卷 127《荒政一》，《中国西北文献丛书》第 1 辑，兰州古籍出版社 1990 年版，第 146 页。
⑥ [民国]《盩厔县志》卷 8《杂记·祥异》，《中国地方志集成·陕西府县志辑》第 12 册，凤凰出版社 2007 年版，第 357 页。

去二万二千人"①，人口损失比例达到了20%；三原县城在饥荒之前是一个有50 000人的富庶城镇，灾后已不足20 000人。当时，在陕西赈灾的美国记者尼克尔斯在渭河北岸的乡间骑行了4天，总共才见到了不足200人。据国际权威的《政治家年鉴》统计，1899年陕西人口数为8 432 193，大约这一数字的30%都死于此次旱灾导致的饥荒②。也就是说，1899年到1901年7月的3年间，庚子大旱导致陕西超过250万人死亡。

民国十八年（1929）陕西遭受特大旱灾，八百里秦川饥民遍野。据1937年国民政府民政厅《统计材料月刊》载，民国十七年（1928）陕西人口数已达11 802 446人，经过民国十八年（1929）大灾荒之后，民国十九年（1930）陕西人口数又降为10 757 007人，减少了1 045 439人；加之民国二十年（1931）全省又有瘟疫流行，死亡人口骤增，到民国二十年（1931）继续下降到8 971 665人，与民国十七年相比下降了2 830 781人③。《陕西通史·民国卷》论述道："民国十七年全省91县（包括西安、长安）户数210余万户，1180余万人，民国十八年旱灾波及80余县，同年11月全省死亡达250万人，外逃40余万，灾民535万余人。"④据当时《大公报》的报道，全陕92县，逃亡灾民总数为781 347人。截至1928年，饿毙灾民2874人，按平均计算，每县每日饿毙106人；截至1929年1月，饿毙灾民6964人，按平均计算，每县每日饿毙201人；截至1929年2月，饿毙灾民20 371人，按平均计算，每县每日饿毙704人；截至1929年3月，饿毙灾民58 892人，按平均计算，每县每日饿毙2108人；截至1929年4月，饿毙灾民118 136人，按平均计算，每县每日饿毙4082人；自遭旱灾至4月底止，共饿毙灾民206 037人。而灾重之县，甚至有每村每日饿毙数十人⑤。这次大旱灾，尤其以关中西部最为严重，夏秋颗粒无收，赤地千里，饿殍载道。扶风县城和绛帐日死人不下百口，廊檐、街道死尸横陈，时值炎暑，不及分别葬埋，遂掘"万人坑"集中掩尸。凤翔原有203 485人，死亡95 314人，出逃10 251人，灾民84 819人；岐山原有173 942人，死亡32 891人，出逃15 830人，灾民104 974人；扶风原有160 415人，死亡52 170人，出逃12 337人，灾民95 005人；眉县原有90 746人，死亡31 020人，出逃5021人，

---

① 袁林：《西北灾荒史》，甘肃人民出版社1994年版，第555页。
② [美]尼克尔斯：《穿越神秘的陕西》，史红帅译，三秦出版社2009年版，第89页。
③ 曹占泉：《陕西省志·人口志》，三秦出版社1986年版，第6页。
④ 郭琦、史念海、张岂之：《陕西通史·民国卷》，陕西师范大学出版社1997年版，第165页。
⑤ 《惨哉陕灾》，载《大公报》（天津版），1929年6月25日。

灾民47 843人①。眉县全县各村庄的户数多减少一半左右，小法仪马家庄和城关段家庄灾前均为31户，灾后分别生存13户和16户。横渠崖下村和槐芽东柿林灾前均为30户，灾后分别生存20户和14户。金渠北堡村灾前19户，灾后仅余9户，麻家堡灾前100多户，灾后仅余50多户。各集镇都挖有掩埋死人的"万人坑"②。而扶风县东南乡南寨子、南邓村则已人烟断绝了③。

表3-2 民国陕西人口总数一览表

时间（年）	人数	时间（年）	人数
1912	9 175 799	1937	11 511 563
1919	9 417 359	1938	8 439 252
1923	9 465 558	1944	9 374 844
1925	9 492 489	1946	11 574 908
1928	11 802 446	1947	9 649 168
1931	8 971 665	1949	13 173 142
1935	9 895 182	—	—

资料来源：

陕西省地方志编纂委员会：《陕西省志·人口志》，三秦出版社1986年版，第90—91页，第330—331页；《陕西省人口统计报告表》，1937年，陕西省档案馆，馆藏：C4，案卷号：46，记载人口数均为7 594 584，与《陕西省志·人口志》存在出入；《陕西省人口统计报告表》，1938年，陕西省档案馆，馆藏号：C4，案卷号：7；陕西省政府统计室：《陕西省统计资料汇刊》1945年第5期，第18—19页，陕西省档案馆，馆藏号：C4，案卷号：36；国民政府主计处统计局：《中华民国统计提要》，1947年7月15日，第2页。

表3-3 1928-1930年大旱陕西各县人口死亡情况表

县名	死亡状况	县名	死亡状况
蒲城	饿毙3万余人	咸阳	原13万人，饿毙1.2万余人
武功	人口18万，饿毙7万余人	乾县	绝户2100余家，死亡5万人
兴平	原176 685人，死亡71 891人，绝户3268户	韩城	死亡人口达到2/3

①宝鸡市地方志编纂委员会：《宝鸡市志》（上），三秦出版社1998年版，第179页。
②眉县地方志编纂委员会：《眉县志》，陕西人民出版社2000年版，第109页。
③扶风县地方志编纂委员会：《扶风县志》，陕西人民出版社1993年版，第1039页。

续表

县名	死亡状况	县名	死亡状况
郿县	1929年人口12万，灾后仅存5.6万余人	富平	每日饿死74人，多则218人。1928年因灾荒饿死者4000余人
盩厔	死亡55 730人，绝户9 743户	岐山	原173 943人，死亡32 891人
华阴	减少18 036人	长安	原433 864人，死亡52 512人
凤翔	原203 485人，死亡96 714人	—	—

资料来源：

曹树基：《田祖有神——明清以来的自然灾害及其社会应对机制》，上海交通大学出版社2007年版，第201—202页；郭琦、史念海、张岂之：《陕西通史·民国卷》，陕西师范大学出版社1997年版，第166页。

1929年11月1日北京《益世报》载："上海日报公会所组织之西北灾情视察团……在豫陕晋三省视察毕，已于昨日（31）下午四时十分返抵北平，记者此即往访……总计陕西全省最近状况……死者已达二百万人以上，亦云惨矣。"1930年4月23日的《晨报》亦载说："前赈委会会员万阙于昨日（22日）由沪来平，记者前往趋谒……万氏所述：'据报载，红十字会华洋义赈会与各善团发表之灾区报告，以及鄙人亲往灾区视察所得之实况……即就陕西一省而言，其因饿而死者，在二百万人以上，其他各省可想'。"

的确，这一次的特大旱灾，不仅对陕西造成了重大影响，也严重影响了整个西北地区。美国著名记者埃德加·斯诺先生曾写道："在这里，在中国西北，我目击数以千计的儿童死于饥荒。这场饥荒最终夺去了五百多万人的生命。这在我一生是一个觉醒点。我在中国西北所见到的惨状是我亲身经历的战争、贫困、暴力和革命事件中最可怕的景象，直到十五年以后，我看见了纳粹的焚化炉和煤气室。德国纳粹没有耐心花时间等待人们饿死，就用这种设备消灭了六七百万人。"[1] 他说："西北大灾荒曾经持续约有三年，遍及四大省份，我在1929年6月访问了蒙古边缘上的绥远省的几个旱灾区。在那些年月里究竟有多少人饿死，我不知道确切数字，大概也永远不会有人知道了，这件事现在已经被人忘怀。一般都同意三百万这个保守的半官方数字，但是我并不怀疑其他高达六百万的估计数字。"[2]

---

[1]〔美〕洛易斯·惠勒·斯蒙《斯诺眼中的中国》，王思光译，中国学术出版社1982年版，第36页。

[2]〔美〕埃德加·斯诺：《红星照耀中国》，董乐山译，新华出版社1984年版，第193—194页。

这次大旱灾的影响一直持续到20世纪30年代，1933年9月30日出版的《红色中华》（第114期）刊载上海《申报》一则通讯说："陕（西）省自民国十七年迄今，荒旱频仍，哀鸿遍野。本年自入夏以来，复经霜雹之灾，一般灾民感无以为生，近来则大雨连续普降，以致山洪暴发，水势猛涌，大小河流，泛滥成灾，冲毁田庐不计其数，人畜流尸，不知凡几，……遭灾者计有长安、三原……四十多县，三百余万人口。"据民国二十七年（1938）7月1日《新陕西月刊》载，民国十八年（1929）、十九年间（1930），凤县县城每日抬出死尸不下50具，本县籍占2/5，客民占3/5①。陇县，1929年3月，旱象愈烈，至夏二麦无收，斗麦20枚银圆，灾民求生无路，每日饿毙者不下数百口②。1932年，连年大旱，饥饿灾荒，引起急性传染病"虎疫"（霍乱）流行。6月20日至8月中旬，县城内疫情严重，南门外沙岗子原有人口700多人，经这场疫病，死亡348人。全县死亡约2万余人③。宝鸡县，民国二十一年（1932），大旱，入春始之以霜风，继之以久旱，禾苗枯萎，千里复赤。是年六月以后，又发生"真性霍乱"传染病，群众叫"转筋霍乱泻"。此病传染快、发病快、死亡快，虢镇地区每天死亡于此病四五十人，陈尸遍野，无法掩埋，挖有两个"万人坑"。虢镇当时有段顺口溜："李四早上埋张三，中午李四又升天。刘二王五去送葬，月落双赴鬼门关。"④面对旱灾，求生不易，转而求死，据相关报道："武功……人民以求生不得，转而求死，投河者有之，坠井者有之，吞烟悬梁者有之……"⑤ 1929年9月，国民政府赈灾委员会约请新闻工作者同到灾区视察灾情，郭步陶为同行者之一，在与武功县长的谈话中得知该县灾情后，郭氏有感，作《哀武功》诗："乡村少人行，城郭悽欲绝。父子各分散，兄弟任摧折。求生既无路，速死乃所悦……"⑥

在各种各样的灾害中，旱灾虽不像水灾和雹灾能瞬间致命，但旱灾持续时间长，波及范围广，加之其他的次生灾害的发生，往往使其成为人口损失最惨重的灾害之一。如民国十五年（1926）至十八年（1929），连年大旱，尤其是民国十七年（1928）和十八年，陕、甘、宁、青旱情严重，1929年，青海民和县的联合、腰岭等4个村的370户人家，当年饿死175人，逃荒在外、流离失散的

---

①凤县志编纂委员会：《凤县志》，陕西人民出版社1994年版，第130页。
②陇县地方志编纂委员会：《陇县志》，陕西人民出版社1993年版，第19页。
③陇县地方志编纂委员会：《陇县志》，陕西人民出版社1993年版，第20页。
④宝鸡市水利志编辑室：《宝鸡市水旱灾害史料》，1987年10月（内部资料），第130页。
⑤《大公报》，1929年10月25日。
⑥郭步陶：《西北旅行日记》，大东书局1932年版，第79—80页。

有118人。据统计，全县共死亡12 000余人，民间流传着"人吃人，犬吃犬"的歌谣①。

　　清代后期和民国时期因旱灾死亡的人口较清代前期更多，这除了有人口数量迅速增长这一客观因素之外，还应与当时的社会背景及政府救灾机制的变化有关。清代前期，社会较为安定，民间百姓日常储粮较为富足，同时清政府吸收前朝防灾、救灾机制的经验教训，使清代的官方救灾机制达到了中国古代官方救灾的最高层次，具备了一套系统完备的荒政体系，一旦遇有灾荒，可以保证有粮可赈，并且运作良好、效率较高。官方赈灾的高效运作，可以有效地预防灾区百姓因无粮可食而最终饥饿致死。到了清代后期，中国社会因外国列强的入侵而动荡不安，清政府多数时间忙于同列强交涉，并将更多的国家储备运用于镇压国内人民的反抗斗争（太平天国运动、义和团运动），这直接导致晚清官方救灾体系的衰败，过去地方社会运作的社仓、义仓等仓储设施日渐荒废。而到了民国时期，西北地区社会动荡，军阀割据，横征暴敛的军阀统治，使民间的粮食储备多数转移到军事用途（即民粮转为军粮）。如据《会宁县志》记载："民国元年（1912），征储粮1516.84石，民国十三年（1924）至十八年（1929）连年荒旱，战事多有发生，军队过往频繁，粮食随收随用，仓内无存。"② 在此情形下，面对旱灾的威胁，政府难以抽调相应的人力、物力、财力用于救灾事业，缺乏政府救灾的宏观调控，地方受灾群众更多的是在饥饿中走向死亡。另一方面，烟毒的弥漫又造成人口身体素质直线下降，一遇旱灾，身体的抗灾能力降低，自然导致死亡率上升。例如，陈万里在其日记中对于甘肃烟毒问题的严重性已看得十分透彻，他写道："麦田仅十之三四，而甘人所谓花花子者（鸦片）几占十之六七……至于因改种之结果，烟土产额益增进，吸户亦随之而愈众，此其害犹小焉者也？甘省未来隐患，以余观察至为繁多，此亦甘省前途生死问题之一。"③ 罗斯在《病痛时代——19—20世纪之交的中国》中就引用当地人的话，说"10个陕西人就有11个烟鬼"，"甘肃省据说75%的男性都吸鸦片。在陕西西部，我们发现40岁以上妇女中有90%的人吸鸦片"④。文县"交通梗塞，人民愚惰，多嗜吸鸦片白面……商店多关闭，惟见小贩三五，售卖几种简单日用品……人民大都形容枯槁，衣食无着，状如乞丐，即通衢大

---

① 青海省地方志编纂委员会：《青海省志·气象志》，黄山书社1996年版，第71页。
② 甘肃省会宁地方志编纂委员会：《会宁县志》，甘肃人民出版社1994年版，第389页。
③ 陈万里：《西行日记》，甘肃人民出版社2002年版，第96页。
④〔美〕罗斯：《病痛时代——19—20世纪之交的中国》，张彩虹译，中央编译出版社2005年版，第106、108页。

道，饥民饿殍，触目皆是，如阅郑侠之流民图也"①。1918年到宁夏考察的林竞发现居民大都嗜鸦片，"已成普遍之风"②。《民国时期的宁夏省》中记载，中宁渠口村有农户不过百家，而烟灯竟有134盏，家家都有，而且有的不只一副。更为让人惊愕的是，"全省农村，类多如是"③，"已普及到女子小孩了"④，"甚至襁褓孩童，亦须喷烟以为活"⑤。由此可见陕、甘、宁、青吸食鸦片的严重情况。此外，疾病与匪患的猖獗更是加重了旱灾对当地人口的危害。

总之，人口因旱灾而急剧减少是多种因素综合作用的结果。可以这样说，单纯的旱灾在一定程度上能够导致大批灾民因饥饿而死，但引发人口死亡的因素却是多方面的。在统计旱灾史料的过程中可以发现，每当出现人口死亡的记载，其间多涉及疾病、战争、匪患及其他自然灾害，例如：乾隆三十三年（1768）"庆阳、平凉等府偏旱，大饥荒。疫病流行，死人甚多"⑥；同治七年（1868）"宁远大旱，民饥。七月，瘟疫流行，死者无算"⑦。这些记载多提及疫病伴随旱灾出现，并导致多数人因病而死。而"（民国十六至十八年）3年间，宁定连续发生旱灾，冰雹、虫害、洪水、霜冻相继为灾，加上连年兵祸，匪患四起，百姓死于饥饿、疫病、兵祸者甚众"⑧。最后这则史料不但提及疫病伴随旱灾，而且反映出像洪水等其他自然灾害、兵祸、匪患等也与旱灾并发，造成人口大量死亡。诸多的因素并非由旱灾所产生，而是在旱灾这一大背景下，各种因素相互作用，在交集中凝结成一股合力，并最终导致人口的大量死亡。

二、人口的迁移

（一）人口迁移的状况

人口迁移是人口变迁的一个重要方面。清代，为了保证国课额附，对人民进行严格管制，尤其对农民实行"里甲制度"，禁止其离开原居住地另往他处。但是，旱灾的发生造成一定时期内人口的大量死亡，受灾地区的生活环境遭到破坏，成为地狱般的苦痛世界，人基本的生存受到威胁，一时难以抵御和应对。

---

① 薛岳：《剿匪纪实》，张研、孙燕京：《民国史料丛刊》，第312册，大象出版社2009年版，第218页。
② 林竞：《蒙新甘宁考察记》，甘肃人民出版社2003年版，第49页。
③ 胡平生：《民国时期的宁夏省》，台湾学生书局1988年版，第376页。
④ 中华国民拒毒会：《中国烟祸年鉴》（1927年秋至1928年秋），第15页。
⑤ 傅作霖：《宁夏省考察记》，正中书局1935年版，第121页。
⑥ 正宁县志编纂委员会：《正宁县志》，甘肃文化出版社2010年版，第164页。
⑦ 武山县志编纂委员会：《武山县志》，陕西人民出版社2002年版，第104页。
⑧ 广河县志编纂委员会：《广河县志》，兰州大学出版社1995年版，第10页。

灾区人民出于对死亡的畏惧和对生存的向往，往往被迫背井离乡，迁徙到周边或更远的未受灾区域。近代以来，铁路等新式交通工具的出现，也为这种迁徙提供了有利条件。因此，面对旱灾的爆发，人口大量迁徙的状况时有发生。

康熙六年（1667）夏，甘肃"大旱，斗穀千钱，民携妻孥外移者，动以数万，流离载道"①。康熙三十年（1691）、三十一年（1692）间，关中、陕南发生大面积旱灾，导致饥民四散流离。三原县"连遭大旱，三料不登，民饥逃散，多就食邻省"②。据称西安附近的临潼县就有70%的人口由于荒歉和救济不足而流入湖北襄阳府和郧阳府。康熙三十年（1691）十二月，时任湖广荆南道道员俞森向上级告急时称，他的辖区内不打算继续迁移的灾民就有约40 000人，政府只安置并登记了约10 000人；此外，尚有无数的人口在继续南下迁移中路过郧阳、襄阳③。道光二十六年（1846），宝鸡等县夏秋被旱，收成屡歉，冬来少雪，二麦又未种齐，粮价昂贵，灾民逃荒外流者甚多④。光绪十八年（1892）西宁东部一带旱情严重，次年（1893）乡民来城寻粮者甚多。西宁县府开粜，每人准粮五斤，民众拥挤不堪，竟将头门鼓尔石踏倒⑤。民国十八年（1929）青海东部农业区和甘肃省遭受特大旱灾，巴燕县受灾村庄80个，灾民35 700人，占全县总人口的4/5，死亡1230多人，邻近各县饥民大量涌入，粮价暴涨⑥。民国二十二年（1933）乐都县连年荒旱，人民流亡殆尽⑦。据马步芳本人供认，青海农民逃亡人数，至1946年止共达9万余人，约占当时青海农业地区人口的20%⑧。

灾民的迁徙状况与旱灾的严重程度有关，人口迁移的数量随着旱灾等级的提高而不断扩大，尤其是到了清代后期与民国时期，多发生大的旱灾，长时间的旱灾加之政府赈灾措施的不当，往往导致大的流民潮。例如发生于同治七年（1868）、八年（1869）的大旱灾，甘肃"全省64州县亢旱，川滩龟裂，山原焦土，秋春无收，灾情奇异。时树皮草根早已掘食净尽，饥民大量外逃，村落十

---

① （康熙）《临洮府志》卷18《祥异录》，《中国地方志集成·甘肃府县志辑》第2册，凤凰出版社2009年版，第190页。
② （康熙）《三原县志》，转引自陕西省气象局气象台：《陕西省自然灾害史料》，陕西省气象局气象台1976年版，第35页。
③ 〔法〕魏丕信：《18世纪中国的官僚制度与荒政》，徐建青译，江苏人民出版社2003年版，第36页。
④ 宝鸡县地方志编纂委员会：《宝鸡县志》，陕西人民出版社1996年版，第12页。
⑤ 《西宁府续志》卷10《志余》，青海人民出版社1985年版，第510页。
⑥ 化隆回族自治县地方志编纂委员会：《化隆县志》，陕西人民出版社1994年版，第17页。
⑦ 《青海民间报刊资料辑录》，青海省图书馆辑藏，油印本。
⑧ 青海省志编纂委员会：《青海历史纪要》，青海人民出版社1987年版，第136页。

室九空，剩下弱者待毙，于路皆是"①。1846年，陕西发生严重旱荒，尤以关中地区为甚。西安、同州、凤翔等府所属各县，自开春起就一直无雨，夏秋时虽有微雨，然墒不及寸，四野枯焦。麦秋和大秋都收成歉薄，冬麦也未能下种，"粮价腾涨，百姓纷纷逃荒。次年春，情景更惨。关中东部饥民流徙道途，死者不可胜数，卖儿鬻女以至弃婴者比比皆是"②。此时，正值林则徐遣戍新疆后被释回任陕西巡抚。在这一时期他所写的信札中，对陕西灾情有十分具体的描述。如10月17日致陈德培信中云："夏秋雨泽稀少，秋收歉薄，已无补救之法。而种麦届期，最不可误，屡经设坛祈祷，始获两次甘霖。二麦尚可播种，然仍未见深透，盼泽犹其殷。"12月1日致杨以增函称："且睹天时之旱，麦不能种，种不能生，蒿目焦心，只有添疾而不能减。"1847年2月3日致陈德培函称："关中秋冬大旱，秋收既甚荒歉，冬麦又未种齐，人心惶惶，市粮昂贵，虽经设法调剂，并奏请缓征，而棘手多端，殊难言罄。向谓此间为海内第一完善之地，讵命穷者至此，遂遇定荒！"③当时陕西朝邑一位78岁的老举人李元春在给陕西巡抚杨以增的上书中谈及他家乡的灾情说："朝邑之灾，比他处为甚。麦多未种，种亦未出"，"现在饥民流徙满路，或有缢树、赴水、投崖而死者。其未徙之家，有阖门坐待饿杀者；有煮食干瓜皮、辣菜叶而卒无以延生者。其中鬻妻鬻子女弃婴儿者，殆不可胜数"④。

在光绪初年的"丁戊奇荒"中，陕西邻省甘肃受灾稍轻，同官县百姓"逃甘肃者无数"⑤；邠县"大荒，斗麦值制钱二千有奇，居民逃亡不可胜计"⑥；华州"斗粟四千余钱，道殣相望，逃亡者半"⑦；汧阳县"逃亡死绝之户"的大约有1/10，与别的地方相比这已经算是少的了⑧。光绪庚子大旱时，陕西全省大面

---

① 漳县志编纂委员会：《漳县志》，甘肃文化出版社2005年版，第270页。
② 西北大学历史系、原中国社会科学院陕西分院历史研究所：《旧民主主义革命时期陕西大事记述》，陕西人民版社1984年版，第8页。
③ 杨国祯：《林则徐书简》（增订本），福建人民出版社1985年版，第253、257、268页。
④ 李元春：《上护院杨至堂大人言救荒书》，《桐阁文钞》卷6，光绪十年刻本。
⑤ [民国]《同官县志》卷14《合作救济志》，《中国地方志集成·陕西府县志辑》第28册，凤凰出版社2007年版，第197页。
⑥ [民国]《邠州新志稿》卷15《社会》，《中国地方志集成·陕西府县志辑》第10册，凤凰出版社2007年版，第441页。
⑦ (光绪)《三续华州志》卷4《省鉴志》，《中国地方志集成·陕西府县志辑》第23册，凤凰出版社2007年版，第107页。
⑧ (光绪)《增续汧阳县志》卷14，《中国地方志集成·陕西府县志辑》第34册，凤凰出版社2007年版，第478页。

积亢旱，连那些近水处种植的庄稼也"率皆干旱枯萎"①。庄稼枯死，田地荒芜，没有了生计的人们不得不到处流亡。如凤翔县，"是年冬至翌年夏连续大旱，遂遭大饥，人民流离死亡，厥状甚惨"②。到了光绪二十六年（1900）冬，关中各县至少有30万灾民涌向西安，以求官府救济。巡抚端方由于担心会发生饥民抢粮事件，不许灾民入城，导致灾民们被迫在城外路边斜坡上挖洞栖身，靠吃草根树皮赖以为生。尼克尔斯在城郊就"看到了数以千计住在窑洞中饿以待毙的饥民"③。在清代商业繁荣的三原，"来自周边乡村数以千计的男人、女人和儿童涌向三原，徒劳地寻找逃避饥饿的办法"，然而"他们几乎全都死在他们逃难以求庇护的城市当中"。④

民国时期，西北地区大大小小的天灾人祸无数。1928年自春至夏，陕、甘、察等省遭旱灾，陕西受灾县份77个，灾民6 255 264人⑤。"人民之流离颠沛或于疫疠者，不下百之七十。其较大城镇之居民，苟存一扉半橼，莫不求售于人，借得细微川资，而迁居河南或其他邻省"⑥。1928年冬，陕、甘、豫三省先后有20批难民迁移徐州，辗转南京⑦。有人作诗纪之曰："花木凋零鸟兽僵，冬来奇冷又奇荒。十家九户无烟火，北舍南乡胜堵墙。"⑧ 1931年，陇县春旱少雨，麦根枯萎，收成无望。乾、扶、武之民，西逃于陇，街巷拥塞，人心恐慌，粮价激增⑨。民国二十一年（1932），甘肃武威大旱，"收成大减，民饥，逃亡者甚众"⑩。1932年12月3日的《大公报》报道：陕西宝鸡一带"哀鸿遍野，饥民流离载道……迁徙流亡，日益见多，处处门户封锁，村村门户封锁，村村井灶无烟，凄凉景象，不堪言状"。在旱灾中，大量人口离开故土，乞讨流动的现象比比皆是。

---

①水利部水利科学院：《故宫奏折照片》，转引自陕西省气象局气象台《陕西省自然灾害史料》，陕西省气象局气象台1976年版，第54页。
②袁林：《西北灾荒史》，甘肃人民出版社1994年版，第555页。
③〔美〕尼克尔斯：《穿越神秘的陕西》，史红帅译，三秦出版社2009年版，第7页。
④〔美〕尼克尔斯：《穿越神秘的陕西》，史红帅译，三秦出版社2009年版，第96页。
⑤中国第二历史档案馆编：《中华民国史档案资料汇编》第5辑第1编"财政经济（七）"，江苏古籍出版社1994年版，第472页。
⑥全国经济委员会：《渭河流域灌溉计划书》（1933年9月），台北"中央研究院"近代史研究所档案馆藏，档案号26-00-05-001-09，第3页。
⑦《豫陕甘难民过徐回籍》，《上海民国日报》，1929年3月26日，第4版。
⑧陕西赈务会：《陕西赈务汇刊》插画，1930年4月。
⑨陇县地方志编纂委员会：《陇县志》，陕西人民出版社1993年版，128页。
⑩甘肃省武威市志编纂委员会：《武威市志》，兰州大学出版社1998年版，第71页。

表 3-4 1920、1928 年陕西各县人口迁移情况表

时间	县	人口迁移情况	县	人口迁移情况
1920年	华阴	大旱,原 117 722 人,逃亡 6569 人,逃亡比例达 5.58%	潼关	原 42 000 人,逃亡 8000 人,逃亡比例 19.05%
1928年	富平	背井离乡外出逃生者 8000 余人	咸阳	大旱,原 13 万人,逃亡 1.1 万人,逃亡比例 8%
	武功	原 18 万人,逃亡 5 万人,逃亡比例 27%	扶风	原 16 万人,逃亡 3.1 万人,逃亡比例 19%
	盩厔	逃亡 29 436 人	蒲城	逃亡 60 000 人
	长安	原 433 864 人,外逃 47 357 人	凤翔	原 203 485 人,外逃 10 948 人
	乾县	原 169 498 人,外逃 27 893 人	岐山	原 173 943 人,外逃 37 500 人
	郿县	原 90 746 人,外逃 5021 人	鄠县	一个月内男女逃亡 8490 余人
	陕南各县	流亡过半	—	—

资料来源:

曹树基:《田祖有神——明清以来的自然灾害及其社会应对机制》,上海交通大学出版社 2007 年版,第 201—202 页;李文海:《近代十大灾荒》,上海人民出版社 1994 年版,第 142 页;富平县地方志编纂委员会:《富平县志》,三秦出版社 1994 年版,第 123、189 页;郭琦、史念海、张岂之:《陕西通史·民国卷》,陕西师范大学出版社 1997 年版,第 167 页;《大公报》,1928 年 4 月 6 日、8 日。

背井离乡的逃荒饥民颠沛流离,风餐露宿,生活之悲惨,在卜义的《哀流民辞》有详尽逼真的描述:"戊辰十月,天阴……陇民乏余粮……男女蹲沓,衣衫褴褛,鹄形菜色,相视过。予乃指谓梅亭曰:'此非流民也耶,皆荒年之所致也。伤心哉!父与子、与兄、与弟、与夫、与妇、与民,焉无家室以至于斯?当夫天晴日暖,道路风霜,垂老不获安居之乐,幼弱胥及沟壑之伤。朝焉而如鸿雁之在野,夕焉而指云水以为乡。野店荒村,望门投宿也;煮菜烧叶,糊口艰难也;啜食啼嘘,老大啼饥也;卧草暗鸣,儿女号寒也。及乎朝阳升,行人起,依旧飘蓬,随逐流水,北山南,南山南,关河迢遥百千里,盖其伤心惨目有如是也。忽阴风兮怒号,视大块兮尽冥,鸟无声兮山寂,人胥归兮轮停。斯时煨炉者畏苦寒,拥裹者忧凛冽。奈何在野而无居,绕树三匝。亡人之露体,悬鹑百结,致使飞沙裂肤,半为疮瘴之民。积雪没胫,道多跛踦之子。野外饿殍葬

于虎狼腹中，道上填于沟壑。"① 十月本是收获的季节，农民应该享受一年来的劳动成果，然而，西北地区的广大农民却为旱灾所迫，弃离家园，远走他乡。西北的十月，天气已转冷，气候酷寒，不少流民冻死于野外。恶劣的气候条件加剧了自然灾害对社会的危害。

（二）人口迁移的特点

据相关数据和研究，在清至民国时期，陕、甘、宁、青地区因旱灾而造成的人口迁移，呈现出一些明显的特点。

①从灾民迁移的方向来看，大多流向城市和没有受灾的乡村，因为城市谋生方法多，且历来救灾粥厂都设在城市；没有灾荒的乡村，对于农民来说，也是一个很好的选择，可以让他们和熟悉的土地相结合，重新开始生活。从甘肃、宁夏、青海人口流动的方向来看，城市和农村的比例基本平衡，构成了人口流动的二元比例结构。陕西的城市较之西北其他地区商品经济要发达许多，所以对迁移人口的吸引力自然较甘、宁、青地区要大不少，发生灾害后，人口往往会向城市流动，这与全国其他地方人口流动的方向基本一致。但是在当时的甘、宁、青地区，近代城市发展相对落后，生产结构单一，工业生产要么仅处于萌芽阶段，要么就是不够发达，对在外逃亡的人没有太大的吸引力；而广大的农村地广人稀，对世代为农的农民有不小的吸引力。所以城市的不发达和农村的地广人稀导致甘肃、宁夏、青海人口的流动呈现一种二元结构的模式。

②从人口迁移的地区来看，一般是迁徙到周边乃至更远的未受灾区域。比如当旱灾爆发时，陕西关中的灾民多渡河逃往山西。据华洋义赈会的一名工作人员说，他在西安和黄河之间，看见有200多个灾民"聚卧一穴，相视待毙"；汉中的饥民则多向湖北、四川迁移，1930年略阳40多个村的灾民逃向川北，道途死者过半②。

③人口流动的规模与灾害的强度有关。旱灾的强度大，人们生存需要的食物更加缺乏，为了生存，大批的人口只能被迫流亡。如民国十八年（1929），陕、甘、宁、青发生重大旱灾，仅陕西逃亡的灾民总数就达到781 347人③。

④因旱灾而造成的人口流动不是个体行为，而是集体行为，一般以家为单位。灾害的发生对不同年龄、性别的人都造成巨大的影响，从表3-5可以看出，农民都是全家逃亡，不分男女。

---

① [民国]《隆德县志》卷4《艺文》，《中国方志丛书·华北地方》第555号，成文出版社1976年版，第395—396页。
② 李文海：《近代十大灾荒》，上海人民出版社1994年版，第191页。
③《惨哉陕灾》，《大公报》（天津版），1929年6月25日。

表 3-5 民国西北农村离村规模量化表（%）

省份	全家离村去向		男女离村去向	
	都市	农村	都市	农村
陕西	59.3	39.0	46.0	33.4
甘肃	49.3	43.7	39.3	34.8
青海	50.8	47.0	42.6	41.4
宁夏	41.5	47.2	33.8	47.7

注：

1. 百分比是笔者根据资料计算所得。
2. 全家和男女离村都有"其他"项，未列入。
3. 资料来源于《农情报告》第4卷第7期，1936年7月；章有义：《中国近代农业史资料》（第3辑），生活·读书·新知三联书店1957年版，第893—894页。

⑤人口流动受宗教信仰的影响。青海、宁夏是少数民族的聚居地，各少数民族都有自己的宗教信仰，如青海、宁夏的少数民族——回族，他们都信仰伊斯兰教，如发生大的灾害，必须离开居住地，他们一般迁徙的地方是新疆，因为新疆维吾尔族同样信仰伊斯兰教。《西行见闻记》中就记载，有回族的灾民准备赶赴新疆，男女老幼数十人，面呈饥色，小儿号饥号寒①。

⑥人口流动的暂时性。中国自古以来乡土观念严重，当地的灾情一旦得到缓解，灾民就会陆续回到家乡，重新开始生活。而且，政府为了财政税收，也会实行一系列措施，帮助农民回归故土。

（三）人口迁移的原因分析

在中国古代，政府为了保证赋税收入，禁止人民离开原住地；而且，在传统社会，人们的乡土观念严重，轻易不肯离乡背土。因此，人们只有在不可抗拒的力量面前才会选择背井离乡。导致人口流动的原因很多，但在和平时期，人口的流动多因自然灾害。

表 3-6 1931—1933年青海农民离村原因统计表

天灾	匪祸	人口压力			经济压力				经济吸引小计	求学	其他及不明
		耕地过少	人口压力	小计	农村经济破产	贫穷而生计困难	租税剥削	小计			
50.0	3.1	—			3.1	21.9	9.4	34.4	—		12.5

①刘文海：《西行见闻记》，甘肃人民出版社2003年版，第102—103页。

资料来源：

夏明方：《民国时期的自然灾害与乡村社会》，中华书局 2000 年版，第 101 页。

从表 3-6 可以看出，以青海省为例，1931—1933 年农民离村的主要原因是天灾，比率达到 50%，远远超过其他经济和社会的因素。陕、甘、宁、青地处我国西北内陆，除了像关中等少数自然条件优越、开发历史悠久的地区之外，多数地区生产力水平较低，人们在自然灾害面前显得渺小，如果政府不能及时和快速启动救灾机制，那么人们为了基本的生存，自然会逃亡到其他地方，形成流民潮。

以旱灾为例，民国时期人口流动的因素要比清代显得更具复杂性。清代的史料仅单纯地描述旱灾的严重程度；民国的史料在突显旱灾严重的前提下，常常还涉及其他的自然灾害、战争等。比如 1928 年甘肃"全省春夏空前大旱，冰雹、洪水、虫害、霜冻及瘟疫流行。入夏，旱魃为虐，秋禾又失复种，寸草不生、赤地千里，加之兵祸，粮价昂贵，哀鸿遍野……少壮年逃往他乡，老弱妇孺全以草根、树皮、油渣、秕糠、麸皮度日"[1]；"（1929）甘肃全省 58 县大旱，继以冰雹、洪水、虫害、瘟疫、霜冻流行……当时甘肃军阀割据，互相残杀……正宁旱灾奇重，壮者铤而走险，老弱疾病死者触目皆是"[2]；1932 年甘肃"全省灾情严重，入春旱魃为虐，夏冰雹、黑霜、风灾、洪水、虫害相继。全省 60 余县无县不灾，禾尽枯槁，草木黄萎，灾区人民啼饥号寒，相继流亡外逃求生，状极惨痛"[3]。由此笔者认为，相较于清代而言，民国时期西部地区人口大量流动的因素是多方面的，动荡的岁月加之各种自然灾害的威胁，最终引发了西北地区人口的大规模流动。

（四）人口迁移的影响

在 1644 年至 1949 年这 300 多年中，陕、甘、宁、青灾荒不断，尤其是旱灾频繁发生，人们不得已从自己的居住地迁出，造成人口大量流动，对当时的社会造成巨大的影响。

其一，人口的流动造成社会的不稳定。频繁的自然灾害造成人口大量的流动，这些流动的人群为了生存，或成为盗贼与土匪，或与官方发生斗争，导致社会的不稳定。由于饥饿难耐，人们往往铤而走险，打家劫舍，无恶不作。正如俞平伯所言："凶岁饥年，下民无畏死之心；饱食暖衣，君子有怀刑之惧。"[4]

---

[1] 漳县志编纂委员会：《漳县志》，甘肃文化出版社 2005 年版，第 271 页。
[2] 正宁县志编纂委员会：《正宁县志》，甘肃文化出版社 2010 年版，第 166 页。
[3] 漳县志编纂委员会：《漳县志》，甘肃文化出版社 2005 年版，第 271 页。
[4] 俞平伯：《俞平伯散文》，内蒙古文化出版社 2009 年版，第 165 页。

邓拓通过对中国历史的研究发现："历史上数次发生的农民暴动，无论其范围大小，或其时间之久暂，实无一而非由于灾荒所促发，即无不以荒年为背景，此殆已成为历史之公例。"[①]所以，这些流民潮或多或少都会对社会的稳定造成一定的影响。

其二，人口的流动促进了城镇工商业的发展。中国古代士农工商的阶层分化严重，人们如果有土地就不会愿意当工人。但是人们在逃亡时已没有土地，造成大量的无业流民，这些无业流民为了生存，一部分迁徙到城市当了工人，促进了城镇工商业的发展。

其三，人口的流动会造成农业人口的大量流失，特别是青壮年人口的大量流失。在任何社会中，青壮年都是社会建设和发展的主要承担者。在中国古代，耕种土地主要靠人力，没有现代化的高科技机器，灾荒过后，对荒地进行翻垦种植都需要大量的人口，特别是青壮年。但是，一遇灾荒，尤其是旱灾，当地的生存条件恶劣，人们无法生存，大量逃亡，造成包括青壮年在内的当地人口的大量流失，对农业造成巨大的影响。

其四，人口的流动还会改变当地原有民族的构成、地理分布以及民族人口的比例结构。西北地区，尤其是青海、宁夏乃至甘肃，一向为多民族聚居区域，当重大旱灾发生后，任何一个民族的迁徙流动，都势必影响区域内的民族构成、分布和人口的构成比例。

三、人口结构的变化

人口在性别上有男女之分，年龄上有幼、壮、老之分，职业上有农、工、商、学、兵之分，处于不同自然、社会属性中的人，面对灾害时的物质、心理承受能力不同，相应的人口损失程度也不同。因此，分析灾害与人口年龄、性别结构这些微观层面的关系更能透视出灾害对人口变迁深层次的影响。

面对灾荒，不同年龄阶段的人的身体素质和社会地位不同，承灾能力也不同。老年人体弱多病，迁移避灾能力差，因而承灾能力最弱，最易受到灾害的影响；加之他们思乡情节重，若不能就近求食，就只能在家乡饿死或者在疾病中死亡，故死亡率一般会高于青壮年人。相较之下，青壮年体质强健，有效避灾能力也强，遇到灾荒时存活的概率大。儿童作为年龄结构中的一个特殊群体，因为几乎没有自理能力，身体素质差，故在灾荒中的死亡率也比较高；加上灾荒时期大量儿童被贩卖，也在一定程度上造成了年龄结构的失调。

[①] 邓拓：《中国救荒史》，商务印书馆1937年版，第144页。

女性体质弱于男性,易受灾害摧残;女性在男权社会中的附属地位,使其成为人口贩卖最主要的受害者,且灾后大多都无返乡的机会。而一个社会要良性发展,男女性别必须保持一定的比例。研究认为,婴儿初生时男女比例应为105∶100(由于男婴儿较易死亡,结果双方数量得以维持平衡)是基本合适的①。据不完全统计,民国三年(1914)大灾时期,陕西卖出妇女超过40万②。而1938年蒋杰对陕西武功灾区调查统计显示,在211户家里,平均每3家就有1人被贩卖,而在被贩卖的人中,男子占17.1%,女子竟达到83.2%③。因此,大灾过后势必造成灾区性别比例严重失调,例如武功男女比例竟达129∶100④。民国时期,男女结婚年龄主要集中在15—19岁,而这个年龄段男女比例失调的现象更为严重。陕西关中地区比例为165∶100,户县竟高达225∶100,这意味着大量的男子在适婚年龄却没有结婚对象,面临失婚的困境⑤。据当时的调查,15—44岁之间,男子未婚者占32.5%,而女子未婚者仅占5.7%,男子比女子失婚现象突出。男子失婚必然会引起男子结婚年龄的推后和女子婚龄提前。男女比例的失调还会造成更加猖獗的买卖妇女现象。男子到适婚年龄而没有合适的结婚对象,就会铤而走险去买妇女,从而形成一种恶性循环。

此外,旱灾的爆发不仅导致人口的大量死亡、迁移,引起人口结构的变化,而且也降低了生育率。"在一次为期不长的饥荒期间,虽然新生儿出生时体重下降,死胎数量增加,但生育率实际上仍保持稳定。然而,饥荒过后9个月,出生率下降,而且出生率下降幅度与饥荒的严重程度成正比。造成出生率下降的因素包括生育率下降、男子性功能衰退、性交次数减少、自愿节育增加和新婚推迟"⑥。

第二节 旱灾的发生对社会经济的影响

"灾荒发展之结果,非但陷农民大众于饥馑死亡,摧毁农业生产力,使耕地减少,荒地增加,形成赤野千里且使耕畜死亡,农具散失,农民与死为邻,自不得不忍痛变卖一切生产手段,致农业再生产之可能性极端缩小,甚且农民因

---

① 蒋杰:《关中农村人口问题》,国立西北农林专科学校1938年版,第80页。
② 冯和法:《中国农村经济资料》,上海黎明书局1935年版,第722页。
③ 蒋杰:《关中农村人口问题》,国立西北农林专科学校1938年版,第222页。
④ 蒋杰:《关中农村人口问题》,国立西北农林专科学校1938年版,第83页。
⑤ 蒋杰:《关中农村人口问题》,国立西北农林专科学校1938年版,第86页。
⑥〔美〕彭尼·凯恩:《中国的大饥荒》,毕健康等译,中国社会科学出版社1993年版,第16页。

灾后缺乏种子肥料，致全部生产完全停滞。"① 这是我国著名灾害史研究专家邓拓先生有关灾荒对农业经济破坏性影响论述，可见旱灾是影响农业经济发展特别突出的灾害。民间俗语"水灾一条线，旱灾一大片"，也说明了旱灾影响的广泛性。研究旱灾，脱不开"饥荒"，面对食物严重缺乏的窘况，不少商人乘机哄抬物价，导致"粮价奇贵"，粮价的波动可谓是牵一发而动全身，导致农村经济出现畸形商品化，而这种不规则的发展导致的最终结局自然不容乐观。对比1930年陕、甘、宁、青在全国所占的经济比重（表3-7），也可看出民国十八年（1929）大旱灾的发生对这一区域社会经济的影响。

表3-7 1930年陕、甘、宁、青在全国所占经济比重统计表

	人口数		人均耕地（亩）	产米量	公路里数	马达车	商店和餐馆
	百万人	%					
陕西	9.7	2.1	5.57	0.2	1.9	0.6	1.9
甘肃	6.5	1.4	4.49	—	1.1	0.1	0.6
宁夏	1.0	0.2	2.50		4.2	0.1	—
青海	1.3	0.3	6.0	—	1.9	—	0.1
全国	465.3		100.0	—	100.0	100.0	100.0

注：

1. 资料来源于侯继明：《1937年至1945年中国的经济发展与政府财政》，见张玉法主编《中国现代史论集》第9辑，台北联经出版事业公司1982年版，第314页。

2. 全国总量不包括东北各省、蒙古和西藏。

3. 米产量和公路里数为1933年统计数。

一、粮食减产

旱灾的直接影响是粮食减产甚至颗粒无收。清至民国时期陕、甘、宁、青地区的旱灾往往发生在春、夏两季，这两个季节是农作物播种、出苗和生长的时期，需水量较大。因此，在这两个季节发生的旱灾，必然造成农作物减产、质量下降，甚至绝收。

乾隆八年（1743）青海碾伯等县旱，禾歉收②。道光二十六年（1846），陕西发生严重旱荒，尤以关中地区为甚。西安、同州、凤翔等府所属各县，麦秋和大秋都收成歉薄，冬麦也未能下种。清代中后期爆发的"丁戊奇荒"，对陕西的农业

---

①邓云特：《中国救荒史》，河南大学出版社2010年版，第145页。
②王苹：《中国气象灾害大典·青海卷》，气象出版社2007年版，第16页。

生产造成了极大的破坏。1878年10月3日的《申报》载文说："秦中自去年立夏节后，数月不雨，秋苗颗粒无收。至今岁五月，为收割夏粮之期，又仅十成之一。至六、七月，又旱，赤野千里，几不知禾稼为何物矣。……"

义和团运动时期，陕、甘两省发生大面积旱荒。"其中有些地方旱情相当严重，如府谷县，收成只有2分的土地有48 436亩余；神木县收成只有2分的土地有38 130亩余。"① 武功县除近河滩地稍有收获外，大部分土地收成不足2分，甚至有颗粒无收的。宁羌州的阳平关一带，"遍地皆山，受旱较久"，因此灾情也极重。葭州"自复徂秋，亢阳日久"，全县平均收成在3分上下。甘肃遭旱地方较陕西为少，约有20余州县②。

民国时期，因旱灾而造成的粮食减产情况更是有增无减。如甘肃省《清水县志》记载："（民国十六年）大旱，麦豆减产八至九成以上，其他秋田杂粮也在五成以上。至十七年夏，秋田均减产在七成以上，致使十八年春出现大饥荒。"③ "（民国十七年）秦安久旱不雨，高粱未出土，改种糜谷，也未得苗；再改种荞麦，亦失败。庄稼颗粒无收。"④ 1933年8月25日《红色中华》（第105期）"西安通讯"也记载："陕西去冬以来，数月之久，滴雨未下，灾象又趋严重，延至3月间虽一度降雨，麦苗稍有向荣之望，但十之八九，早已枯死，而且播种秋禾既无种籽，又乏农器，以致灾民彷徨歧途，欲逃无路，欲返不能……悲惨已极。"民国二十九年（1940）春夏，青海东部农业区各县苦旱，受灾面积大，减产严重。各县旱后仅存的部分成熟谷物又因后期降雨不停，终致倒状，引起发芽霉烂⑤。民国二十三年（1934）旱灾中，陕西损失水稻494 000市担，占总产量的10%；高粱408 000市担，占总产量的25%；玉米1537市担，占总产量的29%；小米2 042 000市担，占总产量的49%；棉花241 000市担，占总产量的24%；大豆249市担，占总产量的24%⑥。民国二十四年（1935），陕西夏季作物水稻、高粱、小米、糜子、玉米、大豆总计遭受水旱灾害面积估计1 287 000市亩，其中旱灾478 000市亩，损失产量567 000市担，

---

① 李文海、周源：《灾荒与饥馑1840—1919》，高等教育出版社1991年版，第204页。
② 李文海、周源：《灾荒与饥馑1840—1919》，高等教育出版社1991年版，第204页。
③ 清水县志编纂委员会：《清水县志》，陕西人民出版社2001年版，第126页。
④ 秦安县志编纂委员会：《秦安县志》，甘肃人民出版社2001年版，第148页。
⑤ 青海省地方志编组委员会：《青海省志·自然地理志》，黄山书社1995年版，第299—300页。
⑥ 邓云特：《中国救荒史》，上海书店1990年版，第188页。

折合 2 403 000 元①。民国二十五年（1936）夏季作物中，陕西受灾面积估计达 4 511 600 市亩，数量 3 539 600 市担，折合 33 227 400 元②。民国三十年（1941），西宁入夏以来雨泽延期，沟渠干涸，所种水田多未浇灌，以致禾苗枯槁③。

  旱灾引起粮食减产甚至绝收，吃饭成了灾荒中人们的头等大事，也是最令他们头疼和伤心的事情，灾民只能以五花八门的代食品来果腹充饥。如1920年西北大旱时，青海的灾民把草根、树皮都吃尽后，就煮鞋底来充饥。甘肃的饥民吃光草根、牛筋后，千里精赤，野无青草。张恨水在1934年游历西北之后，被陇东、兰州、河西等地的灾荒景象震惊了，在其长篇小说《燕归来》开头就写了一首诗描述饥民被迫拆屋卖梁的情景："卖了耕牛卖种粮，几天未吃饿难当！看来一物还能卖，爬上墙头拆屋梁。"人们在没有什么可食的情况下只好去吃树皮，"大恩要谢左宗棠，种下垂柳绿两行。剥下树皮和草煮，又充菜饭又充肠"。④ 有些人实在无法找到可以吃的东西，只好靠吃土来充饥。民国十八年（1929）陕西大旱时，关中地区道路两旁的树都是白晃晃的，树皮都被剥光当粮食吃了。在陕西马嵬坡杨贵妃墓前，记者看到一些妇女和儿童正在墓上拣拾土块往嘴里送，就好奇地问他们"土还能当饭吃吗？"他们就说这墓上白色的土是贵妃娘娘用过的粉，吃一点就能止住饥饿。"丘陵边许多人家吃水都成问题，还有的人饥饿难忍，以白土（所谓的'观音面'）代食，暂时达到充饥，一两天后腹胀死亡，其状甚惨"⑤。

  草根、树皮等代食品缺乏人体所必需的养料和微量元素，如脂肪、蛋白质、氨基酸等，久食之后会令人日渐消瘦，导致各种疾病，甚至致人死亡。饥民吃了树皮、野草后都会产生大便秘结、人软无力的症状，有的甚至中毒而死，如史书记载汉中留坝的饥民采挖野菜而食，中毒致死者有5000余人。至于号称"神仙面"的观音土，人食后完全无法解下大便，很多人被活活地胀死了。记者斯诺曾描写饱受饥饿的儿童和妇女的形象："我看见一个全身赤裸、胳膊细得像树枝一样的儿童，由于以树叶和木屑充饥，他的肚皮鼓胀得像一个气球。""许多长期以野菜充饥的儿童都显露出饥饿的烙印。他们面孔浮肿，一双双失去中国儿童向来具有的机灵好奇特点的眼睛，眼泪汪汪。""我们遇见两个年轻的妇女，她们瘦得像

---

① 《民国二十四年各省夏季作物旱灾损失估计》，载《农情报告》第3卷第11期，1935年11月15日，第227—231页。
② 《民国二十五年各省夏季作物旱灾损失估计》，载《农情报告》第5卷第1期，1937年1月15日，第2—4页。
③ 史国枢：《青海自然灾害》，青海人民出版社2003年版，第169页。
④ 张恨水：《燕归来》，安徽文艺出版社1986年版，第1页。
⑤ 文芳：《天祸》，中国文史出版社2004年版，第248页。

中国肉食店里悬挂着的腊鸭。她们的肤色一个样，没有衣服可穿。她们的乳房干瘪瘪的，像抽出了东西的纸袋一样垂在胸前。"①

二、土地荒芜

旱灾具有渐发性、广泛性等特点，而本文在论及旱灾对人口影响的章节中也谈到，大旱灾会造成当地人口的大量死亡与迁移，在这一情况下，许多原来的耕地因无人耕种而变为无主的荒地，从而使得灾后大片土地荒芜，长时间难以恢复。

清同治元年（1862），高陵县"自七月不雨，至于明年六月，冬无宿麦，春夏赤地百里，斗米二千有奇，疫毙男妇三千余人"②。光绪三年（1877）、四年（1878）间，富平县苦旱异常，秋麦苗虽被小雨，然"青葱可观者统计不满五顷，此外尽属赤地"③；光绪庚子、辛丑大旱中，整个陕西各属迭遭灾歉。到了1904年，陕西巡抚升允上奏清廷的奏章中还提到："民间新垦地亩复又就荒，弃地而逃非止一处。"④可见旱灾对农业经济破坏之巨大，影响之深远。

到了民国时期，因旱灾而造成的土地荒芜情况越发严重了。1928年，甘肃"全省春夏空前大旱，冰雹、洪水、虫害、霜冻及瘟疫流行。入夏，旱魃为虐，秋禾又失复种，寸草不生、赤地千里，加之兵祸，粮价昂贵，哀鸿遍野"⑤。另据1931年1月8日的《大公报》报道：1930年3年大旱后，"在扶风、咸阳等19县中，开始耕种的田地面积只有27.64%，废弃的土地占72.36%"。国民政府主席林森在视察陕西后感慨万千："汽车直驰40分钟之时间，而不见地面青苗。"即使受灾较微之地带，播种"亦只十之二三"。在素为"灌溉便利物产丰富"的渭河两岸，1933年还有16万亩无人耕种的荒地⑥。直到1936年，调查发现陕西省仍有大量的荒地荒山（表3-8）。而青海的情况也好不到哪里去。据文献记载：民国二十九年（1940），青海省五、六月间旱魃为虐，赤地千里⑦。据

---

①〔美〕洛易斯·惠勒·斯诺：《斯诺眼中的中国》，王恩光等译，中国学术出版社1982年版，第37页。
②（光绪）《高陵县续志》卷8《缀录》，《中国地方志集成·陕西府县志辑》第6册，凤凰出版社2007年版，第555页。
③（光绪）《富平县志稿》卷10，《中国地方志集成·陕西府县志辑》第14册，凤凰出版社2007年版，第523页。
④《京报汇报》，《申报》，光绪三十年三月十一日。
⑤漳县志编纂委员会：《漳县志》，甘肃文化出版社2005年版，第271页。
⑥《大公报》，1933年3月15日。
⑦《青海省政府报灾电文》，青海省图书馆辑，油印本。

相关资料统计（表3-9），直到1941年，青海仍有大量的抛荒土地。这可能有战争造成的影响，但是和旱灾也有很大的关系。

表3-8　1936年陕西荒地荒山统计表

县名	荒山（地）亩数	县名	荒山（地）亩数	县名	荒山（地）亩数
华县	97 258	麟游	164 210	白水	10 745
韩城	10 000	陇县	3504	凤翔	3346
咸阳	3000	蓝田	2085	定边	100 000
中部	6600	宜君	2950	鄜县	1680
镇坪	105 000	汉阴	12 480	洵阳	1470
留坝	10 886	勉县	6491	西乡	1100
合计	295 025				—

资料来源：

《各省荒山荒地调查表》，陕西省档案馆，馆藏号：9，案卷号：5，目录号：580。

表3-9　青海省部分年份荒地调查表

年　份	调查县数	荒地面积
1934	9	28 249 776 公亩
1937	9	6 618 564.680 亩
1941	—	64 191 488 亩

资料来源：

国民政府主计处统计局：《中国土地问题之统计分析》，1941年，第48页（书中单位为公亩。100公亩＝666.667市亩）。中国第二历史档案馆：《中华民国史档案资料汇编》第五辑，江苏古籍出版社1994年版，第530页。陕甘宁边区政府秘书处：《西北统计资料汇编》，1949年印行，第2页。

正如邓拓先生所说："盖农村人口在灾荒之后既已锐减，则耕种农田之劳动力，自无所从出，纵有田地可耕，而力不可及，亦唯有任其荒芜。"[①] 旱灾导致的土地荒芜对农业再生产的打击是十分严重的，因为要把一块荒地重新开发成沃壤，其间过程之复杂与时间之长久自然不可避免，这当然会影响到农业的再生产过程。

三、生产工具的损失

在传统农业社会，牲畜、农具等是重要的农业生产工具，一般农户拥有量

---

① 邓云特：《中国救荒史》，河南大学出版社2010年版，第139页。

都很少，因而极为珍贵。当发生严重的旱灾时，田地荒芜，颗粒无收，农民无以为生，只能宰杀耕牛食用或换取粮食。如乾隆十二年（1747），关中耀州、渭南、临潼等地因天旱导致播种困难，出现了农人宰杀耕牛充饥的无奈之举①；道光二十六年（1846），关中被旱，"民不能耕，争杀牛以食"②；光绪三年（1877），亢旱异常，"时贱卖农具什物者填街巷，地亩有一二百钱者，房价亦如之，顾无人收买，因劝之房子皆析作薪，斤或不及一钱"③。这些都对灾后农业的恢复极为不利。再比如1920年大旱，陕西关中道牲畜损失十之七八④，"市集上的毛驴，7元钱买3匹，只相当于2斗多的小米价"⑤。其他农具也几乎全被拿到集市卖掉，甚至连房屋也被拆毁，把木材拿去换一餐半顿的粮食。1928—1930年大旱之后，"陕西凤翔境内农具损失35%，耕畜减少70%以上"⑥。由于没有肥料、种子、农具和耕牛，陕西农村的许多家庭只能以人代牛，勉强进行再生产。"其法以两人扛一长橼，下拖一犁，前者挽，后者推，行颇迟，数步一歇。汗如雨下，间有小孩帮耕挽犁者"⑦。"直到1935年，关中地区华阴、华县等48县的耕牛仍短少169 676头，占当时耕牛总数的56.4%"⑧。

再以1929年甘肃的大旱为例（表3-10），受灾的53个县中，整县受灾的为36个，占到一半以上；其余17个县中，有15个县受灾范围在60%以上，只有酒泉和成县受灾范围稍微小一些，分别占全县面积的15%和35%。这样大范围的旱灾必然造成农业生产工具的严重损失。像渭源县，"春夏饥荒严重，绝大多数群众缺粮断炊，有的用耕畜、土地、屋舍倒换粮食，北山一带出现宰杀耕畜、外出逃荒现象"⑨。

---

① 水电部水利科学院：《故宫奏折照片》，转引自陕西省气象局气象台编《陕西省自然灾害史料》，陕西省气象局气象台1976年版，第40页。
② [民国]《续修陕西通志稿》卷127《荒政一》，《中国西北文献丛书》第1辑，兰州古籍出版社1990年版，第150页。
③ （光绪）《大荔县续志·足征录》卷1《事征》，《中国地方志集成·陕西府县志辑》第13册，凤凰出版社2007年版，第379页。
④ 刘仰东、夏明方：《百年灾荒史话》，社会科学文献出版社2000年版，第104页。
⑤ 刘仰东、夏明方：《百年灾荒史话》，社会科学文献出版社2000年版，第118—119页。
⑥ 冯和法：《中国农村经济资料》，上海黎明书局1935年版，第805页。
⑦《中山日报》（陕西），1930年10月23日。
⑧ 曹树基：《田祖有神——明清以来的自然灾害及其社会应对机制》，上海交通大学出版社2007年版，第206页。
⑨ 渭源县志编纂委员会：《渭源县志》，兰州大学出版社1998年版，第19页。

表 3-10　1929 年甘肃受灾范围统计表

县 名	受灾范围	县 名	受灾范围	县 名	受灾范围
渭源	全县	永昌	全县	武山	97%
会宁	全县	文县	全县	秦安	92%
正宁	全县	西固	全县	平凉	91%
镇原	全县	宁县	全县	皋兰	90%
临洮	全县	灵台	全县	武都	90%
陇西	全县	平番	全县	天水	90%
庄浪	全县	卓尼	全县	西和	88%
威武	全县	张掖	全县	靖远	81%
山丹	全县	通渭	全县	榆中	80%
泾川	全县	宁定	全县	礼县	80%
洮沙	全县	临潭	全县	合水	80%
古浪	全县	庆阳	全县	华亭	79%
漳县	全县	崇信	全县	高台	75%
伏羌	全县	东乐	全县	镇番	60%
两当	全县	红水	全县	徽县	60%
导河	全县	清水	全县	成县	35%
定西	全县	庄浪	全县	酒泉	15%
静宁	全县	环县	全县	—	—

资料来源：

《1929 年甘肃各县旱情》，《陇钟》1932 年第 6 期。

在中国传统的农业社会，如果说土地是农民的"命根子"，那么耕牛便是农民进行耕作的主要工具，有没有自己的耕牛几乎和有没有自己的耕地一样重要。在当时，耕牛都是由官府造册登记的，除非是自然死亡，不然吃牛肉是严重的违法行为，哪怕是意外死亡，也须到官府缴纳罚款。《重修灵台县志》中曾记载这样一个故事：光绪二十七年（1901），大饥疫，饿殍甚多。有孟京龙、孟京虎偷锄食牛 16 头，县主李鸷断令赔偿，后孟姓一家 13 口死无孑遗。并有俗歌传为炯戒，歌曰："金龙与金虎，盘踞关家沟，舌卷原上粟，尾扫山中牛，一朝事败露，搜出两牛头，幸有降龙将，偏多搏虎俦，龙坛顿失色，龙穴不为幽，苍天除凶暴,孽种一笔钩。"① 从这则故事中可以看出,耕牛在农民与官府心中的地位是十分重要的,即使在天灾之年,也不可随便宰杀耕牛,民间认为随意宰杀耕牛会遭天谴,就像故事中的孟氏兄弟似的。但面对大旱灾的威胁,百姓为求生存,不得不变卖甚至宰杀耕畜,可见残酷的旱灾已经将百姓逼上了绝路,社会的心理约束力与政府的法律法规已然被弃之脑后,百姓心中只有"活着"二字!

旱灾中耕牛的缺失成为灾区农业再生产的一大阻力,缺少畜力耕种土地,单纯依靠农夫的体力劳动,若要重新开垦荒地,恢复灾前的农业经济,这在清与民国时期的西北地区,显然是一项十分艰巨的任务。可见旱灾不但直接导致农业生产力的下降,而且严重阻滞了农业生产的恢复与发展。总之,用邓拓先生的一段话说:"故历次灾荒之结果,使整个之中国农业,既不能进行扩大之再生产,亦不能维持固有单纯之再生产,唯有在少量耕地之上,勉强从事于极小规模萎缩之再生产,农村经济至此遂不得不全面崩溃!而慢性周期之饥馑终不可免!"②

四、物价上涨

清至民国时期,由于陕、甘、宁、青地区所处的地理位置,农作物一般为一年两收或一年一收,农民家里很少有积攒的粮食;加之西北地区和其他地区的经济联系不够密切,交通发展滞后,商贸交流乏力,当然更别说战争的影响了,这使得其他地区的粮食及其他相关救济物品不能及时运送到灾区。而旱灾是一种渐发性的自然灾害,影响的时间长、范围广,一场大的旱灾可以持续数年,波及全省乃至数省。因此,在旱灾形成时,政府若没有足够的物质条件和社会条件来控制和疏导灾情,无疑会导致灾情的蔓延和扩大,地主或奸商也会趁机抬高物价,谋取暴利,从而导致物价的上涨。

嘉庆十五年(1810),甘肃靖远县发生大旱,斗米值银二两四钱,人民死亡几半,卖儿卖女,相继不断,直到嘉庆十七年后始有好转③。道光二十六年(1846),陕西发生严重旱荒,尤以关中地区为甚。西安、同州、凤翔等府所属各县,麦秋和大秋都收成歉薄,冬麦也未能下种,据记载:"粮价腾涨,百姓纷

---

① [民国]《重修灵台县志》卷3《灾异》,《中国地方志集成·甘肃府县志辑》第19册,凤凰出版社2009年版,第458页。
② 邓云特:《中国救荒史》,河南大学出版社2010年版,第154页。
③ 甘肃省靖远县地方志编纂委员会:《靖远县志》,甘肃文化出版社1995版,第22页。

纷逃荒。"① 光绪三年（1877），陕西城固县"大旱饥馑，斗粟千钱"，致使经济凋敝，农商之业自光绪十年（1884）后，凡十余年才渐次恢复。庚子大旱期间，西安城内"一蒲式耳小麦的价格从 400 文钱升至 6000 文钱。馒头 120 文钱 1 个，这是平时价格的 10 倍"②；"麦子每斤九十六文，鸡蛋每个三十四文，猪肉每斤四百文，黄芽菜每斤一百文，鱼甚稀而极贵"；"洋灯在南边每盏数角者，在西安值三元，火油洋烛无一不贵，洋货绸缎更不必说，且无货，厘金甚亏短"。③光绪十四年（1888），青海循化厅境大旱，粮价每石由 1 千文涨至 10 千文以上④。光绪二十四年（1898），甘肃靖远县"大旱，斗米白金三两"⑤。民国十七年（1928），甘肃康县"春夏空前大旱，寸草不生，颗粒未收，粮价昂贵，饥民号寒"⑥；民国十八年（1929）又大旱，遭受冰雹、虫灾、瘟疫，"每元（银圆）面 5 斤。斗米 9 元。人民咸露鸠形，殍者遍野"⑦。华亭县民国十八年（1929）"春夏大旱，杂粮每斗市钱 12 万文"；民国三十年（1941），"夏秋大旱百天，麦尽枯死，小麦斗价法币 11 元，玉米 8 元"⑧。宁夏泾源县，1929 年"大旱民饥，树皮、草根食尽，人相食。斗麦市银十元，杂粮八元"⑨，宁夏彭阳县，"大饥荒，麦、米斗（折 25 公斤）银币 40 元，百姓饿死惨重"⑩。1930 年《申报》报道："灾地粮食的昂贵，诚为空前所未闻。据北平华洋义赈会会董克拉克氏往西北灾区实地调查后的报告：灾区内食粮之价，皆 10 倍于平时，煤每吨售 180 元，小麦每 230 斤为一石，价 65 元。若在平时，不过五六元而已。"⑪ 这种情况下，灾民为了获得食物活命，往往会变卖所有的财产，如农具、房产、田地等，这样农民就失去了劳动工具。农民没有了劳动工具，无法在灾后种田，造成大量的流民，社会动荡不安。

由于灾区粮食缺乏，地方政府无法平抑物价，导致粮价飞涨。特别是重大、

---

①西北大学历史系、原中国社会科学院陕西分院历史研究所：《旧民主主义革命时期陕西大事记述》，陕西人民版社 1984 年版，第 8 页。
②〔美〕尼克尔斯：《穿越神秘的陕西》，史红帅译，三秦出版社 2009 年版，第 90 页。
③中国历史研究社：《庚子国变记》，神州国光社民国三十五年版。
④王莘：《中国气象灾害大典·青海卷》，气象出版社 2007 年版，第 19 页。
⑤（道光）《靖远县志》卷 1《国朝辑略》，《中国地方志集成·甘肃府县志辑》第 15 册，凤凰出版社 2009 年版，第 420 页。
⑥康县志编纂委员会：《康县志》，甘肃人民出版社 1989 年版，第 143—144 页。
⑦康县志编纂委员会：《康县志》，甘肃人民出版社 1989 年版，第 144 页。
⑧华亭县志编纂委员会：《华亭县志》，甘肃人民出版社 1996 年版，第 104 页。
⑨泾源县志编纂委员会：《泾源县志》，宁夏人民出版社 1995 年版，第 15 页。
⑩彭阳县志编纂委员会：《彭阳县志》，宁夏人民出版社 1996 年版，第 76 页。
⑪《申报》，1930 年 2 月 1 日。

持续性的旱灾发生时，粮食一日一价，甚至一日数价，人们根本无力购买粮食，生活举步维艰。如陕西千阳县道光十五年（1835）二月始旱，斗麦钱500文，七至腊月，增至900文。道光十六年（1836），正月至四、五月，天旱，大饥，斗米粜钱1500文①。另据相关资料记载，旱灾发生后，"一袋面粉，索价是一千二百元，如果有熟人可托，有小钞可拿，也许一千元可以买到。麦子每市斗三百元，高粱面每斤二十五元"②。1929年二月份，陕西粮价每斗售3元5角，3月每斗4元5角，5月涨为5元5角，在偏远地区，价格更高，甚至达到了10元以上，而当时的一个10余岁的儿童仅价值3至5元。③民众的性命抵不过粮食上涨的速度。平时粮价低落时，每斤3分，每人每月食粮只需1元；现在价涨，粮价每斤7分，每人每月需费5元。每袋面粉38斤，售价12元之高。而这种情况在1930年西安和潼关物价统计表（表3-12）中看得就更为明白了。至于更加偏远的青海地区，情况也就越发严重了。民国二十九年（1940），青海遭受干旱，麦面由上年1元10斤涨到1元2斤，大米由每市斗2元涨到11元，小麦每市石涨到22.2元④，是清代的十多倍。

表3-11 1740—1910年间西宁府粮价表

年份　　价格　　品种	小麦（白银两/京石）	青稞（白银两/京石）	豌豆（白银两/京石）
乾隆五年（1740）	1.196 78	0.971 15	—
乾隆八年（1743）	0.706 31	0.501 55	—
乾隆十三年（1748）	0.633 79	0.415 19	—
乾隆二十七年（1762）	0.600 90	0.450 61	0.510 66
乾隆四十年（1775）	0.942 86	0.712 81	0.984 43
嘉庆三年（1798）	1.025 62	0.399 30	0.946 54
嘉庆八年（1803）	0.946 87	0.363 80	0.829 28
咸丰三年（1853）	0.750 43	0.376 56	0.813 76
咸丰八年（1858）	0.331 21	0.167 70	0.291 23
咸丰十年（1860）	0.334 23	0.158 87	0.291 25
同治四年（1865）	0.731 36	0.541 09	0.691 33

---

①千阳县县志编纂委员会：《千阳县志》，陕西人民教育出版社1991年版，第384页。
②流萤：《"死角"的弦上》，载《前锋报》，1943年4月21日。
③《惨哉陕灾》，载《大公报》（天津版），1929年6月25日。
④青海省地方志编纂委员会：《青海省志·物价志》，青海人民出版社1993年版，第9页。

续表

年份 价格 品种	小麦（白银两/京石）	青稞（白银两/京石）	豌豆（白银两/京石）
光绪五年（1879）	0.679 07	0.433 37	0.711 57
光绪二十六年（1900）	1.630 17	1.026 84	1.399 60
宣统二年（1910）	1.638 12	1.072 21	1.286 80

资料来源：

中国第一历史档案馆，转引自青海省地方志编纂委员会：《青海省志·物价志》，青海人民出版社1993年版，第8页。

表3-12　1930年西安和潼关物价统计表

粮食	寻常市价（元/石）	上涨物价（元/石）
麦	4	26
黍	3	24
面粉	11	50

资料来源：

《西北惨劫报告三》，载《大公报》（天津版），1930年1月25日。

五、制约畜牧业发展

西北地区的一些地域，比如青海的大部分地区，以畜牧业为主，而旱灾的发生也给当地畜牧业的发展造成了很大影响。

旱灾的发生首先造成牲畜大量死亡。旱灾一般发生在春、夏两季，这时正是牧草生长的好时节，需要大量的水分，而旱灾的发生无疑会使牧草减产、枯萎，从而造成大量牲畜疲瘦或死亡。如嘉庆二十年（1815）青海"夏季少雨，水草不丰，牧畜疲瘦"①。民国二十五年（1936）青海春夏连旱，牧草多半枯死，牛羊死亡甚多②。宁夏隆德县，光绪二十五年（1899），"自春至秋大旱。牛害瘟黄，死亡过半"③。宁夏盐池县，在民国时期"天灾人祸，战事不绝，使牧业生产受到严重破坏，加之疫情蔓延，饲料缺乏，畜牧业发展缓慢，羊只数量徘徊在20万只左右，大家畜受灾1万头上下"④。

旱灾发生后，牲畜饮水困难，有时牲畜三四天才能饮水一次，去水源地往

---

① 王苹：《中国气象灾害大典·青海卷》，气象出版社2007年版，第17页。
② 史国枢：《青海自然灾害》，青海人民出版社2003年版，第167页。
③ 隆德县志编纂委员会：《隆德县志》，宁夏人民出版社1998年版，第52页。
④ 盐池县县志编纂委员会：《盐池县志》，宁夏人民出版社1986年版，第155页。

返一次行程 8—25 千米，由于长途跋涉，吃草时间减少，造成牲畜体质瘦弱，死亡率升高。旱灾具有渐进性，灾害发展伴随牲畜的身体素质普遍下降，加之生存环境恶劣，容易诱发瘟疫，造成牲畜大范围的死亡。如民国二十九年（1940）春夏连旱，时疫遍及农村牧区。据不完全统计，死亡牛羊 500 多万头（只）[1]。旱灾发生时，人们没有食物，人吃人的现象屡见不鲜，何况宰杀牲畜。所以，在旱灾发生时和过后的一段时间，牲畜的死亡率居高不下，影响了畜牧业经济的发展。

第三节 旱灾的发生对社会秩序的影响

旱灾发生后，面对朝不保夕的生存危机，人心总是惶惶不安，社会秩序也必然开始动荡、紊乱。在生存资源不断锐减和紧缺的状况下，饥民大规模地抢夺官府或富有人家，成为一种常见现象。于是，社会冲突往往变得更加剧烈，战争等各种大的人为灾难也常常会由此而酿发。正如邓拓先生所指出的："我国历史上累次发生的农民起义，无论其范围的大小，或时间的久暂，实无一不以荒年为背景，这实已成为历史的公例。"[2] 而这样的动荡，多数是由旱灾引发的。清至民国时期的旱灾虽然没有导致清王朝或民国政府的垮台，但旱荒期间规模不等、形式多样的饥民暴动仍起伏不断，土匪活动也极为猖獗，以致统治者在救荒的过程中，往往要一手拿粮，一手拿刀，软硬兼施，才有可能保持灾区社会的稳定。

清至民国时期，陕、甘、宁、青地区由于军阀割据，战争连年不断，而旱灾的爆发，更加导致了社会秩序的混乱和不安。如民国时期陕西境内大小军阀割据、派系林立，陆建章、陈树藩、刘镇华、冯玉祥、吴新田、宋哲元等军阀相继祸陕。官僚军阀之间为争夺地盘，肆意发动战争，向农民征发粮食，甚至老百姓的籽种也被征作部队的口粮。连年混战，不仅夺去了成千上万人的生命，使农村失去大量劳动力，而且消耗了无数的物力和财力，给当地造成巨大灾难。

一、社会伦理道德的沦丧

旱灾是一种极端气象灾害，在灾害面前，一切伦理道德都成了奢侈品，传统的社会伦理道德不再被膜拜和遵循，为了生存，人们不惜采取一切行为和手

---

[1] 史国枢：《青海自然灾害》，青海人民出版社 2003 年版，第 168 页。
[2] 邓云特：《邓拓文集》第 2 卷，北京出版社 1986 年版，第 106—107 页。

段,包括违背伦理道德的行为。曾任联合国粮食和农业组织执行委员会主席、南美洲巴西营养研究所所长的卡斯特罗教授指出:"没有别的灾难能像饥饿那样地伤害和破坏人类的品格";"人类在饥饿的情况下,所有的兴趣和希望都变为平淡甚至消失";"他的全部精神在积极地集中于攫取食物以充饥肠,不择任何手段,不顾一切危险";"所有其他形成人类优良品行的力量完全被撇开不管。人类的自尊心和理智约束逐渐消失,最后一切顾忌和道德的制裁完全不留痕迹";"其行为之狂暴无异于禽兽"。① 可见,灾荒使得人类在面对生死之时,人性中幽暗、自私、卑劣的一面得到极其明显的放大,给人类社会造成极大的精神戕害,并带来极为严峻的后果,使社会的伦理秩序遭到极大的破坏。

在灾荒逼迫下,许多人的人性发生严重的扭曲与畸变,人们为求生可以抛弃妻子或者卖儿卖女,甚至发生人食人的惨剧。如卡斯特罗先生所言,这些"或多或少都是饥饿对于人类品格的平衡和完整所起的瓦解作用的直接后果"②。据美国学者郑麒来对历代正史资料的统计,自汉代以来,因各类自然灾害导致的求生性食人事件经常周期性发生,而其中至少有50%以上是由干旱引起的③。旱灾发生后,人们没有粮食和其他食物,树根、草皮也被吃尽时,为了生存,只有人相食。"在实际生活中,被突如其来的灾害摧毁于基本物质生活条件的人们,常常在无奈中显露出其动物性野蛮、残暴和为求生存不择手段的一面。长久以来饥荒极度严重情况下为了求得暂时的生存而发生的人间惨剧,也从侧面说明受灾维系人类社会的基本伦理和社会规范,无法抵挡生存竞争的残酷"④。据不完全统计,从1840年到1949年这110余年间,全国各地共出现此类食人事件50年次,平均两年左右即发生1次,其中缘于旱灾的共30年次⑤。

吃人,这种情况在大旱发生时屡见不鲜,甚至出现骨肉相残。如清同治四年(1865),西宁府属七县(厅)旱甚,大饥,人相食⑥。当时甘肃、青海旱情严重,民间流传着"人吃人,犬吃犬"的歌谣⑦。同治七年(1868),隆德"岁大歉,斗米二十五六千文不等,人相食,死者塞路"⑧。光绪"丁戊奇荒"中,

---

① [巴西]约绪·卡斯特罗:《饥饿地理》,三联书店1959年版,第63—64页。
② [巴西]约绪·卡斯特罗:《饥饿地理》,三联书店1959年版,第63—64页。
③ 夏明方:《中国历史上的旱灾:死亡人数处于诸灾之首》,《光明日报》2014年8月8日。
④ 江沛:《二十世纪三四十年代华北区域的灾害与农村社会变动》,张国刚:《中国社会历史评论》第3卷,中华书局2001年版,第264页。
⑤ 夏明方:《中国历史上的旱灾:死亡人数处于诸灾之首》,载《光明日报》2014年8月8日。
⑥ 史国枢:《青海自然灾害》,青海人民出版社2003年版,第151页。
⑦ 王莘:《中国气象灾害大典·青海卷》,气象出版社2007年版,第20页。
⑧ (宣统)《新修固原直隶州志》卷3,成文出版社1970年版,第144页。

陕西全境皆旱，同州府灾民"庄田卖尽计已穷，杀子烹妻终难育。朝起村头剥树皮，晚间锅底煮人肉"①。宜川县"各村均有杀人为食者，东家走西家，即有残害者"②，悲惨之状目不忍睹。《民国续修大荔县旧志存稿》记载的一件事情更加骇人听闻：(光绪)三、四年间大荒歉，邑境内西北远乡尤甚，原后某村有童养女，翁姑无所得食，谋杀之以充饥。女窃听知，乘夜奔父母家，告之故，父母慰留之，女既睡熟，乃相议约："与其为彼食，何如我自食之？"遂杀女。次早，翁来问女，女父答曰："勿复问，且闻朝夕可也。"因相与共为一餐。③ 一个童养媳为了不被缺粮的婆家吃掉，连夜逃回娘家，结果，被同样缺粮的亲生父母杀了吃掉。这短短的一则记载，今日读来仍令人不寒而栗，它将当时大旱灾中惨绝人寰的情境淋漓尽致地展现出来了。此后的光绪"庚子大旱"时，同样的悲剧再次上演。美国记者尼克尔斯在西安的郊区看到有人肉出售，"开始时，这种交易还暗中进行。但没过多长时间，用饿殍肉制成的肉丸成为主食，以相当于每磅四美分的价格出售"④。当时聚集在西安郊区的饥民有几十万之众，为了刹住这种"人肉买卖"之风，陕西巡抚端方砍了三个做人肉生意的人的脑袋。由此可以推想，这种人肉交易的规模应该是相当大的。

到了民国时期，此类因求生而爆发的食人事件进入了新的周期，且有愈演愈烈之势。尤其是我国的西北部，"由于旱灾引起的求生性食人似乎比其他地区严重得多"⑤。如1929年，宁夏泾源县"大旱，民饥，树皮、草根食尽，人相食"⑥；宁夏西吉县"入春以后，树皮草根掘食殆尽，人相食，哀鸿遍野，积尸盈道"⑦；宁夏海原县"又遭特大干旱，赤地千里，人相食，大批灾民逃离家园，求乞为生"⑧。20世纪20年代末30年代初，汉中一带大旱，饥荒严重，"道上有饿毙者甫行仆地，即被人碎割，血肉狼藉，目不忍睹，甚至刨墓掘尸割裂煮

---

① (光绪)《同州府续志·足征录》卷3《诗征》，《中国地方志集成·陕西府县志辑》第19册，凤凰出版社2007年版，第495页。
② [民国]《宜川县志》卷11《社会志》，《中国地方志集成·陕西府县志辑》第46册，凤凰出版社2007年版，第188页。
③ [民国]《续修大荔县旧志存稿》卷4《异征》，《中国地方志集成·陕西府县志辑》第20册，凤凰出版社2007年版，第498页。
④ [美]尼克尔斯：《穿越神秘的陕西》，史红帅译，三秦出版社2009年版，第90页。
⑤ 夏明方：《民国时期自然灾害与乡村社会》，中华书局2000年版，第129页。
⑥ 泾源县志编纂委员会：《泾源县志》，宁夏人民出版社1995年版，第15页。
⑦ 西吉县志编纂委员会：《西吉县志》，宁夏人民出版社1995年版，第47页。
⑧ 海原县志编纂委员会：《海原县志》，宁夏人民出版社1999年版，第7页。

食,厥状尤惨"①。同一年,在陕西,灾民死亡日多,"食人惨剧愈演愈烈"②。1929年夏天,埃德加·斯诺和路易·艾黎曾到河套以南进行饥荒调查,他们看到的景象是:"在赤日炎炎下,久旱无雨的黄土高原一片死寂,没有绿色,树木光秃秃的,树叶被摘光了,树皮也被剥净了。路边横着骷髅似的死尸,没有肌肉,骨头脆如蛋壳。饱受饥荒缺衣无食的少女,半裸着身子被装上运牲口的货车运往上海的妓院。路边的尸体都是骨瘦如柴,稍有一点肉的立即被吞噬掉了。这是1929年至1930年的大饥荒的一角。"③ 1930年《大公报》刊登了这样一则通讯:"饥民初则偷窃死尸,继则公然窃割,终则以婴儿、妇女的腿臂做腊肉,家居供食品,出外作干粮。各出税局翻检行李,常有人腿裹其中。严诘之,答曰:本人子女之肢体,若不自食,亦为他人所食。"④ 俗话说"虎毒不食子",但是从上述灾民的回答看出,在灾荒中人们对用自己的骨肉来充饥,已经习以为常了。

一些饥民为了活命,竟然做出掘墓盗尸之类不可思议的举动,有些人甚至冒着"大逆不道"的罪名挖掘自己的祖坟。有的是为了盗取衣物等殉葬品,有的是因为物资匮乏而抛尸劈棺做燃料,还有的就是饿急了偷食死尸。国民党元老于右任三原老家的坟茔也未能幸免,他曾经写诗描述过灾民掘墓挖坟的现象:"发冢原情亦可怜,报恩无计慰黄泉。关西赤地人相食,白首孤儿哭墓年。"⑤ 于右任年幼丧母,是伯母把他一手抚养成人。灾荒期间,他伯母的坟墓被灾民破坏了,于右任得到消息时心情万分悲痛,后来回到老家给伯母上坟时含悲忍痛赋成此诗。

在动物世界中,当食物严重短缺、生命受到饥饿威胁时才会出现同类相食的情况。对于高智商的人类来说,"人相食"的现象不到万不得已的情况不会发生。据笔者不完全的统计,300多年中陕、甘、宁、青"人相食"的相关词语在史料中出现不下百余次。甘肃省"人相食"的记载有14次出现于同治初年,另有14次则见于民国中期,而这两个时期正是甘肃历史上旱灾影响程度最深的两个时期,尤其是民国十七年(1928)、十八年(1929),可以说旱灾等级达到了最高(毁灭性旱灾)。可见,灾荒中的食人现象具有相对集中性,与旱灾等级之

---

① 《民国日报》,1930年3月1日。
② 《陕省灾民死亡日多食人惨剧愈演愈烈》,载《民国日报》1929年5月8日,第2张,第2版。
③ [美]哈里森·索尔兹伯里:《长征——前所未闻的故事》,过家鼎、程镇球、张援远译,解放军出版社2005年版,第309页。
④ 《大公报》,1930年7月7日。
⑤ 庞齐:《于右任诗歌萃编》,陕西人民出版社1986年版,第211页。

间存在相关性。

史料中记载的食人现象是否具有真实性？笔者认为这与史料记载的翔实程度有关，当史料对其描述得十分详细时，则其真实性就会更高。例如发生于同治七年（1868）的旱灾记载："村落十室九空，剩下弱者待毙，于路皆是，有挖尸和易子而食者……各地市民均无粮售"[①]；"人相食，新埋的尸体被吃光"[②]。到民国时期，史料中对食人现象的描述要比清代更为翔实，以民国十八年（1929）为例："甘肃军阀割据，互相残杀，击毙的士兵，饥民聚而争食"[③]；"饿殍盈道，狼、狗噬尸，饥民争食倒路之体，适逢军阀混战，战死者尽为饥民之食"[④]。从这些记载中可以看出，食人现象分为两种：一种是吃尸体，一种则是杀食活人。而前者构成了"食人"的主体，毕竟杀死活人是违法的行为，总而言之，特大旱灾中出现的食人现象具有一定的真实性。

旱灾中的食人现象的描述是一种隐喻性的表达，它说明了旱灾对家庭单元灾难性的破坏，尤其是史料中"易子而食""骨肉相残"的记载更是对家庭和谐极端崩溃的描写。家庭内部秩序的混乱上升到国家的高度则成为社会危机严重的象征。儒家文化提倡"仁爱"思想，人与人之间要以"礼"相待，此即所谓的"文明"，中国号称"礼仪之邦"也源于此。而"食人"则是"野蛮"的代名词，比如现在我们接触到一些有关热带雨林食人族的报道，第一感觉便是他们怎是如此的野蛮与落后？若从此方面来讲，旱灾中出现的食人现象是对儒家传统文化价值观念的破坏，它寓意社会文明的倒退——竟然连自己的同类都吃，这严重有违人际间的伦理纲常，为儒学文化所不容。

"我翻开历史一查，这历史没有年代，歪歪斜斜的每页上都写着'仁义道德'几个字，我横竖睡不着，仔细看了半夜，才从字缝里看出字来，满本都写着两个字是'吃人'！"这句话是鲁迅在《狂人日记》里面写的，并最终将"吃人"二字归结于封建礼教对人们的束缚。鲁迅先生创造的"旧的吃人的中国"成为20世纪中国民族性的寓言。或许鲁迅在小说中所叙述的"吃人"故事有很大的虚构性，但在清至民国时期的西北地区，却因为频繁而持久的旱灾上演了诸多真实的吃人事件。旱灾期间发生的吃人行径在某一方面代表着旱灾的等级达到了最高层次，若是反映到社会文化层面则暗含着家庭和谐氛围的极端崩溃，是对儒家传统伦理道德文化价值体系的冲击破坏。

---

① 漳县志编纂委员会：《漳县志》，甘肃文化出版社2005年版，第270页。
② 泾川县县志编纂委员会：《泾川县志》，甘肃人民出版社1996年版，第113页。
③ 正宁县县志编纂委员会：《正宁县志》，甘肃文化出版社2010年版，第166页。
④ 合水县志编纂委员会：《合水县志》，甘肃文化出版社2007年版，第108页。

除此之外,严重的饥荒还会使人完全丧失理智,违背人伦,"卖儿鬻女"。"丁戊奇荒"时,粮食的缺乏迫使父母往往数百钱就将自己的孩子卖掉,"在长安的东西关设有卖人市,一个人的价钱不如一只猪"①。"庚子大旱"最严重的时候,每天"赶着大车的人就会出现在西安城。他们是专门在饥荒市场上购买儿童的投机者。这些被批量贩卖的孩子们,随后被散卖到帝国各地"②。由此可见,在严重的灾害摧残下,人已经完全丧失了理智,失去了基本的人性观念,"杀子烹妻""卖儿鬻女"等等违背中国传统伦理道德和人伦观念的事情不可避免地频频发生。

二、流民涌现与匪患加剧

旱灾的持续发生,必然导致大量饥民的出现,并进而转化为流民,而这些人部分还会变成土匪,到处骚扰生事,甚至烧杀抢劫、无恶不作、独霸一方,破坏社会秩序的安定,增加社会的动荡与不安,并进而激化本已相当尖锐的社会矛盾。

康熙六年(1667)夏,甘肃"大旱,斗穀千钱,民携妻孥外移者,动以数万,流离载道"③。康熙三十年(1691)、三十一年(1692)间,关中、陕南发生大面积旱灾,导致饥民四散流离。三原县"连遭大旱,三料不登,民饥逃散,多就食邻省"④。道光二十六年(1846),宝鸡等县夏秋被旱,收成屡歉,冬来少雪,二麦又未种齐,粮价昂贵,灾民逃荒外流者甚多⑤。宣统元年(1909)碾伯连年灾荒,粮价昂贵,灾民背井离乡⑥。民国十八年(1929)青海东部农业区和陕西、甘肃遭受特大旱灾,巴燕县受灾村庄80个,灾民35 700人,占全县总人口的4/5,死亡1230多人,邻近各县饥民大量涌入,粮价暴涨⑦。当时《陕西赈务汇刊》记载:1929年,绥德县有一位妇女,其丈夫饿死家中,她抱着3岁的儿子逃荒,跟随逃难的人群走了三天三夜。由于饥肠辘辘,劳累交加,这位妇女只好将孩子丢弃在路旁的河滩上。小孩见母亲远

---

① 陕西省气象局气象台:《陕西省自然灾害史料》,陕西省气象局气象台1976年版,第4页。
② 〔美〕尼克尔斯:《穿越神秘的陕西》,史红帅译,三秦出版社2009年版,第91页。
③ (康熙)《临洮府志》卷18《祥异录》,《中国地方志集成·甘肃府县志辑》第2册,凤凰出版社2009年版,第190页。
④ (康熙)《三原县志》,转引自陕西省气象局气象台《陕西省自然灾害史料》,陕西省气象局气象台1976年版,第35页。
⑤ 宝鸡县地方志编纂委员会:《宝鸡县志》,陕西人民出版社1996年版,第12页。
⑥ 乐都县志编纂委员会:《乐都县志》,陕西人民出版社1992年版,第80页。
⑦ 化隆回族自治县地方志编纂委员会:《化隆县志》,陕西人民出版社1994年版,第17页。

去，便在后面哭喊着来追她。儿子撕心裂肺的哭声使她又不忍心将之丢弃路边，可自己又实在没有力量带上他，无奈之下，她将儿子抱起来掷入河中，然后投入逃荒的队伍①。这段史料读来令人不寒而栗，也倍感伤心。民国二十二年（1933）乐都县连年荒旱，人民流亡殆尽②。据马步芳本人供认，青海农民逃亡人数，至1946年止共达9万余人，约占当时青海农业地区人口的20%③。申涵光的《哀流民和魏都谏》描写了流民辗转流离、到处被驱赶而无所皈依的凄惨情景："流民自北来，相将南去。问南去何处，言亦不知处。日暮荒祠，泪下如雨。饥食草根，草根春不生。单衣曝背，雨雪少晴。老稚尪羸，喘不及喙，壮男腹虽饥，尚堪负载。早春粮，夕牧马，妪幸哀怜，许宿茅檐下。主人自外至，长鞭驱走，东家误留旗下人，杀戮流亡，祸及鸡狗，日凄凄，风破肘，流民掩泣，主人摇手。"④ 灾荒下的饥民为了求得生存，成群结队地迁徙漂流，这样就造成大量流民的出现。这些流民如果得不到救济和安置，很容易落草为寇，甚者爆发农民起义。

左宗棠曾经发表过这样的见解："办赈须借兵力。"意思就是说赈灾的时候，一只手要拿粮、拿钱，救济灾民；另一只手要拿刀、拿枪，以防灾民闹事。他还说："向来各省遇有偏灾，地方痞匪往往乘机掠食，或致酿成事端。故荒政救饥，必先治匪也。""匪类借饥素食，仇视官长，非严办不足蔽辜。"⑤ 到了社会矛盾日益紧张、达到不可调和的时候，自然灾害往往成为诱发大规模群众起事的重要客观条件；受到灾荒打击而流离失所的数量巨大的流民，又往往成为现存统治秩序的叛逆力量，源源不绝地加入到战斗行列中去。

土匪，我国古代称其为"匪人""强盗""劫盗"，中国近代或称其为"盗匪"。《辞海》词条中解释为："匪也，为非作歹危害人的人，如土匪、惯匪、匪军、匪患。"又说："匪人，本指非亲人而言，所与比者，皆非己亲，故曰比之匪人。"由此可见，匪人即行为不正当的人。目前国内大多认可学者蔡少卿先生关于土匪的定义，他认为："土匪就是超越法律范围进行活动而又无明确政治目的，并以抢劫、勒索为生的人。"他且把土匪的特征归纳为四点：一是他们来自农业社会，是农村社会周期性灾荒的直接产物；二是他们的存在及活动不为国

---

① 郭学德等：《百年大灾大难》，中国经济出版社2000年版，第55页。
② 《青海民间报刊资料辑录》，青海省图书馆辑藏，油印本。
③ 青海省志编纂委员会：《青海历史纪要》，青海人民出版社1987年版，第136页。
④ 申涵光：《哀流民和魏都谏》，丁力选注、乔斯补注：《清诗选》，湖南人民出版社1985年版，第111页。
⑤ 任光亮等整理：《左宗棠未刊书牍》，岳麓书社1989年版，第132—133页。

家法律所允许；三是他们的行为具有反社会性，但又缺乏明确的政治目的；四是他们脱离农业生产，暴力抢劫和勒赎是其主要生活来源。① 由此可见，土匪的出现和匪患的暴发与自然灾害的发生息息相关。正如英国人贝思飞在《民国时期的土匪》一书中指出的："贫穷，总是土匪长期存在的潜在背景，而饥饿又是通向不法之途的强大动力。"② 在灾荒的打击下，逃荒无路，乞食无门，许多灾民被逼上梁山，铤而走险去打家劫舍当土匪或者去吃粮当兵，充当军阀混战的炮灰。"破产的贫农为侥幸免死起见，大批地加入土匪队伍；土匪的焚掠，将富饶的地方变为赤贫，转使更多的贫农破产而逃亡"③。严重的匪患导致社会秩序的混乱，以及乡村经济的日益衰败，对社会产生了极大的危害。

　　检索史料，不难发现，由于旱灾的爆发，广大劳苦大众失去活路，铤而走险，摇身一变成为了土匪。如据光绪三年（1877）八月二十七日的《申报》报道：时有"饥民相率抢粮"；有的拦路纠抢，私立大蠹，上书"王法难犯，饥饿难当"，成为"盗匪"；光绪三年（1877）八月戊子，御史刘锡金奏："陕西同州府属之大荔、朝邑、郃阳、澄城、韩城、白水各县，因旱歉收，麦田不过十之一二。"高昂的粮价导致"大荔、蒲城等处，抢粮伤人案迭起；韩城之白马川聚人数千，'游勇土匪相互煽乱'，并握有军械旗帜"④。旱灾造成了粮食的减产、粮价的飞涨，从而导致了一些饥民及战乱中的散兵游勇为求生路啸聚山林。潼关县与华阴县接壤的阌乡，"土匪均汹汹肆掠"⑤，华州"各处灾民乘隙啸聚肆行"⑥。米脂县此年亦苦旱异常，"城东梁家邨有饥民数十，劫食富家……四乡饥民闻风争起，争向富家劫食。半月之余，纷起者已数千人矣"⑦。饥民因缺粮短时间内数千人啸聚为匪，横行乡里。"庚子大旱"期间，米脂县亢旱成灾，至冬，饥民啸聚，四乡掠食大户⑧；渭南县"南乡各处饥民聚众滋事，涌入县署殴

---

① 蔡少卿：《中国近代社会史研究》，生活·读书·新知三联书店2014年版，第172、173页。
② 〔英〕贝思飞：《民国时期的土匪》，徐有威等译，上海人民出版社1992年版，第20页。
③ 冯和法：《中国农村经济资料（下）》，台湾华世出版社1978年版，第812页。
④ 章开沅：《清通鉴》，第4册，岳麓书社2000年版，第364页。
⑤ (光绪)《同州府续志》卷16《事征录》，《中国地方志集成·陕西府县志辑》第19册，凤凰出版社2007年版，第627页。
⑥ (光绪)《三续华州志》卷4《省鉴志》，《中国地方志集成·陕西府县志辑》第23册，凤凰出版社2007年版，第380页。
⑦ (光绪)《米脂县志》卷10《艺文志》，《中国地方志集成·陕西府县志辑》第43册，凤凰出版社2007版，第496页。
⑧ (光绪)《米脂县志》卷8，《中国地方志集成·陕西府县志辑》第43册，凤凰出版社2007年版，第427页。

伤县官"①。甘肃灵台县，"（民国）十七年二月至九月无雨，夏薄秋枯，冬月饥馑大起……四月间，人皆乏粮，各处聚众抢劫，无村不有人民死亡，全县约有三分之一正在危急之际"②。宁夏彭阳县，民国十八年（1929）大饥荒，百姓饿死甚众，匪患更甚。同年，彭阳兴起一支白莲教，聚众近千，俗称"硬团"③。甘肃两当县，"（民国十九年）12月，全县受旱灾，土匪肆虐，两当人口不足17 000人"④。旱灾在一定程度上导致匪患的加重，后者的严重程度更是加大了旱灾对社会秩序的影响力。民国二十二年（1933），麟游年馑，土匪四起，手持棍棒抢人，名曰"棒棒客"⑤。1932年，西乡匪灾惨重，"人民无处藏匿，均皆逃避异乡，本地竟断烟火，所有一切财物器具，劫掠一空，六畜之中，犬几绝种，稻粱收获殆尽，本地人民，均受重灾，无一漏网，秋收绝望，流离失所"；同年，宁强县城被匪攻陷，"共计损失财物估值约百余万元，焚毁房屋百余间，绑去肉票百余人"，"丰收之望，付之流水，且原存粮食，已被匪搜空"。⑥ 宁夏灵武，民国十九年（1930）"天旱不雨，冬季奇寒，枣树多被冻死，灾荒严重，盗匪横行"⑦。

1928年陕甘大旱之际，张恨水对灾荒下兵匪欺压百姓、为害一方的行为作了形象的揭露：

平民司令把头抬，要救苍生口号哀；只是兵多还要饷，卖儿钱也送些来。

越是凶年土匪多，县城变作杀人窝！红睛恶犬如豺虎，人腿衔来满地拖！

平凉军向陇南行，为救灾民转弄兵；兵去匪来屠不尽，一城老妇剩三人！⑧

当时，陕西救灾委员会在上呈豫陕甘赈灾委员会的电文中也描述了灾荒下混乱的情形："据最近各县来函，有谓有全家五六口人，饿死净尽者；有谓有十余口人，饿死净尽者。哭声震野，惊惧无状，间有积储之家，饥民啸聚抢劫，

---

① 《饥民酿祸》，载《申报》光绪二十七年三月初一日第1版。
② [民国]《重修灵台县志》卷3《灾异》，《中国地方志集成·甘肃府县志辑》第19册，凤凰出版社2009年版，第460页。
③ 李文斌：《彭阳县志》，宁夏人民出版社1996年版，第15页。
④ 甘肃省两当县志编纂委员会：《两当县志》，甘肃文化出版社2005年版，第117页。
⑤ 麟游县地方志编纂委员会：《麟游县志》，陕西人民出版社1993年版，第19页。
⑥ 《新陕西》1932年第2卷第2期，第99页。
⑦ 灵武市志编纂委员会：《灵武市志》，宁夏人民出版社1999年版，第21页。
⑧ 张恨水：《燕归来》，安徽文艺出版社1986年版，第1页。

或将全家人杀毙者，亦有所闻；市镇买卖零食者，如稍现外，必被饥民抢食，无法可办。其他树皮菜根，采掘殆尽，空余赤地千里，树多赤身枯槁。径（泾）阳三原一带，麸糠油渣，亦已买绝，遍野凄凉，不忍目睹。至若教育士子，多离散归家，商业则市廛萧条，农家则辞退雇佣，客民则多运载出境，而纷扰之状，又不堪详述矣。……以上各种情形，凡居守无粮可食者，则千万人，已成普遍现象，其流离道途，似匪似民，蚁聚蜂屯，呼吁无告者，实在不计其数。"①

关于当时土匪的数量，"提供一个确切的数字是困难的，但是毫无疑问，到20年代中期，陕西的土匪人数已逾几万"②。在川陕边界，镇巴匪首王三春乘荒集众，由原来几十人发展到1930年有千余人马。杂牌军队、帮会势力和失业流民的互相结合，是当时匪患的主要特点。民国以来，割据各地的军阀为了扩展实力，纷纷招匪为兵；而他们在战乱中特别是失败以后，又多变兵为匪。洪帮、青帮、哥老会等帮会，在社会动荡中渗入军队和匪股，日益军阀化、土匪化，成为联结兵、匪的纽带。失去家室土地的灾民，则源源不断地补充到时兵时匪的武装集团中来。据统计，从1930年至1936年，陕西共发生兵变13次③，失败者大多数上山为匪。陕、甘、宁一带土匪最多时达10余万人④。边区政府成立前，陕甘两省交界处，土匪多则成百上千人，少则数十人，十分活跃。其中大股土匪有陕北的樊钟秀（绰号"樊老二"），永寿的胡海山，华池的陶玉山（绰号陶老三），庆阳的傅明玉、谭世麟、陈圭璋，合水的李培霄，还有来历不明的"高瓜客""吕毛子"等股匪。民谚"司令庄庄有，副官满院走，官长多如狗"成为这种情形的真实写照⑤。陕甘宁边区成立时，境内仍有薛子茂、李钦武、赵老五（思忠）等43股土匪，4000余人，2000余支枪⑥。1939年初，惯匪赵老五在环县"洪德区于渠乡强行编制保甲，统计户口，勾结耿子平、陈彦科等股匪，在虎洞区任意掳抢群众"⑦。在距瓦窑堡市40里的龙居梁村一带，土匪"采用封锁政策，不许人民往来行动，以致牲口不能出圈，农民不能上山，任意奸淫掳掠抢劫，无所不为"⑧。如此众多的土匪，必然会给社会带来危害，

---

①《陕灾救委会呼吁迫切》，《申报》1928年12月10日。
②〔美〕菲尔·比林斯利：《民国时期的土匪》，王贤知等译，中国青年出版社1991年版，第65页。
③郭润宇：《陕西民国战争史》（中），三秦出版社1999年版，第118页。
④李庆东：《烟毒祸陕述评》，陕西旅游出版社1992年版，第104页。
⑤华池县志编写领导小组：《华池县志》，甘肃人民出版社1984年版，第48页。
⑥《陕甘宁边区抗日民主根据地：回忆录卷》，中共党史资料出版社1990年版，第167页。
⑦庆阳地区党史办：《陕甘宁边区陇东的军事斗争》（内部资料）（上），1993年版，第71页。
⑧《陕甘宁边区政府文件选编》第2辑，档案出版社1987年版，第465页。

正如近代歌谣所唱的："要得陕西平，把四方土匪一齐平。"①

民国时期，地方政府已经注意到旱灾对社会秩序的影响，临夏参议会在电报本县旱灾情况恳请政府赈恤的电文中提到："入夏以来，亢阳肆虐，雨泽愆期，夏禾枯萎，秋禾失种，人心慌恐，已演成秩序不安状态，而情势严重，为历来所未有。"② 可见旱灾对地方统治秩序影响有多么巨大。灾害发生后，政府的不作为使灾民对官府救济丧失了信心，自发为匪或被迫滋事，严重扰乱了社会秩序，使灾区的情况越发混乱不堪。饥荒—兵、匪—饥荒，恶性循环，成了近代中国社会一个无尽的怪圈。

民国时期的土匪因其人数多、分布广、组织程度严密、武装程度高、影响大，成为一种特殊的社会现象。正如戴玄之所言：自从民国建立以来，无处不匪，无年不盗③。这与这一时期旱灾频发是不无关系的。

三、乞丐、娼妓增多

乞丐、娼妓是社会发展过程中的两颗毒瘤，也是社会转型过程中的伴生现象，其产生有着深刻的根源。在正常年份，依靠国家法律的压制和社会道德的谴责，尚能遏制住毒瘤的发展；但近代天灾人祸的社会状态无疑给毒瘤提供了不断膨胀的养料。在灾害面前，乞丐、娼妓现象以一种病态的方式发展着，如果政府不及时干预和采取措施，社会将会更加没有秩序。

许多人因为天灾被临时抛入流民的行列，他们大多没有谋生的本领和技能，如果不加入兵匪，就只能沦为社会的最底层——乞丐。灾荒剥夺了他们生存的依靠，要生存下去，最直接和最简单的办法就是乞讨。一般来讲，他们主要辗转漂泊在各个城市之间，一边流亡一边乞讨，既是逃荒者又同时是处于社会最底层的乞丐。因此，流民是乞丐最强大的后备军。据统计，1930年陕、甘、宁、青重灾，灾黎遍野，其中就"有乞丐二十万"④。

娼妓是另一个严重的社会问题。灾荒把大批瘦弱、没有生存技能的农村妇女抛向社会，但面对生存，她们又不能像男子一样去做苦力，或者为兵为匪，"为着生活，她们只有不顾一切地跳进妓院的火坑，以出卖肉体的代价来维持自

---

① 宗鸣安：《陕西近代歌谣辑注》，陕西人民教育出版社2007年版，第228页。
② 甘肃省档案馆藏：《临夏参议会：电报本县旱灾奇重，恳请转求赈恤以救灾黎由》，1945年7月10日，全宗号：14，目录号：2，案卷号：76。
③ 〔美〕菲尔·比林斯利：《民国时期的土匪》，王贤知等译，中国青年出版社1991年版，第15页。
④ 池子华：《中国流民史（近代卷）》，安徽人民出版社2001年版，第167页。

身的生活"①。因此，娼妓这种社会通病的恶性膨胀，"主要是城市流民中的妇女难以找到正当的谋生途径所致"②。

"妓巷三道，门百十家，日吃鸦片，夜敲洋琴，裤裹朱绉，足缠白绫"③。这描述的是同治三年（1864）甘肃大旱时期的妓院情景，当旱灾对女性的生命造成威胁时，她们中的许多人为了生存，以失去贞洁为代价沦落风尘，虽然这种选择被传统的士人唾弃，但毕竟让她们在旱灾中找到了一条生存之路。另据史书记载，光绪庚子大旱期间，西安城内许多良家妇女沦为妓女，"土娼"行业在灾荒中被迅速催生，她们所居住的地方皆为"草屋土炕，不堪插足"④。可以想见，如果社会稳定、生活富足，这些普通女性谁都不会愿意为娼，但当灾害发生的时候，她们没有能力选择，灾害使她们失去了人的尊严，成为混乱社会秩序的牺牲品。近代中国娼妓问题丛生，政府虽强行打压始终无法禁止，一个重要原因就是天灾的频发。

四、人口买卖频繁

旱灾发生后，在严重的饥荒面前，人们食不果腹，饥肠辘辘，为了生存，许多灾民只能忍痛卖儿鬻女，人沦落为"商品"，成为交易买卖的对象。

光绪"丁戊奇荒"时，"在长安的东西关设有卖人市，一个人的价钱不如一只猪"⑤；而各州县均有买卖妇女者，"有数百钱者，有一二饼易者"⑥。同州府因与山西境域相连，灾情尤为严重，当地"妇女逢人便自鬻"⑦。光绪"庚子大旱"最严重的时候，每天"赶着大车的人就会出现在西安城。他们是专门在饥荒市场上购买儿童的投机者。从作为这项生意总部所在地西安城开始，人贩子还往返于周边地区。他们从窑洞里、从乡村各地购买数以百计的孩子。一个小男孩通常价格大约在2000文钱，而小女孩则能以一半的价格购到。这些被批量

---

① 碧茵：《娼妓问题之检讨》，载《东方杂志》第32卷第17号，第100页。
② 池子华：《中近流民史（近代卷）》，安徽人民出版社2001年版，第202页。
③ [民国]《高台县志》卷7《艺文》，《中国地方志集成·甘肃府县志辑》第47册，凤凰出版社2009年版，第279页。
④ 中国历史研究社：《庚子国变记》，神州国光社民国三十五年版，第189页。
⑤ 陕西省气象局气象台：《陕西省自然灾害史料》，陕西省气象局气象台1976年版，第4页。
⑥ (光绪)《大荔县续志·足征录》卷1《事征》，《中国地方志集成·陕西府县志辑》第20册，凤凰出版社2007年版，第379页。
⑦ [民国]《续修大荔县旧志存稿·足征录》卷3《诗征》，《中国地方志集成·陕西府县志辑》第20册，凤凰出版社2007年版，第495页。

贩卖的孩子们，随后被散卖到帝国各地"①。最为凄惨的是1929年西北大旱，陕西人口买卖盛行。在人市上，被卖的妇女或小孩身上插着草标，明码标价。妇女的价格2至3元不等，儿童的价格则更低。当时市场上小麦的价格是每斗12元，一个妇女或儿童的身价尚不及一斗小麦的1/3。张恨水曾经描写武功人市上小孩低廉的价格："树皮剥尽洞西东，吃也无时饿越凶；百里长安行十日，赤身倒在路当中！死聚生离怎两全？卖儿卖女岂徒然！武功人市便宜甚，十岁娃娃十块钱！"②一开始十余岁的女孩还能卖到七八元或五六元，后来则分文不要，任人领去。这无形中加剧和扩大了人口贩卖的规模。贩卖东去之妇女，每日平均在200人以上，仅陕西一省出卖的妇女就达到20多万③。贩卖人口者往往在各灾区收买妇孺运出潼关，贩卖到北平、天津、山东等沿海发达地区，以谋取巨额暴利。

　　大灾过后，卖人之事在当时的杂志和报纸上时有报道。如1929年1月26日的《大公报》报道：甘肃的兰州、平凉、天水等地，在灾荒期间，"麦1斗之价，涨至5元2角"，而妙龄的少女，"标价三五元，与1斗麦价相当"。同年10月29日的《大公报》还报道说："定靖两县灾情惨状，尤为惨痛……而卖妻子者，更不胜数，所谓父子不相顾，兄弟妻子离散者，今果见之矣。"1933年的《红旗》也说：陕西"有灾民334万人……农民将种子吃完，农具卖完，拆卖房屋并出卖他们的老婆（每人卖12元），女儿（每人卖十二三元）"④。1933年3月22日出版的《兴华周刊》（第30卷第10期）曾载："西安市上日来常有售子之惨剧，并于小儿衣上插一谷草，口喊'卖娃'，其代价有索以洋数元者，有易以食物者。当其交易成功，临时分别时，其父子母女，莫不抱头痛哭，旁观者亦为之伤心落泪。"

　　卖子卖妻本是灾民面对生存困境时不得已的选择，却为人口贩子提供了时机和市场，设立"人市"，明码标价，进行以妇女、儿童为主的人口贩卖。很多妇女为了活命甚至还卖自身，如"武功、扶风等县，每县'人市'至少三处，买卖以妇女为中心，人价以年龄风姿为标准。二十岁左右的少妇、闺阁名媛，即售价八元。最美丽的，价格最高亦不过十元，普通多为八元，再次则为三四元……陕西潼关道上，妇女儿童之被卖出关者，每日不计其数"。"多数父母，

---

①〔美〕尼克尔斯：《穿越神秘的陕西》，史红帅译，三秦出版社2009年版，第91页。
②张恨水：《燕归来》，安徽文艺出版社1986年版，第1页。
③蒋杰：《关中农村人口问题》，国立西北农林专科学校出版委员会1938年8月版，第197页。
④《红旗》第60期，1933年9月30日。

只需其子女能得温饱,即愿举以相赠,不索报酬,而应者寥寥无几"①。人贩子依靠贩卖妇女获得了暴利:"兴平、武功、礼泉、扶风、凤翔、周至、户县等处,竟设有人市。夫携其妻,父带其女,入市求售。人贩评货作价,买之一空。最初仅卖四五元之妇女,继之获利颇丰,人贩云集,价涨至四五十元不等。以汽车运至山西运城,辗转售,每一妇女,可得四五百。……报载西安一程某者,原系卖酒小商,今以贩卖人口,获利达三千余元"②;"兴平、武功一带,鬻儿卖女者甚多,皆以收养义女为名,标价数元,运至山西、河南贩卖可得重价,大批妇女之人贩成群结队络绎于途"③。当时,陕西省国民政府也曾发出通令严禁贩卖人口,追查缉拿人贩。但令人痛心的是,这些禁令仅仅是一纸空文,政府竟和人口贩子们互相勾结,抽人头税,趁机从中渔利。"1930 年 1 月 9 日,于右任先生在南京的一次报告中揭露,两年中由陕西卖出的饥民儿女,在山西风陵渡一带,可查的就有 40 余万。陕西省军政当局特设人市,每人收取 5 元税,共计渔利 200 多万元"④。

在旱荒灾难中,与男性相比,女性实际上具有更大的市场价值,而男性貌似也意识到这点,为了双方能够存活下来,饥荒期间才上演了许多卖女儿、卖妻子的事件。甘肃《镇原县志》所载歌谣《十八年遭年馑》中这样唱道:"卖土地卖耕牛把这不算,卖儿子卖女儿苦度天年;活人妻上市场全凭打扮,把妇人当女子拆洗得可怜。"⑤ 旱荒时期的人口交易市场是十分活跃的,而交易的对象主要是女性,确切地说是年轻的女性。西北地区长期以来传统观念较深,重男轻女的思想十分严重,当迫不得已要做出选择时,首先会考虑出售女子⑥。当妇女决定出卖自身而不是选择饥饿致死,这体现了饥荒对于中华帝国晚期的一种全能品德——女性贞洁的破坏性效果⑦。

第四节　旱灾的发生对社会文化的影响

社会文化是与基层广大群众生产和生活实际紧密相连,由基层群众创造,

---

① 冯和法:《中国农村经济资料》,上海黎明书局 1935 年版,第 142 页。
② 《泰东日报》1930 年 5 月 24 日。
③ 古籍影印室:《民国赈灾史料初编》第 4 册,国家图书馆出版社 2008 年版,第 456 页。
④ 刘仰东,夏明方:《百年灾荒史话》,社会科学文献出版社 2000 年版,第 119 页。
⑤ 镇原县志编辑委员会:《镇原县志》,庆阳地区印刷厂印刷 1987 年版,第 117 页。
⑥ 温艳、岳珑:《论民国时期西北地区自然灾害对人口的影响》,载《求索》2010 年 9 月。
⑦ 〔美〕艾志瑞:《铁泪图——19 世纪中国对于饥馑的文化反应》,江苏人民出版社 2011 年版,第 199 页。

具有地域、民族或群体特征，并对社会群体施加广泛影响的各种文化现象和文化活动的总称。旱灾的发生，不仅造成粮食的缺乏，而且对人们的心理造成极大的伤害，人们为了缓解这种伤害，创造了一系列的社会文化，这主要体现在民众心理和民间信仰方面。

一、旱灾对民众心理的影响

研究灾害与灾民心理的关系是现代灾害学的一项内容。现代灾害学认为："灾害心理是一种在灾害条件下产生的心理现象。它是人们对于灾害发生之后的生活条件以及实际生活情形的内心感受或体验"[1]；"灾害不仅是一种自然现象，它还是一种社会现象，它与人类的心理和行为有着不可分割的联系，一方面，灾害的发生给人类的心身造成不同程度的影响，另一方面，人类的心理及行为又将影响甚至某种程度地控制灾害发生的概率和破坏程度"[2]。在古代社会，一般仅仅看到自然灾害对社会物质财富的破坏，对灾民的心理干预几乎没有。但灾害给灾民造成的心理上的创伤，以及灾民的心理、行为对灾害的控制、影响，却是真实存在的，应该引起研究者的重视。

严重的自然灾害对正常的社会生产和组织秩序具有极大的破坏力，超出了人们心理的承受能力，造成"人的心理大面积、大量的逆向变化，也会造成一种对于人在灾害条件下的生存产生消极作用的力量，严重时它本身也会成为一种灾害即精神废墟的产生"[3]。旱灾爆发后，面对满目疮痍，人们在心理上会产生绝望意识，以致灾后很长的时间里都不愿有所作为。《郃阳县乡土志》中就有这样的记载：郃阳之民往年泛舟渡河靠往山西输出粟米获利，但"戊寅（指'丁戊奇荒'）以后，户口大耗，山西民食无所待，于泛舟之粟于输出之路绝。重以铜钱缺乏，银价日低，凡农田所资人工牛马与夫铁木器具无不腾倍，而粟独贱，每石不过一二金，终年之需不足取偿，而人乃以田多为累。夫人情感其有所希望，欲其淡漠而置之，不可得也；而其所困难，欲其鼓舞而赴之，亦不可得也。由是民气日以疲，田业日以荒，生计日以迫"[4]。旱灾发生后，人们眼睁睁地看着自己的亲人饿死，看着自己种了一年的庄稼没有收成，这对人们的

---

[1] 王子平：《灾害社会学》，湖南人民出版社1998年版，第216页。
[2] 胡辉莹等：《灾害心理学在灾害应急救援中的作用》，载中国中西医结合学会灾害医学专业委员会成立大会暨第三届灾害医学学术会议论文集，2006年。
[3] 王子平：《灾害社会学》，湖南人民出版社1998年版，第217页。
[4]（光绪）《郃阳县乡土志·物产》，《陕西省图书馆稀见方志丛刊》，北京图书出版社2006年版，第131页。

心灵造成了一种极大的伤害。灾害导致的一连串的破坏性结果，使得农民在心理上对种田失去希望，人们宁为乞丐，也不愿再去种田，从而也影响了灾后的生产恢复。中国是一个以农为本的国家，人民放弃了农业，那经济怎么发展？

此外，灾害的出现还容易使人产生心理和思维方面的混乱。尤其是长时间的大旱，灾民对食物的极端渴求，使其在心理上极容易出现幻觉，任何一种看似可以食用的东西都会被饥饿的灾民视作上天赐予他们救命的粮食。比如光绪三年（1877），陕西亢旱严重，在武功、兴平、醴泉等州县都发生了人们争相吃"神面"的事件。神面实际上是山上的石头因时间久了风化成粉末，看起来像面粉。"饥民襁负而归，号曰神面，和榆皮制饼曰神饼"[1]。可见，灾害的突发性和破坏性会使人产生思维不清、意志失控、情感紊乱等心理危机。

旱灾期间发生的吃人行径在某一方面代表着旱灾的等级达到了最高层次，而从更深的层面去理解，其中隐含的应是人们对旱灾的恐惧心理。尤其是史料中关于"易子而食""骨肉相残"记载，更是对家庭和谐极端崩溃状况的描写。儒家文化提倡"仁爱"思想，人与人之间要以"礼"相待，此即所谓的"文明"，中国号称"礼仪之邦"也源于此。若从此方面来讲，旱灾中出现的食人现象就是对儒家传统文化价值观念的破坏，它寓意社会文明的倒退。

二、旱灾对民众信仰的影响

中国人自古就信仰神灵，任何不能用当时的科学解释的事情，都诉诸神灵。尤其是将灾害与一些神灵联系起来，形成了神灵信仰。《左传·宣公十五年》云："天反时为灾，地反物为妖，民反德为乱，乱则妖灾生。"古代"天人感应"的思想将自然环境的变化和人类对自然环境的利用融入社会价值观中，认为灾异是上天意志的反映。在这一认识下，古人对灾害从心理上怀着恐惧，将灾害与想象中的神灵怪物或一些超自然的东西联系起来，逐渐形成了一种非科学的消灾、减灾方式，即禳灾。这一方式将人与自然关系相协调的社会价值观与行为准则逐渐演化为民间信仰、风俗等。

明清时期，伴随着西方传教士的到来，科学观念逐渐传入我国。但是由于长期以来封闭的社会形态和根深蒂固的观念影响，人们仍然认为灾害的发生是超自然的神力作用，皆因"迷人不知敬戒，亵渎神庭，有等愚人目无君父、不

---

[1] [民国]《重纂兴平县志》卷8《杂识》，《中国地方志集成·陕西府县志辑》第6册，凤凰出版社2007年版，第388页。

忠不孝、不睦乡邻、无礼无让、逆行妄爲、有干天怒"①所致。于是，在灾害发生后，各种禳灾活动非常普遍。如清朝规定，"岁遇水旱，则遣官祈祷天神、地神、太岁、社稷。至于（皇帝）亲诣圜丘，即大雩之义。初立天神坛于先农坛之南，以祀云师、雨师、风伯、雷师，立地祇坛于天神坛之西，以祀五岳、五镇、四陵山、四海、四渎，京师名山大川，天下名山大川"②。又如"凡遇水旱，或亲诣祈祷，或遣官将事，皆本诚意，以相感格"③。人们在心理上认为，面对灾害，只要虔诚地祈祷，天灾就会停止、减少。故每当灾害发生时，不论是帝王、官员还是普通百姓，都会自觉不自觉地参与到祈禳活动中去。"丁戊大旱"期间，光绪皇帝多次亲往大高殿"拈香祈雨"。官吏张佩纶奏请光绪皇帝仿康熙皇帝遣大臣进行祈雨一事，派官员前往天坛祈祷，并奏请皇太后于宫中跪祷。由此可见，官方普遍迷信祈禳之术。

不同的地理环境和民族分布，形成了不同的民间信仰和禳灾方式。清至民国时期陕、甘、宁、青旱灾日益频繁、灾情不断加重，为西北民间信仰习俗的发展与繁荣提供了绝好的社会环境与表现空间。由于最常见的是水、旱灾害，抬龙王祈雨、求晴，成为最为盛行的一种迷信活动，而且一些政府官员也参与其中，甚至是"率先垂范"。如据史料记载：1920年，华县"附近各地都是苦旱非常，乡人每天祈神求雨的，日有数起，连华县的知事，省城的督军也都祈起雨来了。幸到8月初旬和中旬连下了几场雨，但是秋禾已大半枯死了"④。

每遇大旱之年，百姓们普遍要举行祈雨仪式，故清代地方上的祈雨场所极多，"龙王、火神、山神、土地庙……等神庙，更是星罗棋布，遍布各村镇，其数量远远超过了正规的寺院"⑤。清代诗人沙张白的《祈雨词》还描写了久旱之下人们击鼓祈雨却毫无结果的事件："一时不雨三农苦，雨师祠前晨击鼓。鼓声轰轰神不闻，巫传神语上帝怒。龙眠雷默江湖封，赤日团团烈如火。噫嘻吁！旱荒荒杀南亩民，干帝怒者彼何人？"⑥

陕西的西安、同州、凤翔等州府，在旱灾发生时，大量的祈雨活动集中在太白庙进行。太白庙祭祀的是太白山神，在南北朝时期就有当地灾民祈求山神

---

① [民国]《安塞县志》卷12《艺文》，《中国地方志集成·陕西府县志辑》第42册，凤凰出版社2007年版，第274页。
② [清]张廷玉等：《清朝文献通考》卷96《郊祀六》，浙江古籍出版社2000年版，第5693页。
③ [清]张廷玉等：《清朝文献通考》卷96《郊祀六》，浙江古籍出版社2000年版，第5693页。
④ 夏明方、康沛竹：《20世纪中国灾变图史》上册，福建教育出版社2001年版，第61页。
⑤ 任继愈：《中国道教史》，上海人民出版社1990年版，第674页。
⑥ 沙张白：《祈雨词》，丁力选注、乔斯补注：《清诗选》，湖南人民出版社1985年版，第160页。

降雨的记载。延至清代,太白山神据说仍然十分灵验,所以,当地的官民皆以太白山神为主要的崇拜偶像。据相关研究考证,明清年间陕西境内共修有太白庙52座,其中12座为清代所修①。在3个自然区中,关中的凤翔府和西安府为太白山信仰的核心区,陕北、陕南为信仰的边缘区②。关中地区甚至形成"维太白灵湫祈祷极验"③的普遍认识,太白山信仰的地位也因此超越其他民间祈雨信仰,其神秘性与灵验性不断被人们强化。经过同治年间的回民起义,陕西各属庙宇遭到严重破坏,到清末,陕西共有太白庙10座,其中关中6座,陕南、陕北各2座④。太白山信仰逐步从清中期的由官主导回归到由民主导,影响力有所下降。但是,晚清是陕西大旱的高发期,当大旱发生后,官方仍然会通过抬高太白山信仰的方式禳灾。如"丁戊奇荒"时,同州府、岐山县等对原太白庙修葺一新。时任陕西巡抚毕沅为褒扬岐山县修庙之举,专门作《重修太白庙碑记》。光绪二十六年(1900)陕西大旱,朝廷下旨命陕西巡抚岑春煊"迅即派员前往太白山虔诚祈祷"⑤,并敕书匾额,又拨三千金重新修葺庙宇⑥。这是有清一代唯一一次由朝廷组织的太白山求雨事件,也是清代太白山祈雨活动中规格最高的一次。由此可见,晚清时期对太白山的信仰虽然由民间主导,影响力有限,但其在国家层面上得到认可,当政府缺乏积极有力的赈灾措施时,就会利用这一民间信仰来愚弄民众。

陕西地缘广阔,各地风土不一,"祈雨之法随时递变,亦因地各殊"⑦,其他各种具有地方特色的信仰活动亦为数不少,甚至一州县之内同时存在多种不同

---

① 关于太白山信仰的相关研究成果有:张晓虹:《文化区域的分异与整合——陕西历史地理文化研究》,上海书店出版社2004年版;张晓虹、张伟然:《太白山信仰与关中气候——感应与行为地学的考察》,载《自然科学史研究》2000年第3期;张伟波:《从明清时期太白山信仰中看地方政府的作用》,载《陕西广播电视大学学报》2011年第1期;僧海霞:《民间信仰与区域景观——以清代陕西太白山信仰为核心》,博士学位论文,陕西师范大学,2010年。
② 僧海霞:《民间信仰与区域景观:以清代陕西太白山信仰为核心》,博士学位论文,陕西师范大学,2010年。
③ (光绪)《永寿县志》卷9《艺文类》,《中国地方志集成·陕西府县志辑》第11册,凤凰出版社2007年版,第181页。
④ 僧海霞:《民间信仰与区域景观:以清代陕西太白山信仰为核心》,博士学位论文,陕西师范大学,2010年。
⑤ 《清实录·德宗实录》卷473,中华书局1987年版,第214页。
⑥ [民国]《续修陕西通志稿》卷124《祠祀志》,《中国西北文献丛书》第1辑第9卷,兰州古籍出版社1990年版,第96页。
⑦ (光绪)《永寿县志》卷9《艺文志》,《中国地方志集成·陕西府县志辑》第11册,凤凰出版社2007年版,第181页。

信仰。如蒲城县的尧山圣母信仰就是"渭北旱作村落的一个地方性雨神崇拜"①，以尧山为中心的十个社轮流祭祀山上的灵应夫人祠，祠"后有泉水清冷不绝，祷雨辄应"②；同样在蒲城县，其西北十个村子信仰供奉有云神伍子胥的显圣庙，"每岁逐村迎奉，周而复始"③；洛川县在旧治北四十里的菩提原有孚泽大王庙，"每旱祷雨辄应"④；定远厅的文峰山遇旱祷雨辄应，因此当地人于山上修建供奉有文昌风雨诸神的文峰山庙以祭祀⑤；朝邑县有奕应侯庙，"庙有圣水，岁旱揖水则雨降，祷雨则应"；光绪十七年（1891）安塞县亢旱异常，知县率家人前往传说中"善水火"之元君尊神前虔诚祈祷，请求元君尊神"恕迷人既往之罪"而普降甘霖⑥。此外，尚有别的一些民间禳灾信仰形式。如康熙三十二年（1693），因"比年以来秦省左右亢旱频仍，百姓艰食，流离转徙未有安居，田畴荒芜，不能垦辟"。又因华山之神能"含灵布泽，能赐福于斯民"，康熙帝认为"国家以民为本，民以食为天。百谷蕃滋，端赖雨泽顺时霑足，咸借神功用是"⑦，所以特"遣皇长子允禔致祭华山"，并将之后的雨旸时若、年谷丰登、间阎少有起色归因于对神灵的虔诚⑧。

在甘肃，祈雨仪式起源甚早。大地湾遗址中的祭祀陶器上，多有形态各异的水波纹，可以断定它是用来祈雨的。甘肃民间祈雨仪式主要是由娱神、曝人、焚巫、射鸟等几部分组成。泉神信仰与崇拜是该地区的突出特点。其信仰对象有神泉、太白泉、灵湫等多个，祈雨场所与形式也多有不同，"有五龙庙九龙堂

---

① 庞建春：《旱作村落雨神崇拜的地方叙事——陕西蒲城尧山圣母信仰个案》，载曹树基主编《田祖有神——明清以来的自然灾害及其社会应对机制》，上海交通大学出版社2007年版，第4页。
② （光绪）《蒲城县新志》卷1《山川》，《中国地方志集成·陕西府县志辑》第26册，凤凰出版社2007年版，第288页。
③ （光绪）《蒲城县新志》卷5《祠祀》，《中国地方志集成·陕西府县志辑》第26册，凤凰出版社2007年版，第316页。
④ ［民国］《洛川县志》卷20《宗教祠祀志》，《中国地方志集成·陕西府县志辑》第48册，凤凰出版社2007年版，第442页。
⑤ （光绪）《定远厅志》卷13《祀典志》，《中国地方志集成·陕西府县志辑》第53册，凤凰出版社2007年版，第130页。
⑥ ［民国］《安塞县志》卷12《艺文》，《中国地方志集成·陕西府县志辑》第42册，凤凰出版社2007年版，第274页。
⑦ （咸丰）《同州府志·圣制记》，《中国地方志集成·陕西府县志辑》第18册，凤凰出版社2007年版，第9页。
⑧ 赵之恒、牛耕、巴图：《大清十朝圣训》卷39《蠲赈二》，第1册，燕山出版社1998年版，第571页。

以祈雨"①，而尤以清末皋兰文人刘尔炘所记皋兰马连滩的求雨习俗最为独特。他说："陇上自昔多亢旱，从事祈祷术者无虑千百，而莫动于吾皋兰马连滩之术……行旱水者往往以身殉也。"② 祈雨仪式一开始，师公喊一声："信士弟子手持佛香跪下，勿说勿笑，听我代言，求神降雨。"然后口诵法语：天皇地皇，龙君在上；五谷殃殃，人畜慌慌；怜念万民，甘露时降；年景丰收，献猪献羊；重塑金身，再造庙堂。接着便是娱神，包括跳神和酬神。跳神是娱神的歌舞，其中有羽舞和师公舞。中华人民共和国成立前后，跳神者主要由师公扮演，手敲羊皮扇鼓，边歌边舞，绕场旋转。曝人祈雨是表白祈雨人虔诚的仪式。近代甘肃民间仍有遗子。每遇大旱，村民们皆脱去上衣，跪于街头，任凭烈日烤晒，以感动神灵，昏倒者不计其数。除此，焚巫的象征仪式也一直保留至今。秦安（古成纪）每遇大旱，全村（镇）人在野外各拣兽骨数根，堆成骨山。用黄土捏男女泥人一对，成相媾状，放于骨山中点燃，民间称"烧倒猪"。倒猪者，旧时指女巫男觋性交行为，后来又指公媳丧伦行为。民间认为，他们玷污了神灵，故神降罪于人间，久旱不雨。焚烧他们，意义在于对不洁者以示警告与惩罚。射鸟发源于射太阳神话。传说中的鸟与太阳有关，先民们有鸟负日而行之推测。原始陶器上的"十""蛹"等象征太阳的纹饰均是鸟的抽象符号。多日观念今人也有。据报载，1957年1月9日上午，甘肃安西县桥湾地区上空，在太阳周围出现了3个半边太阳。这种由日晕造成的多日现象在古代亦多见。古人以此幻想，认为天有10日。遇到大旱，他们想象只要射掉一些，旱情就会好转。甘肃民间祈雨仪式上，师公手持桃木弓、竹箭，逢鸟便射，一旦射中，3日雨来。其源皆出于此。

　　青海是少数民族聚居地，寺院众多，大部分人都有宗教信仰，从而形成了本地区独具特色的宗教信仰。除此之外，青海地方也有祭拜龙神或者建立各种祠庙以祈雨的民间信仰。如民国《贵德县志稿》中就有一首《龙池云湫》诗这样写道："岩前澄沏有龙池，祷雨祈晴无不宣；但得大田歌岁稔，秋来正是赛神时。"③ 诗写的就是人们在龙池祈雨而获得大丰收的情景。此外，像贵德因连年亢旱，农业歉收，粮价过昂，承同知代民祈谷，捐廉千余贯，创建先农坛，躬

---

① [民国]《重修镇原县志》卷19，《中国方志丛书》，成文出版社1968年版，第395页。
② 刘尔炘：《果斋续集》，《中国西北文献丛书·文学卷》第173册，兰州古籍书店1990年版，第249页。
③ [民国]《贵德县志稿》卷4《文艺志》，《中国地方志集成·青海府县志辑》第4册，凤凰出版社2008年版，第543页。

行耕籍礼，蒙天鉴诚，雨旸时若，五谷丰登，民无饥苦，祈谷养民①；而因祈祷有应，乾隆六年（1741）西宁府典史嵇士藻在东门外石嘴创建了水神祠②。

灾荒发生之后，迷信之风盛行，出现了形形色色、五花八门的巫术救荒方式。究其原因，一方面是由于灾害频发，国力不振，根本无力救灾。"中国人因为热爱大自然的美丽，同时感觉大自然力量之不可抗拒，心里慢慢就形成了一种强烈的宿命论。无论人类如何努力，大自然不会改变它的途径。因此，洪水和旱灾都不是人力所能控制的，人们不得不听任命运的摆布。既然命中注定如此，他们也就不妨把它看得轻松点。天命不可违，何必庸人自扰？"③ 蒋梦麟的这段话道出了大多数中国民众的心理。民众把希望寄托在某种虚无缥缈的神秘力量上，祈求风调雨顺、安居乐业。

另一方面就是强大的传统因袭作用，由于教育不昌、民智低下，民众缺乏一种科学的观念，只能因袭继承传统的鬼神崇拜信仰。"植树节所种的几株树，也不足以挽回天意，"鲁迅先生对此有过感叹，"报上往往说：'近来天时不正，疾病盛行'，这岂止是'天时不正'之故，'天何言哉'，它默默地被冤枉了。"④ "至于水旱饥荒，便是去拜龙神，迎大王，滥伐森林，不修水利的祸祟，没有新知识的结果。"⑤ 那些庄严神圣的仪式和肃穆庄重的气氛，已经内化成一种精神符号渗透到民众灵魂的深处。好多民俗都蕴含着敬天保命的思想。

再一方面就是政府为了维护其统治和尊严，大力宣扬天命论，将天灾下人民的苦难归因于那些虚无缥缈的神仙鬼怪，通过祭祀鬼神的仪式来转移民众的愤懑情绪，让他们安于现状，以此维护现有的统治秩序。

综上所述，由于各地灾害发生的频率不同，民间传统和地理环境各异，使得西北地区民众的社会信仰呈现出多样化、地方性的特色。但是，人们的目的和出发点是一样的，那就是希望灾害尽快消除，祈求风调雨顺，过上好日子。

除此之外，灾害的发生还导致了生态环境的进一步恶化，而生态环境的恶化反过来又加剧了灾害的发生，形成了恶性循环。"灾害除了对人类与人类社会产生危害性后果外，它对自然生态环境同样有很大影响，并通过自然生态环境

---

① [民国]《贵德县志稿》卷4《文艺志》，《中国地方志集成·青海府县志辑》第4册，凤凰出版社2008年版，第532页。
②《西宁府新志》卷14《祠祀志·祠庙》，青海人民出版社1966年版，第491页。
③ 蒋梦麟：《现代世界中的中国》，学林出版社1997年版，第164页。
④ 鲁迅：《且介亭杂文二集·"靠天吃饭"》，《鲁迅全集》第6卷，人民文学出版社2005年版，第379页。
⑤ 鲁迅：《坟·我之节烈观》，《鲁迅全集》第1卷，人民文学出版社2005年版，第123页。

功能结构的破坏反作用于人类与人类社会"①。西北地区向来是我国生态环境比较脆弱的地区,一旦发生长时间或持续不断的干旱,森林植被和野生动植物资源就会遭到巨大的浩劫。1929年西北大旱,引发了严重的大饥荒。灾民吃光了树皮、草根,猎杀了大批动物,破坏了基本的生态平衡,也深深埋下了日后灾害发生的种子。当然,我们不能站在今天的立场去苛责那些饥饿的难民,连树皮、草根也不让他们吃。夏明方先生道出了被人类大量的同情所掩盖的一个残酷的现实:"干旱引起饥饿,饥恶吞噬了植被,植被的丧失又招致更大的灾害,于是人类便在一轮又一轮因果循环的旱荒冲击波中加速了自然资源的覆灭,并有可能最终覆灭人类自身。"②

---

① 曾维华、程声通:《环境灾害学引论》,中国环境科学出版社2000年版,第21页。
② 夏明方:《民国时期自然灾害与乡村社会》,中华书局2000年版,第50页。

第四章　清至民国陕西旱灾应对机制的发展与完善

所谓旱灾应对机制，主要是社会各方为了应对旱灾而采取相应的措施，减少和控制自然灾害的发生和发展，最大限度地降低灾害造成的损失所制定的政策法规及具体流程。旱灾救治，就是发挥人的主观能动性，积极地运用各种经济、行政、文化等的手段来降低旱灾发生的频率及危害，这关系到一个国家的长治久安，故深为历朝历代的统治者所重视。

清至民国时期，陕西旱灾频发，为了减少灾害造成的损失，维护社会稳定，清政府和民国政府都采取了相应的救灾措施。与历代官方的救灾机制相比，这一时期民间的慈善团体发挥了重要的作用，政府在整个救灾活动中不再是唯一的主体。但是，随着近代化的发展和国外现代救灾理念的深入，以及民国时期中国第一个现代政府的建立，构建现代化的救灾机制也逐渐拉开了序幕。当然，政府仍然是救灾最重要的主体，在整个社会的救灾活动中发挥了主导作用。

第一节　清代陕西官方的救灾措施

众所周知，自然灾害的发生给社会经济、政治、文化等方面带来深重的影响，各个方面的秩序都被打破，增加了社会不稳定的因素，给封建统治以严重威胁。因此，封建统治者从自身的利益出发，对如何预防自然灾害、及时消除灾害造成的重大影响等问题都极为重视，逐渐形成了一套比较成熟的抵御自然灾害的办法和措施，这就是封建社会的"荒政"。清朝作为中国封建社会的最后一个王朝，集中国历代传统救荒思想之大成，在应对灾害方面，政府在灾前、灾中和灾后都采取了一系列救灾减灾的措施，形成了一套系统的减灾体系。清代陕西旱灾的发生频率呈现加快的特征，这不仅给广大劳动人民带来了深重的灾难，而且还直接导致各级封建政府财政收入的减少。与中央政府相对应，陕西地方政府和社会各界为应对旱灾，也采取了不少应对措施。

一、灾前预防措施

"救荒之策,备荒为上",而备荒最重要的就是增加仓储;同时,农田水利历来被视为农业的"命脉",对农业生产的恢复和发展有着极为重要的作用,因而既是重要的灾前备荒措施,也是灾后的补救措施。

(一) 完善仓储

在传统中国,仓储自古受到统治者的重视,《礼记·王制》云:"国无九年之蓄,曰不足;无六年之蓄,曰急;无三年之蓄,曰国非其国。"可见,一定的粮食储备是封建国家机器正常运转的基本保障,同时,也是政府组织应对各种自然灾害的物质基础。清代在吸取前代备荒思想的基础上,恢复、发展了历代的仓储体系,并历经康、雍、乾几朝不断得到确立和完善,且一直延续到晚清。清代的仓储制度极为完善,但真正用于备荒、为民而建者则不外常平仓、义仓、社仓三类[1]。

1. 常平仓

常平仓制度始于汉代,自创设以来受到历代统治者的重视。至清代,常平仓仍然是最重要、最普遍的的官仓,"乃民命所关,实地方第一紧要之政"[2]。清政府规定:各省要"由省会至府州县,俱建常平仓,或兼设裕备仓"[3],以备赈灾、借贷、平籴之用,陕西也不例外。康熙四十二年(1703),"部议人口众多之州县增储米三千石,次二千石,又次一千石。四十四年,于近汴近洛州县储谷二十三万五千六百八十二石,专备山陕赈济之需"[4]。常平仓的仓谷来源主要是采买,即从国库经费中拨款采购。康熙四十三年(1704),皇帝题准"陕西省动支西安司库兵饷银十四万,以十万两照时价买米增储,以四万两盖造仓廒"[5]。常平仓仓谷的第二个来源是捐纳,包括捐监、捐输、摊捐,指通过捐谷向官府买取功名或官职。为调动地方官民捐纳的积极性,政府规定,根据捐纳仓谷的多少,对地方绅士、富户不仅给予戴花红、赠匾额,甚至还有授予官职等奖励,

---

[1] [民国]《续修陕西通志稿》卷32《仓庚一》,《中国西北文献丛书》第1辑第7卷,兰州古籍出版社1990年版,第82页。

[2] [清] 席裕福、沈师徐辑:《皇朝政典类纂》卷153《仓库十三·积储·盘查仓谷》,文海出版社1982年版,第1966页。

[3] 赵尔巽:《清史稿》卷121《食货二·赋役仓库》,中华书局1976年版,第3553页。

[4] [民国]《续修陕西通志稿》卷32《仓庚一》,《中国西北文献丛书》第1辑第7卷,兰州古籍出版社1990年版,第1—2页。

[5] [清] 昆冈等:光绪《大清会典事例》卷189《户部·积储》,新文丰出版公司据光绪二十五年刻本影印,第7578页。

而且相应的地方官也会获得奖励。另外，在某地严重乏粮的情形下，朝廷还常下令截漕以弥补各地常平仓收贮之不足①。

常平仓主要设于省、州、县治所在，其作用有二。其一是平抑粮价。各地常平仓于粮谷收获时节以较高于市场的价格买进新粮，广为收贮，遇到凶年青黄不接时按"存七粜三"比例将存粮以较低于市场的价格卖出，这样就能保证市场粮价的基本平衡。"常平仓每岁呈请藩司动项买贮，以时籴粜"②。雍正四年（1726），朝廷令陕西省于"每年二、三月内存七粜三，至八、九月买补还仓"③。其二就是应对自然灾害。常平仓每年定期"出陈易新"，保证了粮谷不至红腐，故可以"岁歉赈借平粜"④。

清初，陕西常平仓并无定额，乾隆九年（1744），奏准陕西常平仓储额"二百七十七万三千有十石，按各州县大小分存"⑤，直至清末，这一标准也没有发生变化。清代中前期，尤其是康、雍、乾三朝，由于经济的发展和较为清明的政治，陕西的常平仓储备达到了顶峰。以西安府为例，据乾隆四十二年（1777）册报，整个西安府常平仓储粮"共额贮京斗谷七十一万八千石，又添贮府仓京斗谷八万石有奇"⑥。"至陈文恭（即陈宏谋）公抚陕，常平仓谷三百三十余万石，社仓积谷七十余万石，可谓极盛"⑦。嘉庆初，各省仓储粮有所下降，特别是一些省常平仓中"有价无粮"的情况比较严重。

清代中期以后，随着整个国家管理能力的下降以及吏治的腐败，加之嘉庆以后的战乱，尤其是同治初年陕甘回民起义之后，社会经济萧条，陕西的常平仓日益衰败，实际上已很难达到规定的储额。道光二十三年（1843），御史刘重麟奏称：近来州县常平、社仓等仓廒多成虚设，州县官员在交接时，即将所短谷米等项算作价值，辗转移交，"以致存价不买，或至挪移混抵"……各省仓储

---

① 康沛竹：《清代仓储制度的衰落与饥荒》，载《社会科学战线》1996年第3期。
②（乾隆）《西安府志》卷14《食货志中》，《中国地方志集成·陕西府县志辑》第1册，凤凰出版社2007年版，第165页。
③［清］昆冈等：《钦定大清会典事例》卷189《户部·积储》，第3册，中华书局1976年版，第155页。
④［清］昆冈等：《钦定大清会典事例》卷189《户部·积储》，第3册，中华书局1976年版，第147页。
⑤（民国）《续修陕西通志稿》卷32《仓庾一》，《中国西北文献丛书》第1辑第7卷，兰州古籍出版社1990年版，第89页。
⑥（乾隆）《西安府志》卷14《食货志中》，《中国地方志集成·陕西府县志辑》第1册，凤凰出版社2007年版，第165页。
⑦（民国）《续修陕西通志稿》卷32《仓庾一》，《中国西北文献丛书》第1辑第7卷，兰州古籍出版社1990年版，第1—2页。

竟然"有名无实"①。陕西常平仓衰败的原因一是战乱的破坏，二是官吏的侵蚀。到了晚清，一方面，兵匪横行致使各处常平仓舍毁粮尽。如商南县常平仓各仓廒"虽有存者，粮被兵匪掠尽"；郿县旧有常平仓"子丑寅卯等十二廒，又有恭宽信敏惠五廒，历年经久，坍塌无存"，到宣统元年（1909）更是"只有子丑寅卯恭五廒，亦皆破漏不堪"②；佛坪厅常平仓原有五廒，但经过同治元年（1862）兵燹后，仅存一廒③。另一方面，由于常平仓具有官方的身份，其功能除备荒之外还要供应军需，军需耗费也是常平仓日渐空虚的一个重要原因。如华阴县"邑城内……东仓……旧名常平仓也。计储额市斗四万石，惜近年饥馑频遭，积储一空。时有储者，军麦而已"④；永寿县常平仓原额储京斗谷一万七千二百四石，但"因同治元年军需动用"，导致仓库"清楚无存"⑤。可见，到了清朝末年，常平仓已经形同虚设了。

应该说，在清代中期以前，由于陕西的常平仓储粮充足，所以在备荒赈灾方面发挥了显著的作用；清代中期以后，尽管陕西的常平仓日益衰败，但在救灾方面仍然发挥了一定的作用。如嘉庆六年（1801），陕西省咸宁等十州县被旱，赈济灾民用的就是常平仓谷；道光二十六年（1846），关中大旱，谷价骤昂，陕抚林则徐查知西、同、凤、乾四府州常平仓有储粮一百一十余万石，故依"存七出三"之惯例出仓平粜，全活甚众⑥；光绪三年（1877），定远厅"赖以济众而免饿殍之苦者"，正是秦毓麒任职期间筹措的五千石常平仓储粮⑦。只是到了晚清时期，陕西常平仓的赈灾作用较之以前已经大大减弱，这自然与常平仓的仓储日渐空虚密切相关。而到了清朝末年，常平仓已经形同虚设，其备荒功能自然难以充分实现，这也是光绪"丁戊奇荒"及之后的庚子大灾中灾民

---

① [清]昆冈等：《钦定大清会典事例》卷189《户部·积储》，第3册，中华书局1976年版，第154页。
② （宣统）《郿县志》卷4，《中国地方志集成·陕西府县志辑》第35册，凤凰出版社2007年版，第128页。
③ [民国]《佛坪县志》卷上，《中国地方志集成·陕西府县志辑》第53册，凤凰出版社2007年版，第254页。
④ [民国]《华阴县志》卷2《仓储》，《中国地方志集成·陕西府县志辑》第25册，凤凰出版社2007年版，第96页。
⑤ （光绪）《永寿县志》卷3《仓储》，《中国地方志集成·陕西府县志辑》第11册，凤凰出版社2007年版，第118页。
⑥ [民国]《续修陕西通志稿》卷127《荒政一》，《中国西北文献丛书》第1辑第9卷，兰州古籍出版社1990版，第149页。
⑦ （光绪）《定远厅志》卷18《职官志》，《中国地方志集成·陕西府县志辑》第53册，凤凰出版社2007版，第161页。

大量饿毙的一个重要原因。

2. 社仓

"社"在中国古代是祭祀单位,每二十五家共立一社以奉祭祀,后来演化为行政上的一个单位。社仓创始于宋代的朱熹,是官仓之外民间储粮备荒的一种形式。清康熙四十二年(1703),谕令"各省州县岁设常平仓收贮米谷,遇饥荒之年,不敷赈济亦未可定,应于各村庄设立社仓,收贮米谷"①。可见,最初设立社仓是为了弥补常平仓在赈灾方面的不足,而在平日里也可以让"无力农民借作籽种,春借秋还"②。至雍正二年(1724),又订立《社仓条例》,令各省地方官开诚劝谕,设立社仓。

陕西设立社仓的时间相对较晚。雍正四年(1726),川陕总督岳钟琪奏请"将应减耗羡银截留两年,供陕西各州县采买谷米,分建社仓"③。雍正七年(1729),岳钟琪颁行陕西《社仓条约》,令各州县"按粮分仓,按村分社……以一千石谷为一仓,以相近之一百二十村堡为一社"。此后的雍正七年、八年两年,陕西各州县才大规模设立社仓④。但是,由于从康熙五十五年(1716)起,清廷为平定西北地区的叛乱,几次大规模用兵,转输挽运给陕西地区造成了人力、物力的极大负担,加之自然灾害交替发生,使得陕西民间元气大伤,故陕西社仓仓本来源与别省民间劝捐之法不同,主要是政府拨付耗羡银两以采买填充,而非民间捐助。社仓建立后,"令本社……公举殷实良善素不多事者充当仓正、仓副",并"专交百姓自司出纳,不许官员管理"⑤。但实际上,考虑到陕西省社仓仓本来源与他省不同,故朝廷议准陕西省地方官对社仓有稽查交代、分赔以专责成之责任。这样一来,原本应该由民间自行发起、自我经营的社仓就成为受制于政府的附属物,处于一种比较尴尬的"半官方、半民间"的境地,"州县官因有责成,则视(社仓)同官物,不但社正、副不能自由,即州县亦不能自主。凡遇出借历书具详,虽属青黄不接,百姓急需借领,而上司

---

①[清]昆冈等:《钦定大清会典事例》卷192《户部·积储》,第3册,中华书局1976年版,第207页。
②章开沅:《清通鉴》第3册,岳麓书社2000年版,第222页。
③[民国]《盩厔县志》卷2《建置》,《中国地方志集成·陕西府县志辑》第9册,凤凰出版社2007年版,第239页。
④吴洪琳:《清代陕西社仓的经营和管理》,载《陕西师范大学学报》2004年第2期。
⑤[民国]《续修陕西通志稿》卷32《仓庾一》,《中国西北文献丛书》第1辑第7卷,兰州古籍出版社1990年版,第91页。

批则又唯社正、副是问，故各视为畏途"①。

因陕西社仓系公款采买，故创设之初规模宏大，社仓廒舍遍布全省。如盩厔县，雍正年间"领到采买谷米的耗羡银三千一百两"，一共买了京斗一万一千二十五石的粮食，再加上政府劝谕县民捐输的京斗六百六十石三斗粮食，一共储粮"一万一千六百八十五石三斗九升"。全县一共分十一个仓廒分存，"每社仓存谷一千六十石"②；三原县有"社仓十所，共贮本息京斗谷一万五百七十九石四升六合二勺"③；富平县有"社仓十一所，共贮本息京斗谷八千三百九十一石六斗二升七合八勺子"④；整个西安府十六个州县，据乾隆四十二年（1777）册报，有"社仓共二百九所，贮本息京斗谷二十五万五千三百四十四石七斗八升三合"⑤。但数十年之后，管理体制的弊端，加之战乱、匪患等的影响，到晚清时期，陕西社仓衰落的景象十分明显。以农业基础较好、社仓分布比较密集的关中地区而言，雍正时期关中地区社仓数量达到401处，占全省社仓总数的73%⑥。但此后，新的社仓增加缓慢，对旧的社仓又不加修葺，致使关中地区社仓开始衰落。宝鸡县在雍正八年（1730）修有社仓十一处，至同治六年（1867），已"焚毁无存"⑦；岐山县"旧有社仓一十六处，或一里专设，或数里共设，储谷年久无存，后因兵燹，房舍亦墟"⑧；三原县，由于"自嘉庆五年奉上谕社粮听民自便，不由官吏经手，官遂久无稽查"，道光元年（1821），知县云麟勘验社仓，发现"各社仓俱坍，因查现存民借及仓正副侵亏，共追收京斗麦七百五十余石，下欠京斗麦三十余石"，最后不得已将社仓废去，余粮转储于

---

① [民国]《续修陕西通志稿》卷32《仓庾一》，《中国西北文献丛书》第1辑第7卷，兰州古籍出版社1990年版，第92页。
② [民国]《盩厔县志》卷2《建置》，《中国地方志集成·陕西府县志辑》第9册，凤凰出版社2007年版，第239页。
③（乾隆）《西安府志》卷14《食货志中》，《中国地方志集成·陕西府县志辑》第1册，凤凰出版社2007年版，第165页。
④（乾隆）《西安府志》卷14《食货志中》，《中国地方志集成·陕西府县志辑》第1册，凤凰出版社2007年版，第165页。
⑤（乾隆）《西安府志》卷14《食货志中》，《中国地方志集成·陕西府县志辑》第1册，凤凰出版社2007年版，第165页。
⑥ 吴洪琳：《论清代陕西社仓的地域分布特征》，载《中国历史地理论丛》2001年第1期。
⑦ [民国]《宝鸡县志》卷3《建置》，《中国地方志集成·陕西府县志辑》第32册，凤凰出版社2007年版，第270页。
⑧ [民国]《岐山县志》卷2《建置》，《中国地方志集成·陕西府县志辑》第33册，凤凰出版社2007年版，第217页。

常平仓①；富平县社仓由于积年亏短，至道光三十年（1850）时，"所存麦谷折麦五百九十余石，旋提归常平仓内，原各仓均废"②；麟游县原有社仓八处，"同治初，回逆毁几尽，惟邑与月院里存。同治三年，李正心出供兵食"③。

由此可见，陕西社仓最终的命运有两种：一种是毁于兵燹，主要是同治初年的捻军、回民起义；另一种则是由于其本身"半官半民"的性质，被划归常平仓或供应军需。因此到晚清时期，社仓基本上已经名存实亡，不能发挥应有的备荒作用。《续修陕西通志稿》的编纂者在总结陕西社仓的衰落时有极为中肯的论述："陕西社仓，其初动用公款，与他省情形不同，定例由绅经理而稽查以官，立法不为不周，而民间终以为累。嘉庆时汉南各仓均为教匪焚掠，至同治初年，花门变起，各属仓谷实无一存，欲求当年实储之数，渺不可得。盖官绅之侵蚀与夫出借之不能实收为日已久也。"④ 也就是说，官吏的侵蚀、百姓的有借无还及战乱是造成陕西社仓衰落的重要原因。

3. 义仓

义仓，也是民间储粮备荒的一种重要形式。一般认为，义仓创始于隋开皇五年（585），系采纳长孙平建议而设置。但在清代地方志中，也有认为"义仓即社仓"⑤，这可能与二者皆为民仓且建仓之地皆近于村社有关。义仓设置的初衷是为了杜绝官仓的种种侵渔弊端，保证地方"丰歉有备，水旱无虞"。相较于陕西社仓由政府出资民间经营的形式而言，义仓的创办方式是"丰裕之时，互相劝勉，（民户）各将所存谷卖，无论多寡，量力输公"，"所有现捐谷麦以及收放出入，一切事宜均由民举廉正绅老自行经理，不经官吏之手"⑥。可见，其仓本全部来源于民间的捐输，管理人员亦由民间公举，采取的是"民办民营"的管理方式，这就保证了陕西义仓在创设之初就具有纯粹的民办身份。

---

① （光绪）《三原县志》卷2《建置》，《中国地方志集成·陕西府县志辑》第8册，凤凰出版社2007年版，第530页。
② （光绪）《富平县志稿》卷2《建置》，《中国地方志集成·陕西府县志辑》第14册，凤凰出版社2007年版，第262页。
③ （光绪）《麟游县新志草》卷2《建置》，《中国地方志集成·陕西府县志辑》第34册，凤凰出版社2007年版，第225页。
④ ［民国］《续修陕西通志稿》卷32《仓庾一》，《中国西北文献丛书》第1辑第7卷，兰州古籍出版社1990年版，第93页。
⑤ （光绪）《新续渭南县志稿》卷3《建置》，《中国地方志集成·陕西府县志辑》第13册，凤凰出版社2007年版，第401页。
⑥ ［民国］《续修陕西通志稿》卷32《仓庾一》，《中国西北文献丛书》第1辑第7卷，兰州古籍出版社1990年版，第94页。

陕西义仓与全国情况相比，建立较晚。清初朝廷就下令要求市镇设立义仓，但实际上不仅在地方市镇，通都大邑也多有义仓设置。顺、康、雍各朝屡次要求各州县设立义仓，但直到乾隆年间，直隶、山西等省才陆续设立①。咸丰八年（1858），陕抚曾望颜饬属劝捐积谷，出示晓谕，是为陕省义仓之始。但是，咸丰八年（1858）的这个《劝捐晓谕》在民间并没有引起大的响应，一直到光绪二年（1876），陕西常平仓与社仓衰落，不足以备荒之时，陕西抚台谭钟麟通饬各州县捐办义仓，这才在整个陕西境内掀起了大规模的义仓捐办。由于在此之前陕西各属社仓均已有不同程度的衰落，故在此次义仓建设过程中，有许多州县的社仓直接被废弃而归入义仓。以大荔县为例，县内各乡社仓廒舍自同治元年（1862）兵燹后均坍塌颓倒，到光绪二年（1876），唯余城内"廒房五间"和孛合村"断烂椽檩"，于是全部划归义仓储用②。泾阳县光绪六年（1880）奉札捐办义仓，"共积京斗麦一万六千一百二十一石一斗九合。除在城内社仓存放外，余归各乡。十七年，知县涂官俊按实清釐，分乡统办，名曰义仓"③。

　　义仓的形式有两种，一种是公设义仓，主要考虑道路远近和人口多寡，各城乡市镇分布不一，"镇城大者，或分中东西南北五处各设一仓，次者或设两仓；小者专设一仓……随地置宜，酌量办理……"④；另一种是各族自行设立的义仓，主要是为了保证本族人员遇到灾荒后的赈济。公设的义仓，其赈灾原则是本境之民办本地之赈，即只要在某一义仓的赈济范围内，不论是否捐输粮食，都享有得到赈济的权益，这在咸丰八年（1858）曾望颜出示的《劝捐晓谕》中有明确说明："各户所捐之物，既已捐出，即系公物，遇系灾歉，不得以从前甲多乙少，致启争端；或先在此处捐过谷麦之处，其后移居他处，遇此处粜赈，不得以曾经捐过回转向索；其新来之户，从前虽未捐过，亦应一律分给，不得独任向隅。尽各保境，总以本境之仓粟济本境遇灾之贫户……"⑤

　　考察史料可知，陕西义仓的捐办在整个光绪年间一直被视为救荒之良策而

---

① 朱凤祥：《中国灾害通史·清代卷》，郑州大学出版社2009年版，第323页。
② （光绪）《大荔县续志》卷4《土地志》，《中国地方志集成·陕西府县志辑》第20册，凤凰出版社2007年版，第300页。
③ （宣统）《重修泾阳县志》卷1《地理志上》，《中国地方志集成·陕西府县志辑》第7册，凤凰出版社2007年版，第428页。
④ [民国]《续修陕西通志稿》卷32《仓庾一》，《中国西北文献丛书》第1辑第7卷，兰州古籍出版社1990年版，第94页。
⑤ [民国]《续修陕西通志稿》卷32《仓庾一》，《中国西北文献丛书》第1辑第7卷，兰州古籍出版社1990年版，第94页。

大力倡行。"光绪三年，旱魃为虐，社仓、常平仓给散一空"①。光绪五年（1879），陕西巡抚冯誉骥因看到"丁戊奇荒"中陕西赈粮多采买于他省，且灾后各属仓粮空亏，故饬令陕西各属州县大力捐办义仓。据其后来上奏清廷的数字，此次大规模捐办义仓，共捐存京斗稻粟麦豆八十万六千有奇，修建仓廒一千六百余处②。直到光绪末年，有些州县的义仓捐修活动仍然在进行③。而此时常平仓与社仓已经普遍衰落。因此可以说，晚清时期在陕西赈灾中发挥作用最大的仓储即为义仓，可"备常平之乏，其去民最近而利民亦最近"④。光绪二年（1876），陕西抚台谭钟麟檄各属捐办义仓，适光绪三年（1877）、光绪四年（1878）大饥，岐山县"民赖存活"，多依义仓⑤；华州赈济极次贫民二十二万多口，"共用仓存民捐麦豆一万三千九百九十余石"⑥；直到光绪二十六年（1900）陕西旱灾，澄城县"民得无死亡者，赖义仓救济"⑦。

当然，陕西义仓的作用也不能被过分夸大。应该看到，有些州县的义仓与常、社二仓一样很快就走向了衰亡。如咸阳县在光绪戊寅年（1878）建有义仓四十一所，各积麦百余石，"历时未久，均圮废。光绪十六年，东城所义仓只存借欠空册"⑧。可见，在灾害频仍的近代，陕西义仓的作用也是十分有限的。

（二）兴修水利

农田水利对于农业生产的恢复和发展有着极为重要的作用，被称为农业的"命脉"，尤其是干旱少雨的年份，有水利灌溉的地方，农业可以获得一定的收

---

① （光绪）《富平县志》卷2《建置》，《中国地方志集成·陕西府县志辑》第14册，凤凰出版社2007年版，第257页。
② [民国]《续修陕西通志稿》卷32《仓庾一》，《中国西北文献丛书》第1辑第7卷，兰州古籍出版社1990年版，第95页。
③ 鄠县义仓原捐京斗谷一万五千八百七十五石六斗，光绪二十七、二十八、二十九等年捐增至九千九百八十五石四斗三升；安塞县设有义仓五处，于光绪二十九、三十一两年捐存买备仓斗谷二千六百三十四石九斗五升四合；义仓原捐京斗谷一万五千八百七十五石六斗，光绪二十七、二十八、二十九等年捐增九千九百八十五石四斗三升。
④ 曹学义：《救荒十策》，民国《续修紫阳县志》卷6《续艺文志》，《中国地方志集成·陕西府县志辑》第57册，凤凰出版社2007年版，第388页。
⑤ [民国]《岐山县志》卷2《建置》，《中国地方志集成·陕西府县志辑》第20册，凤凰出版社2007年版，第217页。
⑥ [民国]《续修陕西通志稿》卷127《荒政一》，《中国西北文献丛书》第1辑第9卷，兰州古籍出版社1990年版，第154页。
⑦ [民国]《澄城县附志》卷2《建置志》，《中国地方志集成·陕西府县志辑》第22册，凤凰出版社2007年版，第272页。
⑧ [民国]《重修咸阳县志》卷3《财赋志》，《中国地方志集成·陕西府县志辑》第5册，凤凰出版社2007年版，第195页。

成；没有水利灌溉，则必然导致粮食歉收甚至绝收。所以，历代有为的统治者对农田水利事业的发展都极为重视，清朝也不例外。乾隆皇帝曾朱批：旱田凿井之后，"朕自然不照水田升科也"①，鼓励有实力的农民广为凿井。给事中夏献馨也曾奏道："农田水利，关系民生至计，比年以来，荒田逐渐招垦，水利尚未尽兴，请饬实力讲求。"②朝廷遂谕令各省督抚、府尹"认真讲求水利"③，要求各省"将如何修复，如何兴举之处，悉心区画，妥为办理"，对于那些借端滋扰影响水利施工的，"即由该地方官从严惩办"④。曾任陕西巡抚的崔纪因为领导陕西百姓兴修水利有功绩而被朝廷赏识。光绪"庚子大旱"中，刑部尚书薛允升上奏："预筹弭灾之法，请饬陕西巡抚于积义谷、兴水利二事。"⑤

陕西在历史上曾是我国重要的农业区之一，为了促进农业的发展，清以前的历代王朝都曾在此兴修过不少的水利工程，如著名的郑白渠、龙首渠等。但是明末清初的战乱，使得许多水利设施相继遭到毁坏、淤塞，失去了灌溉的功能。战乱结束后，为了抵御自然灾害，发展农业生产，在政府的重视和当地百姓的共同努力下，陕西的农田水利设施又得到了很大的恢复和发展。清代陕西的农田水利设施主要包括两方面：一是利用地表径流的渠堰灌溉工程；二是利用地下水的水井灌溉工程。其中，又以第一方面所占的比重为最大。据有关学者研究⑥，从康熙初年（1662）到嘉庆末年（1820）的159年中，陕西全省共新开渠堰59道，比较大的渠堰疏浚工程67次，灌溉数万亩到千亩不等的大、中型水利设施占有相当的比重，灌田面积在百亩到数百亩的小型水利设施也不少。这是清代陕西农田水利事业发展的第一次高潮。

嘉庆以后，陕西的农田水利建设事业进入了一个低潮。在道光（1821—1850）、咸丰（1851—1861）两朝41年的时间里，陕西全省共新修渠堰79道，但主要以小型渠堰为主，而且有75道在蓝田县境内；比较大的疏修渠堰工程仅有9次。同治初年，陕西发生了大规模的战乱，不仅造成了人口的大量损耗和田地的荒芜，同时也造成了一些渠堰的淤废。如通济渠，"同治元年（1862），

---

① 《中国第一历史档案馆藏军机处录副奏折》，转引自张莉《乾隆朝陕西灾荒及救灾政策》，《历史档案》2004年第3期。
② 章开沅：《清通鉴》第4册，岳麓书社2000年版，第363页。
③ 章开沅：《清通鉴》第4册，岳麓书社2000年版，第363页。
④ 《清实录·德宗景皇帝实录》卷55，光绪三年八月丁亥，中华书局1987年版，第761页。
⑤ 《清实录·德宗景皇帝实录》卷55，光绪三年八月丁亥，中华书局1987年版，第761页。
⑥ 耿占军：《清代陕西农业地理研究》，西北大学出版社1996年版，第45—63页。

回变，失修水绝"①。其他诸如杨填堰、土门堰、斜堰等，也在同治战乱中淤塞。从整个清代来看，这是个农田水利事业发展的低潮期。

同治回民起义之后，封建统治秩序恢复正常，为了保证农业生产，政府增加了水利建设。据统计，从同治年间到1911年清朝灭亡的50年里，陕西全省共新开渠堰75道，比较大的疏修渠堰工程有56次。这是清代陕西农业水利事业发展的第二次高潮，但与第一次高潮时相比，除过疏修的旧有的渠堰工程，在新修的渠堰工程中，主要以小型、超小型的水利设施为主，灌溉面积在千亩以上的大、中型水利设施则很少见到。

除修建渠道之外，水井也是陕西重要的农业水利设施。在远离江河、无渠道水利的地区，井灌是主要的灌溉方式，使这些地区"命悬于天"的旱地有了一定的收成上的保证；即便在有河湖渠道水利的地方，井灌也可以给农作物提供稳定的水源，为骨干渠道水利设施发挥弥缝补隙的作用。清代陕西的水井开凿有两个重要的发展时期。第一个重要发展时期是清乾隆朝（1736—1795），正好与清代陕西兴修渠堰工程的第一次高潮相吻合。时任陕西巡抚崔纪及其后任陈宏谋督率人们大力凿井，据统计，崔纪任职期间开凿了32 900余口井，约可灌溉20万亩农田。其后任陈宏谋又劝民凿井，陈宏谋任内，总计各地共开井28 000余口②。陕西第二次凿井高潮是在清末的同治（1862—1874）、光绪（1875—1908）年间。陕甘总督左宗棠提出要开凿数万口井的宏伟计划，并规定了勉励民间掘井的政策，除了实行以工代赈外，还"于赈之外，又加给银钱，每井一眼结银一两，或钱一千数百文，验其大小深浅以增减，俾精壮之农得优沾实惠，导时之成永利，均在于此"，"计开数万井，所费不过数万金"③，是一件费少利多的好事。以关中为例，大荔县知县周铭旗"导民凿井，行区田代田诸法，极力督促，津贴工资，复开新井三千有奇"④。朝邑、兴平、醴泉诸县打井"数百口之多"。泾阳知县涂官俊因龙洞渠利大减，劝民先后凿井500有余；三原也因龙洞渠水不足，仅光绪八年（1882）就凿井200余眼⑤。位于关中平原中部"白菜心"的泾阳、三原尚需要凿井以弥补龙洞渠灌的不足，这一方面反

---

① [民国]《咸宁、长安两县续志》卷5《地理考下·长安》，《中国地方志集成·陕西府县志辑》第3册，凤凰出版社2007年版，第373页。
② 耿占军：《清代陕西农业地理研究》，西北大学出版社1996年版，第63页。
③《左宗棠全集》卷1454《答谭文卿》，岳麓书社1996年版，第276—277页。
④ [民国]《续修陕西通志稿》卷61《水利五·附井利》，《中国西北文献丛书》第1辑第7卷，兰州古籍出版社1990年版，第588页。
⑤ [民国]《续修陕西通志稿》卷60《名宦七·涂官俊》，《中国西北文献丛书》第1辑第7卷，兰州古籍出版社1990年版，第579页。

映了井灌的发展，另一方面也反映了这一时期耗资巨大的大型水利设施建设的衰退、国家和社会财力的式微。

总之，发展农田水利是干旱半干旱地区农业稳定发展的一项重要保证，渠道和井灌等水利设施的兴修，可以给农作物提供稳定的水源保证，提高农业的抗灾能力，进而为社会的稳定提供保证。陕西自然灾害的频发，促使政府必须重视水利工程，推动了水利工程的兴修和管理；与此同时，水利工程的兴修和管理的完善也为防御和减轻旱灾危害提供了帮助。可以说，二者处于一个良性的互动体系中，发展水利也因此成为陕西地方政府救灾的一个治本措施。然而，发展水利一方面要"相地之宜"，另一方面也需要政府财力、物力的支持，其中一个条件不具备，发展水利就很难取得实际的效果。光绪"丁戊奇荒"时，华州和大荔县都积极倡导发展井灌，但华州由于土厚水深、施力倍难，"新凿者寥寥无几，即旧有井者，浇种无十分之一"①；大荔县则由于"水深土松，旋开旋淤，非砖石砌成不能经久，非殷实有力之家不能举办也"②。

二、临灾赈济的程序与措施

清代陕西旱灾频发，每一次大的灾害发生后，饿殍遍野、流民动荡，不但给劳动人民带来了深重的苦难，而且对封建国家机器的运转造成了极大的威胁。因此，政府在每次旱灾发生后，都会及时采取相应的临灾赈济措施，以安抚灾民、防止社会动荡。

（一）官方的赈灾程序

中国古代虽然重视救灾，但是并没有专职的政府机构来执掌救灾，一直到清代仍然如此。灾害发生后，往往是君主临时委派各级官员负责救灾，形成以皇帝为主管、户部筹划组织、地方督抚主持、知府协办、由州县官具体执行的救灾组织体系，层层向上负责③。具体而言，清代的救灾程序包含以下五个环节：报灾、勘灾、审户、发赈、查赈。这几个步骤各有具体的规定，主办官吏和协办人员分工协作，职责划分相当精细，陕西亦不例外。

1. 报灾

报灾，即灾区官吏及时向上报告本地的灾情，是上级政府了解灾情并做出

---

① 《光绪三续华州志》卷4《省鉴志》，《中国地方志集成·陕西府县志辑》第23册，凤凰出版社2007年版，第380页。
② [民国]《续修陕西通志稿》卷61《水利五·附井利》，《中国西北文献丛书》第1辑第7卷，兰州古籍出版社1990年版，第588页。
③ 李向军：《清代前期的荒政与吏治》，载《中国社会科学院研究生院学报》1991年第3期。

回复的重要依据。清廷对报灾有严格的要求。顺治十年（1653），清政府规定，报灾期限为"夏灾限六月终，秋灾限九月终"，要求地方官吏在报灾时要查核受灾的"轻重分数"①。康熙皇帝也发布上谕说："救荒之道，以速为贵，倘赈济稍缓，迟误时日，则流离死伤者必多，虽有赈贷，亦无济矣。"②强调了报灾及时的重要性。乾隆初年，方苞向朝廷建议，如遇夏灾，则五、六月即可报灾，部议认为"以五、六月报灾，虑浮冒"，故未准行③。清代基本执行的是夏灾不出六月，秋灾不出九月的报灾时限。

对于违反报灾规定的官吏的处罚，清政府有明确的规定。顺治十七年（1660）四月，"诏定匿灾不报罪"④，明确了上述报灾期限，并具体规定："州县迟报逾一月内者罚俸六月；一月外者降一级，二月外者二级，均调用；三月外者革职；抚、司、道官以州县报道日起限，逾限，议亦如之。"⑤后固定为州县官员报灾限期40天，上司官员接到奏报后限5日内上报。通过规定比较合理的报灾期限，同时在法律上对报灾违法官员予以处罚，这样既避免了地方官害怕逾期而匿灾不报；同时也防止报灾期限过长，导致灾民无法救济。这种报灾制度为上级政府及时了解地方灾情、统筹安排救灾事宜提供了重要保证，是赈灾的第一步。

2. 勘灾

勘灾，即地方官吏勘察核实灾区的田亩受灾情况，确定成灾分数。勘灾基本上是和报灾同步进行的，"一面题报情形，一面于知府、同知、通判内遴选委员，会同该州县诣被灾所覆田亩，确勘被灾分数，按照区图村庄逐加分别，申报司道"⑥。地方官吏完成勘察后，将所得受灾情况造册，迅速上报到省，督抚接报后5日内奏请蠲赈。勘灾是为了确定被灾程度，被灾程度用成灾分数表示，被灾从一到十分计作十等。关于成灾分数，清代各朝略有变化。顺治、康熙朝，规定被灾五分以下不为灾，被灾六分以上为成灾。乾隆朝，因为国力的昌盛，政府有能力给受灾较轻的灾民予以赈济，所以就降低了成灾分数，扩大了报灾范围。乾隆三年（1738）五月，将五分灾也作为成灾对待，并且规定永为定例。

---

①《清世祖实录》卷79，中华书局1985年影印本，第623页。
②《清圣祖实录》卷121，中华书局1985年影印本，第281页。
③赵尔巽：《清史稿》卷290《方苞传》，中华书局1977年版，第10271页。
④赵尔巽：《清史稿》卷5《世祖本纪二》，中华书局1977年版，第158页。
⑤《清朝文献通考》卷46《国用考八·赈恤》，浙江古籍出版社2000年版，第5289页。
⑥[清]旻宁：《钦定户部则例》卷84《蠲恤二·查勘灾赈事例》，清道光十一年（1831）刻本。

勘灾之前，州县官吏先让百姓自报受灾情况，如姓名、受灾田亩、所处位置等，经核查后作为勘灾底册，交勘灾人员核查。若灾伤较轻，"其勘灾道府大员不亲往踏勘，只据印委各官印结率行加结转报者，该督抚题参"；若灾伤较重，则"责成该督抚轻骑简从，亲往踏勘，将应行赈恤事宜一面奏闻，如滥委属员贻误滋弊及听从不肖有司违例供应者，严加议处"①。清朝前期，勘灾以州县为单位，但这样一来"有一县俱不成灾而某村某庄不妨十分者；有一县俱成灾而某村某庄全不成灾者"②。故乾隆二十二年（1757）以后，勘灾不再以一州县通计，而是以村庄为基本勘灾单位，主要依据地亩受灾轻重，辅之以房屋、器具、牲畜等财产的受灾情况，确定被灾分数③。勘灾时各级官员都要随时报告灾情，户部接到报灾提请后，要派员复勘，有时皇帝也会派心腹暗中调查，以防不实。复查属实，勘灾结果就作为蠲免的依据。为保证勘灾的正常进行，清代还对勘灾不实的各级官员予以严惩。

清中期以前，政府对社会的掌控能力较强，官员所奏报的各种勘灾数据还是基本属实的。嘉庆以后，由于政治腐败，荒政效力下降，各种匿灾、报灾不实等情况日益增多，这样就人为地强化了灾害的程度。地方官讳灾不报多是出于政治上的考虑，粉饰太平来逃避自己救灾不力的责任。晚清诗人高旭对此有着深刻的揭露："天既灾于前，官复厄于后。贪官与污吏，天地而蔑有。歌舞太平年，粉饰相沿久。匿灾梗不报，谬冀功不朽。一人果肥矣，其奈万家瘦。官心狠豺狼，民命贱鸡狗。屠之复戮之，逆来须顺受。况复赈灾日，更复上下手。"④

3. 审户

审户，是指核查灾民户口，依据田亩被灾轻重、屋舍及畜具损伤情况等划分为极贫、次贫等受灾等级。清政府规定：灾民16岁以上者皆为大口，16岁以下至能行走者为小口，再小者不准入册。区分极贫、次贫的大致标准是："田亩被灾，产微力薄，家无存粮或房倾业废，孤寡老弱，朝不保夕者为极贫；田虽受灾，存贮未尽，尚有微业可营生者为次贫。"⑤次贫下尚有"又次贫"一级。

---

① [清] 昊宁：《钦定户部则例》卷84《蠲恤二·查勘灾赈事例》，清道光十一年（1831）刻本。
② 乾隆二十二年七月二日裘日修奏，转引自李向军《清代救灾的基本程序》，《中国经济史研究》1992年第4期。
③ 朱凤祥：《中国灾害通史·清代卷》，郑州大学出版社2009年版，第294页。
④ [清] 高旭：《甘肃大旱灾感赋》，刘运祺等编：《辛亥革命诗词选》，长江文艺出版社1980年版，第215—216页。
⑤ 朱凤祥：《中国灾害通史·清代卷》，郑州大学出版社2009年版，第297页。

清初，审户划分等级的标准并不一致，直到雍正七年（1729），才规定审户分等一律分为极贫、次贫两等。乾隆七年（1742）又重申："山东、陕西只分极贫、次贫，皆按月给赈。"① 清政府要求审户委员必须亲自到灾民家中，当面查验灾民口数，逐户勘察，核实无误之后，要将应赈者按极贫、次贫、大小口当面填写入册。

审户之后，要发给灾民赈票，各勘灾委员于赈票上注明户名、灾分、大小口数、赈米赈银数等。赈票一式两份，一份发给灾民作为领赈依据，另一份则留存以备核查。审户极为烦琐，一则受灾等级在尺度上不易把握，二则常常受到人为因素的干扰，一些地痞土棍为利益阻挠审户委员正常工作："不许委员挨查户口，如不遂欲则抛砖掷石……"② 甚至有囚禁审户委员于空屋要求赈票的情形，故"济荒莫难于审户，公费每耗于滥支，此自来办赈之通患也"③。由此可见，审户的难度有多大，也足见审户在整个救灾过程中的重要性。

4. 发赈

发赈，是在审户的基础上进行，即按照赈票所列数目将赈米或赈银发放到灾民手上。救灾最主要的是救人，尤其是生命受到威胁的饥民，因此，赈灾钱粮是否及时、有效地送达灾民之手是整个赈灾活动最关键的一环。赈米或赈银之多寡依照审户列等按户付给，极贫灾户，无论大小口数多寡，都要全赈；次贫则老幼妇女全赈，少壮丁男不准给赈。乾隆以后，贫困生员也成为政府赈济的对象，单独给赈。乾隆三年（1738）四月二十二日上谕："……嗣后凡遇地方赈贷之时，着该督抚学政饬令教官将贫生等名籍开送地方官，核实详报，视人数多寡，即于存公项内量发银米，移交本学教官均匀散给……"④ 这在一定程度上维护了读书士子的体面与尊严，体现了政府对他们的重视。

为保证发赈过程中不遗不滥，清政府对发赈有严格的规定：各州县在"本城设厂，四乡各于适中处所设厂，使一日可以往返。倘一乡一厂相距仍远，天寒日短，领赈男妇人栖托无所地，地方官宜勿拘成例，多设一二厂以便灾民"⑤。

---

① 《清朝文献通考》卷46《国用考八·赈恤》，浙江古籍出版社2000年版，第5292页。
② 中山大学历史系中国近代现代史考研组、研究室：《林则徐集·奏稿》，中华书局1965年版，第144页。
③ （光绪）《增续汧阳县志》卷14《艺文志·筹赈碑记》，《中国地方志集成·陕西府县志辑》第34册，凤凰出版社2007年版，第478页。
④ [清] 张廷玉：《清朝文献通考》卷46《国用考八·赈恤》，浙江古籍出版社2000年版，第5291页。
⑤ [清] 贺长龄：《皇朝经世文编》卷41《户政十六·荒政一》，文海出版社1972年影印本，第157页。

发赈最重要的是防止短少克扣，故清政府规定发赈时必须有官司亲临，不得假手于胥役里甲。每日放赈完毕，必须登记造册，以备上级抽查。另外，为使放赈正常进行，同时也是为了便于百姓监督，乾隆四年（1739）规定，官员放赈时要将被灾分数、赈恤款目预先宣示，告知百姓①。这就在一定程度上保证了发赈的公正性。至晚清，因官场贪腐成风，经办官员之间的相互监督力度下降，腐败已深入各个领域，对灾民的赈济也被贪腐官员染指，影响了赈灾效果。

5. 查赈

查赈是对赈济工作的监察与核实，目的是防止官吏在赈济中贪腐。清政府对查赈这一环节十分重视，赈济结束后，常派朝廷要员赴灾区对救灾情况进行查勘。查勘主要是审查被灾田亩呈报是否属实、被灾分数及审户等过程是否有违规行为发生。清政府对办赈有功者一般都给予奖励，有突出表现者还会作为其政绩予以提拔；对办赈中违规的官吏也会予以惩罚。例如乾隆四十六年（1781），处罚了甘肃王亶望冒赈案涉案官员；道光二十九年（1849），对赈灾有功的江忠源给予了嘉奖。

清代救灾有一整套完整并且固定化的程序，这使得各项救灾措施的实施可以有章可循，但在实际操作中，如果依据上述程序报灾、勘灾、审户、发赈，需要层层上报，每一步都需要时间，在当时的交通和通讯条件下，需花费一定的时间，这势必延误救灾的最佳时机，影响最终的救灾效果。如果地方官切实考虑到灾民需求，先行筹措钱粮予以赈济，则属于违禁，一些官员还会因此受罚。如嘉庆十九年（1814），山东聊城等州县办赈，因为没有详奏就先行从捐监项内动支银两，最后朝廷命藩司、巡抚照数分赔②。所以，地方官员因担心违禁受罚，往往拘泥于成例办事，有时就会耽误了赈济。

（二）临灾赈济措施

清代陕西的临灾赈济措施主要有以下几个方面：

1. 粮食赈济

旱灾的发生，造成农作物减产，粮价腾贵，饥民嗷嗷待哺，因而粮食往往成为灾后最稀缺的社会物资，也是造成灾后各种社会问题的最根本的原因。政府多方筹措，为灾民提供粮食，是帮助灾民渡过难关的最为紧要的任务。根据政府粮食赈济方式的不同，可将粮食赈济分为散给、平粜、施粥等。

---

① [清] 贺长龄：《清朝文献通考》卷46《国用考八·赈恤》，浙江古籍出版社2000年版，第5291页。
② 《清仁宗实录》卷294，中华书局1985年影印本，第1039页。

其一，散给。散给又称急赈，是灾害降临时政府无偿提供粮食给灾民的行为，是政府常用的救灾方法。用于散给的粮食来源有常平仓、社仓、义仓等。大的灾害发生后，各州县往往一边报勘灾情，一边及时赈给灾民粮食，目的是在上级相关后续赈灾措施到来之前给灾民以生存之法，故又称急赈。如康熙三十年（1691），陕西西安、凤翔等府被灾，派遣部院堂官前来亲自行验救灾，每大口日给米三合，小口日给米一点五合，或者照时价折给银子，直到次年四月方停止赈济①。康熙五十九年（1720）十月十五日，令"地方会同督、抚等率领地方官，将现今陕属常平仓存贮粮六十九万二千石……就近动用。自散赈日起以至麦收，大口每日米三合，小口每日米二合，务使百姓均沾实惠"②。

其二，平粜。平粜是灾害发生后政府以低于市场价格的价钱将粮食出售给灾民，最终达到平抑市场粮价的作用。用于平粜的粮食主要来源于常平仓或者是从其他省份调运来的粮食，出粜的对象是具有一定购买能力的贫户。这样既能保证一部分贫民获得救助，同时政府也能从中得到一定的收益，被统治者认为是一种"惠而不费"的仁政，因此有清一代多有实行。早在清初顺治十七年（1660），政府即下令常平仓谷要春夏出粜，秋冬籴买还仓。这样既平价生息，也可便民。康熙三十年（1691），准许各州县倘遇灾荒即以所存仓谷平粜给散。康熙三十一年（1692），康熙皇帝听闻西安米价仍贵，影响了流民还乡，便下令从湖广襄阳运米二十万石，从水路经商州运抵西安，加水脚运费与贸易等杂费之后，在西安平粜直至"流民悉还本籍、米价平复"③。雍正四年（1726）政府规定："平粜之时，如有奸商势豪居积射利者"，按律治罪；该州县不严行查禁的，也要有督抚题参，交部议处④。以此来打击奸商的囤积。道光二十六年（1846），西安府、同州府、凤翔府、乾州等各属州县夏秋被旱，时任陕西巡抚林则徐按"存七出三"的惯例开常平仓以平粜，为了防止奸商囤积渔利，林则徐还令地方官将应粜之户注册，"凡应准平粜之贫户，核其大小几口，填给印单一纸，令其凭单买粮"⑤。道光二十七年（1847），大荔县春间被旱，官府"减

---

① 《清会典事例》卷275《户部·蠲恤》，第4册，中华书局1991年版，第95页。
② （乾隆）《西安府志》卷12《食货志》，《中国地方志集成·陕西府县志辑》第1册，凤凰出版社2007年版，第141—142页。
③ 《清会典事例》卷275《户部·蠲恤》，第4册，中华书局1991年版，第183页。
④ 《清会典事例》卷275《户部·蠲恤》，第4册，中华书局1991年版，第162页。
⑤ ［民国］《续修陕西通志稿》卷127《荒政一》，《中国西北文献丛书》第1辑第9卷，兰州古籍出版社1990年版，第149页。

价平粜常（平仓）粮六千石"①。光绪三年（1877），永寿县知县张培之倡捐钱"贰万五千有奇"，又奉令将历年省下的余款，买麦子三千石归仓存储，禀准后"以半平粜"，其余的尽数散放②。

其三，施粥。开办粥厂是古代政府救济饥民的一项重要措施，也是灾害发生时最为便利、可行的救助灾民的方式。清代，陕西每年于十一月初一起在省城西安设立粥厂，这已经形成惯例，主要是帮助贫民渡过饥寒。在灾害发生时，设立粥厂更成为政府救灾的一项重要措施，"其稠堪任箸，每人日可升许，有差池则问诸执炊者"③。同治五年（1866），陕西夏雨愆期，汉南各属尤为亢旱严重，巡抚刘容颁布《抚赈章程》，令各属"酌择宽敞之处，编木作栅，设立逾出两门……按照贫民册簿先行分别，男女编成字号……按次给粥"。光绪三年（1877），陕西全省亢旱，于省城中设粥厂七处，就食者三万余人④；大荔县于县城开办男女两个粥厂，就食者逾万人⑤；韩城县于九月在城内设两粥厂，至十一月撤⑥。光绪二十六年（1900），慈禧太后和光绪皇帝驻跸西安，懿旨命陕抚岑春煊不仅按照往年惯例在西安城内设立粥厂，且命其"在城外多设分厂，动用仓粮"⑦，设置时间也提早到十月初一。据统计，西安城郊共设有三十二所粥厂。此外，各属州县亦于县城中多设有粥厂，于右任先生曾记述自己在庚子大旱中受命于三原县西关设置粥厂，"至第二年麦子将熟时，以余粮分给灾民，厂事因之结束"⑧。

粮食赈济是灾后最重要的救灾措施，其目的在于救灾民之命，帮助其走出饥荒、恢复生产。粮食赈济是否切实有效，直接关系到政府赈灾是否有效。通过散给、平粜、施粥等措施，使得灾民可以全活于一时。但是，正如邓拓先生

---

① (道光)《大荔县志》卷7《田赋志》，《中国地方志集成·陕西府县志辑》第20册，凤凰出版社2007年版，第80页。
② (光绪)《永寿县志》卷10《述异》，《中国地方志集成·陕西府县志辑》第11册，凤凰出版社2007年版，第203页。
③ (光绪)《大荔县续志·足征录》卷1《事征》，《中国地方志集成·陕西府县志辑》第20册，凤凰出版社2007年版，第379页。
④ [民国]《续修陕西通志稿》卷127《荒政一》，《中国西北文献丛书》，第1辑第9卷，兰州古籍出版社1990年版，第153页。
⑤ [民国]《续修陕西通志稿》卷127《荒政一》，《中国西北文献丛书》第1辑第9卷，兰州古籍出版社1990年版，第156页。
⑥ [民国]《韩城县志》卷3《救荒》，《中国地方志集成·陕西府县志辑》第27册，凤凰出版社2007年版，第308页。
⑦《清实录·德宗景皇帝实录》，光绪二十六年九月乙未，中华书局1987年版，第227页。
⑧ 钟明善：《长安学丛书·于右任卷》，三秦出版社2011年版，第78页。

所言:"细检历代赈济之具体事实,觉其实际效果,殊不如表面文字所述之完善。其弊病之多,有时且非笔墨所可尽。所谓赈济之表面效果,往往即为一二隐存之恶因所完全淹没!其更甚者,虽则一部分之表面效果,亦竟不可得。"①以平粜和施粥为例论之,平粜之法是将常平仓等仓储粮以低于市场价卖给灾民,这就有个前提条件,即仓内必先储有足够的粮谷,但如前文所述,作为主要平粜仓储的常平仓在晚清时期已衰落,不能充分发挥其作用,唯义仓经官府积极劝捐尚有存粮,但因其民间性质,储粮数量不足以大规模平粜;同时,采取平粜的政策,灾民买粮仍须付钱,但问题是灾后多数灾民往往一贫如洗,即使官府减价平粜,灾民亦无力购买,所以这一优惠政策对极贫之民来说根本没有任何作用。另外,即使是灾后尚有余力的灾民,也不一定能买到平粜之粮。由于官府对仓谷不能及时出陈易新,且本地仓储亏空不足,导致平粜之"粟杂红朽,兼以外粟不至,本市之粟不能给,所管之乡,彼且匿粟不出,贫民持钱入市,守候终朝而不得升斗之粟"②。这就使得平粜之策形同虚设。施粥之法,古已有之,可使贫民得以苟延旦夕。政府虽有严格的制度规定,但若办赈之人不法其法,则其害亦不可胜言。如灾后设立粥厂的地点、分粥的方式不合理,就会给偏远乡村灾民带来路途遥远等不便,一些灾民跋山涉水赶几十里的路,夜晚露宿粥厂附近,就为了明朝分得一碗薄粥。散粥时间又迟早不同,天气亦寒暑有别,最终导致粥厂之设"不能救饥,反以速死","更可怜者男女分厂,各不相顾,无识妇女遭逢浪子,既丧名节又致拐逃……是因一年之歉转遗终身之憾,此粥厂虽有救人之名,而先有害人之实者也"③。例如光绪三年(1877)大旱时,醴泉县于城隍庙内设置粥厂,"每日妇女老稚争先恐后,拥挤毙命日必数十"④。由此可见,虽然清廷对平粜、施粥等法有严格规定,但其实际执行效果的好坏与地方官员及胥吏有很大关系,不能仅依其表面文字而论。

2. 养恤措施

灾害的降临,破坏了正常的生产生活秩序,社会出现严重的混乱。在灾害面前,官方除了保证灾民基本的生存以外,还需采取各种措施来安抚灾民情绪,

---

① 邓云特:《中国救荒史》,商务印书馆1937年版,第304页。
② [民国]《续修陕西通志稿》卷127《荒政一》,《中国西北文献丛书》第1辑第9卷,兰州古籍出版社1990年版,第151页。
③ (光绪)《沔县志》卷4《艺文志》,《中国地方志集成·陕西府县志辑》第52册,凤凰出版社2007年版,第330—331页。
④ [民国]《续修醴泉县志稿》卷14《杂记志·祥异》,《中国地方志集成·陕西府县志辑》第10册,凤凰出版社2007年版,第402页。

以防造成大范围的社会动荡。这主要体现在以下几个方面：

其一，安辑流民，资送还乡。大的自然灾害发生后，百姓流离失所，经常会出现大量的流民。如果对这些流民安置不当，就会造成社会动荡，甚至对封建国家的统治造成威胁，故陕西地方政府在灾后也极为重视对流民的安置。康熙三十年（1691）、三十一年（1692），大量陕西灾民流离至湖广襄阳一带，当地政府登记安置了大约一万人①；道光二十六年（1846）关中大旱，为避免饿殍在途，官府于省城西安收养三四千人，并饬令各属地方一体酌办②；同治五年（1866），陕西夏雨愆期，"各地方逃难妇女所在彼离，或因离家较远举目无亲，或系全家离亡孤身无靠，狼狈艰难"。巡抚刘蓉于《抚赈章程》中饬令地方官府对这些流亡妇女"择一僻静处所暂安置，日给米粮，使不至于困饿，俟其亲属领回，或就本乡择嫁"③；华州设男女栖流所各一处，"赈外来流民，日放粥一次，散棉衣"，并在赈灾结束后将"流民给资遣归"④；光绪初大旱，大荔县对老赢男妇无保可归者及外属流民"在东关设厂给粥，领粥者三千人"，光绪四年（1878）七月停赈后，"仍择无业者日给饼食，资遣外来流民"⑤。留养灾民是为了让他们暂时渡过难关，然终非长久之计。为保证春耕生产，次年开春以后，要让收养的灾民返回原籍。在资送制未实行之前，一般是流民自行返乡。但流民离家远近不同，更兼老弱，路远者往往无力返乡而至盘桓。在这种情况下，随着资送制度的实施，官府发给盘费，老弱由政府出资雇车，并派遣官员护送，地方官逐程出具收结，直至流民返回原籍。中途病者，令地方官留养医治，病愈再行转送⑥。康熙三十年（1691），陕西流民滞留襄阳一带，在派员往西安运米赈灾的同时，谕令官员护送流民还籍。至于资送路费，乾隆以前，一般是每口每程给银六分；乾隆初年，每口改为每日给制钱二十文，小口减半。但实际上，各省并未统一照办，均是自行酌量办理。后来发生过一些流民屡次冒领路费的情况，所以乾隆十三年（1748）废止了资送制度。朝廷虽然明令废止了资

---

① [法] 魏丕信：《18世纪中国的官僚制度与荒政》，徐建青译，江苏人民出版社2003年版，第36页。
② [民国]《续修陕西通志稿》卷127《荒政一》，《中国西北文献丛书》第1辑第9卷，兰州古籍出版社1990年版，第150页。
③ [民国]《续修陕西通志稿》卷127《荒政一》，《中国西北文献丛书》第1辑第9卷，兰州古籍出版社1990年版，第152页。
④ [民国]《续修陕西通志稿》卷127《荒政一》，《中国西北文献丛书》第1辑第9卷，兰州古籍出版社1990年版，第154页。
⑤ (光绪)《大荔县续志·足征录》卷1《事征》，《中国地方志集成·陕西府县志辑》第20册，凤凰出版社2007年版，第380页。
⑥ 朱凤祥：《中国灾害通史·清代卷》，郑州大学出版社2009年版，第310页。

送制度，但是尚有一些地方官员继续施行。例如光绪初年，河南、陕西等省灾民流转安徽，地方官王懋勋"留养资遣，全活无算"①。

其二，掩埋尸骸。陕西为千年帝都所在，受王族陵寝制度的影响，民风皆重丧葬之礼，视死如生。若在正常年份，即使贫寒之家亲人亡故，必也收尸埋葬。但遭遇天灾，生者尚朝不保夕，对死者也就少了关照，人死之后往往任其弃诸荒野，或露骨道途。这种情况极易导致瘟疫的流行，对救灾极为不利，于死者也是极大的不敬，故官府只能设法替民收拾尸骸、埋葬亡者。如光绪"丁戊奇荒"时，大荔县"街巷死尸枕藉，惨不忍见"，赈局雇人掩埋，于南北城外各设义冢一处②；华州"流亡益多，人相食，或取山中石面食之，卒胀而死，城西买义地二区葬之几满，复差勇分途赴乡葬埋尸骸"③；蒲城县对孤寡及无力埋葬者，由官府"备购苇席，发交各属，就村掩埋"④。

其三，收养婴孩。大的自然灾害发生后，往往造成饿殍载途的悲惨境况，而最可怜者往往是婴孩，有些是父母亲人或死或亡，有些则是被父母遗弃。婴孩若无人照料，则必死无疑，故官府不得不采取措施收养这些小生命。以光绪三年（1877）陕西遭遇的"丁戊奇荒"为例，各县多设有收养婴孩的机构，韩城县"于县内城隍庙内设慈幼堂，收养婴孩五百七十余名，日给面五两；贫妇六十名，经管小儿女饮食，日给面六两"⑤；大荔县于县内设慈幼堂，收养婴孩约五百名，每月需粮谷合京斗麦一十五石一斗五升⑥；乾县在县内设恤幼局，收养因饥荒而被遗弃的小儿⑦；华州光绪三年（1877）赈灾结束后，"悯弃儿无依，付收养家，诫男毋作仆、女毋作婢，每婴给衣屦钱六百文，其无主者九十余名，

---

① 赵尔巽：《清史稿》卷479《李炳涛传》，中华书局1977年版，第13079页。
②（光绪）《大荔县续志·足征录》卷1《事征》，《中国地方志集成·陕西府县志辑》第20册，凤凰出版社2007年版，第379页。
③ [民国]《续修陕西通志稿》卷127《荒政一》，《中国西北文献丛书》第1辑第9卷，兰州古籍出版社1990年版，第154页。
④ [民国]《续修陕西通志稿》卷127《荒政一》，《中国西北文献丛书》第1辑第9卷，兰州古籍出版社1990年版，第156页。
⑤ [民国]《韩城县志》卷3《救荒》，《中国地方志集成·陕西府县志辑》第27册，凤凰出版社2007年版，第308页。
⑥ [民国]《续修陕西通志稿》卷127《荒政一》，《中国西北文献丛书》第1辑第9卷，兰州古籍出版社1990年版，第157页。
⑦ [民国]《乾县新志》卷8《事类志》，《中国地方志集成·陕西府县志辑》第11册，凤凰出版社2007年版，第101页。

日给以饵，展至秋杪乃止"①。

其四，祛疫除害。自然灾害往往会引发各种次生灾害，如水灾易导致瘟疫肆虐，旱灾则易导致蝗灾、狼患、鼠患等。这些次生灾害使灾害本身的破坏性加重或延续，造成的人口损失甚至不亚于灾害本身，故而祛疫除害往往成为临灾的一项重要救济措施。如道光七年（1827）"秋，飞蝗蔽天"，陕西巡抚曾望彦"督各属扑除，以捕蝗多少为殿最"②。光绪"丁戊奇荒"后，由于环境恶化和大量死尸不能及时收埋，造成细菌滋生，导致了严重的疫情，大荔县官府饬令地方"捐设茶厂五所，煮药以饮行人"③；光绪四年（1878），大荔县郊野多狼患，常噬人，"悬赏捕之，虽所获不少，终未能尽"④，但毕竟缓解了狼对人民的危害，也算是一项济民举措。

养恤政策针对的主要是没有生存和自救能力的灾民，使他们有了暂时安顿的地方，是一项被统治者标榜为"仁政"的赈济措施，缓和了统治阶级与被统治阶级之间的矛盾，具有人道主义的精神。但对于各种形式的抚恤措施，邓拓先生曾有较为中肯的评说："养恤之政策，范围过于狭小，办法过于消极，而施行多限于一部分，恩惠未能遍及于灾黎。有时因执行机关人员之舞弊及制度本身之缺点，收效常极微小。"⑤且各栖流所、慈幼局等，皆须依赖于政府的钱、粮补给，遇到灾荒之年，各属府库空虚，这些恤民政策往往很难起到实际的成效。如"丁戊奇荒"时，醴泉县饿殍载道，"饿死者山积治城东门外，掘两坑埋之，俗号'万人坑'。始犹以席卷之，继一席卷两人，终至无席"⑥。由此可见，养恤之法只能视作赈济之外的一种辅助性措施，并不能从根本上解决灾民遇到的困难，其作用不宜过高估计。

3. 以工代赈

工赈之法，古已有之，即官府于灾害发生后，招募灾民修筑各种公共工程

---

① [民国]《续修陕西通志稿》卷127《荒政一》，《中国西北文献丛书》第1辑第9卷，兰州古籍出版社1990年版，第154页。

② [民国]《咸宁长安两县续志》卷6《田赋考》，《中国地方志集成·陕西府县志辑》第3册，凤凰出版社2007年版，第389页。

③ （光绪）《大荔县续志·足征录》卷1《事征》，《中国地方志集成·陕西府县志辑》第20册，凤凰出版社2007年版，第379页。

④ （光绪）《大荔县续志·足征录》卷1《事征》，《中国地方志集成·陕西府县志辑》第20册，凤凰出版社2007年版，第380页。

⑤ 邓云特：《中国救荒史》，转引自陈高傭：《中国历代天灾人祸表》，北京图书馆出版社2007年版，第2129页。

⑥ [民国]《续修醴泉县志稿》卷14《杂记志·祥异》，《中国地方志集成·陕西府县志辑》第10册，凤凰出版社2007年版，第402页。

项目，或者派民前往运送赈灾物资等，由官府日给一定的钱粮。此法一方面可以使灾民得到切实有效的救济，另一方面对于日后灾区恢复生产、防灾御灾都有积极的作用，还能避免政府粮食赈济和安抚措施中种种侵渔、欺诈情况的发生在陕西面临灾荒之际，以工代赈之法被政府和民间救济组织频繁使用，近代更甚。如康熙三十年（1691）、三十一年（1692），陕西灾民流离湖广襄阳、郧阳府一带，政府要从湖广调运粮食来陕西，就招募灾民运输粮食，"米每五斗盛以布囊"，日行五六十里，政府沿途设站验收，"每五斗运一站给银五分"①，支给灾民银粮，并借此送灾民返乡。到清代后期，随着国外现代救灾理念的深入和政府救灾能力的降低，这一赈灾方法遂被经常运用。如光绪初年，陕西遭遇"丁戊奇荒"，蒲城县官府于十二月"遣壮丁赴南山自荆紫关分程滚运南米，为以工代赈之计"②；麟游县知县侯恩济以工赈之法，招募灾民补葺城东南角魁星楼，使其"卑薄益加坚厚，人颇善之"③；华州官府令"凡境内积余公顷、备修庙祠、城河者，劝令即日兴工，借养丁壮"④。

相较于其他的赈济措施，以工代赈之法具有现代性的意义，是一种"改善生产条件的长期性措施"⑤，因而也就成为救灾的治本性措施。黄泽苍对此曾有很高的评价："赈灾之法，莫善于工赈，召集壮丁之被灾者，授以工作，记工授食，老弱之父母，无力之妇孺，亦可间接得食。如此办理，不从事于工作者，无以度日，非真贫者不能授赈，冒名欺诈之事，即可杜绝；而不良之徒，向以乞丐为生者，亦不能分润毫末。"⑥ 但在具体的操作过程中，此法也不是没有问题。以官府派民自行前往赈局领米一法而论，晚清时期陕西本省仓储空虚，故临灾多依靠南米，而南米一般水运只能到紫荆关、老河口等，陆运只能到潼关或河南汝州。陕西省内交通不便，临灾时政府力量亦有限，故往往派民自行前往领运。光绪初年"丁戊奇荒"，清廷拨给南米赈济陕西。光绪三年（1877）

---

① （乾隆）《西安府志》卷14《食货志中》，《中国地方志集成·陕西府县志辑》第1册，凤凰出版社2007年版，第170页。
② （光绪）《蒲城县新志》卷3《经政志》，《中国地方志集成·陕西府县志辑》第26册，凤凰出版社2007年版，第309页。
③ （光绪）《麟游县新志草》卷2，《中国地方志集成·陕西府县志辑》第34册，凤凰出版社2007年版，第222页。
④ （光绪）《三续华州志》卷4《省鉴志》，《中国地方志集成·陕西府县志辑》第23册，凤凰出版社2007年版，第380页。
⑤ ［法］魏丕信：《18世纪中国的官僚制度与救荒措施》，徐建青译，江苏人民出版社2003年版，第213页。
⑥ 黄泽苍：《中国天灾问题》，上海商务印书馆1935年版，第87页。

十一月，南米运至紫荆关等处，省府令拨归各州县者自行领运，时值严冬，"天极寒，民多冻死"；光绪四年（1878），南米运至汝州，陕西巡抚谭钟麟令同州各属照民价雇车往运，三月，同州十属派绅率大车一百四十余辆、小车一千余辆赴汝州领运南粮，由于路途遥远，"人畜多死半途，计值不敷所费"①。由此可见，在具体的实施过程中，由于缺乏相应的保障措施，以工代赈之法往往不能达到良好的救灾效果。

三、灾后补救措施

灾后补救措施与灾前备荒措施、临灾赈济措施相辅相成，三者共同构成完整的古代官方救灾体系，是荒政不可或缺的一个方面。灾前预防措施是防患于未然，临灾赈济措施是给予灾民物质的赈济，解决灾民一时的生存问题，灾后补救措施则是帮助灾民在灾后休养生息、恢复生产，使其彻底走出灾害的影响，过上正常的生活，并以此来维护封建国家的长治久安。自然灾害，尤其是时间长、范围广的旱灾，其影响往往持续时间很长，这就需要政府在灾后采取相应的补救措施，如蠲缓税赋、借贷耕牛和籽种、厉行节约等，以保证灾民在灾后能尽快恢复正常的生活与生产。

（一）蠲与缓②

蠲缓指的是蠲免和停缓，蠲包括蠲赋、免役两项，停缓则包括停征和缓征。实际上，蠲缓作为政府灾后屡次实行的政策，在应对旱灾方面具有相当丰富的内容。

"蠲"，文献中又称"豁免""蠲免"，内容主要有：上（下）忙额赋、地丁、本色粮石等。蠲免还可以作为缓征的补救性措施，即缓征实行后民仍无法完成时，可以实行蠲免。清代因灾蠲免始于顺治二年（1645），该年免收直隶霸州等地水灾额赋。蠲免初无定制，到顺治十年（1653）才规定根据被灾分数酌情减免："被灾八分至十分，免十分之三；五分至七分，免二；四分免一。"康熙十七年（1678），因政府开支巨大，取消了四五分灾情的蠲免③。以后各朝多有变动。

---

① (光绪)《三续华州志》卷4《省鉴志》，《中国地方志集成·陕西府县志辑》第23册，凤凰出版社2007年版，第328页。
② 本部分所有未注明出处之史料均来自：民国《续修陕西通志稿》卷128《荒政二》，《中国西北文献丛书》第1辑第9卷，兰州古籍出版社1990年版。
③《清史稿》卷121《食货志二》，中华书局1976年版，第3552页。

陕西实施的灾蠲之制承袭中央，就蠲免时间而论，有免当年应征钱粮的，也有免历年积欠钱粮的，亦可以是没有具体规定年限的免除。如康熙三十年（1691）十一月，"以旱灾免陕西渭南等二十一州县本年额赋有差"①，并"将陕西西安、凤翔等被灾地方之明年额征银米通行蠲免，川陕总督等购米赈济"②。康熙三十一年（1692）十月初四，谕免陕西巡抚所属府州县卫所康熙三十二年（1693）地丁银米，并且从前所有未完钱粮也尽行蠲免；康熙三十四年（1695），又诏免陕西康熙三十三年以前积欠及带征未完的钱粮③。雍正元年（1723），因康熙五十九年、六十年两年陕西省受灾，为了稍缓民力，"所有康熙六十年以前陕西省除借给籽种，着该督抚查议分年带征外，其余凡有民屯卫所未完银米豆草，悉予蠲免"④。雍正七年（1729），因陕西六、七月间亢旱，除"蠲免直隶、陕西本年额征银各四十万两"外，又蠲免了"直隶、陕西、山西、山东、安徽明年地丁钱粮各四十万两"⑤。有清一代，灾后蠲免赋税的事例不胜枚举，一般来说，大的灾害发生后，朝廷基本都有相应的蠲免政策以纾民力。

"缓"的内容主要有：上（下）忙额赋、兵粮、贷款、出仓易谷、积欠钱粮等项。按照"缓"的时间长短不同，可分作"缓征""展缓""蠲缓"等。"缓征"一般是指对当年应征收之钱粮延缓征收。如道光十八年（1838），缓征被灾的华、葭、朝邑、大荔、吴堡、临潼、绥德等十一州县及潼关厅的新旧额赋；道光二十五年（1845）十二月，缓征陕西榆林府谷二县贷款；道光二十六年（1846），陕西西安、同州、凤翔、乾州等府属本年夏秋被旱，陕西巡抚林则徐奏请将上述州县应纳米粮仓谷分别缓征，获得朝廷的恩准；咸丰七年（1857）十一月，缓征陕西米脂县被旱地方出借的仓谷；光绪三年（1877）六月，陕抚谭钟麟奏请缓征蒲城县上忙额赋获准。

"展缓"一般是缓征积欠的钱粮，具有较大的灵活性，可以是不规定年限的暂时性展缓，也可以明确规定展缓的时间。如"道光二十八年五月展缓陕西华州等十五州县积欠米石"就没有规定展缓时间。如明确规定展缓的时间，则其长短不一。如同治三年（1864）上谕："所有盩厔、凤翔、汧阳、陇州、麟游等五

---

① 章开沅：《清通鉴》第 1 册，岳麓书社 2000 年版，第 975 页。
② 章开沅：《清通鉴》第 1 册，岳麓书社 2000 年版，第 975 页。
③ （光绪）《临潼县志》卷 8《德音》，《中国地方志集成·陕西府县志辑》第 15 册，凤凰出版社 2007 年版，第 464 页。
④ （乾隆）《西安府志》卷 12《食货志》，《中国地方志集成·陕西府县志辑》第 1 册，凤凰出版社 2007 年版，第 142 页。
⑤ 章开沅：《清通鉴》第 2 册，岳麓书社 2000 年版，第 127 页。

州县……本年上忙钱粮缓至秋后征收",仅缓几个月的时间;光绪元年(1875)三月上谕:"鄠县、醴泉……等十四州县民欠同治十二年地丁正耗银两,著缓至光绪元年麦后带征。……鄠县、高陵、泾阳、醴泉、华州、蒲城、乾州、武功等八州县民欠同治十二年道仓本色粮石,展至光绪元年麦后带征",缓了两年时间。

"蠲缓"可以限于本年,如宣统元年(1909)十二月,蠲缓陕西咸阳等十一州县本年夏秋被雹被水未完钱粮草束;也可以"蠲缓"多年的旧有积欠钱粮,如同治九年(1870)十月,蠲缓陕西吴堡县被旱旧欠钱粮。"蠲缓"字面上有蠲免、缓征两方面的意思,但在实际的实施中,一般只具备其中一个意思。如宣统元年(1909)十二月,陕西巡抚恩寿奏请"将咸阳等十一州县受灾地亩各未完钱粮草束分别蠲缓,留抵带征"。这里所言"蠲缓"指的就是将本年钱粮留抵带征,即放到灾后几年内征收。

蠲与缓的本意都是朝廷为了灾后"纾民困"而采取的措施,但是,蠲会导致国家财政收入的大量减少,缓会使得朝廷应征钱粮不能及时到位,这两者都是朝廷所不愿意看到的,尤其是蠲免,只有当国家财力充沛时才能保证实施。邓拓先生曾指出:"清每以蠲免为沛恩之具。"[1] 实际上,这是就整个清代而言的,尤其是康、雍、乾三朝。到清代后期,应该说蠲与缓同时被朝廷视作施恩的工具,而且朝廷总是尽量避免使用蠲而多用缓的政策(具体见表4-1)。可以看出,晚清时期政府由于财力有限,进入了以"缓"为主的时期,国家财力的拮据,使朝廷不得不放弃过多使用"蠲免",而频繁使用"缓征""展缓""带征"等策略。另外,就晚清历朝皇帝实行"蠲"的情况而言,道光、咸丰两朝一次都没有,同治、光绪两朝则多次使用。这表面看起来似乎与晚清国力发展趋势相悖,实际上则不然。光绪初年的"丁戊奇荒"、庚子年间的大旱皆是旷世奇灾,陕西赤地千里、饿殍遍野,这就迫使朝廷不得不实行蠲的政策,因为朝廷清楚,即使实行缓征,民间还是无力完成。

---

[1] 邓云特:《中国救荒史》,转引自陈高庸等编:《中国历代天灾人祸表》,北京图书馆出版社2007年版,第2168页。

表4-1 晚清陕西旱灾蠲免情况表

时间	蠲免情况
同治九年（1870）十二月	豁免陕西绥德等十九州县被雹被旱被扰旧欠钱粮
同治十年（1871）十二月	蠲免陕西陇州等三十七州县被灾被扰积欠额赋
同治十二年（1873）二月	蠲免陕西鄜州等十二州县被扰旧欠额赋
光绪元年（1875）三月	（上谕）所有咸宁等三十一州县民欠同治十二年地丁课程正耗银两本色粮草著全行豁免；同治十三年原请缓征十一年地丁、正耗、本色粮石之兴平……等十一州县未完民欠著概行豁免；咸宁……等七县内除咸、长二县粳米一色系属水田毋庸议，此外民欠同治十二年道仓本色粮石著全行豁免；同治十三年原请缓征十一年道仓本色粮食之兴平……等五州县均未全数征完者著一并豁免
光绪四年（1878）六月	上谕陕西省被旱成灾各厅州县所有应征之光绪元、二、三等年民欠地丁及道仓本色粮食悉予豁免
光绪十年（1884）四月	（上谕）陕西前被兵灾旱荒……著照所请所有陇州等五十三厅州县民欠光绪八年未完地丁正耗银两本色粮草及一应农民输官各款一并豁免；又谕褒城长林镇地方濒临乌龙、汉水两江……所有褒城县属杨寨禾子寨周寨汤寨四处折征正银……丁条银……耗羡银……盐课银……著自光绪十年为始免其完纳，一俟地堪耕种照旧升科
光绪十二年（1886）八月	上谕前因鹿传霖奏陕西咸宁等厅州县田地半多荒芜，元气至今未复……所有光绪十年分民欠地丁正耗更名糯价存留俸工驿站夫马各官闰俸陵租房壕马厂地租盐茶铁磨课等项……又未完起存本色粮食……又未完荒田本色粮草……一律豁免
光绪二十年（1894）九月	上谕……所有应征咸宁等六十二厅州县民欠地丁正耗更名糯价存留俸工驿站夫马陵租房药味房壕马厂地租盐茶各课及道仓应征民屯田本色粮石等项共未完银……内荒地未完银……熟地并灾缓未完银……又未完起存本色……内荒地未完粮……熟地并灾缓未完粮……又未完本色共草……内荒地未完草……熟地并灾缓未完草……著一并豁免
光绪三十三年（1907）	豁免陕西榆林府属应纳广有仓积欠粮草

（二）借贷耕牛和籽种

自然灾害的发生对关系人民生产和生活的其他物资也会有不同程度的影响，因此，除了赈给灾民粮谷之外，在救灾的特殊时期，政府还会视灾情给灾民在生产资料和生活资料方面予以借贷扶助，解决灾民迫切希望恢复生产的难题。借贷一般规定秋后缴还，如果是丰年要加息，灾年减息或者免息。借贷主要是针对"那些受灾后尚能维持生计，但又无力进行再生产的灾民。主要是那些被灾不足五分以及蠲赈后仍然生计困难的民户。这类对象数量并不在少数，因为大的灾害并不时常发生，而一般性的灾害当然是被灾不足五分者占多数"①。所以，借贷在清代旱灾之后的救助政策中占有相当重要的位置，是荒政的重要内容。

旱灾发生之后，籽种价格随之上涨，农民买不起种子，来年自然就没有收成，因此，官府往往通过借贷的方式赈济农民以籽种。如康熙六十年（1721），拨解户部库银二十万两，贷给陕西、甘肃灾民；光绪"丁戊奇荒"以同州府为重，官府于三、四、五年借给籽种于灾民②。

耕牛是农业社会重要的生产资料，灾害发生后，政府以收养耕牛的方式帮助灾民恢复生产的事例时有发生。如道光二十六年（1846）关中受旱，"民不能耕，争杀牛以食"，巡抚林则徐令"官为收牛，价其值"，并劝当地富民赎买贫民的耕牛，官府则予以一定利息③；光绪三年（1877）陕西大旱时，人民多宰牛以充饥，为了保证灾后农业生产，华州官府设牛厂收养耕牛，"是年冬寒甚，收养耕牛大半冻死，余悉归其主"④。借贷籽种和耕牛两个措施经常并举。如康熙四十九年（1710）至五十一年（1712），蒲城县"荒、旱相继"，政府借给灾民牛、种，"共领银三万两千两有奇"⑤。光绪十九年（1893）醴泉全境被旱，于秋终于天降小雨，官府给灾民"赁牛而耕，贷籽而播"⑥。

---

① 朱凤祥：《中国灾害通史·清代卷》，郑州大学出版社2009年版，第307页。
②（光绪）《同州府续志》卷首《皇恩纪》，《中国地方志集成·陕西府县志辑》第19册，凤凰出版社2007年版，第336页。
③［民国］《续修陕西通志稿》卷127《荒政一》，《中国西北文献丛书》第1辑第9卷，兰州古籍出版社1990年版，第150页。
④（光绪）《三续华州志》卷4《省鉴志》，《中国地方志集成·陕西府县志辑》第23册，凤凰出版社2007年版，第380页。
⑤（光绪）《蒲城县新志》卷首《皇恩记》，《中国地方志集成·陕西府县志辑》第26册，凤凰出版社2007年版，第281页。
⑥［民国］《续修陕西通志稿》卷127《荒政一》，《中国西北文献丛书》第1辑第9卷，兰州古籍出版社1990年版，第157页。

（三）厉行节约

旱灾发生后，由于各种社会物资短缺，饥民乏食，故节约省食成为劫后普遍的社会共识，统治者为了标榜自身贤德爱民之政，往往极力倡导。如北五省（包括陕西、山西、山东、直隶、河南）向多开设烧锅以酿酒为业，此项消耗民食极为严重，故光绪"丁戊奇荒"时，御史胡聘之上奏朝廷，请下旨饬令"地方官查明境内所设烧锅，一律禁止"①。光绪二十六年（1900），陕西大旱，时值两宫驻跸西安，"陕省现值灾歉，民食为艰"，慈禧太后多次下旨"极从简省"，"爱惜物力，靡念民难"②。政府倡导节约省食，上行下效，在全社会范围内形成一阵节俭风气，一定程度上缓和了统治者与人民之间的矛盾，使灾民在精神上受到鼓舞。

然而，相对于其他的赈济措施而言，厉行节约的象征意义终究大于其实际救灾的意义，其出发点是为了维护封建统治，实际上统治阶级尤其是封建帝王，所谓的节约无非是减少膳食、缩减衣物、减少女乐等小事情。光绪二十六年（1900），两宫驻跸西安，慈禧太后和光绪皇帝每日御膳费约二百两，每晚太监呈上一百余种菜单供挑选，但慈禧太后认为这已经是非常节省的了，曾对陕西巡抚岑春煊说："向来在京膳费，何只数倍！今可谓省用。"③ 由此可见，厉行节约是统治阶级标榜恤民的一种手段，仅仅是相对于他们以往极度的铺张奢侈而言的，对于数以百万计灾民的赈济，基本上不起作用。

第二节　清代陕西官方的救灾资源调控体系

清代的荒政可谓集古代之大成，但当时政府的机构组成中并无专门为应灾而设的机构。户部虽负有灾后拨付钱粮之职，但并不是专门的应灾常设机构；而且在《清会典》所列十二项常项支出中，并无专门用于救灾之款项，以至"丁戊奇荒"时由于赈灾经费不足，上谕拨南北洋海防经费项下一二十万两用以备灾④，甚至有御史奏请暂停广东、江西等省机器局、船政局工程，分拨该项银

---

① [清] 朱寿朋：《光绪朝东华录》第 1 册，中华书局 1958 年版，第 518 页。
② 《清实录·德宗景皇帝实录》卷 474，光绪二十六年十月壬寅，中华书局 1987 年版，第 233 页。
③ [清] 八咏楼主人：《西巡回銮始末记》卷 3，清光绪三十二年本，第 125 页。
④ 国家图书馆文献缩微复制中心：《清代孤本内阁六部档案》第 38 册《筹办各省荒政案》，2005 年，第 18478 页。

钱用以备赈①，另外还有朝臣奏请酌借洋款二百万两以维时局②。虽然最终借洋款赈灾之请未得通过，但可见当时清廷并没有足够的能力赈灾。这是不是说清代官方的荒政没有相应的财政支持呢？当然不是。"事实上，《清会典》不载救灾用款，并不因这部分支出不重要，主要原因是这部分支出不固定，无预算，时多时少，波动无常，难以进行每年例行的常估。"③ 有清一朝，陕西赈灾的物资主要是赈粮和赈银两项，这两项的来源主要依靠中央拨给、邻谷协济和赈捐等。

一、中央拨给

在我国封建社会，中央高度集权，国家掌握从全国各地征收上来的钱粮，因而地方一遇灾歉，往往需要中央拨给钱粮用于赈灾。清代陕西旱灾频发，中央拨给仍然是灾后陕西地方救灾钱、粮最主要的来源，主要包括以下几个方面：

（一）国库直接拨给

国库直接拨给的一般为赈银。清代地方各种苛捐杂税项目繁多，最终地方所搜刮之钱银皆归入中央政府之国库，故旱灾发生后一般须政府从国库中调拨一定的钱银给地方政府赈灾。如康熙五十九年（1720），"动户部库银五十万两，兰州二十万两，西安、延安各十五万两，由驿运送散赈"④；康熙六十年（1721），拨解户部库银二十万两，贷给陕西、甘肃用于救济灾民；光绪三年（1877），陕抚谭钟麟上奏陕西旱情，上谕"著户部即行拨银五万两，解赴陕西赈济，交谭钟麟"⑤用于救灾；光绪二十六年（1900），陕西亢旱异常，九月两宫驻跸西安，十月十四日慈禧太后颁下懿旨，从长安行在户部拨银四十万两，交岑春煊遴派廉干委员并公正绅董，前往灾区散放⑥；光绪二十七年（1901）七月，两宫议准八月节后回銮，念及陕西虽得秋雨，然目前穷黎生计艰难，故下懿

---

① 国家图书馆文献缩微复制中心：《清代孤本内阁六部档案》第38册《筹办各省荒政案》，2005年，第18488页。
② 国家图书馆文献缩微复制中心：《清代孤本内阁六部档案》第38册《筹办各省荒政案》，2005年，第18555页。
③ 李向军：《清代救灾的制度建设与社会效果》，载《历史研究》1995年第5期。
④ （乾隆）《西安府志》卷12《食货志》，《中国地方志集成·陕西府县志辑》第1册，凤凰出版社2007年版，第141—142页。
⑤ [民国]《续修陕西通志稿》卷128《荒政二》，《中国西北文献丛书》第1辑第9卷，兰州古籍出版社1990年版，第171页。
⑥ [清] 朱寿朋：《光绪朝东华录》第4册，中华书局1958年版，第4587页。

旨:"再行特沛恩施,著颁给内帑银十万两,交升允著量散放。"①

(二) 截留京饷

清代户部银库的收入,除少部分来源于京师外,绝大部分依靠各省每年解往京城的款项,即"京饷"。京饷的来源,道光以前主要是地丁、盐课、关税、杂赋等,咸丰、同治以后,厘金和洋税(海关税)也被纳入解运的范畴。京饷是清政府的财政支柱。雍正三年(1725),奏准陕西、甘肃、四川、云南、贵州四省"存留本省,不解至京",其余各省须"春秋二季册报实存银数,除酌量留存本省以备协济邻省军饷并别有所需请拨用外,其余银悉令解部"②。由此可见京饷对清政府财政之重要,一般不留为他用。但是,在遇到灾情严重的自然灾害时,朝廷往往令受灾之省不必解银至京城,留本省作赈灾之用,或者截留别省过境之京饷,以备该省赈灾之急用。如康熙三十年(1691)、三十一年(1692),陕西亢旱,朝廷命施世伦截漕粮运至潼关交割③;光绪二十六年(1900),陕西旱灾严重,朝廷准户部所奏,"将该省(陕西省)应解京饷银二十九万九千余两截留备用"④;并准许陕西省"如该省(陕西省)无现款可筹,即由各省京饷过境时截留借拨应用"⑤。

(三) 免除厘金

厘金制度始于咸丰三年(1853),之后迅速在全国推广开来,几乎达到"无处不卡,无货不税"的程度。清代厘金分为两种,一为坐厘,亦名板厘,为交易税,抽收于坐贾;二为行厘,亦名活厘,为通过税,抽于行商。这是晚清国家财政收入的重要部分。但在遇到严重的旱灾时,政府为了鼓励官府、商人运粮往灾区,不得不取消这一税项。如光绪三年(1877),晋、豫、直、鲁、秦皆大旱,陕西巡抚谭钟麟派员前往别省采买粮谷,并奏请豁免沿途厘金,清廷降旨准奏,谕令各省无论官买商运,凡米谷过卡之应完税项厘金概行宽免⑥。地方发生灾害后免除官、商采买赈粮等物资的厘金,间接地增加了赈灾的钱粮,是

---

① [清] 朱寿朋:《光绪朝东华录》第4册,中华书局1958年版,第4689页。
② [清] 昆冈等:《钦定大清会典事例》卷169《户部·田赋·部拨京饷》,第2册,中华书局1991年版,第1145页。
③ (乾隆)《西安府志》卷12《食货志·蠲赈》,《中国地方志集成·陕西府县志辑》第1册,凤凰出版社2007年版,第141页。
④ 《清实录·德宗景皇帝实录》卷471,光绪二十六年闰八月乙丑,中华书局1987年版,第193页。
⑤ 《清实录·德宗景皇帝实录》卷470,光绪二十六年闰八月庚戌,中华书局1987年影印版,第179页。
⑥ [清] 朱寿朋:《光绪朝东华录》第1册,中华书局1958年版,第482页。

政府荒政物资来源的一个方面。

（四）奉部捐协

赈灾是国家的一项职能，当户部存银不足以赈灾时，常有各省奉部捐协之举。这种方式表面看起来是各省之间的协助，但事实上却是以朝廷的名义发出的，因此也当视作从中央拨给，只是通过一种中央向地方借钱的方式。如康熙三十年（1691），陕西西安、凤翔等府大旱，拨发山西省银二十万两，解赴陕西赈济①。光绪庚子大旱期间，户部奏准"拨江苏、浙江、湖北、广东、四川等省协济银三十万两"②。广东因欠陕西同治九年协济银二十五万两，清政府令其迅速筹解，但迫于府库空虚，故于招商局生息之洋银十万两内借拨五万两解送陕西③。福建省通过源丰润等商号汇钱至汉口，由该号商等倾熔足色纹银兑交转运局，沿途护解至陕④。然而，朝廷的命令在实际执行过程中并不能全部兑现，据陕西巡抚升允的奏报，各省奉部捐协陕西的赈款实际上仅有二十五万两，缺额尚多。

二、邻谷协济

"邻谷协济"是清代荒政的一项重要内容，"凡一隅偏灾，拨邻省仓谷，或采买邻省粮谷，或截留漕粮以济之"⑤。可见，邻谷协济主要有三种具体方式。陕西在具体实施中一般可分为两类：一类为省内协济，一类为省际协济。

（一）省内协济

省内协济主要是在省内各属州县灾情不同时，从有余力之州县调拨钱粮给灾情较重、急需钱粮之州县，实现省内各属州县的互相协济。如乾隆十三年（1748），因耀州、长安等二十二州县旱灾，从盩厔县碾谷四万九千石，接济受灾州县，不久又借三万多石赈济受灾州县⑥；光绪初年陕西遭遇"丁戊奇荒"，渭北之郿州、醴泉等州县亢旱尤为严重，郿州令赵嘉肇上禀陕抚赈粮不敷之情形，陕抚谭钟麟拨给郿州"咸阳京斗麦豆一千石，又鄠县京斗麦豆两千石，又

---

① 《钦定大清会典事例》卷271《户部·蠲恤》，第4册，中华书局1991年版，第95页。
② 《清实录·德宗景皇帝实录》卷471，光绪二十六年闰八月乙丑，中华书局1987年影印版，第193页。
③ 国家图书馆文献缩微复制中心：《清代孤本内阁六部档案》第38册《筹办各省荒政案》，光绪四年三月初八日两广总督刘坤一文件，2005年，第18618—18622页。
④ 于进军：《慈禧西逃时漕粮京饷转输史料》，载《历史档案》1986年第3期。
⑤ [清]王庆云：《石渠余记》，北京古籍出版社1985年版，第191页。
⑥ [民国]《盩厔县志》卷2《建置》，《中国地方志集成·陕西府县志辑》第9册，凤凰出版社2007年版，第238页。

咸阳采买项下京斗麦一千石，共四千石"①；醴泉仓粮只存万石，不足以救灾，故而又拨给醴泉县"岐山县麦三千石，郿县麦二千石，嗣后因加赈，五月一日又拨给咸阳麦一千石"②。

(二) 省际协济

省际协济主要发生在全省大范围的普遍遇灾时，省内各属州县皆无余力，不得不从外部寻求别省的协助，这种协助的方式主要有拨邻省仓谷、采买他省粮谷、截留漕粮三种。

第一，拨邻省仓谷。北方发生灾害，往往从南方粮食充裕的地方采买，但从南方运粮至陕西路途遥远，时间耽搁较长，难以解决救灾的燃眉之急，因此，常用之法是先从周边未受灾或灾情较轻的省份调拨粮食。陕西与湖北、河南、甘肃、四川、内蒙古、山西等接壤，湖北向为鱼米之乡，河南从乾隆十四年（1749）就设有备赈陕西、山西的粮仓，这两省是协济陕西的主要省份。以光绪庚子大旱为例，湖北向陕西拨协济粮 15 000 石，河南 5000 石；此外，陕西还向灾情较轻的甘肃借粮 8000 石（见表 8-1）。

第二，采买粮食。农业自然灾害、尤其是旱灾经常造成粮食减产甚至绝收。因此，灾害尤其是持续性的旱灾发生后，往往需粮甚巨，赈银最终也用来采买粮食。光绪"丁戊奇荒"中，陕西巡抚派员到甘肃秦州、宁夏采购豆麦，到湖南采办大米，至湖北采购杂粮③。光绪庚子年间，陕西再遭巨灾，清廷命两江总督刘坤一在江、浙等地采买粮食，并水运至陕。从光绪二十八年（1902）陕西巡抚升允的奏折中可以看出，庚子大旱期间，陕西省及各属州县共从外省采买粮食 1 014 000 石（见表 8-1）。可见，此次大旱期间，陕西赈粮主要来源于采买，采买地区集中于江、浙等南方粮食高产区。

第三，截留漕粮。漕粮是国家征收的一种实物税。清代的漕粮主要来源于产粮较多的山东、河南、江苏、浙江、安徽、江西、湖北、湖南等省份，专供京师皇室、贵族和官兵食用。按规定，漕粮每年征收总额为 400 万石，由各省运解至京师或通州的仓库存放。漕粮属于国家的"天庾正仓"，历代都较少挪作

---

① (光绪)《富平县志稿》卷10《赈蠲》,《中国地方志集成·陕西府县志辑》第14册，凤凰出版社2007年版，第523页。
② [民国]《续修醴泉县志稿》卷14《杂记志·祥异》,《中国地方志集成·陕西府县志辑》第10册，凤凰出版社2007年版，第402页。
③ (光绪)《同州府续志》卷15《文征·续录下》,《中国地方志集成·陕西府县志辑》第19册，凤凰出版社2007年版，第619页。

他用。乾隆皇帝曾指出:"截漕,出自特恩,原不为例,非可屡邀也。"①但在遭受重大自然灾害的时候,赈灾所需的巨额粮食使得国家不得不将漕粮挪用于赈灾。如在康熙三十年(1691)、三十一年(1692)大旱之际,清王朝就从黄河运漕粮至潼关交予陕西赈灾②;光绪庚子大旱期间,清廷也曾谕令将江、浙一带的漕粮由湖北汉口运往陕西的老河口、龙驹寨,再通过陆路运至西安设立总局交兑③。

三、赈捐

因赈灾而举行的捐纳或捐输活动称为赈捐,它是中国历代捐纳制度和救灾制度中的重要组成部分。清代的赈捐制度趋于制度化和系统化。清代前、中期,各种捐纳也有开办,不过这一时期"捐纳的开办显然与财政压力无关,而应是清中央网罗人才和稳定统治的结果"④。但是进入清朝后期,对外巨大的战争赔款压力,对内镇压农民起义的军饷开支,使清政府的财政常常处于极度空虚的状态。到光绪三年(1877)"丁戊奇荒"时,内库无半年之蓄,"仅存一百万余两,无论此项不敢轻动"⑤。在这种情况下,开办赈捐就成为遇到大规模自然灾害袭击时政府不得不采取的无奈之举。

清代陕西赈捐主要有两种方式,一种是虚衔捐输,即政府对捐纳者授予各项班次花样等虚衔,这是清前期奖励赈捐的主要形式。虚衔捐输几乎年年开办,尤其是在遇到灾荒时,对民间捐米捐银之"义绅",官府都有相应的奖赏,主要是虚衔。光绪初年陕西遭遇"丁戊奇荒",由于往各省采买粮食路途遥远,左宗棠上奏清廷"非择绅商之稍有力者劝令捐输不可"⑥。在这种情况下,各地绅商多有慷慨捐输者,如余修风任定远厅同知,劝谕富绅量力捐输,"赏给各地捐户

---

① 《钦定大清会典》卷191,中华书局1991年版,第178页。
② 赵之恒等:《大清十朝圣训》卷39《蠲赈二》,第1册,燕山出版社1998年版,第571页。
③ 《清实录·德宗景皇帝实录》卷471,光绪二十六年闰八月乙丑,中华书局1987年影印版,第193—194页。
④ 谢俊美:《晚清卖官鬻爵新探——兼论捐纳制度与清朝灭亡》,载《华东师范大学学报》2001年第5期。
⑤ 国家图书馆文献缩微复制中心:《清代孤本内阁六部档案》第38册《筹办各省荒政案》,2005年,第18536页。
⑥ [民国]《续修陕西通志稿》卷129《荒政三》,《中国西北文献丛书》第1辑第9卷,兰州古籍出版社1990年版,第185页。

红绫匾数十道，额曰'急公好义'"①；江西补用道胡光墉捐银三万两解陕西以备赈，经左宗棠保举，清廷赏其穿黄马褂，以示破格优奖②。

清代实官捐输的史例出现较晚，光绪大旱之际，政府对捐纳者不只予其表面的封典嘉奖等，而是直接授予实官实职。庚子年间陕西亢旱，但此时时局较丁丑、丁戊年间更为艰难，"司库正杂各款仅存银十余万两，不敷旗绿防练各营两月饷需，赈款更分毫无著"③。护理陕西巡抚端方于八月奏请开办赈捐，九月户部奏请清廷，谕令陕西在江西、安徽、湖南、湖北、福建、广东、四川等省出示晓谕，令诸省绅商量力捐助。另外，为了增强捐输办赈的吸引力，锡良、岑春煊于光绪二十六年（1900）十月上奏清廷，请仿照丁丑年晋省成例开陕省"实官捐输"，其奏如下："此次陕灾较光绪三四两年大概相同，前次陕捐集款至二百数十万两，其时海内殷富，地方储□亦多，现在地方既艰窘异常，而各省亦较前困苦，仅恃赈捐常例，诚不足集巨款救灾黎。……欲援晋省成案，请发实职空白部照。"奏请此次捐输以五品以下实官暨各项班次花样为准，时间从开办之日起一年，饬归省内协赈局妥为开办，并委员分发其他各省广为募捐，所捐款数按照秦六晋四的原则分省用度，称之为"秦晋实官捐输"④。这次有关开办实官捐输的奏请得到了朝廷的批准，朝廷发给岑春煊五千张实职空白部照用以本省和跨省的赈捐。此次赈捐"四品以上既准报捐，又开捐银五万两即给予实官之例，其五品以下实官暨各项班次花样划归秦赈均三成覆奖，并推广移奖子弟之例，其招徕较晋捐尤广，事例较晋捐尤宽"⑤。由于多方采取措施，"庚子大旱"期间，陕赈"实官及衔封等项捐输竟集款至六七百万之巨，采买赈粮用银五百余万两"⑥。与"丁戊奇荒"时相比，庚子年间的赈捐可谓成效卓著。

在国家府库空虚、民间仓储虚乏的情况下，赈捐在一定程度上成为赈灾钱粮来源的一个重要渠道，在短时间内为赈灾筹集到了大量的资金。但是，"丁戊

---

① （光绪）《定远厅志》卷24《五行志·祥异》，《中国地方志集成·陕西府县志辑》第53册，凤凰出版社2007年版，第201页。
② [民国]《续修陕西通志稿》卷129《荒政三》，《中国西北文献丛书》第1辑第9卷，兰州古籍出版社1990年版，第185页。
③ [民国]《续修陕西通志稿》卷129《荒政三》，《中国西北文献丛书》第1辑第9卷，兰州古籍出版社1990年版，第186页。
④ [清] 朱寿朋：《光绪朝东华录》，第4册，中华书局1958年版，第4587页。
⑤ [民国]《续修陕西通志稿》卷129《荒政三》，《中国西北文献丛书》第1辑第9卷，兰州古籍出版社1990年版，第192页。
⑥ [民国]《续修陕西通志稿》卷129《荒政三》，《中国西北文献丛书》第1辑第9卷，兰州古籍出版社1990年版，第186页。

奇荒"时，陕西富绅所捐"但能各顾各县，由绅士买粮散赈大约能自顾一邑者不过数处，欲提以为他处采买之费势有未能"①。可见成效之微。庚子大旱期间，陕西虽开赈捐，"不特值此时艰，捐务久成弩末，亦且缓难济急"②。这正道出了捐赈的不足之处。此外，赈捐，尤其是实官捐输，使封建社会几千年的考试选官制度受到冲击和破坏，只要捐纳一定的钱粮，不仅能得到各项虚衔、封典，还可以得到四品以下（含四品）的实官职位。"自开捐以来，流品混淆，吏治颓堕，上病国家，下耗闾里"③。捐官的士绅一旦为官，往往要想方设法收回捐输成本，从而造成吏治颓废，实无异于饮鸩止渴。这从官员的构成里面也可见一斑：（同治中兴时期）大部分官员的质量下降了，清王朝沿用了前几代皇帝的旧例，不但照常捐卖实授官职，甚至也卖知县职位。巡抚仅就"军功"也已经在推荐候补人员了。在全帝国将近1290个县中，有512个县的地方志材料显示，从1850年以后，捐纳的知县大致增加了一倍，其数目相当可观。据何炳棣研究发现，在1871年，七品至四品的地方官中有51.2%是捐的官，而在1840年，这个比例则仅为29.3%④。朝廷也开始认识到这个问题的严重性，到光绪二十七年（1901）八月，上谕指出："捐纳职官本一时之权宜之政，近来捐输益滥，流弊滋多，人员混淆，仕路冗杂，实为吏治民生之害……嗣后，无论何项事例，均著不准报捐实官，自降旨之日起，即行永远停止。"⑤赈捐作为清政府筹款赈灾的一个渠道，曾经起到了暂时的巨大作用，但从长远来看，赈捐并不能彻底解决政府赈灾物资的不足和赈灾能力的衰退问题，这种饮鸩止渴的方式导致了恶劣的社会后果。也正是在这样的历史背景下，民间的义赈开始迅速兴起。

第三节 政府主导：民国陕西旱灾应对机制的现代化构建

中国传统的荒政始终都是以维护封建统治为目的的，没有实现科学化、制度化、现代化。伴随着辛亥革命的枪声，旧有的封建救灾机制也随着清王朝的

---

① [民国]《续修陕西通志稿》卷129《荒政三》，《中国西北文献丛书》第1辑第9卷，兰州古籍出版社1990年版，第184页。
② [民国]《续修陕西通志稿》卷129《荒政三》，《中国西北文献丛书》第1辑第9卷，兰州古籍出版社1990年版，第186页。
③ [民国]《续修陕西通志稿》卷205《文征五》，《中国西北文献丛书》第1辑第11卷，兰州古籍出版社1990年版，第216页。
④ 何炳棣：《中华帝国晋升的阶梯》，转引自〔美〕费正清：《剑桥中国晚清史（1800—1911）》，中国社科院历史研究所编译室译，中国社会科学出版社1985年版，第518页。
⑤ [清] 朱寿朋：《光绪朝东华录》第4册，中华书局1958年版，第4718页。

崩塌而瓦解。民国时期，旱灾并没有停止侵袭大地，如何拯救万民于水火，成为世人不断思索的一个问题，随着中国第一个现代政府的建立，构建现代化的救灾机制也逐渐拉开了序幕。

旱灾救灾机制的现代化构建，不只是国家统治者以政治强制力进行的硬性体制变迁及设置，更是需要社会共同参与，进行更深层次的经济、文化等方面的变革。政府作为救灾机制现代化构建的主导者，如何构建现代化的救灾机制，如何权衡"传统"与"现代"的救灾措施，如何完善现代救灾物资配置体制，陕西省政府又做出了哪些现代化努力，其成效如何，这些就是我们下面需要探讨的问题。

一、救灾理念、制度与机构的现代化构建

（一）救灾理念

近代以来，随着社会的发展，西方的思想开始不断冲击中国传统救灾的"慈善观念"，认为"人生来是而且始终是自由平等的""主权在民"，国家只不过是公共意志的代表，因此，救灾是政府应尽的义务，要求救济也是民众应有的权利，灾荒救济过程中民众与政府之间是独立、平等、互相尊重的关系，而不是施舍和感恩的关系。民国政府成立后，在救灾过程中亦逐渐认识到："仅凭慈善观念，从事于消极救济工作，其病在于范围狭窄，标准散漫，时间短促，财力浪费，效果稽核，实为困难。"因此，1943年2月12日社会部颁布了《社会救济法草案》，确定了责任政府的理念，认为"拯困恤贫，乃政府应尽之职责"[1]。在救灾原则与措施上，政府由治标开始转向治本，认识到救济"不仅在解除受济人之痛苦，尤着重于受济人之扶助，使其能独立生活"[2]，更加注重工赈、植树造林、水利建设、防疫事业等现代化的救济措施。

（二）救灾制度

民国以来，为了统一混乱的救灾秩序，政府颁布了大量有关救灾的法律章程，诸如《赈灾公债条例》《各省振务会振款管理规则》《救灾准备金法》《赈灾物品免税章程》《各省市举办平粜暂行办法大纲》《处置难民过境办法》《振务委员会各组办事规程》《勘报灾歉条例》《管理私立慈善机关规则》《佛教寺庙兴办慈善公益事业规则》等，既有涉及政府救灾程序、资金、组织规范方面的，也有关于社会团体救灾的相关立法，内容庞杂，规定详细。救灾法律规章

---

[1] 行政院新闻局：《社会救济》，1947年，第2页。
[2] 行政院新闻局：《社会救济》，1947年，第3页。

的制定，标志着中国近代救灾活动逐渐从"惯例性"上升到"法制化"，从"偶然性、随意性"上升到"制度化"，现代救灾法律体系逐渐形成。抛开实际成效不计，这无疑是我国救灾事业现代化构建的重要一步。

（三）救灾机构

北洋政府时期，中央救灾管理机构变化频繁，社会救济事宜主要由内务部统管，并无专设的救灾机构。南京国民政府时期，于1927年设立赈务处，又于1929年2月成立赈灾委员会，总理全国各地救灾事宜，直接隶属于行政院；1930年1月，两个机构合并为赈务委员会。

地方救灾机构主要根据中央救灾机构的变动而变动。1928年，陕西成立陕西省赈务会，由省政府、省党部和民众团体共同组成；1939年2月，依据中央调整全国赈济机构的法令，改为陕西省振济会①。此外，陕西省振济会根据"振济会组织规程第十二条"制定《陕西省各县振济会组织章程》，并督饬各县于1939年4月25日办理"振济事宜，设置县振济会"。截至1940年，共有61县成立了振济会，并考核其振济事宜（如表4-2所示）。

表4-2 陕西省振济会考核各县振济事业成绩表

县名	工作经过
华县	①筹设儿童教养所②筹办小本贷款
洋县	①收容难民给养无缺②难童教养③筹办小手工业
华阴	①收容难民②筹办育婴所
蓝田	①筹办小本贷款所②收容难民
安康	①收容难民②筹办育婴所③办理平粜④办理地方救济事业
泾阳	①设立育婴所②收容难民③办理兵灾
咸阳	①收容难民②办理灾赈
陇县	①收容难民②计划办理儿童教养所
紫阳	①购粮办粜②办理灾振③劝道补种秋粮
石泉	①修复河堤②办理灾振③修筑公路
乾县	①收容难民②教养难童③购置难民纺织机
朝邑	①筹办小本贷款所②调查灾祲
三原	①收容难民并介绍职业

---

① 因"振"是"赈"的本字，有"救济、（精神）奋起"之意，国民政府内政部在20世纪30年代规定，各级赈务（济）委员会之"赈"字一律用"振"字代替。

续表

县名	工作经过
横山	①收容灾民 ②办理工厂粥厂
鄠县	①收容难民
山阳	①办理灾振
西乡	①办理灾振 ②收容难民

资料来源：

《本省各县振济会组织规程》，陕西省档案馆，馆藏号：9，目录号：2，案卷号：708。

民国时期，结束了传统式的、以皇权为核心的金字塔式的等级官僚救灾体系，逐渐建立了以中央为核心的、层级性、专门性、常设性的救灾机构，包括旱灾在内的救灾活动从此置于国家管理之下，救灾过程规范化、科学化，标志着国家主导下的现代化救灾机制逐步确立，为国家强力介入救灾事业奠定了基础。

二、救灾措施的现代化取向：粥赈与工赈

封建社会时期，救济思想受"以养为教"的观念影响，以粥赈等临时性、消极性救灾措施为主，工赈等长效性、积极性的救灾措施为辅。到了民国时期，受现代救灾理念的影响，救灾措施逐渐趋于现代化，尤其工赈在陕西地区发挥了重要作用，但粥赈仍然继续发挥作用。

（一）施粥

施粥，即将粮食制品无偿施给灾民，维持其最低生存。邓拓称之为"所费少而活人多"。所以民国政府和历朝历代一样，对此都非常重视。1920年陕西大旱，次年陕西省赈务处发给第一粥厂赈银5131元，第二粥厂3948元，第三粥厂4669元，第四粥厂4049元，第五粥厂1576元，第六粥厂1904元，第七粥厂2587元，第八粥厂2777元。1929年因遭大旱，陕西省赈务会及各慈善团体办理粥厂收容所，先后收容灾民6.65万人[①]。

1930年，陕西省振务会颁布了《设立粥厂大纲》，规范粥赈程序："①本会粥厂，由本会派员设立之，其定名为某某县粥厂；②粥厂设厂长一人，总理场内一切事物，粮柴保管主任一人，专司保管粮柴事件。检查五人至七人，专司监视场内粮柴出纳之数量，煮粥之稀稠，及维持食粥灾民之秩序；③每厂食粥灾民，以一千五百人为限，每人每日食粥一次，规定粮六两，怀抱小孩减半；

---

① 陕西省地方志编纂委员会：《陕西省志·民政志》，陕西人民出版社2003年版，第433页。

④厂长及柴粮保管主任，由本会委任之。监察由各县县长遴选公正绅士聘任之。事务员三人，其任务由厂长分派。火夫水夫，由厂长挑选灾民中之强壮者充当，但不得过八人；⑤每日食粥以午前十一时食毕为限；⑥厂长及粮柴保管主任，应按定表式分别造表；⑦各厂简章及办事细则，由各厂自定，呈报本会备核；⑧本大纲自公布之日施行，如有未尽事宜，由本会随时修订之。"① 另外，对粥赈的细节亦有规定："①粥厂散筹，须将男女分为两厂，并须搭盖大席棚，庶免雨淋日炙之苦；②道路出入次第，必以木棚梆炮为号命纪律，日赈数万人，无拥挤之虞；③有疾苦给以药，老病发疾者别有厂，妇女有厕篷；④粥之浓厚，以立箸不倒、裹布不漏为度。"②

民国时期，遍地灾荒，如何维持灾民的基本生存是首要问题，粥赈与工赈等其他救灾措施相比，其优越性在于：首先，立即缓解灾民无粮活命的问题。陈芳生云："赈粥之举，则唯大荒之年，为极贫之户不能举火者行之，枵腹而来，果腹而往。"③ 大荒之年，基本生存条件已被摧毁，和发放赈款、赈粮相比，施粥可以立即食用，不用进行加工。其次，程序相对简单、灵活。相较于工赈的筹划实施、平粜的调剂运送，粥厂的设置相对简单，有粮即可施粥，即所谓"费易办而事易集"。其三，流弊较少。设粥厂程序较为简单，较之平粜、赈贷，官吏层层贪占的空间较小，最终所救灾民就较多。

但是，粥厂作为一种临时性、调剂性的赈灾措施，虽有不可替代的功能，然其弊端也不少。民国时期，为了克服这些弊端，往往会以警言的形式张贴于粥厂，"高唱使人听知"，如"粥厂事务虽多，其有五要，一贵多厂，无远涉之苦，门外之嗟；二得贵人，无废弛之事情，冒破之求；三贵巡察，不是虚名，立平赈灶；四贵犒赏，人人竭力，不忍相欺；五贵得法，实惠均沾，不填沟壑"④，"煮粥不可用新锅，饥民不可食热粥，煮粥宜防搅石灰"，等等⑤。但是，民国时期官僚体制的腐败、监督问责制度的缺乏等，决定了其救灾成效的有限性。

（二）工赈

工赈，即以工代赈，主要是使灾民通过从事修河、造林、垦荒、筑路等工作获得一定报酬而进行自主救济。"为一时救济计，则以急赈为宜，若为增进社

---

①《法规》，载《陕灾周报》1930年第3期，第3页。
②《灾赈纪实》，载《陕灾周报》1930年第3期，第10页。
③[清] 贺长龄编：《清经世文编》卷42，中华书局1992年版，第1030页。
④《灾评》，载《陕灾周报》1930年第3期，第3页。
⑤忏盦：《赈灾辑要》，广益书局1936年版，第83—86页。

会生产及铲除灾源并筹各地永久福利计，则工赈实为当务之急"①，是一种"富建设于救灾之中"的积极救灾措施，因此深受国民政府的重视。陕西省政府亦施行了一系列工赈活动。

1929年大旱，西安市政府特设工赈办事处，招收壮年灾民约计4000人，每日修筑省垣各马路，以工代赈②。此外，各县也纷纷组织修路，以工代赈（如表4-3所示）。

表4-3 关中地区以工代赈修建交通情况表

市（县）名	交通修建情况	市（县）名	交通修建情况
西安	修马路一十八条，共长四百二十三丈，重修四城门楼、钟楼、鼓楼等	兴平	大路及县城附近，即城关各街巷道路
宜川	修筑县城各街道路	咸阳	建文武成康各陵及汉陵桥梁
乾县	修筑道路	邠县	修理太峪镇桥梁
盩厔	赈灾修大路汽车路	蒲城	兴修蒲富蒲大汽车路
淳化	修筑县城内及附近南北大路	沔阳	修筑道路
三原	修筑道路	朝邑	修理通同华之汽车路
泾阳	修筑道路	临潼	修筑全县汽车道路
麟游	修山雀木至两亭大路	—	—

资料来源：

古籍影印室：《民国赈灾史料初编》，第3、4册，国家图书馆出版社2008年版。

1932年3月1日，陕西省创办草滩工农赈林场，"请建设厅拨给草滩官荒五百亩，作实施工农赈造林之试办，四月二日始得向本会东关栖流所中之难民，劝道勤耕力种之力，工资以三角至五角为限，经本厂主任劝道之后，多数愿送归自耕其荒地，其无地无家之灾民三十余民，愿赴草滩本厂工作，并找草滩附近失业游民和佃农数百民，开始垦栽树木"③。

1935年，为了发展交通，救济灾民，陕北也进行了筑路工程，并拟具《陕北民工筑路工赈办法》，具体如下："①本办法以抚绥陕北贫民，发展陕北交通为宗旨。②凡以工代赈，征集人民建筑陕北公路适用本法。③民工筑路发给工资，以工作速率为标准，其工资数目规定如左：甲、凡只修土路路面者，每修

---

①《救灾周刊》1921年第12期，第33—34页。
②古籍影印室：《民国赈灾史料初编》第4册，国家图书馆出版社2008年版，第455页。
③《报告》第8页，陕西省振务会：《陕赈特刊》1933年第2期。

一公尺发给工资洋一分五厘。乙、其需用开宽而略有挖方填方者，每公尺发给工资洋三分。丙、其挖方、填方超过一方以上者，由监工员查明，经段工程师审核确实者，在工作证备考栏内注明，共有挖方或填方数目，每方发给工资洋五分，其工作证式样另定之。④本办法自呈准省政府之日施行。（5）本办法有因事实所囿，需要变更时，得由当地监督筑路人员呈请修订之。"①

陕西工赈因为兼具社会建设性质，因此具有一定的考察、计划、动员与组织过程。以1929年大旱陕西修路工赈为例：其一，工赈地区与类型。主要根据灾害易发地、灾型及灾区自然环境、社会经济水平等因素而定，一般而言，旱灾频发地区以兴办水利工程为主，水灾频发地区则以浚河筑堤为主，交通阻滞地区以改善交通为主，生态环境恶化的地方以植树造林为主。其二，资金来源与配发。工赈资金主要来源于中央政府拨给、地方政府的补助及社会捐助。"各方救济，争先恐后……赈款约共七百余万"②，为工赈活动提供了有力的资金支持。1930年1月陕西振务会收支各款的统计表中记载，从前救灾委员会到1929年12月，共收赈款银1 461 307.553，单列为交通运输支出的款项计有：西安市工赈队98 700，蓝商车路2000元③。合计有100 000多洋元，关中交通修建占陕西省当年总赈款收入的10%。实际上，各县赈款中大量赈款用于修路，如中央政府拨给永寿洋5000元，县长另由地方筹洋900余元，修筑县城及周围汽车路④。此外，资金的多少又决定着工赈规模的大小与救济灾民的多少。灾民工资的配发，政府有统一的规定，但是实际的工资标准依据各地的经济发展水平、赈款多少、灾民人数多寡等情况而定。其三，工程规模的大小、工程项目的确定、施工地点的考察与勘测、施工方案的设定、施工过程与阶段等，都要经过详细的考核与计划。其四，工程规模与难度还决定了工赈组织机构的规模、专业技术人员的多少。其五，劳工的征招与工种。劳工主要以身体强壮的青壮年灾民为主体，还有部分社会闲散人员，工种根据劳工的具体情况及工程需要来安排。妇女、老弱主要从事编织等纺织行业，青壮年从事工程建设活动。如西安市修路工赈招收壮丁之后予以训练，分编为工程队、筑路队、打井队等，执行不同的任务，"工程队交由市政府将来在城东北建筑新市场平民住所，筑路队

---

①《陕西省政府公报（1935年2月18日）》，西安市档案馆：《民国开发西北》，2003年内部资料，第250页。
②古籍影印室：《民国赈灾史料初编》第6册，国家图书馆出版社2008年版，第123页。
③古籍影印室：《民国赈灾史料初编》第6册，国家图书馆出版社2008年版，第97页。
④古籍影印室：《民国赈灾史料初编》第4册，国家图书馆出版社2008年版，第411页。

由省府交建设厅派往修筑西榆汽车路，打井队俟令技术训练娴熟后，再由民政厅建设厅派往各县或各省垣附近弄山凿井"①。

政府主导之下的工赈，有着较为雄厚的资金支持，且能以国家的强制力保证实施。但是，民国时期特殊的社会环境，使其在实际的实施过程中，亦存在着很多问题：第一，工赈的救灾性质，决定其薪酬往往低于正常劳动中的薪酬，但必须足以维持灾民的最低生活水平。民国时期，中央经费有限而地方经费不足，工赈过程中存在贪污挪用、克扣灾民工资等问题，导致工赈实际规模和工资有所降低，加之灾荒造成物价腾贵，灾民所得报酬难以维持基本生活。第二，工赈大多为修桥铺路之类的重劳力工作，决定了工赈的救济主体为青壮年男性劳动力，老幼、妇女等最需要救济的群体反而多被排除在救济范围之外。第三，经济成本方面，工赈作为一种经济活动，还应综合考虑成本、效率、效益问题，但政府主导下的工赈大多没有理解这一实质，所以很多工程都是为了工赈而工赈，往往造成了资源浪费。如1932年陕西草滩工赈林场"举办领地过晚，失其时间性，当时各地树木多已发芽，未克广植，但性属工赈，时虽再晚，不得不试办，故愈栽天气愈热，而发芽亦愈快，不得不屈服于自然气候，遂停植树工作"②。第四，工程建设方面，工赈低待遇、劳动密集、灾民优先的原则，使专业性工程建设技术人员及劳工缺乏，造成工程耗时长、费用高、效率低，甚至工程质量难以保障。第五，对农业的影响。发展农业是缓解灾情的重要措施，而大量灾民却为了当下生存，应招工赈建设，以致延误农时，进而又影响了来年粮食产量，降低了农业经济的恢复速度。第六，对生态环境的影响。民国时期，陕西为了安置灾民，扩大生产，对山区等不适宜耕种与生存的地方进行了大量的、不计环境成本的招工移民垦殖活动，造成环境的进一步恶化，埋下灾害隐患。第七，阻力不断。工赈活动的主要施工地点在农村，而农民思想封建、保守，对于工赈活动几无所知，并且认为凿河、铺路之类的工程破坏了当地的风水，大加阻拦，影响了工程进度与工赈的效果。

综上，民国时期陕西政府的旱灾应对措施逐渐从传统式的"以养代教"转向"教养并重"，重视积极性、建设性救灾措施的实施力度、广度与深度，救灾措施的现代化趋向明显，政府在救灾机制现代化构建中不只停留在制度规范之中，还积极将原则运用于实践。

---

①古籍影印室：《民国赈灾史料初编》第4册，国家图书馆出版社2008年版，第437页。
②陕西省振务会：《报告》，载《陕赈特刊》1933年第2期。

三、政府救灾资源调控体系的现代化转型

救灾资源储备与调控体系是否完善,是体现一个国家防灾、抗灾、救灾及灾后恢复能力的重要指标。民国时期政府在继承传统资源配置方式的基础上又有所创新,在旱灾救济实践中逐步构建了现代化的救灾资源调控体系。

(一) 救灾资金的筹集与分配

完善的救灾资金保障制度是政府救济灾荒的物质基础。民国初年,北洋政府忙于军阀混战、政权争夺,无心亦无力顾及灾荒救治,救灾资金无定数、缺乏制度性规定;南京国民政府成立后,开始强力介入灾荒救治,国家专用救灾资金制度逐步建立。在国家制度保障之下,陕西救灾资金的筹集亦多层面、多渠道进行。

1. 资金筹集

陕西政府救灾资金的筹集主要有救灾准备金制度、社会捐助、发行政府赈灾公债这三种渠道。

(1) 救灾准备金制度。民国时期,建立了从中央到地方的层级式的救灾准备金制度。1930年,国民政府颁布《救灾准备金法》,规定:"救灾准备金分中央和省区两级构建,国民政府每年应由经常预算收入总额内支出1%为中央救灾准备金,但积存满五千万元后得停止之";"省政府每年应由经常预算收入总额内支出2%为省救灾准备金。省救灾准备金以人口为比例,于每百万人口积存达二十万元后得停止前项预算支出"。对救灾准备金的使用,规定:"遇有非常灾害,为市县所不能救恤时,由省救灾准备金补助之,不足再以中央救灾准备金补助之";"本年度救灾准备金所生之孳息不敷支付时,动用救灾准备金不得超过现存额的二分之一"。[1]

(2) 发行公债。发行公债是政府利用社会闲置资金筹集救灾资金的重要手段,而民国时期商品经济意识的增强、近代金融市场及机构的发展为其提供了实施条件。1920年华北大旱,北洋政府第一次发行赈灾公债,11月颁布《赈灾公债条例》,发行公债400万元,年利率7厘。南京国民政府时期继续沿用,并进一步合法化。立法院于1929年4月通过《公债法原则》,规定政府募集内外债的主要用途之一为"充非常紧急需要,如对外战争及重大天灾等类皆属之"[2]。发行公债已成为政府加强干预、调节经济、应对财政紧张、救济灾荒的重要工

---

[1] 蔡鸿源:《民国法规集成》第39册,黄山书社1999年版,第519页。
[2] 古籍影印室:《民国赈灾史料初编》第4册,国家图书馆出版社2008年版,第456页。

具，但其前提是必须有充裕的闲置资金、发达的金融机构及完善的信用制度。然而，陕西地处西北内陆，商品经济发展水平有限，社会经济意识相对落后，民困商乏，社会闲散资金有限，加之政府腐败导致的信用危机，使其实际操作仍有一定的困难。

（3）社会募捐。发动社会力量募捐救灾是政府筹集资金的又一手段。募捐的对象和途径主要有：政府公务员薪金扣减充作赈捐；向中外各团体及个人募捐；各地中外银行设立赈捐代收处；各地设立募捐分处；海外侨民设立募捐分处；中外各报登载广告征集捐款等。此外，国民政府还积极嘉奖和鼓励社会踊跃捐助，如北京政府于1914年8月颁行《义赈奖劝章程》，南京国民政府颁布《振款给奖章程》《振务委员会助振奖给章程》《公务员捐俸助振办法》等法规章程，对捐款者予以一定的匾额、褒状、褒章等奖励。国民政府为了加强对赈款的管理，防止贪污挪用，于1931年底公布了《振务委员会收存振款暂行办法》和《振务委员会提付振款暂行办法》，对振款的管理做出明确规定。

2. 资金的分配

陕西地区的旱灾赈款以办理急赈、工赈等救灾活动为主，具体来说有如下特点：

（1）赈款形式以急赈款、工赈款、平粜款为主，按受灾县灾情配发。1937—1942年各级政府向陕西各受灾县拨发了急赈款，各县所得赈款数额较小（如表4-4所示）；1939—1941年期间，政府还拨发了工赈款、平粜款、粥厂款等，但仅局限在部分县份中，赈款数额较大（如表4-5所示）。

表4-4 1937—1942年各年急赈款分配表

年别	县	赈款（元）	县	赈款（元）	县	赈款（元）	县	赈款（元）	县	赈款（元）	县	赈款（元）
1937	鄠县	900	商南	3000	—	—	—	—	—	—	—	—
1938	榆林	800	府谷	800	靖边	1600	定边	500	葭县	600	横山	800
	米脂	600	神木	2800	绥德	4400	延安	2800	清涧	800	凤翔	1300
	宝鸡	1000	盩厔	500	吴堡	500	山阳	3000	商县	1500	宁陕	3500
	雒南	1000	镇安	2500	商南	1500	镇巴	1500	西乡	2500	凤县	1500
	安康	1500	岚皋	6000	平利	3000	佛坪	1500	长安	8850	高陵	1400
	镇坪	3000	洵阳	1500	白河	1500	渭南	500	华阴	2000	平民	1500
	石泉	2000	紫阳	3500	—	—	—	—	—	—	—	—

续表

年别	县	赈款（元）	县	赈款（元）	县	赈款（元）	县	赈款（元）	县	赈款（元）	县	赈款（元）
1939	安康	46000	商南	3000	白河	11500	洵阳	11740	紫阳	1000	褒城	1000
	西乡	4500	岚皋	9000	神木	7500	米脂	5800	莨县	5000	靖边	4000
	定边	4000	横山	6000	鄜县	1000	南郑	4000	城固	2000	洋县	2000
	沔县	2000	宁强	2000	佛坪	3000	朝邑	2000	武功	1000	汧阳	2000
	府谷	5000	商县	4500	平利	9000	—	—	—	—	—	—
1940	宜君	4000	白河	3000	南郑	4000	城固	2000	西乡	1500	汧阳	2000
	洋县	2000	沔县	2000	褒城	3000	宁强	2000	邠县	4000	府谷	2000
	佛坪	3000	旬邑	200	淳化	2000	朝邑	2000	武功	1000	镇坪	5000
	淳化	3500	中部	4000	宜君	4000	宜川	4000	洛川	5500	鄠县	2500
1941	安康	5000	宁强	3000	大荔	1500	凤县	4000	西乡	4000	商县	3000
	柞水	2000	雒南	2000	山阳	2000	兴平	500	三原	4000	乾县	3000
	醴泉	2000	武功	2500	同官	2000	旬邑	1500	汉阴	3000	中部	500
	朝邑	1500	韩城	4000	白水	2000	蒲城	4000	澄城	2000	富平	2000
	蓝田	3000	鄠县	500	宜君	2000	宁强	3000	潼关	1500	城固	3000
	临潼	2000	邠阳	500	宜川	2000	留坝	2000	商南	1500	白河	6000
	紫阳	2000	洵阳	3000	南郑	4000	洛川	3000	褒城	3000	汧阳	2000
	咸阳	500	镇巴	3000	耀县	2000	麟游	8000	宝鸡	500	—	—
1942	大荔	1500	凤县	4000	—	—	—	—	—	—	—	—

资料来源：

《振济各县拨款单卷》，陕西省档案馆，馆藏号：64，目录号：1，案卷号：162；《本会向省政府呈报赈款支用形式》，陕西省档案馆，馆藏号：64，目录号：1，案卷号：161；《本会关于振济事业的概要、办法、配振表》，陕西省档案馆，馆藏号：64，案卷号：1，目录号：196。

表 4-5 陕西省振济会 1939—1941 年各区县赈款分配表

年别	县别	赈款（元）	用途	县别	赈款（元）	用途
1939	石泉	5100	工赈	安康	20 000	平粜
	榆林	2000	工赈	榆林	20 000	平粜

续表

年别	县别	赈款（元）	用途	县别	赈款（元）	用途
1939	佛坪	3000	平粜	凤县	4000	平粜
	安定	1045	工赈	神木	1000	平粜
	镇安	5000	籽种	镇安	20 000	购粮
	西乡	4000	平粜	略阳	3000	平粜
	城固	4000	平粜	—	—	—
1940	榆林	8500	办理平粜粥厂	府谷	2000	办理粥厂
	神木	7500	办理粥厂	靖边	4000	平粜纺织工厂
	米脂	5000	平粜粥厂	定边	4000	平粜工厂
	葭县	4000	平粜、急赈	葭县	8000	办理粥厂
	横山	6000	办理粥厂、纺织三厂工赈	佛坪	7000	购买耕牛籽种
1941	山阳	20 000	急赈购粮	城固	2900	工赈
	葭县	8000	办理粥厂	府谷	2000	办粥厂
	韩城	500	小手工业基金	—	—	—

资料来源：

《本会关于振济事业的概要、办法、配赈表》，陕西省档案馆，馆藏号：64，目录号：1，案卷号：196；《振济各县拨款单卷》，陕西省档案馆，馆藏号：64，目录号：1，案卷号：162；《各县水灾配赈表（一）》，陕西省档案馆，馆藏号：64，目录号：1，案卷号：109-1。

（2）赈款的拨发一般根据各县呈报的灾情等级分配，一般来说，受灾重者，赈款数额相对较多。

（3）平均到每个灾民身上的具体赈款数额微乎其微，这对于饱受饥荒折磨的灾民来讲，无异于杯水车薪。如1928年大旱，据各县呈报，至1929年2月底，陕西省灾民共6 505 318人，陕西省振济会"所收赈款至一月份止仅十万零七千零五十一元二角五分六厘，二月份又收到五千四百零八十九角四分五厘，共十一万二千四百六十元零二角零一厘，若以此款分给全数灾民，每个饥民均得一分七厘，无怪饥民赔死道旁者日见其多"[1]。

综上，民国时期，陕西旱灾救济资金的筹措在继承传统社会募捐的基础上，

[1] 古籍影印室：《民国赈灾史料初编》第4册，国家图书馆出版社2008年版，第456页。

又确定了多样化的新渠道，尤其是国家救灾准备金制度的确立，标志着陕西救灾资金制度由传统救灾资金因灾而定的临时性与随意性，逐渐转向常规化、法制化的渠道。虽然为了救济旱灾，陕西政府多方筹集赈款，但从用途上来讲还是以急赈款为主，工赈、平粜等现代性、科学性的赈款拨给较少；分配过程中亦存在着灾民所获赈款数额偏少等种种问题。

（二）粮食的储备与调控

灾荒是以粮食危机为核心而引发的全面性社会危机，表现为粮食需求量与供给量在时空上的矛盾。因此，政府救灾的一个重要方面，即从时间和空间上对有限的粮食资源根据人员的需求量进行有效、合理地调配。中国自古以农立国，仓储与平粜是国家保障粮食安全、稳定社会的重要措施。仓储主要是对粮食按地域进行时间上的储备，平粜是荒年对粮食进行空间上的调配，仓储是平粜有效进行的前提。二者能否相互配合有效运行，显示了一个国家应灾和抗灾的宏观调控能力。

1. 仓储

仓储制度，意在积谷备荒，是我国最古老的救荒制度。古语有云：三年耕而有一年之积，九年作而有一年之储，则虽有水旱为灾而人无菜色，皆劝导有方，蓄积先备故也。民国初期，粮政混乱，陕西既未设立粮食专管机构，又未提倡储粮积谷，致使清末建起的一大批官仓民仓逐渐废弃，以致无力应对连年灾害，造成人口大量死亡和经济破败。直至1927年南京国民政府成立后，才开始重视仓储制度。

（1）加强对传统仓储的立法管理。1928年7月，内政部颁布《义仓管理规则》。10月，内政部会议颁发训令："义仓为储备民食，各省已经废弛，废弛之省份尤应统盘筹计，监饬各县市地方迅速筹办，无论整顿旧仓或筹设新仓，均应由各省民政厅认真考察督促进行，并限于本年终务将办理确况呈明本部，以凭考核。"[①] 1930年1月，内政部又颁布《各地方仓储管理规则》，规定："各地方为备荒恤贫设立之积谷仓，分为县仓、市仓、区仓、乡仓、镇仓、义仓六种，依本规则办理之。"其中，义仓由个人捐办，其他5种由国家兴办，县仓、乡仓、镇仓、义仓为必设仓，市仓、区仓的设立由民政厅根据各地实际情形确定[②]。

[①]《各地方仓储管理规则、各省社仓义仓现况调查表、各地方建仓积谷办法大纲》，陕西省档案馆，馆藏号：9，目录号：2，案卷号：835。
[②] 徐百齐：《中华民国法规大全》第1册，商务印书馆1936年版，第807页。

（2）实践——全国性的仓储管理整顿。1930年后，开始了全国性的仓储管理整顿，但陕西"预防灾荒，裕民食"的仓储混乱无序，基本形同虚设。"1931年各省呈报内政部的办理仓储情形，各县旧有之常平仓或已倾圮无存，或已移作别用，各乡村旧日所办社仓、义仓，亦均久已停废，无从改设，纵有少数县份设有仓廒，而所存仓谷又多挪用，以致仍难举办"①；而"各省市民仓库暨义仓数目，向无法精确统计，值此灾患频仍，国家正值准备储粮备荒之际，极应设法调查，以凭办理"。因此，为了精确调查统计各省县市民仓、义仓数目及现状，进行仓储建设，以便储粮备荒，1936年行政院制定了各省市民仓暨义仓调查表式②。陕西省遵照中央指示，调查了全省各县仓储的建立情况，全省92县，有仓储设置的仅部分县（如表4-6所示）。

表4-6 民国陕西仓储情况调查表

县名	仓库名称	房屋间数	容量（石）	现在储存数（石）	
				米（麦）	谷
鄠县	常平仓	35	8000	无	3600
蓝田	县仓	13	1500	无	1000
朝邑	义仓	58	4000	无	无
韩城	义仓	36	10 600	无	2 976.56
大荔	县仓	12	11 000	无	6 856.214
凤翔	县仓	48	7000	小麦 400 石	
华县	县仓	19	5937	麦 1005	446
	民仓	5	800	无	无
紫阳	义仓、民仓	3	500	无	无
略阳	义仓	3	1000	无	285
凤县	义仓	3	500	180	20
石泉	县仓	2	800	无	67
神木	民仓	3	300	无	140.024
定边	—	11	120	无	无
岐山	县仓	15	7000	无	2453

---

①《各地方仓储管理规则、各省社仓义仓现况调查表、各地方建仓积谷办法大纲》，陕西省档案馆，馆藏号：9，目录号：2，案卷号：835。
②《各县民仓义仓调查表（四）》，陕西省档案馆，馆藏号：9，目录号：2，案卷号：838-4。

续表

县名	仓库名称	房屋间数	容量(石)	现在储存数(石) 米(麦)	现在储存数(石) 谷
武功	县仓	13	2000	无	无
白水	社仓	10	1700	无	无
白水	义仓	16	2000	无	无
澄城	县仓	14	2800	无	239.454
同官	义仓	15	2800	无	1300
高陵	县仓	80	10 000	无	1800
蒲城	县仓	—	10 000	无	2351
宝鸡	县仓	18	9800	无	1138
商县	义仓	4	1200	无	261.172
陇县	县仓	16	6800	麦3 244.82	940.011
陇县	义仓	12	4800	无	无
横山	县仓等	14	2200	无	353.83
肤施	县仓	13	2800	无	无
中部	义仓	5	700	无	217.2
宜君	县仓	—	3000	无	无
汧阳	县仓	6	5000	无	1100
西安	野马仓	3	1000	无	无
城固	义仓	11	3600	无	无
西乡	义仓	5	5000	无	2 005.24
褒城	义仓	—	3 261.86	—	—
白河	义仓	25	2760	139.25	80.5

资料来源：

《各县民仓义仓调查表（一）》，陕西省档案馆，馆藏号：9，目录号：2，案卷号：838-1；

《各县民仓义仓调查表（一）》，陕西省档案馆，馆藏号：9，目录号：2，案卷号：836-1；

《各县民仓义仓调查表（一）》，陕西省档案馆，馆藏号：9，目录号：2，案卷号：837-1；

《各县民仓义仓调查表（二）》，陕西省档案馆，馆藏号：9，目录号：2，案卷号：837-2；

《各县民仓义仓调查表（二）》，陕西省档案馆，馆藏号：9，目录号：2，案卷号：838-2；

《各县民仓义仓调查表（二）》，陕西省档案馆，馆藏号：9，目录号：2，案卷号：836-2；

《各县民仓义仓调查表（三）》，陕西省档案馆，馆藏号：9，目录号：2，案卷号：837-3；

《各县民仓义仓调查表（三）》，陕西省档案馆，馆藏号：9，目录号：2，案卷号：838-3；《各县民仓义仓调查表（四）》，陕西省档案馆，馆藏号：9，目录号：2，案卷号：838-4。

可见，大部分的县无义仓储设置，如旬邑"无仓无从造表"①，南郑"无民仓义仓"②。有的县因战乱或灾荒而废弃，如沔县向无民仓，自去春乱后，"义仓亦破坏无余，无从查填"③；富平县"自军兴后，仓政废弛，民鲜储蓄，既无民办义仓，更鲜以营利为目的而设之粮食仓库"④；宁强"地方贫瘠，收藏歉薄，每年粮食所入多不能自给，以致民仓均无设置，至于义仓更无设备，以前38军驻防此间，虽经积谷约有400余石，亦后专备军用。去年劫匪之后，继以灾祲，收以微薄，无法积储，致未实现，拟今年秋收之后拟具办法积极进行"⑤；绥德"因地方贫瘠，又历经匪扰，民间已无储粮，县仓及各乡义仓积谷，已于十八年因灾情严重，散放殆净。嗣后历经县宰，亦未将已放义粮设法补充，而城区仓廒旧址，又分别改作他用，无从查填"⑥；扶风"遭奇灾之余，元气溃丧，尚未恢复，县长调查全县不但无粮商囤积仓粮，即人民每户常备之吃谷仓多不敷用"⑦；麟游"并无民仓，所有以前各里义仓，迭遭悍匪，颗粒无存，现在所办之县乡镇仓，即利用该仓原有仓房修葺存储"⑧。

即使是有仓储设置的县，也存在着规模有限、仓储种类单一的现象。多数仓库是利用祠堂、庙宇或公私房屋改造而成，仓储条件较差。如定边县仅"砖砌圆廒一所"⑨；高陵通远坊乡仓"借用通远坊天主堂乡房"，县仓为"城乡义仓旧址及改修隍庙廊房"⑩；陇县义仓为"城内土地祠，破烂12间"⑪，民仓为"公共处所，或利用庙宇改筑"⑫。此外，这些仓储大多数并未储存谷粮，或存粮有限（如表4-6所示）。虽经8年一再动员积储，但不少地方仍然存粮很少，有的甚至一直有仓无粮。"到1942年初，省民政厅向省粮政局移交积谷业务时，全省各县仅有民办积谷仓583处，总仓容为1 675 390市石，实际存粮只有

---

① 《各县民仓义仓调查表（三）》，陕西省档案馆，馆藏号：9，目录号：2，案卷号：838-3。
② 《各县民仓义仓调查表（三）》，陕西省档案馆，馆藏号：9，目录号：2，案卷号：838-3。
③ 《各县民仓义仓调查表（四）》，陕西省档案馆，馆藏号：9，目录号：2，案卷号：838-4。
④ 《各县民仓义仓调查表（二）》，陕西省档案馆，馆藏号：9，目录号：2，案卷号：836-2。
⑤ 《各县民仓义仓调查表（四）》，陕西省档案馆，馆藏号：9，目录号：2，案卷号：838-4。
⑥ 《各县民仓义仓调查表（三）》，陕西省档案馆，馆藏号：9，目录号：2，案卷号：837-3。
⑦ 《各县民仓义仓调查表（二）》，陕西省档案馆，馆藏号：9，目录号：2，案卷号：836-2。
⑧ 《各县民仓义仓调查表（三）》，陕西省档案馆，馆藏号：9，目录号：2，案卷号：838-3。
⑨ 《各县民仓义仓调查表（二）》，陕西省档案馆，馆藏号：9，目录号：2，案卷号：837-2。
⑩ 《各县民仓义仓调查表（二）》，陕西省档案馆，馆藏号：9，目录号：2，案卷号：837-2。
⑪ 《各县民仓义仓调查表（二）》，陕西省档案馆，馆藏号：9，目录号：2，案卷号：837-2。
⑫ 《各县民仓义仓调查表（二）》，陕西省档案馆，馆藏号：9，目录号：2，案卷号：837-2。

207 158市石"①。

因此，民国时期陕西仓储制度基本形同虚设，根本无力应对这一时期连绵的旱灾，甚至起到了反作用。如汉阴县，地瘠民贫，丰年大有，仅能自给，"1928年后，匪灾不断……致形成今日万劫不复之局"。面对这种情况，当地绅耆"咸谓县无仓储，或可减少土匪觊觎，有之，则不啻招之事来。仓储本国家善政，不图反为国家致匪之资，岂设施初意所及料哉!"②救灾制度反成致灾因素，地方政府的腐败是其主要原因。

2. 平粜

平粜是灾荒发生后，政府将粮食以低于市价的价钱卖给灾民、救济灾民的一项重要措施。1934年，国民政府颁布了《各省市举办平粜暂行办法大纲》，规定："凡被灾区域遇粮价过高或遇青黄不接时，应就原有仓储积谷开办平粜，其未设仓储地方，应筹集资金举办"，"仓储平粜总数最高不得逾仓存7/10"。并规定："办理平粜机关除各省市县政府外，凡慈善团体、公益机关均可举办，惟须先得各该主管监督官署之许可。"③

陕西省的平粜事宜主要在省及各县振济会的主持下进行。1940年12月30日，召开了陕西省平粜委员会第一次会议，"第5救济区朱前时特派委员为平抑西安粉价，商同陕西省政府会同创设"，标志着陕西省平粜委员会的成立。会议的主要议题如下④：①组织讨论平粜委员会事宜。②平粜麦粉如何提取：由第5救济区一次供给麦粉20 000袋。③平粜粉价：较西安市面通粉价值低1元。④由第5救济区负责，粮管局协助。⑤关于组织机构案：名称为陕西省会平粜委员会。委员：第5救济区、省振济会、粮食管理局、建设厅、民政厅，余请省政府指定。组织：推常委3人，设置总务、储备、调查分配3组，会计室人员由各参加机关调用，概不支薪。⑥会址。⑦组织规程：由建设厅代表杨宝青起草，送由粮管局、第5救济区核阅，呈省政府核定。⑧售粉价款：概交第5救济区，以便继续购麦制粉，循环供给平粜。此后，又相继召开了陕西省会平粜委员会第2、3、4次会议，商讨平粜具体事宜。根据1941年11月5日第5次委员会议记载，发粜情形如下：总务组报告，截至1941年9月5日，共粜出第一期麦粉3514袋（每袋15元1角），收洋53 061.4元；截至1941年11月5日，共粜出

---

①陕西省地方志编纂委员会：《陕西省志·粮食志》，陕西旅游出版社1995年版，第45页。
②《各县民仓义仓调查表（四）》，陕西省档案馆，馆藏号：9，目录号：2，案卷号：838-4。
③蔡鸿源：《民国法规集成》第40册，黄山书社1999年版，第1页。
④《陕西省平粜委员会工作通知、组织规程以及函件》，陕西省档案馆，全宗号：64，目录号：1，案卷号：203。

第 2 期麦粉 3199 袋（每袋 19 元 5 角），收洋 62 380.5 元；发售破漏麦袋之土粉 421 斤（每元 3 斤），收洋 140.3 元。储备组报告存储各期麦粉数目：存第一期麦粉 83 袋，存第二期麦粉 396 袋，存第三期麦粉 2800 袋。调查分配组报告配发第 2 期粜粉情形：配发三、十两区及东北新区麦粉 600 袋，配发一、八两区麦粉 660 袋，配发二、七及直辖区麦粉 720 袋，配发四、九两区麦粉 680 袋，配发五、六区麦粉 600 袋，总数 3600 袋，除发以外余 340 袋，正在查发中。1942 年 2 月 5 日，召开了陕西省会平粜委员会第 6 次委员会议，"惟因粉量较少，不易到达平抑粮价之目的，无形中遂变为救济贫民难民之工作，故历次粉价均定甚低，计第一期为 15 元 1 角，第 2 期为 19 元 5 角，第 3 期为 30 元。办理以来，尚称顺利，最近奉义赈委员会申令，陕西省麦粉已取消统制，难民妇孺已设所收容，平粜会无存在的必要"。这标志着陕西省会平粜委员会停办。

平粜指政府运用行政手段人为地调控粮价，其本质是违反市场自我运行规律的，而民国时期仓储积谷废弛也导致了政府平粜粮源受限。为此，政府注重运用市场调节功能，借助商贩商业运粮来自由流通粮食，维持各地粮食供需平衡。如政府颁布《保护奖励商运米粮条例》，积极保护商运平粜，条例如下："①本会开通商运米粮，辅助平粜为宗旨，凡有团体或个人筹款，向外省购米粮，经本会查明核准者，得按本条例，分别保护奖励之；②保护条例列左：本会向购运米粮地点代为接洽；发给本会护照及保护旗；电知经过地方军警，特别保护；③奖励条例列左：火车运费全免，但须提所免费之五成，充作本会赈款，赈济极贫之灾民；能以大宗款项购粮，源源周转，至三次以上者，给予本会之褒奖状（暂定二万元以上，称为大宗款项）；能以大宗款项购粮，源源周转，至五次以上者，本会呈报、请省政府给予褒奖状；④商运米粮，其斗价须按其粮之种类，及来路之远近，斟酌情形平粜之；⑤自运食粮者，不得享受第二条第三条之权利；⑥商运米粮，应用车船等脚价，由商家自行经理，如因觅雇等事，商家力量所不及者，本会今当尽力协助之；⑦本条例议决后公布施行，如有未尽事宜，提出会议增修之。"①

那么，《保护奖励商运米粮条例》在陕西施行的实际效果如何呢？从 1931 年《陕灾周报》上《现行保护商运平粜办法》一文可见一斑：

> 陕西省连遭三年灾荒，交通又异常阻滞，运输极感不便，闹得潼关以内的粮价，要比晋豫增大到三四倍，这固然是冯系军阀勒索食粮入境税及面袋捐的缘故，也着实是从前赈务当局未能切实保护商运平

---

① 古籍影印室：《民国赈灾史料初编》第 4 册，国家图书馆出版社 2008 年版，第 13 页。

粜所致。

商运平粜，在宋哲元时代，也曾实施过两次，但无保护法，是牺牲了血本，他们买的粮，悉数被军阀所没收，如同州前年九月间，商民买粮之存储陕灵待运者，尽被冯军没收，即此一次，同州商民已三百万元，省城则在千万元以上，而平粜呢？更不过是"扬汤止沸"罢，少数的食粮，用廉价票售于商民，结果用官厅的威力，迫胁的买去，复用高价售与商民，在当时不过仅好过了许多贪污土劣、流氓地痞，暗里剥削或是中饱，结果闹得粮价越大、灾民越苦罢了。

所以在冯系祸陕时代，有时他们也在说，救济陕灾，而一般人都不惯听那一套虚伪的空话，趁早地避开，完全认商运平粜为畏途，没有一个人来应声，而一般豪商奸贾，却暗中居奇，垄断食粮，高抬市价，遂致生活飞涨，百物昂贵，食粮愈少，囤积愈多，每人每月生活费用，不下二十余元，闹得全陕成了"酆都地域"，饿死的灾民，有三百余万之多！

现在省赈会已通过《保护商运平粜办法》，共五条已公布，对于商民在外省各地购粮，特别保护，将来运者愈多，粮价自落，需要供给，既然不至悬殊，社会自然安定。我希望一般明白事时势的商民们，踊跃从事，以拥护现政府救济灾荒的施政方针，以接济次贫灾民青黄不接时期的食粮，总不要把商运粮食到灾区出粜时，从中上下其手，惟利是图，反借政府保护商运的力量，喊着平粜的口号，以剥削灾民，令人齿寒！①

平粜措施是以政府的力量"平市价，增加食粮数量，救济次贫"②，以缓解灾荒的影响，而粮食来源、运营成本、交通、战乱等问题都会影响其最终效果。1939年，榆林地区旱灾严重陕西省振济会拨榆林区购粮款30 000元，用以"地方发生粮荒，购粮调节民食"，发神木10 000万元，横山5000千元，其余15 000千元归榆林县借用。榆林县"本年秋收不及二三成，灾情倍前严重"，"现在粮食不特来源缺之，且又敌机不时飞拢，加之多部队各机关人员骤增，实属供不应求"，"惟榆林城以前食粮恐慌，当将城乡民间存粮清查发卖，一面保护粮商积极运销，虽已暂维现状，决难持久，兼产粮地带动辄二三百里，粮价到处飞涨，再加运价赔累，将无归补，因召集绅商会议，众谓此项粮运预算需赔

---

① 《现行保护商运平粜办法》，载《陕灾周报》1931年第9期，第2—3页。
② 古籍影印室：《民国赈灾史料初编》第4册，国家图书馆出版社2008年版，第542页。

八千元,民贫商困无力负担,若能持至六七月底,蒙地草赤,前往伊盟贝托地购运,较有把握"。① 因此,民国时期平粜实际效果有待质疑:其一,平粜粮食来源主要是仓储粮,如前所述,民国仓储几乎形同虚设,且遍地灾荒,如1921年西北五省大旱,到处缺粮,别省运粮亦不可行;其二,平粜的目的是调控粮价,并收回成本,灾后到处粮价飞涨,成本过高,政府无力举办;其三,奸商贪官从中渔利,粮价反而抬高;其四,战乱不断,粮运阻滞,耗费严重;其五,军队驻扎,耗粮量大,粮食更加缺乏;其六,惠及范围有限,平粜的对象多是"次贫"户,即有一定购买力的灾民,而大多数灾民都是家徒四壁,无力买粮。可见,平粜的目的是救济灾民,但是民国时期特殊的社会环境,导致仓储废弛,平粜无力,使这一措施丧失了其原有意义,甚至加重了灾民的负担。

综上,民国时期,陕西以资金和粮食为核心的政府资源调控体系,在吸收传统精髓的基础上又有所创新,重视经济运行规律之上的社会自主融通,并纳入法制化的轨道,从"无法可依"到"有法可依",这无疑是时代的进步。但是"有法可依"不等于"有法必依",政府救灾资源实际分配过程中的腐败贪污、行政程序低效等问题是造成这一时期救灾成效有限的根本原因。

四、旱灾救助措施之水利建设的现代化实践

民国时期,陕西旱灾的发生与水利设施的破坏进入了恶性循环的状态:一方面,传统的旧有水利设施和制度废弛,丧失了灌溉和减排的功能,无力应对灾害;另一方面,频繁的旱灾,又直接破坏了水利设施,进而加剧了灾荒。因此,对陕西水利事业进行整体的、因地制宜的、科学的规划与建设成为扭转这种局面的首要任务。陕西省自上而下的水利建设即在这种局面下开展起来,为陕西省旱灾救助机制的现代化实践做了诸多努力。

(一) 制度构建

陕西省政府进行水利制度和机构层面的构建,逐渐形成现代化的层级水利管理体制。首先,建立水利机构。为了更好地管理水利设施,使其有效发挥功效、应对旱灾的发生,1916年陕西省政府设立全国水利局陕西水利分局,主管全省水利事务,并于1922年4月13日更名为陕西水利局,隶属省建设厅。1921年,利用救灾余款筹办引泾灌溉工程,成立渭北水利委员会,从此陕西省有了统一的水利机构。1930年1月27日,成立省农田水利委员会,聘请省农、林、水各部门7位领导为专门委员。1932年8月,陕西省政府颁布《陕西省各河堤

---

① 《第一区平粜卷》,陕西省档案馆,馆藏号:64,目录号:1,案卷号:67。

防协会暂行组织大纲》,并由省水利局会同各县督导组织成立。其次,颁布水利管理法规。1930年6月2日,陕西省政府颁布《防止土壤冲刷及改造梯田实施方案》与《暂行办法》,进行梯田改造;1943年9月,国民政府行政院颁布《陕西省黑惠渠灌溉管理规则》;1944年,行政院颁布《陕西省褒惠渠灌溉管理规则》《陕西省泾惠渠灌溉管理规则》《陕西省渭惠渠灌溉管理规则》《陕西省梅惠渠灌溉管理规则》《陕西省汉惠渠灌溉管理规则》。此外,陕西省还建立了现代水文测量站,并培养现代水利工程人员:1931年,渭河设站测流,4月26日实测黄河壶口瀑布,12月1日成立西安测候所(1943年10月改为陕西省测候所,1947年10月10日改为陕西省气象所)[①]。

无疑,制度层面的构建为现代化水利工程的建设创造了良好的条件,但是实际的防灾减灾水利工程的建设却没能同步跟进,直至1927年国家在形式上逐步统一之后,陕西水利工程的规划与建设才真正步入正轨。

(二)水利建设实践

1. 修建大型水利工程

1928—1930年,陕西三年大旱,修建一座现代化的大型水利工程便提上了日程。泾惠渠是陕西也是我国首个现代化大型灌溉工程,在李仪祉的主持下,工程分两期实施,第一期从1930年冬季至1932年6月20日举行放水典礼;第二期从1933年至1934年底,全部引泾工程历时四载而成,可灌溉醴泉、泾阳、三原、高陵、临潼等大片农田[②]。到1949年,泾惠渠的注册面积从开始的67.9万亩发展到73万亩,实际受水面积为60.6万亩[③]。

泾惠渠作为一个成功的典型示范案例,引发了陕西各地兴修水利的高潮。1933年编制的《陕西水利工程十年计划纲要》,规划了以泾惠渠、洛惠渠、渭惠渠、沣惠渠、涝惠渠、梅惠渠、黑惠渠、泔惠渠为主的"关中八惠"工程,以及陕南的汉惠渠、褒惠渠、湑惠渠,陕北的定惠渠、织女渠等(如表4-7所示)。同时,"关中八惠"与其他诸渠工程的新设计、新工艺、新材料及新的管理方法,开创了陕西现代水利建设的先河,居全国领先地位。

[①]陕西省地方志编纂委员会:《陕西省志·水利志》,陕西人民出版社1999年版,第78页。
[②]叶遇春:《泾惠渠志》,三秦出版社1991年版,第116—117页。
[③]叶遇春:《泾惠渠志》,三秦出版社1991年版,第259页。

表 4-7 民国时期陕西省兴修水利概况表

区别	项别	渠别	引用水源（河名）	灌溉区域（县名）	灌溉面积（亩）	备注
关中	已完成	泾惠渠	泾河	醴泉、泾阳三原、高陵临潼	730 000	由水利局管理，于1932年放水
		渭惠渠	渭河	郿县、扶风武功、兴平咸阳	600 000	由水利局管理，于1937年放水
		梅惠渠	石头河	郿县、岐山	132 000	由水利局管理，于1938年放水
	进行中	洛惠渠	洛河	蒲城、大荔朝邑	500 000	由水利局管理，于1934年开工
		黑惠渠	黑河	盩厔	160 000	由水利局管理，于1938年开工
		沣惠渠	沣河	长安、鄠县咸阳	230 000	由水利局管理，于1941年9月开工
	计划中	汧惠渠	汧水河	宝鸡、凤翔	170 000	由泾洛工程局设计
		涝惠渠	涝河	盩厔、鄠县	50 000	由泾洛工程局设计
陕南	已完成	汉惠渠	汉江	沔县 褒城 南郑	110 000	由水利局管理，于1941年9月放水
	进行中	褒惠渠	褒河	褒城 南郑	130 000	由水利局管理，于1939年8月开工
		湑惠渠	湑水河	城固 洋县	150 000	由水利局管理，于1941年9月开工
	计划中	牧惠渠	牧马河	西乡	10 000	由水利局设计
陕北	已完成	织女渠	无定河	榆林 米脂 绥德	11 000	由水利局管理，于1939年4月放水
	进行中	定惠渠	无定河	横山 榆林	50 000	由水利局主持，于1931年3月开工
	进行中	榆惠渠	榆溪河	榆林	27 000	由水利局设计
		云惠渠	屈野河	神木	17 000	由水利局设计
总计		16	15	30	3077 000	—

资料来源：
陕西省政府统计室编印：《陕西省统计资料汇刊》1941年水利事业专号，第26页。

2. 整理旧有渠堰

据1938年统计，历史时期开发的旧有渠堰几乎遍布陕西，总灌溉面积不可小觑（如表4-8所示）。但是这些渠堰多遭破坏，灌溉排水功能甚微。如果对其加以整治利用，便可以和大型水利工程互补，形成省、县、乡立体式灌溉格局，可以更有效地防灾减灾。因此，陕西各地对旧有渠堰进行了整理，关中地区"较大之河流，除泾、渭外，如沣、沣、灞、石川等，均饶灌溉之利，现均在计划或开挖新渠，或整理旧堰"；汉南一带"渠堰栉比，水利甚薄，只因历史甚久，管理不善，以致弊窦丛生，讼案纷纷。为彻底整理计，水利局特设汉南水利管理局专司其事"；陕北"渠堰亦在计划整理中"①。

表4-8　民国时期陕西省各河渠堰数目及灌溉面积调查表

河流名称	渠堰数目（条）	灌溉面积（亩）	灌溉县区	河流名称	渠堰数目（条）	灌溉面积（亩）	灌溉县区
关中地区							
沣河及支流	25	8840	长安、鄠县	浐河及支流	5	640	长安、蓝田
灞河及支流	12	2584	长安、蓝田	洪坑河	1	200	临潼
涝河	2	3020	鄠县	戏河	1	950	临潼
冷河	1	300	临潼	沙河	1	120	临潼
赤水河	1	700	渭南	酒河	1	1900	渭南
敷水	1	2000	华阴	沪水	8	3650	韩城
清峪河	4	42 200	三原	浊峪河	2	2600	三原
白水河	1	30	白水	县西河	2	350	澄城
大峪河	2	500	澄城	漆水	5	920	同官、耀县
石川河	16	20 030	富平	赵氏河	1	1080	富平
冶峪河	1	80	淳化	皇润河	1	160	邠县
过涧河	1	70	邠县	漆水	1	170	邠县
三水河	1	40	邠县	杜水	1	100	麟游
汧水	4	4328	陇县、宝鸡	金陵河	2	2800	陇县、宝鸡
清姜河	2	2500	宝鸡	浦峪河	2	2120	陇县
雍水	2	280	岐山	武水	2	2100	武功、乾县

---

① 陕西省银行经济研究室：《十年来之陕西建设》（1942年8月），载西安市档案馆《民国开发西北》，2003年内部资料，第515—516页。

续表

河流名称	渠堰数目（条）	灌溉面积（亩）	灌溉县区	河流名称	渠堰数目（条）	灌溉面积（亩）	灌溉县区
关中地区							
耿峪河	1	420	盩厔	黑河	1	1100	盩厔
泸河	1	120	盩厔	田峪河	1	520	盩厔
赤峪河霸王河	7	2630	郿县	苇峪沙子河	1	500	郿县
汤峪河	2	1190	郿县	临潼诸泉	3	480	临潼
胡公泉	1	1400	鄠县	盩厔诸泉	4	3660	盩厔
岐山诸冶泉	2	1320	岐山	汧阳诸泉	4	760	汧阳
凤翔诸泉	4	1710	凤翔	郿县诸泉	5	1330	郿县
温泉河	10	5260	富平	漫泉	1	870	蒲城
邠县诸沟泉	11	1190	邠县	潼关诸沟泉	3	2160	潼关
郃阳诸沟泉	5	729	郃阳	总计	185	143 911	—
陕南地区							
褒水	3	105 950	南郑、褒城	湑水	6	80 100	城固、洋县
濂水	9	31 500	南郑、褒城	冷水	5	21 400	南郑
养家河	11	10 600	沔县	旧州河	2	8000	沔县
黄沙河	3	10 200	沔县、褒城	南沙河	11	18 925	城固
溢水	3	3650	洋县	灙水	3	5250	洋县
洋河	1	5000	西乡	法西河	6	2700	西乡
丰渠河	4	2500	西乡	文水河	3	3700	城固
堰沟河	2	300	城固	饶峰河	1	993	石泉
珍珠河	1	500	石泉	大坝河	1	600	石泉
池河	1	200	石泉	月河	5	13 960	安康、汉阴
黄洋河	1	100	安康	洵河	2	3050	洵阳
蜀河	1	100	洵阳	间河	1	100	洵阳
玉带河	1	1000	宁强	大散水	1	100	凤县
大河	1	448	留坝	丹江	4	900	商县
大越峪河	1	280	商县	干河	1	340	镇安

续表

河流名称	渠堰数目（条）	灌溉面积（亩）	灌溉县区	河流名称	渠堰数目（条）	灌溉面积（亩）	灌溉县区
陕南地区							
金井河	2	180	镇安、山阳	丰水河	1	160	山阳
县河	1	430	商南	山沟小河及诸溪水	33	17 549	南郑、褒城、洋县、西乡、汉阴、安康各一部分
山涧泉水	13	26 445	南郑、褒城、西乡各一部分	总计	145	377 210	—
陕北地区							
无定河	2	670	横山、绥德	大理河	2	222	绥德
葫芦河	9	1230	中部	沮水	1	170	中部
秃尾河	4	1682	葭县、神木	屈野河	1	573	神木
泗支河	1	620	神木	三道河	1	450	神木
宁寨河	1	300	清涧	西河	1	220	肤施
榆河	1	500	榆林	西沙河	1	500	榆林
芹河	1	900	榆林	流金河	1	200	米脂
秀延河	1	130	安定	南河	1	138	宜川
清河	1	100	吴堡	寺儿河	1	150	洛川
沙沟河	1	100	延川	神木诸泉水	2	1259	神木
安定诸沟水	3	1580	榆林	安定小沟水	1	3900	安定
绥德沟水	2	330	绥德	靖边小沟水	1	30	靖边
总计	44	16 272	—	—	—	—	—

资料来源：
陕西省银行经济研究室：《十年来之陕西建设》（1942年8月），载西安市档案馆《民国开发西北》，2003年内部资料，第516—520页。

3. 区域性水利工程

如前所述，大部分水利工程都是在中央政府和陕西省水利局统一规划下进行的，但是，大型水利工程惠及范围有限，无法深入每一个受灾地区，因此，兴建符合乡村社会实际生态模式的区域水利工程非常重要。

其一，关中地区：提倡凿井灌溉事业。开发利用丰富的地下水资源是关中地区一项重要的防旱措施。1931年，陕西省"为救济农村旱灾，提倡西北农田水利起见，成立凿井队一大队，分别调拨长安县各乡农村及西安市等处，掘凿灌田引用各井，嗣以各方请求者日多，遂扩充队数，又增加四队，分为六组，即派拨在西安市及各县，继续开凿"①。

1936年10月，建设厅又向农本局筹款50万元，作为凿井贷款，"先就长安、临潼、渭南、华阴、华县、蓝田等六县地下水位较高处开始，俟获有成效，则依次推行地下水较低各县。预计长安凿井120眼、浅井480眼，临潼、渭南各凿管井100眼、浅井400眼，蓝田、华县、华阴各凿管井60眼、浅井240眼，每井贷款以200元为最高额，俾可够备蓄水车一具"。至"二十六年双七事变时，已贷款10万元，尚未推行至蓝田县境，卒以时局关系，停止进行，虽对原计划仅成五分之一，而民间已获益颇多。30年度农田水利贷款项下，决定分配15万元陆续举办，正计划准备实施中"②。1930年至1936年6月，所有凿成新式水井眼数如表4-9所示。

表4-9　民国时期建设厅凿井队在西安市及各县凿成灌田饮用水井眼数统计表

年份 县名	1931年 自流井	灌田井	饮用井	1932年 自流井	灌田井	饮用井	1933年 自流井	灌田井	饮用井	1934年 自流井	灌田井	饮用井	1935年 自流井	灌田井	饮用井	1936年 自流井	灌田井	饮用井	合计
长安	1	—	1	2	—	—	2	2	—	5	—	—	2	66	—	20	—	—	101
西安	—	—	—	—	—	3	—	—	18	—	—	9	—	—	15	—	—	14	59
兴平	—	—	1	—	—	—	—	—	2	3	—	—	—	—	—	—	—	6	12
蒲城	—	—	—	—	—	—	—	—	1	—	—	1	—	—	—	—	—	—	2
朝邑	—	—	—	—	—	—	—	—	8	—	—	—	—	—	—	—	—	—	8
武功	—	—	—	—	—	—	—	—	6	—	—	2	—	—	—	—	—	—	8
乾县	—	—	—	—	—	—	—	—	—	—	—	3	—	—	—	—	—	—	3
醴泉	—	—	—	—	—	—	—	—	—	—	—	1	—	—	—	—	—	—	1
郿县	—	—	—	—	—	—	—	—	—	—	—	23	—	—	—	—	—	—	23
潼关	—	—	—	—	—	—	—	—	—	—	—	1	—	—	—	—	—	—	1
咸阳	—	—	—	—	—	—	—	—	1	—	—	—	—	—	—	—	—	2	3
泾阳	—	—	—	—	—	—	—	—	1	—	—	1	—	—	—	—	—	—	2
渭南	—	—	—	—	—	—	—	—	1	—	—	1	—	—	1	—	—	—	4

①雷宝华：《陕西省十年来之建设》（1937年1月），西安市档案馆编：《民国开发西北》，2003年内部资料，第489—490页。
②陕西省银行经济研究室：《十年来之陕西建设》（1932年8月），西安市档案馆编：《民国开发西北》，2003年内部资料，第520页。

续表

年份\县名	1931年 自流井	1931年 灌田井	1931年 饮用井	1932年 自流井	1932年 灌田井	1932年 饮用井	1933年 自流井	1933年 灌田井	1933年 饮用井	1934年 自流井	1934年 灌田井	1934年 饮用井	1935年 自流井	1935年 灌田井	1935年 饮用井	1936年 自流井	1936年 灌田井	1936年 饮用井	合计
郃阳	—	—	—	—	—	—	1	—	—	—	—	—	—	—	—	—	—	—	1
华县	—	—	—	—	1	—	—	—	—	—	—	—	—	—	—	—	—	—	1
凤翔	—	—	—	—	—	—	—	1	—	—	—	—	—	—	—	—	—	—	1
大荔	—	—	—	—	—	—	—	—	—	—	—	1	—	—	—	—	—	—	1

资料来源：

雷宝华：《陕西省十年来之建设》（1937年1月），载西安市档案馆《民国开发西北》，2003年内部资料，第489—490页。

其二，陕北地区：开发小规模水利工程。"陕北素称贫瘠，今年荒旱频仍，民不聊生，困苦以极"。政府认识到，"救济之道，首在兴修水利"。因此，1930年水利局派委员成立陕北水利工程处，从事水利建设。而陕北横山县"境内河流纵横，若能充分利用，惠益无穷，该县县长深明此旨，近两年来，躬亲筹划，于水利局兴修之定惠渠外，领导民众，集资自行举办小规模水利工程"①。如表4-10所示，横山县修渠26处，至1943年已完成17渠，将完成9渠，共可灌田35 558亩，需款263 502元，每亩工程费用仅及7.41元。此外，横山县还计划修新渠8道，总灌溉面积27 800亩。若"平均每亩收获食粮以一市石计，年可收获三万余石，可谓费省效宏，极合经济原则。计划中提办者尚有八渠以需款较大，正在设法进行，若能全数凿成，则横山境内水尽共享，地尽共利，斯民可永无饥馑矣"②。

表4-10 民国时期横山县整理旧渠、兴建新渠情况表

项别	渠数	灌溉面积（亩）	工程费用 总数（元）	工程费用 每亩（元）
总计	26	35 558	263 502	7.41
已整理旧渠	10	14 008	59 255	4.23
已完成新渠	7	6 850	43 960	6.42
兴修中旧渠	9	14 700	160 287	10.90

资料来源：

陕西省政府统计室：《陕西省统计资料汇刊》1943年第3期，第265页。

---

① 陕西省政府统计室：《陕西省统计资料汇刊》1943年第3期，第265页。
② 陕西省政府统计室：《陕西省统计资料汇刊》1943年第3期，第265页。

其三，陕南地区：办理汉南塘田。陕南一带，渠堰栉比，水利较为普遍，"除已进行及进行中之汉、褒、胥等惠渠外，尚有沟谷纵横。农民散居山谷间，耕种坡田，不能引用河水灌溉者，可筑池以蓄山谷溪涧之水，及夏季山沟洪流，于播种需水时，引水灌溉，俗称塘田。塘池大约亩许，深可二三公尺，加以人工构造，储水满池，或由冬田平均蓄水，自上而下，溪流不断，此因土质黑粘，水易保存，故可长年储蓄，用于稻季，消耗于蒸发渗漏之量甚小。塘之大者，可灌田一二十亩，小者仅灌数亩"。但仅"安康汉阴一带，塘田较多，其他各地，尚未普遍进行"，因此"水利局现已拟就整理塘田计划，约款百万元，俟呈准省府后，即可贷款兴修，将来整理完，可灌田五万亩"①。

（三）水利开发的效力分析

民国时期陕西为应对旱灾而兴修的水利工程，灌溉了大批农田，增加了粮食产量。如表4-11、4-12、4-13所示，泾惠渠、织女渠、渭惠渠灌区的作物，夏季主要为棉花、玉米、红薯、豆类等，冬季为大麦、小麦等。而且各灌区内各种农作物的产量，其灌溉地远远大于旱地，所产生的经济效益是十分可观的。

表4-11 泾惠渠灌溉区域1939年夏禾增益情形表

农产别	收获量比较			增益数			
	灌溉地每市亩平均数（市担）	旱地每市亩平均数（市担）	百分比（%）	每市亩农产增益平均数（市担）	农产品平均单价（元）	每市亩平均增益数（元）	全灌溉区增益估计总数（元）
棉花	1.17	0.63	186	0.54	63.32	34.19	8 390 055.05
红薯	22.50	17.30	130	5.20	2.83	14.72	92 397.44
小米	1.75	1.02	172	0.73	12.20	8.91	367 127.64
玉米	2.63	1.43	183	1.20	9.25	11.10	1 021 410.90
菜豆	1.01	0.61	166	0.40	21.21	8.48	45 563.04
芝麻	0.86	0.41	209	0.45	37.14	16.71	12 215.01

---

① 陕西省银行经济研究室：《十年来之陕西建设》（1942年8月），西安市档案馆编：《民国开发西北》，2003年内部资料，第520页。

续表

农产别	收获量比较			增益数			
	灌溉地每市亩平均数（市担）	旱地每市亩平均数（市担）	百分比（%）	每市亩农产增益平均数（市担）	农产品平均单价(元)	每市亩平均增益数（元）	全灌溉区增益估计总数(元)
高粱	2.40	0.89	270	1.51	7.56	11.42	56 860.18
大豆	1.21	0.67	180	0.54	12.05	6.51	19 093.83
荞麦	1.61	0.74	218	0.87	7.35	6.39	94 367.52
糜子	1.75	0.99	177	0.76	7.40	5.62	1 213.92

资料来源：

陕西省政府统计室：《陕西省统计资料汇刊》1941年水利事业专号，第48页。

表4-12　织女渠灌溉区域1939年夏、冬禾增益情形表

季别	农产别	收获量比较			增益数			
		灌溉地每市亩平均数（市担）	旱地每市亩平均数（市担）	百分比（%）	每市亩农产增益平均数（市担）	农产品单价平均数（元）	每市亩平均增益数（元）	全灌区增益估计总数（元）
夏禾	棉花	0.60	0.39	154	0.21	90.00	18.90	359.10
	小米	0.82	0.41	200	0.41	22.10	9.06	9 014.70
	玉米	0.60	0.40	159	0.20	29.40	5.88	729.12
	高粱	0.82	0.41	200	0.41	27.00	11.07	3 830.22
	黑豆	0.93	0.40	232	0.53	29.40	15.58	1 791.70
	菜豆	0.83	0.41	202	0.42	22.10	9.28	686.72
	荞麦	0.84	0.42	200	0.42	17.20	7.22	1 862.76
	糜子	0.81	0.40	203	0.41	22.10	0.06	9 603.60
冬禾	大麦	2.368	1.136	208	1.232	13.48	16.61	11 876.15
	豌豆	1.051	0.544	193	0.507	21.30	10.80	356.40

资料来源：

陕西省政府统计室：《陕西省统计资料汇刊》1941年水利事业专号，第56—57页。

表 4-13 渭惠渠灌溉区域 1939 年夏、冬禾增益情形表

季别	农产别	收获量比较			增益数			
		灌溉地每市亩平均数（市担）	旱地每市亩平均数（市担）	百分比（%）	每市亩农产增益平均数（市担）	农产品单价平均数（元）	每市亩平均增益数（元）	全灌区增益估计总数（元）
夏禾	棉花	1.03	0.64	161	0.39	62.61	24.42	393 577.14
	红薯	19.20	12.57	153	6.63	2.31	15.32	29 291.84
	花生	3.24	2.25	144	0.99	13.10	12.97	4 967.51
	小米	2.25	1.03	218	1.22	10.31	12.58	64 812.16
	玉米	3.05	2.12	143	0.93	9.71	9.03	520 055.76
	荞麦	2.05	0.96	214	1.09	7.44	8.11	18 158.29
	大豆	1.10	0.49	224	0.61	13.70	8.36	3 026.32
	菜豆	0.95	0.40	257	0.55	21.00	11.55	1 767.15
	糜子	2.44	1.12	218	1.32	8.60	11.35	1 146.35
	高粱	2.45	1.34	183	1.11	7.01	7.78	6 760.82
	芝麻	0.87	0.48	181	0.39	35.50	13.85	17 728.00
冬禾	小麦	2.037	1.128	181	0.909	10.20	9.27	785 808.63
	大麦	3.019	1.909	163	1.200	4.40	5.28	140 738.40
	芸薹	1.214	0.706	172	0.508	17.10	8.69	37 784.12
	豌豆	1.903	0.961	198	0.942	6.10	5.75	29 451.50

资料来源：

陕西省政府统计室：《陕西省统计资料汇刊》1941 年水利事业专号，第 52、54 页。

总的来讲，民国时期，陕西水利工程的建设，灌溉了大批农田，直接增加了粮食产量，也就增强了区域性应对旱灾的能力。根据表 4-11、表 4-12、表 4-13 可以估算出 1939 年 3 个灌区冬、夏禾每市亩产量平均数及百分比，如表 4-14 所示，泾惠渠灌区增益总数为 10 100 404.53 元；织女渠灌溉地和旱地冬禾的平均产量百分比达到了 204%。再如，1931 年，"春季雨量缺少，陕南尤甚。关中区泾、渭、梅三渠赖渠水灌溉麦田，本可丰收，惜突遭黑霜之灾，人力无法挽救，致产量稍减，约为十足年之六成余；然比之未得渠水灌溉地已多收矣。陕南今春较往年尤旱，故旧有渠堰水量多感不足，南郑、城固、褒城、沔县、

西乡、洋县各县旧有渠堰面积原为五十四万余亩，今年得水，插种者不过三十九万余亩"。但"幸试创提前放水插秧成功，又抢种稻田 36 870 亩；而汉惠渠大致完工，于六月放水灌溉上部稻田，复增加 28 270 亩，赖以增加产量不少。秋季灌溉得宜，各农作物收获尚佳，总计本年泾渭梅及陕南各渠农作物种植面积共达 1 815 712 亩，所收获农产品总值，依下市时单价计算，约为 384 698 387 元"①。

表4-14　泾惠渠、渭惠渠、织女渠灌区增益总数

渠别	季别	灌溉地每市亩平均数（市担）	旱地每市亩平均数（市担）	百分比（%）	全灌溉区增益估计总数（元）
泾惠渠	夏禾	4.61	2.47	187	10 100 404.53
渭惠渠	夏禾	3.51	2.13	165	1 061 291.34
	冬禾	1.76	1.03	171	995 949.13
织女渠	夏禾	0.78	0.41	190	27 977.92
	冬禾	1.71	0.84	204	12 232.55

资料来源：

陕西省政府统计室：《陕西省统计资料汇刊》1941年水利事业专号，第48、52、54、56、57页。

综上，民国时期陕西省的水利建设，从原始驱动力来讲，是为了防灾和减灾；从结果来讲，陕西水利工程的逐步实施，有效地缓解了旱灾带来的粮食减产的问题；从实施过程来讲，沿着"灾害—水利建设—灾害—水利工程进一步开发"这样一个循环持续演进；从开发模式来讲，沿着"建立典型模式—推广模式—地域性创新"展开；从功能来讲，大型水利工程用于排洪灌溉，小型地域性的水利工程解决了当地防旱灌溉的问题；从建设主体来讲，陕西省政府主要主持大型水利工程，各地方依靠民众力量进行地方水利的整治；从实施路径来讲，以自上而下开发为主，兼以基层开发。在此过程中，旱灾和社会应对互相影响，促使政府逐步建立了现代化的层级水利管理体制，将排洪防旱列入行政规划当中，建设了多形式的、因地制宜的大、中、小型水利工程，实际防旱亦有成效。

---

① 陕西省政府统计室：《陕西省统计资料汇刊》1941年水利事业专号，第62页。

第四节 清至民国陕西民间救灾力量的兴起与壮大

清代中期以前,由于国力强盛,政府是赈灾的主体,发挥着主导作用。而到晚清以后,整个国家内忧外患、风雨飘摇,国家的垄断能力、整合能力都大幅度减弱,再加之巨大的财政、军事压力,使清政府在解决各种社会问题时往往心有余而力不足。尤其是在面对频发的旱灾时,传统的荒政已经很难凸显成效,清前期大规模的赈济活动"到嘉庆朝以后无疑越来越难以实行了,其原因既有经济方面的,也有组织方面的。救灾活动越来越依赖地方慈善事业以及商业的力量;当十九世纪国内战争及外国入侵造成国家财政日益紧张,并使相当多的地方政府陷入混乱之后,情况更是如此。与此同时,在许多地方,人口压力和环境的恶化更加重了自然灾害的影响。总之,国家干预的能力显然削弱,与一个世纪前相比,社会经济环境越来越不利,对于中央政府来说,有效地协调和控制任何大规模的活动变得越来越困难,甚至是不可能的"①。与此同时,国外先进的救灾理念传入我国,清至民国时期的赈灾体现出社会转型时期的特点,原本由政府独立承担的赈灾责任开始有民间救灾力量的介入,并从协助政府赈灾发展到独立发挥赈灾的作用,成为赈灾的另一个重要主体。在这种情况下,政府将一部分权利与义务"让渡"给社会其他团体就成为当时一种无奈的选择。但这并不表示政府就此退出应有的舞台,而只是将一部分权利与义务出让给其他团体,是一种统治方式的小范围调整。

一、清代民间力量在陕西旱灾中的救助活动

清代陕西的旱灾救助主体除政府之外,还有民间力量的积极参与,这些民间力量主要有三个主体,即当地乡绅、江南绅商、外国传教士。

(一) 当地乡绅的传统"社区救助"

在我国封建社会,民间乡绅具有联系官府和民间的桥梁作用,是封建社会政治的重要力量。官府与乡绅有共同的利益诉求,即乡绅是官府的附庸,协助官府维持地方秩序,从而维护封建国家统治;同时,乡绅与下层民间具有密切的联系,即乡绅在某种程度上可以代表广大下层民间的声音,使之上达于朝廷。如光绪三年(1877)陕西遭"丁戊奇荒",陕西士绅联名呈诉朝廷,要求查处时

---

① [法] 魏丕信:《18世纪中国的官僚制度与荒政》,徐建青译,江苏人民出版社2003年版,第4—5页。

任陕西巡抚谭钟麟"厌闻"灾情、办赈不力之失;而在光绪三年(1877)的赈灾中,政府则要求选取公正绅董配合赈灾委员,不许胥吏参与,防止滋生弊端①。正是三者之间相互博弈的微妙关系,使得乡绅这一群体在封建社会政治、经济、文化等各个方面都发挥着不可替代的作用;尤其是当社会遭受到大的自然灾害的时候,乡绅的桥梁作用就会凸显出来。

一方面,乡绅具有较高的文化水平,同时由于长期生活在民众中间,具有较强的协调能力和较高的管理威望,因而当灾害发生的时候,官府往往会积极主动地联系乡绅,使之成为官府荒政的执行者,这就是"官办绅助"的形式;另一方面,乡绅拥有较多的社会财富,灾害发生后,他们有能力捐献钱、粮等救灾物资,可以自行在所在的社区实施赈灾活动,这就形成乡绅的另一种救灾形式,即"乡绅自助"。以上两种形式在清代陕西的赈灾活动中都有体现。

"官办绅助"是由乡绅与封建国家之间共同的利益决定的。当大范围的灾害发生时,官府的力量有限,不得不借助于民间乡绅的力量。清代有不少官督民办性质的慈善机构,如普济堂、养济院、育婴堂、栖留所等,这些机构的社会职能是养恤贫苦孤弱。早在顺治十年(1653),政府就在京师建造了收留流民的栖留所,灾荒年景,除临时搭建的窝棚,栖留所也成为灾民的栖身之地。慈善机构的资金来源除少部分来自于官府外,大部分靠绅商捐赠。清政府规定,凡向慈善机构捐钱捐物者,依照其所捐物品的多少给予名誉上的奖励,比如捐粮10至30石者,奖给花红匾额;200至400石者,赐予顶戴等②;光绪二十六年(1900),泾阳周氏因积极捐输帮助政府救灾,被朝廷封赏一品诰命夫人③。道光二十六年(1846)关中亢旱,民不能耕,争杀耕牛以食,时任陕西巡抚林则徐一方面饬官府收牛,另一方面则劝富民买牛,官府予以一定利息补偿④。光绪三年(1877)九月上谕指出:"现办捐赈,恐不肖官吏乘便营私,其弊不可胜言。宜责成各州县慎选绅耆劝谕集资,自行采买,多设粥厂,严禁遏粜。"⑤可见,朝廷也认识到,地方乡绅在赈灾中可以发挥积极作用,有助于杜绝那些奸猾胥

---

① [民国]《续修陕西通志稿》卷127《荒政一》,《中国西北文献丛书》第1辑第9卷,兰州古籍出版社1990年版,第160页。
② 龚书铎:《中国社会通史》(清前期卷),山西教育出版社1996年版,第413页。
③ (宣统)《泾阳县志》,《中国地方志集成·陕西府县志辑》,第7册,凤凰出版社2007年版,第732页。
④ [民国]《续修陕西通志稿》卷127《荒政一》,《中国西北文献丛书》第1辑第9卷,兰州古籍出版社1990年版,第150页。
⑤ [民国]《续修陕西通志稿》卷129《荒政三》,《中国西北文献丛书》第1辑第9卷,兰州古籍出版社1990年版,第184页。

吏的徇私舞弊。

"乡绅自助"虽是独立于官府荒政之外的个人行为，但事实上往往与官府的劝谕有关。如道光二十六年（1846）关中大旱，陕西巡抚林则徐劝谕富绅等"量出钱米，各济各村"①。乡绅自助的形式往往多种多样，有直接捐银或捐粮者，如"李春源……大荔人，候选同知，性豪爽喜施与事……光绪三年大饥，出巨款助赈所居八女井，村人数百家嗷嗷待哺，由与堂侄安吉出粟自赈，不烦公家接济"②；鄠县"王生金……勤俭好善，光绪二十六年大祲，散粮六石余"③。有济贫殓尸者，如岐山县光苟福"……散麦以济贫乏，舍席以掩死尸"④。有积极倡导以工代赈之法者，如凤县"龙登云……道光十六年大饥，其家蓄积故厚，减价平粜，修河堤以工代赈，附近得全活"⑤；潼关县杜埜宁积谷千余石，道光二十六年（1846）陕西大旱，杜君雇人修地，以工代赈，全活甚众⑥。

中国传统文化中有"为富当仁"的思想，乐善好施、救人水火历来被视为一种义举，这是中国民间传统慈善观念的根源。但这种社区赈灾的出发点是否纯粹出于乐善好施的慈善行为，尚值得商榷。如《流民记》中记载：光绪三年（1877）、四年（1878）"丁戊奇荒"时，兴安府北山有人"富于粮，与邻村曰：某有粮若干石，可食若干家，每月朔望发放，至得雨之月止。今与众约，愿共保之。于是周围数村联为一体，吃大户者不得入其境。某既借众力保其家，众亦赖某粮保其命，公私两得"⑦。由此可见，这些富绅之所以赈济贫民，最根本的原因还是出于保护自己的利益；但这毕竟救活了一部分灾民，减少了因饥饿造成的人口死亡，因而也是值得肯定的。

---

① [民国]《续修陕西通志稿》卷127《荒政一》，《中国西北文献丛书》第1辑第9卷，兰州古籍出版社1990年版，第149页。
② [民国]《续修陕西通志稿》卷88《人物十五》，《中国西北文献丛书》第1辑第8卷，兰州古籍出版社1990年版，第308页。
③ [民国]《重修鄠县志》，《中国地方志集成·陕西府县志辑》第4册，凤凰出版社2007年版，第401页。
④ [民国]《岐山县志》，《中国地方志集成·陕西府县志辑》第33册，凤凰出版社2007年版，第255页。
⑤ (光绪)《凤县志》卷7《人物志》，《中国地方志集成·陕西府县志辑》第36册，凤凰出版社2007年版，第290页。
⑥ [民国]《潼关县新志》，《中国地方志集成·陕西府县志辑》第29册，凤凰出版社2007年版，第214页。
⑦ 王庸：《流民记》卷2，转引自朱浒：《地方性流动及其超越——晚清义赈与近代中国的新陈代谢》，中国人民大学出版社2006年版，第57页。

另外，在传统的小农经济条件下，乡绅"社区赈灾"的方式具有鲜明的地方色彩，即以"本地之人办本地之赈"。就乡绅社区赈灾的范围而言，往往是本人所在的里、社，甚至规定只能是本族之民，未能脱离地方限制，不具有相邻社区之间的流动性，与后文将要论述的江南绅商的"义赈"具有明显的区别，故其赈济的范围极其有限。如"丁戊奇荒"后，陕西巡抚谭钟麟上奏朝廷道："目前（陕西各属）富绅所捐，但能各顾各县，由绅士买粮散赈大约能自顾一邑者，不过数处，欲提以为他处采买之费，势有未能。"① 由此可知，当地乡绅的赈济活动是区域内的救助活动，始终未能脱离地方限制和对官方荒政的依附。

（二）江南绅商的"跨省义赈"

义赈是光绪初年才兴起的一种具有现代意义的赈灾形式，是清后期中国社会历史转型过程中分化出来的具有进步意义的时代产物。这一赈灾形式的主体是江南绅商，他们作为新兴资产阶级的代表，开千古未有之风气，一方面，这种绅商的赈灾活动超越了地方限制，实现了跨地区的流动；另一方面，这种救灾形式完全脱离传统绅商社区救助对官府的依赖，绅商"自备资斧，不取公中分文，非特不敢喻利，抑且不敢沽名"②。从以上两点可以看出，义赈是晚清时期出现的一种全新的赈灾形式。

发生于光绪初年的"丁戊奇荒"可谓有清300年所仅见之巨灾，虽然受灾的主要是北方四省，但也在江南绅商中引起巨大的震动。江苏绅商严作霖首先倡办山东义赈，开启了中国近代义赈的先河。光绪四年（1878）二月，经元善创立"上海公济同人会"，与果育堂联合倡办河南义赈；三月倡劝百金，并于《申报》发表《乞赈秦灾》，劝谕绅商助赈陕西；四月，上海绅商开会集议陕西义赈问题；五月，创办"上海协赈公所"，并在《申报》发文，倡议江南绅商积极捐助北方受灾的直、豫、秦、晋四省；六月，经元善再次在《申报》发表《开办秦赈》一文，认为"秦灾不救，饥民势必窜入豫境，而豫之赈务更办无了期"，倡导在办晋豫之赈的同时兼办秦赈③。到1879年11月止，由上海协赈公所解往受灾四省的赈银共计470 763两④。

如果说丁戊年间江南绅商的跨省义赈是江南绅商的自觉行为的话，那么到了"庚子大旱"期间，这种跨省的赈灾活动则第一次受到官方的正式邀请，并

---

① [民国]《续修陕西通志稿》卷129《荒政三》，《中国西北文献丛书》第1辑第9卷，兰州古籍出版社1990年版，第184页。
② 虞和平：《经元善集》，华中师范大学出版社1988年版，第6页。
③ 虞和平：《经元善集》，华中师范大学出版社1988年版，第6页。
④ 虞和平：《经元善集》，华中师范大学出版社1988年版，第4页。

成为救灾不得不依赖的重要力量。庚子年间陕西大旱，全省赤地千里。光绪二十六年（1900）九月，户部尚书崇礼向朝廷上了一道奏折："陕西连岁歉收，今年亢旱尤甚……现当乘舆驻跸西安，三辅重地关系尤为紧要，非特目前急赈万不可缓，即来年青黄不接之际，亦宜次第筹维。陕西巡抚岑春煊正议办赈，而目前军需浩繁，库储空匮，官赈之力有限，必须兼办义赈，方足以纾民困而广皇仁。"① 在这道奏折里，崇礼用了"必须"一词，可见在庚子大旱发生的时候，朝廷已经没有选择的余地。也正是迫于这种形势，清廷不得不首次以朝廷名义请求严作霖"邀集同志，来陕办理义赈"②，同时命盛宣怀等人于上海等处劝募赈款。此后，江南绅商在《申报》上多次刊载救灾陕西的征信录和启示，并联合各个民间协赈公所、善堂等募集义赈物资，大规模的陕西义赈开始。

经过两个多月的筹集，光绪二十六年（1900）十一月下旬，严作霖率领40余人的放赈团体从江南出发，分两路进入陕西，一路由无锡义绅唐锡晋带领，"携银十一万，装车二十辆，契同志二十人"；一路由严作霖带领，"携银九万，契同志二十人"③。十二月底，两路人马抵达西安，并开始"分三局查放，霖办永寿，刘办岐山，吴办淳北，逐节推广"。同时，在这40人之外，还有周宝生和常州义绅潘振声各自带领一队人员来陕救灾。其中，周宝生所率的队伍负责赈济蒲城、富平、高陵、白水、三原等县，共放银77 000两；潘振声等人负责同官、洛川、中部、宜君等县，放银45 000两④。如蒲城光绪二十六年（1900）收到"浙江义赈银二万四千两六钱"，"其督事诸人每到各村"，必定亲自到灾民家中，"见其人方肯给钱，自五千至一千，多寡不等"，被蒲城当地人名为"义赈"⑤。关于此次赈灾期间江南绅商散放的赈银数量，《续修陕西通志稿》编撰者指出：陕西庚子赈务报销清单中各义绅截用各项捐款散放义赈银91 000余两，而其他"不登公牍，各以私集捐项并本人自捐粮钱亲赴灾区勘明手放者，当在百数十万以上"⑥。另据朱浒的研究，庚子大旱期间经江南绅商之手散放赈款总

---

① [清] 朱寿朋：《光绪朝东华录》，第4册，中华书局1958年版，第4565页。
② 《清实录·德宗景皇帝实录》卷473，光绪二十六年九月壬午，中华书局1987年影印版，第211页。
③ [清] 唐锡晋：《筹办秦湘淮义振征信录》，光绪三十四年活字刻本，第7—8页。
④ [清] 盛宣怀：《愚斋存稿·遵旨筹办陕振、陕捐汇案具报折》，文海出版社1974年版，第23—30页。
⑤ （光绪）《蒲城县新志》卷3《救荒》，《中国地方志集成·陕西府县志辑》第26册，凤凰出版社2007年版，第310页。
⑥ [民国]《续修陕西通志稿》卷129《荒政三》，《中国西北文献丛书》第1辑第9卷，兰州古籍出版社1990年版，第193页。

数约有91万，这其中有部分赈银来源于非民间渠道①。虽然二者记录不一，但仅从大体数字来看，义绅筹集的赈灾银约占此次赈灾银总数（约924万两）的十分之一，义赈在赈灾中的作用是不容忽视的。

相对于传统的官方荒赈"输血式"的赈灾模式，江南绅商的义赈具有现代意义，注重培养灾民的造血能力，着眼于灾区灾后生产生活的恢复。兴平县张元际作《养生善堂碑记》，记载了庚子大荒期间江南义绅刘朴生在兴平县赈灾的情况："惟刘居兴最久，公（杨宜瀚）与之情最笃，乃留两万作赈，复以五千金南乡开井，北原散籽种……时光绪二十七年五六月之交也，遂偕委员酷暑下乡，可开井之地，随时酌助籽粮，即于六月中旬典东街房，收婴育养并以授读。"②相对于先前传统的陕西乡绅"社区赈灾"的方式，这种赈灾方式应当更有利于灾后重建。

（三）外国人在陕西的赈灾活动

清初，耶稣会士、天文学家汤若望（1597—1666）在清廷任职，引起了一些士大夫的反对。杨光（1597—1669）在研读早期基督教历史和教义之后对西方传教渗透的问题心急如焚，写了《不得已》一书予以抵制。到了1724年，雍正帝下令，把基督教作为被禁止的教派载入清朝法典，同时在圣谕中作了详细的批注。鸦片战争前，许多著名的士大夫，其中包括魏源（1794—1850）、夏燮（1799—1876）、徐继畲（1795—1873），在他们论述西方的著作中都有对外国宗教的批判性评述。再者，由于"1860年以后许多中国教徒普遍乐于依仗教会的支持和庇护，同非基督教徒的对手打官司，而一些传教士（主要是天主教传教士）也纵容、甚至鼓励这种行为"，干涉中国的司法，"使得一些莠民纷纷攀附教会"③。故民间对传教士印象不佳。

赈灾是近代西方传教士吸引民众入教、扩大教会影响力的重要手段。在光绪初年的"丁戊奇荒"中，传教士鲍康宁（F. W. Baller）、马克维克（Markwick）两人在西安从事赈灾活动④。而在高陵，天主教方济各会陕西代牧区主教高一志（意籍）和助理主教林奇爱（意籍）召集灾民修筑通远坊大城墙，行以

---

① 朱浒：《地方谱系向国家场域的蔓延——1900—1901年陕西旱灾与义赈》，载《清史研究》2006年第2期。
② [民国]《重纂兴平县志》卷8《杂识》，《中国地方志集成·陕西府县志辑》第6册，凤凰出版社2007年版，第393页。
③ 〔美〕费正清：《剑桥中国晚清史（1800—1911）》，中国社科院历史研究所编译室译，中国社会科学出版社1985年版，第605页。
④ 史红帅：《1901年西人在陕赈灾考述——以美国赈款的散放为中心》，马明达主编：《暨南史学》第6辑，暨南大学出版社2009年版，第433页。

工代赈之法。此外，为了宣传教义、增加入教人数，教会告诉灾民只要入教即可领取粮食①。然而，这一时期陕西官员采取的态度是不与西人合作，"请西人不必赈灾"②，因而传教士的赈灾活动并没有发挥大的作用。到了1900年庚子大旱前后，西方教会的力量在陕西已经逐渐扩大，其中以天主教势力最大，"遍乎三辅"，当时的西安府仅长安、咸宁两县就有8座天主耶稣教堂（长安县1座，咸宁县7座）③；加之有李鸿章等洋务派官员的支持，西方传教士在内地的赈灾活动得到了清政府和地方官府的协助。因而，此次传教士的赈灾活动就成为近代西方人在陕西的第一次大规模赈灾活动。

由于陕西地处西北内陆，"接近西方人所称呼的世界边缘""发生在这个古老省份的任何事情都难以为人所知"；加之1900年义和团运动发生，在陕的外国传教士多已撤离至沿海地区，使得此后陕西发生严重饥荒的消息难以尽快向外界传达。直到1901年初，通过《纽约时报》《纽约太阳报》等美国主流媒体，众多美国人才开始了解到发生在中国内地的这场严重灾荒。作为美国国内影响最大的宗教周刊，纽约《基督教先驱报》在积极报道灾情的同时，开始筹划为山、陕灾区募集善款。由于这些媒体的呼吁和清朝大臣李鸿章等向美国政府发出的请求赈济信函，美国国内迅速建立起了覆盖全美各个阶层的募捐网络，大量善款被迅速收集起来。

1901年5月，陕西关中地区降下了3年以来第一场雨。降雨之后，清政府下令终止了官方的一切赈灾措施。对于经历了3年灾荒的陕西老百姓来说，美国赈灾款的到来，成为朝廷结束赈灾后最主要的赈灾资金。1901年8月26日，以英国浸礼会传教士敦崇礼为首的5名外国传教士抵达西安，开始了在陕西的赈灾活动。在抵达西安后，他们很快组建了一支47人的赈灾队伍。在得到慈禧太后的嘉奖谕令后，这些外国人在中国的活动没有受到任何阻难。到11月24日赈灾活动结束，赈灾活动前后持续约90天，外国传教士在陕西境内累计共发放了6万多美元善款，约合8.6万两白银。若折中计算，每人每天散发1500钱，约有57万人得到赈济④。

此外，在外华侨和东南亚邻国对中国的赈灾亦多有帮助。光绪初年"丁戊奇荒"发生后，清政府曾组织人前往香港、新加坡、小吕宋、安南、暹罗等地

---

① 高陵县地方志编纂委员会：《高陵县志》，西安出版社2000年版，第675页。
② 林乐知：《万国公报》，《清末民初报刊丛编》第4册，华文书局1968年版，第5275页。
③ [民国]《续修陕西通志稿》卷198《风俗志·宗教》，《中国西北文献丛书》第1辑第11卷，兰州古籍出版社1990年版，第98、94页。
④ [美] 尼克尔斯：《穿越神秘的陕西》，史红帅译，三秦出版社2009年版，第11页。

筹募赈灾款项。据福建巡抚丁日昌上奏朝廷的奏折称,捐款可望达到二三十万两,少亦可望 10 万两以上。然而,"丁戊奇荒"期间由国外筹募的捐款主要是用于晋、豫两省,对陕西的赈灾活动可以说帮助不大。到了庚子大旱时期,由于两宫驻跸西安,陕西的灾情受到前所未有的关注,东南亚各国华侨也多积极展开捐助。据记载,"各省义捐一十万数十千两及格册宝塔捐十四万两者,皆多出自华侨所助而捐局所分设南洋等处"①。可见华侨及东南亚邻国对庚子年间陕西赈灾是有帮助的。

综上所述,清代后期陕西的赈灾活动与中国传统社会的赈灾相比发生了巨大的变化,具有时代性特征。一方面,在思想观念上从排拒到认同。在"丁戊奇荒"时,陕西官方对外国传教士还是排斥的态度,而到了庚子大旱期间,传教士的赈灾活动就已受到从中央到地方的一致支持;跨地区的绅商义赈在"丁戊奇荒"时只是起到辅助作用,到庚子大旱期间则受到中央政府的正式邀请而发挥了巨大作用。这些都体现了从官方到民间在思想观念方面的进步。另一方面,在赈灾实践中,各主体的作用也发生了变化,从开始的以中央政府为主导到后来以地方、民间为主导。在"丁戊奇荒"期间,中央政府与地方、民间捐助之间的比例基本为 1∶1,但到了庚子大旱期间,地方、民间捐助占据了赈灾物资来源的 70%。这一方面是时代进步的必然,同时也从一个侧面反映出这一时期清朝国力的下降和中央政府对地方、民间的依赖日益加强。

二、民国时期华洋义赈会在陕西救灾力量的壮大

华洋义赈会,即中国华洋义赈救灾总会,是一个由中外人士合组的以人道主义为宗旨的民间性、国际性、慈善性的专业化、协调型的救灾组织,在中国近代救灾史上产生了深刻的影响。华洋义赈会参与了民国陕西救灾机制现代化的构建并与政府博弈、最终达到效力最大化。考察二者的互动机制是研究陕西民间救灾的重要视角。

(一)华洋义赈会的救灾理念与救灾程序

1. 救灾理念与原则

在 1920 年西北五省大旱中成长起来的华洋义赈会,作为近代中国第一个国际性的社会组织,具有"中西合璧""承前启后"的特点,使中国民间组织的救灾理念与原则、机构与程序达到了一个新的高度。

---

① [民国]《续修陕西通志稿》卷 129《荒政三》,《中国西北文献丛书》第 1 辑第 9 卷,兰州古籍出版社 1990 年版,第 192 页。

华洋义赈会自成立以来，一直以"筹办天灾赈济"和"提倡防灾工作"为原则，并在实际的救灾过程中形成了"建设救灾""防灾救灾"的救灾理念："本会事工中心，不专务消极的救济，尤注重积极的建设，所谓建设救灾主义是也"①。在此理念的指导下，华洋义赈会规定了办理赈务的五项原则："①对灾区之难民，不空施以金钱；②对灾区之难民，不空施以粮食；③凡壮丁及能工作之人，皆应从事相当之工作以养家糊口；④于粮食缺乏之地，应以粮食为工资，其他也可酌量施以金钱；⑤工资应按工作单位核实施给。"②到了 20 世纪 30 年代，华洋义赈会以科学的方法进行灾荒救济与预防的理念更加成熟，并将上述原则进一步细化："①遇有灾情发生，当地财力显然不能防止多数生命之损失，而其情形又不适于办理工赈时，本会应办急赈；②本会办理急赈，应尽量用以工代赈，从事建设工程及短期低利贷款办法；③本会之主要事工，即为继续提倡及实施各种预防灾害计划，计分以下两类：一是筑路、灌溉、修堤、掘井、开垦、水利等建设工程事业，二是办理信用、销售及购买合作社，改良农业方法，提倡家庭工业，以增加农民经济能力；④在救灾防灾两方面，主要责任仍由政府及地方当局负担，本会则处于襄助地位；⑤本会之赈款，应根据上列标准而加以支配，俾能收最大之效果；换言之，即欲引起当地政府及人民踊跃参加与负责之决心。"③

此外，华洋义赈会还在实践中形成了散赈、工赈、农赈、合作社、卫生、教育等具体而系统的救灾理论与原则，为中国乃至世界的救灾活动提供了宝贵的经验。

2. 救灾机构与程序

华洋义赈会采取科层化的管理模式，上下级之间存在着严格的等级、责权关系，既设置工程农利、水利、查放、公告、森林、移植、花签等分委员会，又设置庶务文牍、档卷、统计、工程等股，负责赈务决策、宣传联络、采粮运粮、人事安排、赈款分配、簿记稽查及卫生防疫等事务，而各分会担任查灾救济等任务，这对提高赈灾效率，保证赈灾工作能够快速、有效地运转，提供了一个良好的组织基础。

华洋义赈会借鉴中外救灾及传统救灾经验，在实际的救灾实践中逐渐形成了一套完整的救灾程序与规则，包括灾等认定、赈前调查、查户、散赈等，告

---

① 中国华洋义赈救灾总会：《中国华洋义赈救灾总会概况》，1936 年，第 11 页。
② 中国华洋义赈救灾总会：《赈务实施手册（上编）》，1924 年，第 3 页。
③ 中国华洋义赈救灾总会：《建设救灾》，1934 年，第 10—11 页。

别了社会救灾机制混乱无序、应灾而起、灾散则散的状态，富有科学性与创新性。

(1) 受灾标准的认定

华洋义赈会在综合中外各种灾荒等级评定标准的基础上，立足于灾区实况，并根据本会实际情况，确定了成灾标准："凡因水旱天灾而五谷不登，以致人民十分之七咸感乏粮之苦，且其十分之三已陷于饥寒交迫之惨境者；民间盖藏将尽，而一时土质民情二者俱使农事难施者；上项灾情，如同时发现于互相毗连之十县，或不相毗连之县分占一省县区总数三分之一者，本会始能为之筹赈。其他成灾程度，不及此项标准者，悉为局部偏灾，应由当地筹赈济。"①华洋义赈会以此作为其开展赈济工作的依据。

(2) 赈前调查

华洋义赈会认为，详备的调查是科学施赈的基础与前提，因此，该会十分重视赈前调查，一旦有人报告灾情或请赈，即派人员前往亲自调查，"所注重之点，在人民本身与其家庭之生活状态，而不以灾区之外表为观察之重心"②。首先，派人员对灾区进行综合性调查，包括受灾地点、面积、灾民多寡、生活情况、生产情况、农业工具的损失情况、迁移流亡、政府及其他团体的救济状况等，然后根据该会制定的成灾标准，将所调查之县分为"被灾最重者"和"被灾次重者"；其次，对请赈灾区挨村挨户一一调查，调查内容极为详细，包括生产、生活等方方面面；最后，确定赈济户口，先"定户"，再"定口"。此外，为了确保调查结果公正合理，还规定调查员不准接受宴请吃饭等。

(3) 查户

让受灾最重及次重县份都制备两种表——《最重灾村表》和《次重灾村表》，并召集当地代表（教会中人、商界领袖、其他各界代表熟知各村情形者）召开会议当众核阅、签字作为凭证。此外，受灾最重及次重之村正尽量设法制备《极贫灾户表》和《次贫灾户表》，最后将诸表寄往华洋义赈救灾总会，或直接承办此项工赈之华洋义赈救灾分会③。

(4) 散赈

查赈的目的就是放赈，这也是救灾最后和最重要的一道程序。华洋义赈会认为：赈济在于"救垂死之民"，"少一文之浮花，即多一人之全活"，因此应

---

① 中国华洋义赈救灾总会：《赈务实施手册（上编）》，1924年，第10页。
② 中国华洋义赈救灾总会：《赈务实施手册（上编）》，1924年，第9页。
③ 中国华洋义赈救灾总会：《赈务实施手册（下编）》，1924年，第27页。

"慎行选择，先其所急"。所以该会认为所放之款，除急赈款外，"均作借款论。盖受赈区域得此补救方法，日后必能产出利益，应于受保护人民所应缴之税款项下附息提还。一事既毕，对他处之急赈或应办之工程，又可立时从事。但此项借款，属于义举，与寻常商业借贷不同"①。具体如下：

首先，赈票。领赈的凭证是赈票，分甲、乙两种，散赈地点、赈品、日期与数目确定者用甲种赈票，不确定者用乙种。其分发分两种形式：一是由查放员亲自按名点发；一是由村正与村副代发，但须将领赈名单张榜公布。此外，还派诚信之人到村里抽查，看赈票发放是否符实、有无误给等。赈票的发放标准，依据受灾轻重分为八类灾户三级灾民，主要按受灾县、村、人之受灾最重与次重，以及残废无力者、年老者、病人孕妇，妇女儿童，壮丁三级评定。以"先所至急"的原则，依次发放②。

其次，散赈。有直接、间接之别：直接是灾民拿赈票直接到救灾机关处领取；间接是各村正与村副代替赈济机关承领分发，但必须有该县至少两个以上社团签名。此外，为了以示公正，杜绝流弊，各负责机关还派稽查人员核查放赈过程。

因此，华洋义赈会的救灾机构和程序在继承传统成熟经验的基础上又有所突破，机构组织与程序日益完善、详细，保证了赈济效力。同时，其放赈过程十分严格，也显示了民间组织在资金管理方面的优势。

综上，华洋义赈会的灾荒救治理念与程序并不是对传统救灾的简单继承和对西方救灾模式的照搬，其更多的是考虑如何运用科学的原则，在中国这样一个矛盾重重的社会积极地实行建设救灾，企图从根本上增强整个社会的防灾能力，从而形成了一整套系统化、理论化、具体化的理念和原则，以及日益完善的组织机构和程序。

（二）华洋义赈会的救灾实践

华洋义赈会的救灾实践活动，主要分为治标与治本两大类。治标类即急赈，如施粥、散米、设收容所等；治本类，即建设救灾的内容，如工赈、合作社运动、农事试验场与培养农业人才、农村教育及卫生等，旨在复兴农村。该会认为："急赈系属救急，然救急于事后，毋宁防灾于未然，所以本会处理赈款，尤注重于建设的救济计划。此项计划，须以鼓励灾民工作，使其本身及眷属有因工得食之机会，并助其农业之发展，而谋民食之富足为原则。凡此数事，均系

---

①中国华洋义赈救灾总会：《赈务实施手册（上编）》，1924年，第3—4页。
②中国华洋义赈救灾总会：《赈务实施手册（下编）》，1924年，第28页。

解决灾后民食民生之根本要策,所谓防灾工作是也。"① 因此,华洋义赈会对陕西的旱灾救助中,以建设救灾为工作重心。

1. 工赈

华洋义赈会作为"以科学方法,从事灾荒救济与预防之唯一机关"②,极为重视工赈活动,主要包括修路、筑堤、开渠、掘井等与防灾密切相关的公共建设。

（1）修路

灾荒发生后,铁路和公路能够快速地调粟救民或移民就粟,以缓解灾荒造成的粮食危机,减轻灾荒后果。此外,道路的修建亦能增强陕西内部、陕西与沿海的联系,形成优势互补。但是,陕西地处内陆,民风保守,经济落后,交通阻滞,因此,华洋义赈会投入了大量的人力、物力、财力进行道路建设（表4-15）,这样既解决了灾民的生存问题,提高了他们生活的积极性;同时又解决了灾区重建中物资、人员运输等后续问题,可谓善莫大焉。

表4-15　华洋义赈会陕西修路工赈成绩统计表（1921—1933）

地点	长度（英里）	用款（元）	附注
西安—渭南	43	16 928	修理
三原—泾阳	10	29 857	新路
泾阳—咸阳	24	27 105	修理
凤翔—扶风	45	34 441	—
武功—兴平	30	13 093	—
武功—乾州	22	24 184	—
乾州醴泉—咸阳	37	5000	修理
咸阳—木流湾	26	11 730	新路
木流湾—泾阳	18	1100	—
咸阳附近	1.5	851	新路
醴泉	1	2794	—
岳家坡	12	1510	修理
咸阳	13	276	修理
长武、亭口等	80	152 000	新路

① 中国华洋义赈救灾总会:《中国华洋义赈救灾总会概况》,1936年,第10—11页。
② 中国华洋义赈救灾总会:《建设救灾》,1934年,第10页。

资料来源：

中国华洋义赈救灾总会丛刊甲种第 39 号：《华洋赈团工赈成绩概要》（第 5 集），1934 年，第 17—20 页，转自蔡勤禹《民间组织与灾荒救治——民国华洋义赈会研究》，商务印书馆 2005 年版，第 188 页。

（2）水利建设

水利兴则农业兴，水利弛则农业衰。华洋义赈会认识到，要改变陕西连年荒旱的现状，必须修建一座大型水利工程。而泾惠渠正是华洋义赈会以工代赈、建设救灾的典范，其修建主要经过四个阶段：

①前期准备阶段。1923—1924 年是华洋义赈会引泾工程的准备时期，主要进行实地勘探、调查，并在资金和技术上给陕西省政府渭北水利局一定支持。首先，对古代关中渠灌遗址进行了勘探测量；其次，华洋义赈会在 1924 年 12 月 31 日的《工程简明报告表》中，指出该会资助了渭北水利局 1500 元，用于渭北水利工程测量、购买仪器及测量队职员夫役薪金开支等项，委办人李仪祉、李仲三①。

②工程筹办阶段。1928—1930 年三年大旱，陕西省赤地千里，民不聊生，使得修建泾惠渠刻不容缓。1930 年，华洋义赈会贝克等人会晤陕西省吴秘书长，决议勘测兴修泾渠，并携安立森等多人前往泾谷进行勘察设计。经过协商后，华洋义赈会决定与陕西省政府合作引泾水利工程，并划分了工程范围：华洋义赈会负责泾惠渠渠口工作，并成立渭北引泾工程处，塔德为总工程师，安立森为常驻工程师；陕西省政府建设厅负责平原上土渠桥闸等工程，并成立渭北水利工程处，李仪祉为总工程师，孙绍宗为副总工程师。1931 年，华洋义赈会与陕西省政府合作成立"渭北水利工程委员会"，以协调两部分工程顺利进行②。

③第一期工程。1932 年 4 月 6 日，华洋义赈会负责下的引泾第一期工程建成，命名为泾惠渠。其工程包括：拦河堰，顶长 68 米，顶宽 4 米；引水洞，洞长 359 米，洞口明渠长 25 米，费凿石工 7223 立方米，黄炸药 6200 磅，火药 10 500 磅，雷管 17 000 个，不透水药线 40 000 英尺；拓宽旧渠，完成 1520 米长的石渠拓宽，由宽不足 2.5 米拓宽至 6 米；完成长 6150 米的土渠拓宽，取土量 400 000 立方米③。

④第二期工程。按照协议，第二期工作主要由政府负责，但因为经费不足，

---

① 华洋义赈救灾总会：《民国十三年度赈务报告书》，古籍影印室编《民国赈灾史料续编》第 5 册，国家图书馆出版社 2009 年版，第 150 页。
② 叶遇春：《泾惠渠志》，三秦出版社 1991 年版，第 116 页。
③ 陕西泾惠渠管理局：《泾惠渠报告书》，1934 年 12 月，第 5-7 页。

迟迟不能开办。对此，华洋义赈会表示无能为力："虽欲早观厥成，又为绵力所限……惟敝会虽有募集款项，协助陕省府完成其未竟工程之意，只以世界经济凋敝，国外募捐匪易，殊无把握，而陕省地方经济又极困难，恐无此力量。"①但是，1933年4月中旬，华洋义赈会又决定拨款，完成泾惠渠支渠工程："陕省旱荒，较前益甚，民生疾苦，已达极点。泾惠渠一日不完成，农民一日不得充分之水利，中间所受之损失，实难以估计，故完成渠工全部工程，殊为刻不容缓之举。中国华洋义赈救灾总会，迭经陕省中西人士来函催促，于无法之中，已勉筹陕赈款四万九千余元，悉数拨充续修泾惠渠平原上各支渠之用，俾农民早沾水利之惠，藉苏久困，业已派工程师塔德及安立森两君前往陕省与当局接洽兴工事宜。惟此项渠工全部预计需款约二十万元，除已筹得之四万九千余元外，尚须十五万元左右，尚无眉目，此仍待社会之援助者也。"② 随后，华洋义赈会组织工程队开办泾惠渠第二期工程。1933年，华洋义赈会拨款泾惠渠支渠工程，"本年陕省承多年大旱之后，灾情颇重。经本会请准美国华灾协济会驻沪委办会，先后拨款八万九千三百零五元四角二分，作为陕赈，即议决将全数为修筑泾惠渠支渠工程，以工代赈"③。

虽然陕西省政府一直倡导修建泾惠渠，但是由于技术、资金、政治等原因，实际上，政府发挥的作用有限，华洋义赈会则起到了主力军作用。首先，资金方面，泾惠渠一期工程从1930年12月16日至1932年8月22日，总计收入716 836.56元，其中华洋义赈总会拨款536 635.12元，陕西省政府仅补助52 000元④；而第二期工程本由政府负责，但因政府资金困难，实际上由华洋义赈会筹措了大部分资金。其次，技术方面，第一期渠口工程是泾惠渠修建的关键部位，是由华洋义赈会的工程师安立森完成的，第二期工程华洋义赈会亦派技术队给予支持。

华洋义赈会本着建设救灾的目的，以工代赈，修建水利工程，而泾惠渠修建后，惠泽千里，确实缓解了关中旱灾频繁的问题。

2. 农村合作事业

民国时期，整个中国农村社会几近崩溃。华洋义赈会秉持着"建设救灾"的理念，认为要从根本上把中国农村社会从灾荒的打击下拯救出来，其途径在

---

① 《泾惠渠第二期工程》，载《大公报》1933年4月9日。
② 《华洋义赈会筹划完成泾惠渠工、兴筑各支渠》，载《大公报》1933年4月19日。
③ 华洋义赈救灾总会：《民国二十二年度赈务报告书》，古籍影印室编：《民国赈灾史料续编》第6册，国家图书馆出版社2009年版，第54页。
④ 华洋义赈救灾总会：《民国二十一年度赈务报告书》，古籍影印室编：《民国赈灾史料续编》第5册，国家图书馆出版社2009年版，第507页。

于增强农村的自我恢复能力。经过调查分析，该会认为农村社会落后的根源在于农村金融枯竭、商业资本和高利贷资本剥削猖獗，农民无钱，农业生产投入不足，农村生产力自然日趋低下。可见，"农民最缺乏的是钱，无钱故不能改良农业，提高生活。若能借钱给他们，使他们去做生产的事业，例如买耕牛、凿水井、改良土地等，那么，他们的境遇定会一天比一天改善"①。因此，华洋义赈会决定在广大农村设立"农村信用合作社"，也称"平民银行"，即"对于会员融通产业及经济之发达上所必要之资金，同时并为会员储蓄款项之协济会"，其"不仅可以解决农村资金短缺问题，而且可以挽回资本外流趋势，甚至可以吸引城镇资金流向农村，加快农村建设步伐，提高农民防灾能力"②。

（1）源头与模式——华洋义赈会兴办农村信用合作社

1923年6月，由华洋义赈会主持，在河北香河县基督教福音堂举办了中国第一个农村合作社，这拉开了20世纪30年代中国社会大规模合作运动的序幕。该会认为："西方传来的合作，先在河北中国化，然后再向各省去传播，并供各省的采用与参考。"③陕西省也相继设立了农村信用合作社。

表4-16　1933年前华洋义赈会在陕西建立的农村信用合作社

信用社	社员数（人）	信用社	社员数（人）
临潼南北胡王村信用合作社	10	临潼华清池信用合作社	35
咸阳大陈村信用合作社	22	临潼三合村信用合作社	12
醴泉洛张庄信用合作社	40	醴泉附郭村信用合作社	17

资料来源：

《邹枋关于陕西合作事业实施状况致经委会呈》，《中华民国史档案资料汇编》第5辑，江苏古籍出版社1997年版，第316—321页。

经过华洋义赈会的积极宣传和努力经营，至20世纪30年代，中国农村信用合作社遍地开花，社数、社员数、入股数及款数都迅猛发展。陕西省的农村信用合作社虽然没有形成规模，只是在个别县乡存在（见表4-16），但也有了一定程度的发展，为以后陕西合作事业的发展壮大积累了一定的经验，也为政府的介入提供了可供参考的模式。

（2）新的里程——政府的介入

南京国民政府成立后，政府开始积极介入社会管理之中，以复兴农村，借此获得对社会资源的控制权，重塑政府权威。

---

① 孔雪雄：《中国今日的农村运动》，中山文化教育馆1934年版，第219—220页。
② 于树德：《农荒预防与产业协济会》，载《东方杂志》1920年第17卷第20号，第22页。
③ 章元善：《我的合作经验及感想》，载《大公报》1933年4月29日。

1930年，因灾荒严重，陕西省政府有意提倡合作事业，但是"唯以省库拮据，金融滞塞，合作基金，筹措为难，且因僻居西陲，文化落后，合作意义，明了者甚少，故决先有训练人才，及宣传合作意旨入手，俟至相当时期，再择定适宜地方组织需要之合作社，以期逐渐进行"。为此，1932年，陕西省政府派员向上海商业银行接洽贷款，又派员在泾惠渠流域之永乐区指导农民成立棉花生产运销合作社，"该区农民加入合作社，系以村为单位，计参加者共有10村，社员254人，合作棉田4400余亩，斯年运出皮棉1200余担"。为了便于社员入城购置用品，附设消费部；社员经济能力有限，无力购买农产品，向上海银行借12 000元、金大农学院借3000元，购置发电机、轧花机、磅秤等公共设备，向农民放贷各种青苗贷款，"平均每亩棉花，可得2元，农民用具可资购买"①。这是政府在陕西试办合作社。

1933年，邵力子任陕西省政府主席，遂邀请华洋义赈会到陕，会同陕西省政府商讨推广农村合作事业的问题。同年，陕西省建设厅同华洋义赈会"合办农村合作讲习所，先培养一批合作人才，以作推行合作的基础。开讲日期为一月，听讲人员六十人，有大学毕业者，有小学毕业者，年龄最大者五十岁，小者十九岁"②。这些学员成为合作社的第一批人才，学成之后积极致力于农村合作事业。

1934年，在陕西省政府主席邵力子、全国经济委员会宋子文邀请下，章元善到上海，商谈在陕西发展合作事业；7月，"陕西省合作事业委员会"成立，下设"农业合作事务局"为执行机关，委员会成员有"邵力子、雷宝华、胡毓成、徐仲迪、刘景山、赵连芳、章元善七人，章元善被任命为事务局主任，主持全省农村合作事业，1934年8月正式开始办公"③。据章元善回忆："这个机关于1934年8月开始办公。我分批从义赈会及河北省各县的合作社调来人员，按照陕西省合作委员会的施政方针展开工作。"④这标志着陕西省的合作事业实际上进入了以中央政府和陕西省政府为主导的、协同华洋义赈会共同发展的新阶段。

---

①雷宝华：《陕西省十年来之建设》（1937年1月），西安市档案馆编：《民国开发西北》，2003年内部资料，第492页。
②《邹枋关于陕西合作事业实施状况致经委会呈》，《中华民国史档案资料汇编》第5辑，江苏古籍出版社1997年版，第320页。
③章元善：《华洋义赈会的合作事业》，全国政协文史资料研究委员会编：《文史资料选辑》第80辑，北京文史资料出版社1982年版，第166页。
④章元善：《华洋义赈会的合作事业》，全国政协文史资料研究委员会编：《文史资料选辑》第80辑，北京文史资料出版社1982年版，第166页。

（3）初步发展

1934年下半年，在陕西省农业合作事务委员会及农业合作事务局的积极筹备下，陕西省的合作事业进入了发展的黄金阶段。农业合作事务局成立后，拟定陕西省的农业合作计划应分区、分层次进行：

①先关中后全省，先贫县后富县，整理旧社，避免重复，互助社和合作社并重，农贷和合作贷款并行，由低级向高级逐步过渡。"由关中入手，以泾惠渠及渭河两岸之泾阳、临潼、长安、高陵、华县、潼关、凤翔、三原等9县，已由银行投资，举办合作社者外，大荔、醴泉、咸阳等34县，因地方经济困难，先行办理劝农贷款，指导承借农户组织互助社，作设立合作社之初步"①。"嗣感人才缺乏，先行专办农贷，至1934年3月间，始举办合贷工作，派员分赴长安、凤翔、华县、潼关等县，从事协助农民自动组织并调查已成立之合作社社务概况，复因实际之需要，酌调华北合作社人员，办理各合贷区域县分合作事业"。

②制定业务章程。陕西省合作社的业务包括生产、运销、保险、消费等，其中以信用合作为主，棉花产销社为次，有些合作社兼营多种业务，"令饬各县依照组织本省关中区各县，宜于种棉，除令饬关中区各县政府遵照前颁棉花产销合作章程，迅速指导组织棉花产销合作社外，并定农村信用合作社、农业生产合作、垦植合作、合作社联合社等模范章则，及合作社指导须知、社员须知等件，今发所属92县政府，迅速就地方需要情形指导组织各种合作社"②。至此，陕西省各种形式的合作社有了迅速的发展（如表4-17所示）。

表4-17 陕西省各种合作社概况表（1934年1月—1935年4月）

社别	社数（个）	社员数（人）	社别	社数（个）	社员数（人）
棉花产销	17	2886	垦殖	1	20
信用	59	8986	蔬菜产销	2	79
棉花生产	35	51 969	果蔬产销	4	909
农业生产	14	5875	消费	14	70
合计	133	70 794	—		

资料来源：

雷宝华：《陕西省十年来之建设》（1937年1月），西安市档案馆《民国开发西北》，

---

① 雷宝华：《陕西省十年来之建设》（1937年1月），西安市档案馆编：《民国开发西北》，2003年内部资料，第494页。

② 雷宝华：《陕西省十年来之建设》（1937年1月），西安市档案馆编：《民国开发西北》，2003年内部资料，第493页。

2003年内部资料，第493页。

陕西省合作社贷款的来源主要有：①农民认股金。但"本省荒旱之余，农民经济窘迫已极，成立之合作社，社员认股之金额，实属有限，即认定之金额，亦多无力交纳，资金缺乏，社务即难进行，虽有合作社之组织，仍系有名无实"①。因此，这不是主要来源。②政府拨款，包括中央政府和陕西省政府拨款。1934年，合作局刚创始，"银行未能投资以前，暂依该局之劝农贷款总额五十万元分配，按照各县农村经济状况，以百分之四十、百分之三十、百分之二十分别贷放，其余百分之十，以备截短补缺"②。此后，全国经济委员会拨40万元，陕西省政府拨30万元，共70万元，作为贷款基金③。③银行支持。政府资金有限，因此"该局（合作事业局）贷款，以介绍商资流入农村为原则"。1934年，为了解决合作社贷款问题，陕西省政府"呈请实业部向银行界交涉，办理农贷，并与各银行接洽，请在本省合作社放贷。其结果，四省农民银行、上海银行、陕西银行、中国银行均贷款本省合作社"④。（如表4-18所示）

表4-18 陕西省各县合作社概况表（1934年1月—1935年4月）

县别	社数（个）	社员数（人）	银行贷款数（元）	县别	社数（个）	社员数（人）	银行贷款数（元）
长安	20	2421	150 000	泾阳	4	3932	528 200
临潼	28	9531	324 504	郃阳	2	2242	—
渭南	10	8217	41 539	高陵	18	4124	96 088
大荔	1	199	5600	武功	1	97	
凤翔	1	110	21 140	蓝田	3	154	
咸阳	21	1050	6875	华阴	14	869	
华县	3	1849	—	合计	132	34 795	1 173 946

资料来源：

雷宝华：《陕西省十年来之建设》（1937年1月），载西安市档案馆《民国开发西北》，

---

①雷宝华：《陕西省十年来之建设》（1937年1月），西安市档案馆编：《民国开发西北》，2003年内部资料，第493页。
②雷宝华：《陕西省十年来之建设》（1937年1月），西安市档案馆编：《民国开发西北》，2003年内部资料，第494页。
③雷宝华：《陕西省十年来之建设》（1937年1月），西安市档案馆编：《民国开发西北》，2003年内部资料，第496页。
④雷宝华：《陕西省十年来之建设》（1937年1月），西安市档案馆编：《民国开发西北》，2003年内部资料，第493页。

2003年内部资料，第493页。

随着互助组、合作社及银行和金融机关投资增多，为了避免重复贷款，提高资金的利用率，确定了按区贷款的模式：①划分银行贷款区。"1934年，交通银行以大荔、朝邑、咸阳、兴平、武功等五县为贷款区域，并贷款其互助社共72 229元，中国银行暂就该行已实行贷款之泾阳、三原、高陵、长安、临潼、渭南等六县为该行贷款区域"①。②划分农贷、合贷贷区。合贷区有长安、泾阳、三原、渭南、临潼、高陵、华阴、华县、潼关、凤翔、郿县等12县；农贷区有华县（一部分）、商县、蓝田、平民、大荔、朝邑、郃阳、韩城、白水、蒲城、醴泉、乾县、永寿、邠县、咸阳、兴平、武功、扶风、岐山、耀县、淳化、旬邑、长武、麟游、同官、富平、汧阳、陇县、宝鸡、盩厔、柞水、雒南等33县②。因此，合作社贷款实际依靠中央政府和陕西省政府的拨给及银行的支持。

此外，政府还致力于农村教育工作，提高农民文化水平；宣传合作思想，壮大合作队伍；戒除赌博、吸烟等恶习；引进新棉种，普及植物栽培科学知识，开展植树造林、凿渠防旱等工作，力图使农村全面振兴。

（4）政府主导体系形成

在陕西省政府及中央政府的介入下，陕西省的合作事业有了长足发展。此后政府又制定一系列政策章程，以法律形式确定了对农村合作事业的主导权。

1937年4月19日，陕西省政府与实业部颁布《陕西省合作委员会组织章程》，陕西农业合作事务委员会改组为陕西省合作委员会，隶属实业部，其主要任务有："规划全省合作行政方针；主持全省合作进行事宜；保管暨运用政府拨交之合作专款；筹措暨调剂合作事业之资金；促进与合作事业有关之工作。"③1940年，陕西省合作委员会改组为陕西省合作事业管理处，隶属于建设厅④。这些都是全面负责陕西农村合作事业的机构，经过不断改组，政府加强了对陕西合作事业的管理。

此外，政府还颁布了一系列法规，致力于合作事业的法律化、制度化。1935年4月18日，农业部颁布《农村合作社暂行规程》⑤；7月，国民政府又颁布了《合作社法》及实施细则，成为各省市推行农村合作运动的根本法。它首

---

① 雷宝华：《陕西省十年来之建设》（1937年1月），西安市档案馆编：《民国开发西北》，2003年内部资料，第496页。
② 雷宝华：《陕西省十年来之建设》（1937年1月），西安市档案馆编：《民国开发西北》，2003年内部资料，第494页。
③ 陕西省合作委员会：《陕西省合作委员会办事处组织规程》，载《陕西合作》1937年第23期。
④《处内各科室执掌及现有人员表》，陕西省档案馆藏，全宗号：80；目录号：1，案卷号：6。
⑤ 农业部：《农村合作社暂行规程》，载《陕西合作》1935年第6期。

次以法律的名义规定合作社为"依平等原则,在互助组织之基础上,以共同经营方法,谋社员经济之利益与生活之改善,而其社员人数及资本额,均可变动之团体"。此外,它还规定:合作社分信用合作、供给合作、生产合作、运销合作、利用合作、储藏合作、保险合作、消费合作、其他合作9类。合作社责任有无限责任、有限责任、保证责任三种。合作社成立后,必须经所在地县政府许可及登记,凡是许可登记的合作社可享受政府优惠政策,并接受政府的指导;未经许可的合作社不得用合作社名称。合作社成立后,要依据规程召开社员大会,推选职员,维持日常管理。社员必须缴纳股金,每股最高金额不得超过国币10元。合作社解散、清算也有一定的程序等事项①。12月28日,实业部又制定了《合作社登记分期办法》,规定合作社成立后应于一月内向主管机关申请登记,通令各地遵照办理②。在此指导下,陕西省合作委员会亦制定了一系列法规:1936年颁布《陕西省办理合作社登记事务暂行办法》③;1937年5月21日,陕西省政府颁布《陕西省各级合作社登记暂行办法》,规定合作社登记要经过省、县的核办④。至此,合作事业完全纳入了政府的管理体制之内。

(5) 陕西农村合作事业成效分析

陕西省的农村合作事业在华洋义赈会和政府的推行下,有了飞速的发展(如表4-19所示)。

表4-19 陕西省合作社数及其占全国比重表

年份	社数(个)	比重(%)	年份	社数(个)	比重(%)
1934年	320	2.18	1940年	9780	7.32
1935年	671	2.56	1941年	11 542	7.42
1936年	2066	5.54	1942年	11 271	6.92
1937年	4009	14.10	1943年	12 306	7.38
1938年	4659	7.22	1944年	10 258	5.98
1939年	5243	6.72	—		

资料来源:

赵泉民:《政府·合作社·乡村社会——国民政府农村合作运动研究》,上海社会科学院出版社2007年版,第176、189、190页。

陕西农村合作事业的开展,在一定程度上复兴了农村:①使农村经济得到

---

① 国民政府:《合作社法及其实施细则》,载《陕西合作》1935年第9期。
② 实业部:《合作社登记分期办法及其简明表》,载《陕西合作》1935年第13期。
③ 陕西省政府:《陕西省办理合作社登记事务暂行办法》,载《陕西合作》1936年第20期。
④ 陕西省政府:《陕西省各级合作社登记暂行办法》,载《陕西合作》1937年第23期。

了恢复与发展。自 20 世纪三四十年代农村合作事业迅速发展以来，农民依靠信用贷款，缓解了农业投入不足问题，如洋县王家堂互助社说："本村以连年亢旱，灾情甚重，幸有贷款接济，民困始苏。"① 此外，开展棉花运销社，引进新棉种，开展多种经营模式，也改变了陕西地区单一的经济结构，使农村经济有了明显恢复。②出现了新的乡村组织风貌。农村合作运动积极宣传新农业知识，并开展农村教育、卫生宣传、移风易俗等活动，打破了传统社会以"血缘"和"地缘"为纽带的宗族组织管理模式，培养了村民"经济""合作""民治"等新观念，独立自主，互助救济，开始形成互信、互助这一新的乡村社会组织机制，加速了中国社会现代化的步伐。

但是，陕西的农村合作事业在发展过程中也面临一些问题：①类型单一。合作社类型主要以信用合作为主，棉花运销为辅，其他类型合作社发展不足。②覆盖面不均衡。主要以关中地区为主，陕北、陕南发展明显不足。③资金有限。政府财政拮据，银行及团体资金有限，使得农民平均贷款有限，惠及范围有限；合作社自有资金缺乏，使其难以摆脱政府的控制，自主发展。④宣传不到位，使农民产生理解偏差，仅认为"合作社"即"借钱社"，入社仅为贷款。⑤社会环境动乱，战事频繁，增强了推广难度。⑥推行过程中难免有贪污受贿、诈骗等不法行为出现。⑦政府以行政力量强力推行，难免重量不重质，忽视客观规律，损害了民众感情。这些问题都是转型时期社会政治、经济、文化方面的矛盾及合作社本身的组织缺陷造成的。

应该认识到，农村合作运动的实质是以救济灾荒为核心而进行的一场庞杂的社会改良运动，而近代中国社会的灾荒很大程度上是"人祸"造成的，是半殖民地半封建这一社会性质的固有矛盾衍生而出的。显然，华洋义赈会的"超体制"立场，并不能从根本上把解救中国社会；而国民政府救灾的实质目的是在不改变资本主义制度的前提下缓解阶级矛盾，稳定统治秩序，因此，并不能从根本上改变农村落后的状态，也就不能从根本上提高广大农村抵御灾荒的能力。

（6）合作：政府和华洋义赈会的互动机制

陕西农村合作事业的开展，实质上是在政府控制、华洋义赈会提供操作技术的基础上进行的，也可看作是以政府为主导、政府与社会合作互动、共同致力于社会秩序重构的过程。

华洋义赈会一开始对自身的定位就是"力图协同中国官厅暨公共团体，办

---

①《泾阳洋县各社植树修路情况》，载《陕西合作》1936 年第 18 期。

理赈务及防灾事宜"①，即作为一个独立的主体，协助政府，弥补其在公共事务中的制度性缺陷，救济灾荒，发展民生。实质上，20世纪30年代以前，政府权力弱化，社会管理权让渡给了社会，华洋义赈会实际上是救济灾荒、振兴农村运动中的"主角"，堪称民国陕西合作运动的基石。随着华洋义赈会合作运动的规模、人员及影响的扩大，引起了社会各个阶层对农村现状的关注，进而促成了20世纪30年代农村合作运动的大规模推广，以及涉及农村社会方方面面的农村建设运动的高潮，一定程度上复兴了农村经济。华洋义赈会在开展陕西合作事业的过程中，形成了科学的理念、完备的规章制度、严密的机构组织、系统的技术操作模式，并培养了一大批合作人才，为政府和其他团体大规模推行农村合作事业打下了坚实的基础。20世纪30年代以后，国家权力强势回归，挤压了华洋义赈会的活动空间，其社会管理职能又出现了萎缩之势；但是，政府还须借鉴华洋义赈会先进的救灾模式，使该会又不至于窒息于政府的权威之下。华洋义赈会主动变"主角"为"配角"，积极协助政府推行农村合作运动。邵力子曾评价华洋义赈会在陕西合作运动发展过程中的作用："余莅陕后，即拟仿照义赈会办有成效之方法，兴办农村信用合作事业；始以经费无着为虑，嗣得经委会资助，又以缺乏专门人才，无从举办。时义赈会在华北办理战区农赈，组织互助社，成绩卓著。乃协同经委会向之借调合作专家章元善先生，到陕办理农赈，奠定合作事业基础。初以一年为期，后以农赈互助社成绩甚优，由互助社改组合作社，进行亦殊顺利，乃复申请延长一年。民国二十四年秋，章先生应中央任命，司长合作，陕省如失所依，复承义赈会调派富有合作经验之杨性存先生到陕继任，俾合作事业幸得依旧进行，不致因人而废。"②

因此，华洋义赈会能够随着政府权力的强弱变化，随时调整自己的定位和政策，积极地配合政府的救灾活动，为政府提供技术和人才支持，这是双方良性互动机制能够形成的重要因素。

综上所述，华洋义赈会能够在当时中国这样一个政治敏感的时代，和政府屡次达成合作，不断发挥积极的社会功能，并最终以制度化的组织形式存续至1949年，使中国近代救灾活动发生了划时代的变革，是值得我们深思的。在这一过程中，华洋义赈会显示出了民间社会强大的资源整合能力、灵活性与高效性；同时，政府亦能够与社会团体达成平等的对话机制，与其展开互助式合作。事实上，这也是政府与民间社会各自管理职能缺陷的互补过程，即华洋义赈会

---

① 华洋义赈救灾总会：《民国十二年度赈务报告书》，古籍影印室编：《民国赈灾史料续编》第5册，国家图书馆出版社2009年版，第17页。
② 中国华洋义赈救灾总会：《救灾会刊》，1937年第14卷第8册，第69页。

提供以人才和技术为核心的操作模式，政府提供强大的行政力量与资金保障系统，完成了政治资源与社会资源的有效对接，也为政府与社会的良性互动提供了现实基础。因此，民国时期救灾机制现代化构建过程中中华洋义赈会的积极参与，可以看作是政府与社会良性互动的一个典型代表。

第五章 清至民国甘肃旱灾的应对思想与实践

清至民国时期，甘肃旱灾发生频率高，影响范围广，给该区域造成了难以估量的损失。有灾害自然就会有灾害应对，当地人民在与旱灾的抗争中逐渐总结出极为丰富的应灾思想，也探索出诸多实用的应灾策略。

第一节 甘肃旱灾应对思想的发展

清至民国时期，一方面，我国人民在吸收前代救灾思想的基础上，总结形成了包括勤俭节约、以农立本，赈济治标、抚恤灾黎，灾后补救、蠲贷安民，兴修水利、多面应灾，聚焦于"民"、整吏治灾等多层面的救灾思想；另一方面，由于甘肃僻处西北内陆，环境闭塞，从省府官员到普通民众，思想仍然较为愚昧落后，迷信的禳灾思想依然盛行。

一、清代救灾思想的高潮

"中国古代人民为了抗击自然灾害的危害，在千年的传承中形成了内容十分丰富的应灾思想，清代作为中国传统社会的最后王朝，在吸收前代救灾思想的基础上，把中国古代的救灾思想推向了一个鼎盛阶段"[1]。清代的救灾思想与传统文化一样进入了总结阶段，在"务为实用之学"的实学思想指导下出现了众多总结性的救灾著作。总体而言，清代救荒书分为两个方面：一是政书、类书中汇集的各种灾荒资料，如清代最大的类书——《古今图书集成》，其中在食货典、草木典等类目下收集了大量的救灾资料。二是丛书中收录了许多的救荒书。清代的丛书当首推《四库全书》，它是清代最大的丛书。《四库全书》除收集《荒政丛书》外，还有《救荒本草》《捕蝗考》等重要的救荒书籍。清代学者将分散的救灾史料聚拢在一起，既保存了中国古代的救灾之书，也极大地方便了

---

[1] 张涛、项永琴、檀晶：《中国传统救灾思想研究》，社会科学文献出版社2009年版，第301页。

后来者研究中国古代救灾问题①。清代对这些救荒书籍的整理编纂,可以说将整个中国传统社会救灾思想的精华凝聚在一起,极大地推动了清代救灾思想的发展与进步。通过阅读相关的文献资料,笔者大体将清代的救灾思想总结如下:

①勤俭节约,以农立本。不论是统治者还是知识分子,都极力推崇节俭之风,而这也是儒家文化所宣扬的传统美德。节俭之风大盛可以为国家积累大量的物资储备(仓储),若突遇灾难,可以有充足的后备资源被用来救灾。而此思想仍被现代社会所提倡,可见其利之所在。

②赈济治标,抚恤灾黎。面对旱灾的威胁,赈济之法是首要措施,清代赈济力倡正赈、散赈、展赈、粥赈、工赈之法。面对旱灾的威胁,清政府以粮食为主要赈济物资,对于不同等级的旱灾采取相应的赈济之法。

③灾后补救,蠲贷安民。由于旱灾的影响大、时间长,导致灾民在灾后家园的重建中面临诸多的困境,对于如何应对灾后窘境,清朝政府提倡蠲、贷结合的思想。以甘肃为例,对重灾区政府通常蠲免钱粮草束,而对受灾较轻的区域则以缓征的方式让灾民有喘息之力。另外,政府通常会借贷灾民耕牛、籽种,为恢复社会生产提供原料与动力。

④兴修水利,多面应灾。水利是农业的命脉,水利建设自古为历朝历代所倡导,兴修水利不仅是备荒、救荒的良策,更是灾后恢复农业生产的重要举措。清代重视水利的救灾思想为减轻旱灾所造成的损失起了十分重要的作用,尤其是面对西北本身缺水的环境,可以说水利的好坏直接决定了抗旱事业的成功与否。

⑤聚焦于"民",整吏治灾。清朝时期,一些思想家极力宣传"爱民""重民"的民本思想,这对当时的防灾救灾事业具有十分重要的启发意义。人才是荒政得以有效实施的有力保障,为了保证灾民充分享受到国家的救助,清代对赈灾官吏的选拔也是十分严苛的。

总之,清代的救灾思想集传统社会救灾思想之大成,在重农、仓储、水利、赈济、蠲赈等方面更加系统化、全面化。但是,清代作为最后一个中国封建社会的君主专制王朝,其救灾思想并非完美无缺,在展现积极救灾思想的同时,还存在一些消极的成分,在很大程度上降低了救灾成效,使得救灾效果大打折扣。清政府推行的文化禁锢政策(例如文字狱等)更是导致普通民众的思想变得愚昧落后,在时代与社会背景的影响下,清代的消极救灾思想在官方与民间表露无遗。

---

① 卜风贤:《中国古代救荒书的传承和发展》,载《古今农业》2004年第2期。

二、祈雨论

《西游记》的故事可谓是家喻户晓，书中第八十七回"凤仙郡冒天止雨，孙大圣劝善施霖"，说的是凤仙郡的郡守因触犯玉帝而导致当地三年滴雨未下，唐僧四人为其求天降雨，并点化他积德作善，最终甘霖普降的故事。最后以一首古诗点题："人心生一念，天地悉皆知，善恶若无报，乾坤必有私。"虽然《西游记》这则故事带有浓厚的神话色彩，但其字里行间暗含着人间的善恶行径与天地间的自然灾害存在着直接的联系，而这正是本文将要论述的"天命主义禳弭论"。

邓拓先生在《中国救荒史》中提到，中国自古以来以农立国，在传统社会，由于生产力低下，人类对自然的控制能力极为薄弱，农业经济的发展如何直接取决于自然环境的好坏，故自殷商时代便存在占卜之风，人间的大小祸福均靠向占卜吉凶论断。随着社会的发展，统治阶级为巩固自身的统治地位，不断神话自身，宣称其权力受命于天，久而久之，人们把各种自然现象都与上天的意愿捆绑在一起，且认为这种意愿的表达方式多以风调雨顺或自然灾害的方式呈现。当旱灾出现时，统治阶层将其认为是"上天的愤怒"，认为其很大程度上是由人间的失德引起的，或者更直接地说是由受灾地区地方父母官有损德政的行为引发的，故上天将旱灾降临该地。在这种天命主义思想的左右下，旱灾发生后，地方官员往往集结一批地方乡绅和地方百姓，带着求雨的文书来到与神灵交流的专属地方——庙宇或山川，祈求神灵普降甘霖。

清代甘肃因旱祈雨的行为极为常见，"祈雨文"常出现于地方志的"艺文志"中，体现了清代问神求雨的传统思想。清代甘肃求雨的地点主要有两种：一种是地方城隍庙，另一种则是地方高山。城隍庙内供奉的神灵为城隍爷，其具体的形象来源已无从考证，但从城隍的"城"来看，此神主要是管理某一特定地域，若是拿人间社会来类比，城隍爷的职位可与地方官员相类。城隍神最初的作用仅是守护地方城池，但随着时代的发展，其职能不断扩大，地方的一切祸福都由他执掌，故而地方遇旱，百姓多去城隍庙祈祷。清代城隍祭祀是十分繁盛的，例如康熙年间甘肃狄道令娄玠因旱灾去城隍庙祈祷，作《祷城隍祈雨文》，内容如下："比年以来，岁不甚丰，今者自暮春起，初夏赤日炎蒸，云飞不雨，民望失矣……若以刑狱之多冤而囹圄阒其无人也，若以有司之失德而不应罚及于民也……伏惟神慈，大沛甘霖，庶鹑衣鹄形之辈戴深恩奉盘豆崩角稽首歌咏至德……"① 在这篇祈雨文中,地方官将旱灾与自身的德政联系在一起,并且含有宁愿神灵处罚自身而莫要伤害黎民之意。这种现象在清代甘肃地区是十分普遍的,比如面对道光十九年(1839)发生旱灾,会宁县知县陈墉也曾作祈雨文,内容如下:"彼民无罪,既遭诛暴之政,复罹亢旱之厄,嗟吁愁苦,将不得膳父母饲妻子,洋洋散走,乞食四方……墉甘顺受以谢吾民,虽死不敢有怨悔,谨告……吏有罪,而罪不及民,望泽而泽不降,赏罚差远……"②

地方人士面对旱灾的威胁不仅去庙宇祭拜神灵,还走进高山大川去祈雨。在当时人的心目中,山体水泽不仅仅是单纯的自然物,而且赋有灵气,人们心中对这些自然物心存敬畏之情。这种落后的变相自然崇拜现象在清代的甘肃地区仍然十分昌盛,尤其是旱灾降临的时候。比如静宁州知州的祈雨事件:"乾隆元年(1736)亢旱,公率士民祈雨于百里外之神湫,省视田禾,对民涕泣,归时即得大雨,民感念不忘。"③ 当时的知州王奎是雍正十年(1732)的进士,进士在清代绝对可称得上是高级知识分子,连其都率众赴湫祈雨,可见当时士人的天命观思想是多么浓厚与顽固。又如《岷州志》记载:"顺治六年(1649)夏,久不雨,官民并集城北,试致祝于湫神,是时湫池之水尽涸,忽焉旁涌一泉,流入于池……俄而风起云蒸,霖雨如注。"④《成县新志》记载祈雨事件两则:一则是"祈雨鸡山记",讲的是邑令黄泳的求雨过程:"夏五弥月不雨,余时集僚属耆民宿城隍庙以祈,越三日,议请泉鸡山,黎明偕县尉张光永步往至山腰更拜"⑤;另一则是"登山祈雨记",讲的是邑人钟其硕登山求雨的经历,文中有这样一段话:"余观邑志载有五朵之山,三潭之水,必能兴云施雨,余奈何忍惜跋涉之劳,不以救我灾黎也。"⑥ 可见,不论是政府官员还是地方乡绅,都十分坚信山泽有灵,能够兴云施雨,故而一遇旱灾便不懈地祈祷求助。

---

① (乾隆)《狄道州志》卷12《艺文》,《中国地方志集成·甘肃府县志辑》第12册,凤凰出版社2009年版,第82—83页。
② (道光)《会宁县志》卷下《艺文志》,《中国方志丛书·华北地方》第327号,台湾成文出版社1970年版,第104—105页。
③ (乾隆)《静宁州志》卷4《名宦》,《中国地方志集成·甘肃府县志辑》第17册,凤凰出版社2009年版,第179页。
④ (康熙)《岷州志》卷20《灾祥》,《中国地方志集成·甘肃府县志辑》第39册,凤凰出版社2009年版,第191页。
⑤ (乾隆)《成县新志》卷4《艺文志·杂记》,《中国方志丛书·华北地方》第332号,台湾成文出版社1970年版,第528页。
⑥ (乾隆)《成县新志》卷4《艺文志·杂记》,《中国方志丛书·华北地方》第332号,台湾成文出版社1970年版,第511—512页。

这种对自然的崇拜现象在清代的甘肃地区之所以如此盛行是有一定社会背景的。从传统来看,甘肃长期处于贫穷的境地,陇人保守之风长久,思想落后,并且多务农桑而轻视工商,故甘肃经济命脉均系农业,这与山西重商轻农的思想截然相悖。而过去甘肃耕种技术落后,自然降水与湖泽之流成为农田用水的主要来源,百姓的日常所需多取之于自然,即所谓的"靠山吃山,靠水吃水"。面对如此的境遇,山川河流几乎成为百姓的生存命脉,久而久之,山川的神圣地位便在人们的心中根深蒂固了。故而一旦遇到荒旱,陇人便祈祷于山川之中,此风世代相随。

总之,盛行于清代甘肃的祈雨之风体现了中国传统社会的救灾思想,这种思想为历代所传承,并非是有清一代独有,但清代却将这古老的救灾思想推向了巅峰。

三、"拔电杆事件"之反思

洋务运动已经进行到后期,西方先进技术例如有线电报等的引入已经延伸到国土的大西北地区,这些西洋技术在很大程度上是军事需要。甘肃地处中国的西北边陲,成为清政府军事技术投入的重要省份,而有线电报技术可以很迅捷地将当地情况传达给邻近省份或中央政府,故而清末甘肃多处布设电报网络。

有电线便需要电杆为之支撑,但由于陇人思想的落后,对这种"新鲜玩意儿"缺乏科学的认识,在风水学盛行的清代,有些人更是认为电杆的设立破坏了当地的风水,故而对电杆这种陌生事物充满了敌视的态度。当光绪十八年(1892)的大旱灾降临到电杆密布区的时候,当地百姓更是将旱灾的降临归咎于电杆的设立,于是从泾州开始的"拔电杆事件"迅速在甘肃传播开来。《甘宁青史略》将这则事件详细地记载下来:

> 泾州连年不雨,饥民相聚而言曰:"有雷然后有雨,自电柱设上擎白瓷瓶,电报局用以收雷声者也,此祸不除,我辈无生路矣。"遂群起而拔之。总督杨昌濬将尽杀之,以泄其愤,学政蔡金臺为民请命,仅杀乡约曹姓,泾州直隶州知州贾勋著摘去翎顶,降一级留任。案光绪壬辰三月拔毁电柱始自泾州,风声所传,甘、凉、肃等州民众亦将响应,其见于记载者,总督杨昌濬陇东题壁诗有联云:愚民拔电干王法,大将威风掌太阿。凉州古浪县知县黄国琦纪事诗有联云:电影惊心防夜黑,风声转眼到山丹。皆纪实也。[①]

[①] 慕寿祺:《甘宁青史略正编》卷24,兰州俊华印书馆1972年版,第37—38页。

面对连年的旱灾，泾州地方受灾百姓竟将旱灾归咎于电杆，并且愚昧地认为政府的电报局是用来接收雷声的。在日常生活中，先打雷后下雨的自然现象一直为平民百姓所信奉，雷声都被政府电报接收走了，自然雨水就无法降临，旱灾也就难以解除。这落后的观念在光绪二十六年（1900）的金县旱灾中表现得十分明显："是年入春以来，金县地虽无种，雷不闻声，人心大恐，祈祷于白马爷庙与西郭外金龙四大王庙，皆无效，少年好事之徒谓：电柱上有白瓷瓶，所以收雷声，雷畏人之威，不敢作婴儿哭。《易经》辞曰：雷以动之，雨以润之，今欲雷雨交加，非去天障碍不可。"① 这场起于泾州的风波，接连传到甘州、凉州、肃州等地，引发甘肃多处地方上演拔电杆事件，"皇天之久不雨，电杆实为崇数，年前泾州之案，金县人岂不之知？乃于一时之怒，法律皆所不畏，四乡不约而会者数千人"②。由此可见，甘肃的老百姓对旱灾这种自然灾害缺乏科学的认识，其拔电杆除旱的救灾思想更是愚昧可笑。清代甘肃平民缺乏必要的自然科学知识，导致思想落后。拔电杆事件可以总结出这样一点：虽然清代将中国古代的救灾思想推向了一个鼎盛阶段，但因为大众欠缺科学知识，这就形成了政府与民间救灾思想之间出现脱钩的现象，从而影响到清代整个甘肃社会的救灾效力。

四、民国救灾思想的继承与发展

辛亥革命推翻了清王朝296年的统治，民主共和政体的建立更是结束了中国2000多年的封建君主专制制度，民主共和的观念深入人心。社会政治背景的变化在很大程度上影响到民国时期的社会救灾思想，在继承清代传统社会救灾思想精华的基础上，民国时期的社会救灾思想除旧迎新，朝着科学化、制度化、民主化等方向发展。若将清代救灾思想认定为中国传统社会救灾思想的总结，那么民国的救灾思想可称作现代化救灾思想的开端。但值得注意的是，这里所指的代表中国传统社会的清代应该更具体地定位到清末以前，鸦片战争的爆发使得西方列强打开了中国的大门，随之而来的不仅有西方先进的科学技术，还有民主开放的思想文化，这股新鲜血液的注入引发了近代中国社会翻天覆地的变化。可以说民国现代化的救灾思想是由清末救灾思想的革新演变而来，只是到了民国时期更加成熟化罢了。

民国时期甘肃地区的救灾思想继承了清代传统救灾思想的精华，与此同时，

---

①慕寿祺：《甘宁青史略正编》卷25，兰州俊华印书馆1972年版，第46页。
②慕寿祺：《甘宁青史略正编》卷25，兰州俊华印书馆1972年版，第46页。

清代救灾思想中的封建迷信糟粕到民国时期被大量肃清，比如上文论述的祈雨救灾思想到民国时期已经极为少见，清末上演的拔电杆救旱灾的事件在民国不复存在，群众的思想觉悟更科学，面对旱灾的威胁，更加倾向于联名向政府递交救灾书。与清代传统救灾思想相比较，民国救灾思想的发展变化大体有以下三方面特点：

①教养并重

在传统救灾思想中，当灾祸肆虐之时，政府通常采取施粥、施钱、散赈等应急之策，即所谓的"养民"。这种传统方法只能解旱灾的燃眉之急，只能治标，不能解决根本问题，并且灾民长时间领取政府的救助，容易对政府产生依赖思想，这为旱灾后期的应对埋下了很大的隐患。到民国时期，随着西方先进救灾思想的引入，甘肃许多有识之士也认识到"教民"在灾害应对中所起的作用。1945年，甘肃救济委员会在《建议救荒办法五项请核办的公函》中提到这样一条："除教民乘时播种小米、荞麦外，极劝种蔓青（昔诸葛亮种蔓青以为军粮食，故蜀人呼为诸葛菜）。纵秋雨绵延，小米有不能熟者，而此菜反因繁硕。"① 民国政府在给灾民"授之以鱼"的同时，更加注重"授之以渔"，体现了"教养并重"的思想。

②救助国际化

清末赈灾之中虽不乏地方慈善组织及外国传教士，但这些救灾主体与民国专业性救灾团体相比显得要散乱化。处于风云际会时期的民国，开放之风大兴，中华大地频繁发生的灾害受到国际社会的关注，一个专业性的救灾团体——华洋义赈会便诞生了。在它的影响下，民国时期的社会救灾思想朝着国际化方向发展。甘肃虽不是华洋义赈会的主要活动区，但是，民国甘肃大旱也受到该组织的救助，"民国十八年（1929），榆中继续大旱，华洋义赈会以工代赈银洋共16万余元，粮食共160余石"②。

③实业救灾

清末一些先进的思想家提出"实业救国"的口号，并从提高社会生产力的角度出发，把"救灾"与"富民"，即发展民族资本主义经济联系在一起③。到民国时期，孙中山先生更是进一步提倡实业救国，将实业兴建运用到灾荒救助

---

①甘肃省档案馆藏：《建议救荒办法五项请核办的公函》，1945年7月，全宗号：15，目录号：10，案卷号：52。
②榆中县志编纂委员会：《榆中县志》，甘肃人民出版社2001年版，第143页。
③杜维鹏：《近代救灾思想研究（1840—1931）》，硕士学位论文，辽宁大学，2008年。

之上，比如他认为铁路的运输功能可以很好地处理灾荒中的移民问题。他说："固围之要道，亦破荒之急务，殖边移民，开源浚利，皆为天然之尾闾。"①

第二节 救灾机构与程序的系统化分析

一、清代的救灾机构与程序

中国古代虽然重视救灾，但是政府并没有设立专门的救灾机构。以旱灾为例，当地方遭遇旱灾之时，通常由地方官员经过层层程序将旱灾情况的记录递交到皇帝手中。当地方出现大的旱灾，皇帝更是临时委派朝廷大员去灾区主持救灾事务，以求提高赈灾效率，如据《清实录》记载："（康熙四十年）今年雨泽愆期，田禾多有未获，间阎饥困，朕心深用悯恻。已特敕该督抚等官，将被灾之处，亲行蠲赈，令其得所。"② 在清代，由于统治者对灾荒的重视，救灾事务通常属于地方政府政务的重要组成部分，当旱灾发生之时，当地官府就是救灾的主管机构。"中国封建社会一直延续到清代都没有设立专门的救灾机构，清代外派主持救灾的大臣往往来自不同的官僚机构，救灾大臣有大学士、军机大臣、兵部尚书、吏部尚书和侍郎、左副都御史、侍卫等。这说明救灾官员只是临时差遣，不是专职，救灾没有常设机构。"③

虽然中国古代没有专门的救灾机构，但是却有一套基本救灾程序作为指导，一般以"报灾—勘灾—救灾—灾后补救"为基本的流程。直到清代，救灾程序的系统化、救灾措施的制度化才最终形成，并且具有一定的法律效力。清代救灾的基本程序非常明确，依次为：报灾—勘灾—审户—发赈—查赈，这几个程序之间相互关联，各有具体的规定，主办官员和协从人员分工协作，职责规划十分精细④。甘肃地区救灾机构的设置秉承中央，并且在清代的运行也较为有序。

（一）报灾

清代对报灾有着较为严格的要求，嘉庆《大清会典》曾规定："凡地方有灾

---

① 《孙中山全集》第 2 卷，中华书局 1982 年版，第 383—384 页。
② 《清实录·圣祖仁皇帝实录》卷 206，康熙四十年冬十月己未，中华书局 1985 年影印版，第 94 页。
③ 孙绍骋：《中国救灾制度研究》，商务印书馆 2005 年版，第 54—55 页。
④ 朱凤祥：《中国灾害通史》（清代卷），郑州大学出版社 2009 年版，第 293 页。

者，必速以闻。"① 赈灾效率贵在速度，只有及时地将灾情上报朝廷，统治者才能迅速地制定出救灾方案，并迅速执行，这样才能减轻灾害的破坏力，对此康熙帝曾发布上谕："救荒之道，以速为贵，倘赈济稍缓，迟误时日，则流离死伤者必多，虽有赈贷，亦无济矣。"② 清代统治者甚至认为赈灾之事要比平定地方叛乱更为紧要，对此康熙帝曾发布圣谕："赈济饥民之事，较之征剿策妄阿喇布坦更为紧要，尔等可速传谕。"③ 因此，如果地方官员不能如期奏报，将要受到皇帝的严厉惩处。为了保证报灾环节的及时性，清代曾将报灾期限定制为：州县官员报灾期限40天，上司官接到奏报后限5日内上报。这种较为合理的报灾日期限定，有助于政府及时统筹安排救灾事务，为尽快恢复社会生产与生活秩序提供了保证。甘肃地方政府较好地执行了中央的政令，常常能按时上报，且多经过实际调研，内容翔实。

（二）勘灾

勘灾，即地方官吏勘察核实田亩的受灾程度，确定成灾分数。清初规定：受灾6分至10分者为成灾，5分以下为不成灾。乾隆三年（1738），又将受灾5分作为成灾对待，并永著为例。勘灾一般以村庄为单位，按地亩受灾程度确定灾分。其具体做法为：先由各州县制定简明呈式，交由受灾户填报姓名、田亩数、大小口数等。然后查灾委员根据报表按田亩勘察，勘察完后将实际情况汇报给州县政府。州县官吏核造总册，并逐级上报到户部。户部接到勘灾提请后，另派相关人员进行复勘，根据复勘结果，或依原报，或酌情改动，至此勘灾过程结束④。清代中前期，由于政府对社会的掌控能力较强，各级救灾官员之间的相互监督较为透明，所以勘灾数据仍具有极大的可信度。但是到了嘉庆以后，政治腐败，地方政府常隐瞒灾情不报，勘灾不实情况层出不穷，从而影响了整个救灾的效果。

（三）审户

审户即核实灾民户口，划分极贫、次贫等级。审户时，首先是审查田亩受灾程度，然后审查灾民所用的农业用具等财物有无损毁，以此为据定极贫、次贫等级。如乾隆六年（1741），"十二月户部议覆，甘肃巡抚黄廷桂疏称陇西、

---

①（嘉庆）《大清会典》卷12，文海出版社2005年版，第642页。
②《清实录·圣祖仁皇帝实录》卷121，康熙二十四年七月癸酉，中华书局1985年影印版，第281页。
③《清实录·圣祖仁皇帝实录》卷264，康熙五十四年六月庚辰，中华书局1985年影印版，第599页。
④张涛：《中国传统救灾思想研究》，社会科学文献出版社2009年版，第320—321页。

秦州等州县夏被水旱等地亩,成灾五分以上者,按分数分别极、次贫民,先赈、加赈"①。此程序依据受灾的轻重,划分不同的等级,可以使国家的救济物资得到合理分配,既提高了赈济效率,又为国家节省了大量的物力、财力。

(四)发赈

发赈即发仓赈济。发赈建立在审户的基础之上,按照赈票所列数目将赈米或赈银发放到灾民手中。这道程序关系到救灾的最终效果,因此也最为关键。发赈前不但要将某被赈村庄设在某厂、某时发放等事项明白晓谕,而且还要将赈济的银米数目、户口、姓名、月日刊示公告,以求百姓监督。发赈过程中最怕的是主办官员徇私枉法、克扣贪污,为此清政府规定"凡遇赈,有司官将被灾分数、赈恤款目预期宣示,以晓谕民,如有奸民借端要挟者,论如法"②;康熙五十二年(1713),甘肃靖远卫、环县、镇原县等14处夏秋出现旱灾,康熙帝不仅免除本年受灾区的地丁钱粮,还将明年的钱粮草束尽予豁免。为了保证发赈工作的依法进行,康熙帝颁布上谕:"尔部即行文各督抚,务须星速奉行,即刻遍行晓谕……朕抚恤灾黎至意,倘有不肖有司,奉行稽迟,或借端另行科派,使小民不沾实惠,该督抚严察参处。如该督抚失察,一并从重处分。尔部即遵谕速行。"③ 总之,清政府的这些诏令条文在一定程度上抑制了经办官员徇私舞弊的行为,保障了发赈过程的正常开展。

(五)查赈

查赈是指对赈济工作的监察与核查,以防止地方官员奏报不实或侵吞赈济银粮。统治者对救灾工作极为重视,为保证赈济能够恩惠到广大灾民,朝廷常派大员去灾区查勘赈灾结果。正如康熙帝所说:"著该督抚择贤能官员验赈,务令穷黎得沾实惠。"④ 查勘的主要内容是被灾田亩是否属实、被灾分数和审户等级划分是否合理、被灾民众有无流徙、办赈官员有无侵吞行径等⑤。清乾隆(1736—1795)年间,甘肃曾出现过震惊全国的冒赈案(又称甘肃米案),地方官员以赈灾之名,共谋作弊,大肆侵吞,此案牵涉总督、布政使及以下州、府、县官员达113人,单最终追缴的赃银就达281万多两。此事件体现出查赈程序在

---

①《清实录·高宗纯皇帝实录》卷254,乾隆十年十二月壬子,中华书局1985年影印版,第295页。
②《清朝文献通考》卷46《国用考八·赈恤》,浙江古籍出版社2000年版,第5291页。
③《清实录·圣祖仁皇帝实录》卷257,康熙五十二年十一月,中华书局1985年影印版,第540页。
④《清实录·圣祖仁皇帝实录》卷25,康熙七年二月庚午,中华书局1985年影印版,第349页。
⑤朱凤祥:《中国灾害通史》(清代卷),郑州大学出版社2009年版,第297页。

以上赈灾中所起的重要作用。

总之，清代甘肃地方政府的救灾程序条理较为清晰，救灾工作按照此程序，在没有外力影响的前提下可以有条不紊地进行。但是与全国其他地区相类似，甘肃的救灾程序存在烦琐与僵化的缺点，并且此程序在很大程度上体现出中央对地方的强大束缚力，政令的执行多是自上而下，这使得地方政府失去了灵活性、自主性。救灾本身就是一项千变万化的事务，各地区的受灾情况千差万别，若按照此固定程序进行，在很大程度上会导致"一把抓""一刀切"的情况出现，极大地影响各地区的救灾成效。与此同时，到了清代后期，政治腐败、贪污之风猖獗，通常导致甘肃救灾中出现匿灾不报或者报而不实等各种徇私舞弊行为。

二、民国的救灾机构与程序

中华民国的成立，一改救灾体制的无机构化现象。中华民国临时政府成立后，在中央设立内务部，其主要职能包括管理地方行政、赈恤、选举、救济、慈善、户籍、兵役等。中央层面的救灾事务属于内务部管理，地方的救灾事务则由民政厅管理。1914年7月公布的《内务部厅司分科章程》规定：民治司设置五科，由第四科专管救济及慈善事项。这是专职的救灾机构。当出现大的灾情时，政府还设立临时的救灾机构，比如筹议赈灾临时委员会和内务部附设的赈灾处。1920年9月14日公布的《筹议赈灾临时委员会章程》规定：由内务、农商、交通等4部合组该机构，以专门筹议临时救灾及善后事宜。1921年10月29日，北洋军阀政府颁发《赈务处暂行条例》，规定由赈务处总理各灾区赈济及善后事宜。赈务处的权力很大，所有灾区的状况及赈济事宜，各地官府都要向其汇报[①]。可见，北洋政府时期中央的专职救灾机构便是赈务处，地方的救灾事务由其统一调配处理。

南京国民政府的主要救灾机构隶属于行政院内务部的民政司。1931年6月27日在修正公布的《内政部各司分科规则》中规定：由民政司第四科掌管贫民救济、防灾备荒、地方粮食管理、地方筹募赈捐审复、游民教养事项。1936年修正的《内政部组织法》规定：内政部设总务、民政、地改、礼俗等司，其中民政司掌地方行政、行政区划、地方官吏任免、地方自治、户籍、赈灾、救贫、慈善等事务[②]。可见，南京国民政府时期虽没有单独设立专职部门管理救灾事

---

① 龚书铎：《中国社会通史》（民国卷），山西教育出版社1996年版，第500—504页。
② 龚书铎：《中国社会通史》（民国卷），山西教育出版社1996年版，第505—509页。

务，但是中央政府的民政司却分管救灾事宜，因此也体现出了民国时期救灾的机构化特点。

面对民国时期频发的旱灾，甘肃地方政府也设有专门的救灾机构，称为"甘肃省旱灾救济委员会"，其组织规程如下：

第一条　本会定名为甘肃省旱灾救济委员会。

第二条　本会以联合各界人士、集中社会力量共谋救济本省旱灾、安定后方民生、增强抗战力量为宗旨。

第三条　本会会址设于甘肃省政府内。

第四条　本会委员由甘肃省政府聘任之。

第五条　本会设主任委员一人，由甘肃省政府主席兼任；常务委员十五人至二十五人，总干事一人，由主任委员分别聘派之。

第六条　本会设左列各组分别掌理各项事务。分别为：总务组、筹募组、购运组、赈济组等。

第七条　本会主任委员总揽会务，总干事承主任委员之命处理。

第八条　本会各组设正副组长各一人，由主任委员派任之。

第九条　本会各组得视事务繁简分股办事，并就各有关机关团体职员中酌予调用人员办理各项事务。

第十条　本会委员会议每月举行一次，常务委员会议每周举行一次。

第十一条　本会委员会及常务委员会开会时均由主任委员主持，主任委员缺席时，由常务委员互推一人担任之。

第十二条　本会常务委员会开会时，各组正副组长应列席会议。

第十三条　本会委员及职员均为无给职。

第十四条　本会所需办公用费由甘肃省政府筹拨之。

第十五条　本会得于各县市筹组分会，其组织通则另定之。

第十六条　本会办事细则另定之。

第十七条　本规程自公布之日施行。①

通过列举以上条款，可见甘肃省旱灾救济委员会作为民国时期甘肃省应对旱灾的专门组织机构有其自身的特点：本组织成员由政府与社会力量共同组成，并统归于省政府主席的领导之下；其本身属于政府机构但却具有官民合办特色。

---

① 甘肃省档案馆藏：《甘肃省旱灾救济委员会组织规程表》，全宗号：15，目录号：10，案卷号：52。

与清代相比，民国时期甘肃救灾机构的专门化，在很大程度上提高了救灾效率，先不论其实际救灾成效如何，仅从救灾机制本身来说，便是一大历史进步。

民国时期的救灾程序虽然与清代大致相仿，但是其规定更加详备。比如在勘报灾歉方面，甘肃地区颁布的《修正勘报灾歉规程》[①]如下：

第一条　各地遇有水旱风雹虫伤诸灾及他项灾伤应行勘报者，均依本规程办理。

第二条　县市地亩被灾应由乡镇公所造具灾歉状况表，报由县市政府会同县市田赋管理处派员实地初勘，属实后，一面电报财政厅、民政厅、省田赋管理处，同时造具灾歉状况表快邮呈核。

第三条　县市灾案财政厅、民政厅、省田赋管理处据报后，应立即会同派员实地复勘，并会电财政部地政署查核。覆勘属实后，财政厅、民政厅、省田赋管理处应会同造具灾歉状况表送请财政部地政署核定，财政部地政署认为有必要时，得派员抽查之。

第四条　报灾限期，夏灾限立秋前一日、秋灾限立冬前一日为止，但临时急变因而成灾者不在此限，气候较迟之区域得酌量展限。

第五条　勘灾限期，县市初勘旱、虫各灾应随时履勘，至迟不得逾三日，省市委员复勘限十五日。

第六条　地方续被灾伤，除旱、虫各灾仍依限勘报外，他项续灾距原报灾情之日未愈十五日者，应并入原限勘报，若初勘灾限已过续被重灾，准另起限勘报。

第七条　他方勘报夏灾察看情形较轻尚可播种秋禾者，统俟秋获时再行勘定分数，其向不播种秋禾者即在夏灾时勘定分数。

第八条　各省市核定被灾减免分数应以被灾地亩中稔年成收获总量为标准，其收获不及一分者，准免全赋，不及二分者减免正税十分之七，不及三分者减免正税十分之五，不及四分者减免正税十分之三，不及五分者减免正税十分之一，其收获在中稔半数以上者，以不成灾论。

第九条　被灾地方经勘报后应行减免土地赋税者，其标准及程序应依照土地赋税减免规程办理。

第十条　被灾地方如有应行赈济者，由省政府核明拨款赈济，并分咨财政部、地政署及赈济委员会备案。但遇地方灾情重大或被灾区

[①] 甘肃省档案馆藏：《修正勘报灾歉规程》，1945年，全宗号：15，目录号：10，案卷号：52。

域较广时,得将被灾确实情形咨请财政部、地政署及救济委员会,转请中央酌予补助。

第十一条 县市长、县市田赋管理处处长勘报灾歉有左列各款之一者,依照公务员惩戒法办理之:①地方遇有灾伤,不即履勘或履勘后并呈报不实者;②地方报灾后,若将所报灾地留待勘报分数,不合赶种致误农事者;③初勘、复勘逾本规程所宣期限者。

综上可以看出,民国时期对报灾、勘灾程序的规定要比清代完备得多,具体细节考虑得周全得当。与清代的勘报灾歉程序相比,其新特点在于:拥有专门的办理机构,例如民政厅田赋管理处、地政署、赈济委员会等。如此多的部门共同办理,可以起到相互协调、相互监督的作用;对于违规行为的处理更加具体明确,若是主办官员逾期不报或报而不实,将依照公务员处罚条例依法惩处;对于灾歉不同程度的补救力度有明文规定,不但能因地制宜地处理受灾区的灾况,而且在一定程度上保证了国家的赋税收入;最为鲜明的特色在于民国政府要比清政府更加注重对旱灾的勘报处理,当地方遭遇旱灾、虫灾时,必须依限勘报,不能迟疑,但当出现其他灾害时,可以延缓滞后一些。与清代相比而言,民国政府对旱灾重视程度的提高,极大改善了救灾措施的施行,是很大的进步。

与此同时,我们还要看到这些程序的弊端所在,虽然程序细节完备,但恰恰是完备的细节突显出其不足之处。救灾如救火,自然灾害本身的特点决定了社会对其处理方式必须及时迅速,但烦琐的勘报灾歉程序却直接降低了政府对灾害的反应速度。本来地方灾情已是极为严峻,而地方却没能力自主应对,还得请示上级甚至中央,这极大地延缓了救灾速度,并且间接增大了灾害的破坏力。因此笔者认为,救灾程序固然要遵循,但地方的救灾自主性更须加强。

第三节 清至民国甘肃旱灾应对的措施与实践

清至民国时期的甘肃旱灾频发,官方与民间力量相结合,从防灾、救灾、灾后处理等不同的方面采取相应的措施应对旱灾的威胁,正如清代汪志伊所云:"有预备于未荒之前者,有急救于猝荒之际者,有广救于大荒之时者,有力行于偏荒之地者,有补救于已荒之后者。"① 清代的救灾机制可谓整个中国传统社会之集大成者,而民国更是开启现代化救灾机制之先河,这种"传统"与"现代"

---

① [清] 汪志伊:《荒政辑要》,李文海、夏明方:《中国荒政全书》(第2辑)第2卷,北京古籍出版社2002年版,第539页。

的结合，构成了清至民国时期甘肃旱灾应对的特色。

一、官方应对旱灾的措施与实践

(一) 备灾之要务：仓储

粮食储备是防备旱灾的重要措施之一，中国历史上很早就建立了粮食储备制度，储粮备荒是历代统治者推行的积极之策。清政府十分重视仓储制度，乾隆帝认为仓储与救灾之间有着密切的联系："储蓄之道，实为吾民养命之源，人人撙节爱惜，共励勤俭，留目前之有余，以补将来之不足，则丰年有乐利之休，而歉年无艰食之患矣。"① 历经康熙、雍正、乾隆三朝的建设，清代仓储制度逐步确立并全面推行，并为以后的统治者所继承。清代仓储体系大致分为两种：一是常平仓，是政府官仓；二是社仓与义仓。这种官民相结合的仓储体系在防灾与减轻旱荒所造成的社会危害上起到了极大的作用。正如清人所作《亢旱说》曰："防旱之法在积谷，积谷之道分公私，积谷于公，其防旱也普；积谷于私，其防旱也偏，防旱于普，灾可稍轻而不可全舒；防旱于偏，灾可独舒而不可全免。欲求至善之策则莫若公私积谷，立常平仓于官，立社仓于民，并教民积谷于家，官民共防，互相利济之为计也周。"② 正是由于仓储的备荒作用，甘肃的地方官员也在本省范围内积极推行。

1. 常平仓

当旱灾发生时，仓中的存粮主要用来赈济灾民，或者以低于市场的价格贷给灾民。清代对常平仓的管理比较严格，地方官员不但要验看仓粮的进出，而且年底还要将储存数量造册上报，假如存粮出现发霉腐烂现象，负责官员将受到严惩；若是官员贪污仓中的存粮达到千石以上，则要被处以极刑③。常平仓的存粮数目与政区等级挂钩，对于额定谷数，康熙时期规定：大州县常平仓额定积谷1万石，中州县8000石，小州县6000石。乾隆十三年（1748），清廷重新议定各省仓谷定额，其中甘肃为370万石④。虽然中央有明文规定的存谷定额，但是许多地方的实际积谷数却与规定不符，有的地区比定额多，有的地区则比定额少，这在很大程度上影响了常平仓的旱灾赈济能力。

---

① 《清实录·高宗纯皇帝实录》卷77，乾隆三年九月丁丑，中华书局1985年影印版，第217—218页。
② [民国]《华亭县志》卷3《灾异志》，《中国方志丛书·华北地方》，第554号，台湾成文出版社1976年版，第291—292页。
③ 孙绍骋：《中国救灾制度研究》，商务印书馆2004年版，第89页。
④ 张艳丽：《嘉道时期的灾荒与社会》，人民出版社2008年版，第100页。

常平仓的功能主要是平粜、出借与赈贷，政府经营常平仓主要是为了应对突发情况中出现的粮食短缺问题。由于清代自然灾害频发，甘肃地区常平仓的主要功能逐渐转变为救济灾民。比如康熙二十九年（1690），靖远等处出现旱情，康熙皇帝批示："覆准甘肃靖远卫今春鲜雨水，米价腾贵，土瘠民穷，极宜拯救，先动用常平仓及捐输粮石支给，其不敷者在各年存贮粮内动支，秋收买补还仓。"① 康熙四十一年（1702），河州、宁夏、巩昌等地出现旱灾，康熙皇帝根据地方政府的奏报批示道："覆准甘肃河州地方亢旱，二麦枯槁，发银及谷赈济；又覆准动积谷赈济宁夏等州县灾民……又覆准甘肃巩昌府属夏秋二次歉收，将存贮米石十分减二，粜与被灾穷民。"② 乾隆年间，甘肃地区常平仓继续发挥赈灾作用，如乾隆五十九年（1794），"以甘肃所属二麦歉收，将甘属各处常平仓粮酌量散赈"③。自嘉庆以后，常平仓储日渐缺额，最后逐渐废弛。但必须注意的是，常平仓虽然在清后期失去了原有的作用，但制度本身并没有被废除。

　　民国时期，甘肃地方政府仍然重视常平仓规制建设，并且在备荒之策中为其明列专条。甘肃省政府颁布的《关于备荒之政》第三条便是"举办常平仓"，条文如下："常平仓之作用，意在平粜，谷贱则籴，谷贵则粜，以免谷贱伤农，谷贵病民。窃谓省县各仓余粮，应专案存储，以作及时平粜之用。即田、军公粮，每年拨余之数，并应拨作常平粮，妥慎保管，严立章则，永以为制，以资调剂。此外，现行农仓法颇与常平仓相似，并应普遍推行，以裕农村经济而备不虞。"④ 由此可见，与清代相比，甘肃地区民国时期常平仓的主要作用是平粜粮价，符合常平仓固有的特性。虽然从条令文字看政府设立常平仓意在惠农，防止粮价波动影响农民的生活，进而影响地方经济的发展，并要求各县"专案存储"，但是在非常时期，尤其是战乱年代，常平仓的存粮多数被用作军粮，常平仓的平粜功能有名无实，而这在下文将要提及的社仓、义仓中表现得更加明显。

　　2. 社仓和义仓

　　清代社仓与义仓自康熙十八年（1679）起开始设立，二者都具有民间性质，

---

① (乾隆)《甘肃通志》卷17《蠲恤四》，《钦定四库全书·史部》，上海古籍出版社2014年版，第167页。
② (乾隆)《甘肃通志》卷17《蠲恤五》，《钦定四库全书·史部》，上海古籍出版社2014年版，第168页。
③ (道光)《皋兰县续志》卷4《田赋》，《中国西北文献丛书·西北稀见方志文献》第34册，兰州古籍出版社1990年版，第232页。
④ 甘肃省档案馆藏：《关于本省备荒救灾管见》，1945年，全宗号：15，目录号：10，案卷号：52。

只是社仓建于乡村之中，一般只向本村人加息出借，不进行赈济与平粜。义仓也来源于民间捐设，位置多设于市镇，功能主要用于赈恤。社仓和义仓实行民间自行管理，由政府监督①。

社仓的仓粮主要来源于官民的捐赠，并非是政府的官方征派，故百姓所捐粮谷没有定额指标，捐粮之人多量力为之、自愿捐纳。在管理上则选用品格端正之人。由于社仓的影响范围是当地乡村，故社仓的选址主要位于村社，其功能在于借贷，以解燃眉之急。社仓的这些特征在甘肃古浪县的《倡捐社仓记》中记载得十分清楚：

> 古浪社仓，前之莅是邑者亦行之屡矣，按其籍仅得谷二石，余览而异之，以身先之捐麦七十余石，由是士民辐辏有捐至二十余石或十余石并数石者，即减至升斗亦听其输纳，无苛求勒取之患，且听其就近藏贮，拣一二老成殷实者董之……立五家相保之法，一家贷而不归，则四家并偿，其有终不克偿者，自后不得复贷，社长一岁或二岁而更……由是春散秋敛，省其耕则籽种可以无虞，省其敛，则口粮可以不乏，且水旱有备，不待发仓赈粟。②

由此可见，社仓是备荒的重要举措。若是社仓制度运行良好且存粮充裕，会在很大程度上减轻常平仓与义仓的赈济负担，从而保证整个救灾活动的顺利运行，正如上文所述："水旱有备，不待发仓赈粟。"

清代甘肃地区的义仓设立于道光五年（1825），由陕甘总督那彦成奏请设立："甘肃地处边陲，岁恒饥馑，清道光五年秋八月，总督那彦成奏请甘肃州县设立义仓，为积谷以防饥年也。"③ 在总督的倡议之下，皋兰市民共捐小麦一千九百一十七石一斗二升，粟谷三千六百七十六石七斗五升，大麦一百一十九石七斗八升等等，统计官民共捐仓斗粮八千八百三十九石五斗一升，并且由百姓公举正副议长在源源仓并寺庙民房收贮，府厅州县均照省城办理④。由于许多义仓的储粮环境并不达标，多设立于寺庙甚至民房之中，故常出现储粮发霉现象。

随着清王朝的衰落，自清中期以后，社仓、义仓的仓储不足现象日益严重，

---

① 张艳丽：《嘉道时期的灾荒与社会》，人民出版社2008年版，第100页。
② （乾隆）《古浪县志》卷4《文艺志》，《中国地方志集成·甘肃府县志辑》第38册，凤凰出版社2009年版，第456页。
③ [民国]《重修镇原县志》卷3《建置志》，《中国地方志集成·甘肃府县志辑》第28册，凤凰出版社2009年版，第116页。
④ [民国]《重修镇原县志》卷3《建置志》，《中国地方志集成·甘肃府县志辑》第28册，凤凰出版社2009年版，第116页。

加上吏治腐败，管理不善，从而严重削弱了社仓、义仓的备荒效力，而西北战事更是导致甘肃许多地方的仓储毁于一旦。以徽县为例，"案徽县额设共廒一百零六间，并有历任贮粮捐修之仓，嘉庆六年，军务告竣，廒间毁圮……徽县有完好仓廒三十余间，其余仓廒木料朽腐不堪粘补"①。同治年间爆发于西北地区的回民起义，更是导致甘肃大量的仓储废毁，"镇原城乡社仓于道光六年成立，同治回乱均废"②。清代甘肃地区的社仓和义仓到清朝中后期已经被破坏得十分严重，其备荒的功能自然也随之下降。

清末甘肃许多地区的社仓与义仓徒有其名。到民国时期，甘肃省政府力求整顿此现象，以期恢复社仓与义仓本身所具有的备荒功能，故在《备荒之政》的第四条规定如下："本省各县以往均有义、社仓之设，只因经理非人，谷款逐渐侵蚀，不复可查，徒具虚名，似宜切实整顿，以资救济。社仓依然取之于民、散之于民，且遍于乡村，易沾实惠，似宜每保或数保设立一仓，由地方热心公正士绅董理，县府不时督促，以免流弊。"③ 民国时期，政府已经意识到仓储负责人是否廉洁公正将直接影响社仓、义仓体制能否顺利运行与延续，故民国政府更加注重仓储管理人员的选拔。由于甘肃仓都在清末遭受破坏严重，政府虽欲重新整顿，阻力很大，如《民国六年财政厅调查县仓及社仓、义仓存粮数目》中记载："前财政厅厅长雷多寿以甘肃十年九旱，非存粮无以救荒，于六年春饬查镇原常平及社仓各仓。刘知事循良覆称，地方社、义两仓自清光绪十八年遭旱荒奇灾，经马县令裕藩请准散赈动用无存，以后再无筹办，从此遂废……自十八年陈珪璋陷城破仓以供军食，遂至颗粒无存，嗣后均改折色。再如着手仓储，诚恐不易，且廒内地板，驻军折作床板，去后遗失不少，最后竟拉驴驮诸平凉。"④ 民国十五年（1926）以后，甘肃社仓制度出现较大变动，"社仓转而为县仓，民始不与，而为官家之私用；县仓转而为郡仓，民遂相远，而为军国之资用。官知其敛，未知其散，民见其入，未见其出，甚者指为常赋重敛急征，而义仓之恤民者反为害民之具"⑤。政策的变动导致原本应由民间管理的社仓，

---

① (嘉庆)《徽县志》卷3《建置志·仓廒》，《中国地方志集成·甘肃府县志辑》第36册，凤凰出版社2009年版，第311页。
② [民国]《重修镇原县志》卷3《建置志》，《中国地方志集成·甘肃府县志辑》第28册，凤凰出版社2009年版，第116页。
③ 甘肃省档案馆藏：《关于本省备荒救灾管见》，全宗号：15，目录号：10，案卷号：52。
④ [民国]《重修镇原县志》卷7《财赋志·仓廒》，《中国地方志集成·甘肃府县志辑》第28册，凤凰出版社2009年版，第557页。
⑤ [民国]《重修镇原县志》卷7《财赋志·仓廒》，《中国地方志集成·甘肃府县志辑》第28册，凤凰出版社2009年版，第558页。

逐步为政府所控制，仓内储粮已非为原本的备荒之用，但依然从百姓手中索取粮食，这当然为百姓所不容。加之长期处于动荡的社会背景之下，战乱频繁，甘肃更是多被地方军阀势力统治，在社仓储粮以备荒歉的功能被地方政府逐渐弱化的同时，储备的粮食又多转为军粮，"更因遭燹，军营不时挪用，较之原额，不及什三，且有颗粒无存者"①。在社仓为政府所控制的同时，从中盈利者多为富人，贫民难从中取得好处，因为"凡积谷者皆富人，有谷而贱粜者皆贫人，贱者必贵入，富益富而贫亦贫，系此矣"②。社仓、义仓管理过程中诸多的腐败问题又加剧了这种状况，"案查社仓粮石，日久弊生，或为经手绅士之侵蚀，或为市镇人民之拖欠"③。民国时期社、义仓体制本身存在的诸多弊端，导致出现"粮价极贱，官吏劝民众填社仓，或自行存贮，而无有应者"④的局面。总而言之，原本仓储乃利民之策，到民国时期，竟兴利转以为弊，社、义仓的衰败已成定局。

（二）防旱救旱：水利之兴修

历来论述救荒的根本，无不注重水利。甘肃地处我国西北内陆地区，远离海洋，降水稀少，气候干燥，极易导致农作物出现缺水现象，水利设施的好坏，直接影响作物本身的生长。清至民国时期的甘肃处于旱灾的频发期，人们若要与自然抗争，农田水利的修建是必不可少的。邓拓先生在《中国救荒史》中将水利兴建作为积极的救灾政策，可见水利在应对旱灾中的重要性。农田水利建设不但是灾前备荒的重要措施，同时对灾后农业生产的恢复与发展也起着十分重要的作用。

清朝统治者十分重视水利兴修，乾隆皇帝曾云："凡系水利及有关民食者，皆当及时兴修，不时疏浚，总期有备无患，要须因地制宜，事可谋成，断不应惜费。"⑤清代前期，甘肃农田水利相当可观。靖远县引黄河水的灌区有7个。临洮附近引洮水灌溉，乾隆年间开渠6条，灌田370多顷。洮水支流上清末已有19条灌渠，灌田320多顷。兰州附近引阿干河水和山沟泉水的灌渠很多，灌溉

---

① [民国]《徽县新志》卷3《食货志·仓储》，《中国地方志集成·甘肃府县志辑》第37册，凤凰出版社2009年版，第17页。
② [民国]《重修镇原县志》卷3《建置志》，《中国地方志集成·甘肃府县志辑》第28册，凤凰出版社2009年版，第118页。
③ [民国]《徽县新志》卷3《食货志·仓储》，《中国地方志集成·甘肃府县志辑》第37册，凤凰出版社2009年版，第17页。
④ [民国]《重修镇原县志》卷3《建置志》，《中国地方志集成·甘肃府县志辑》第28册，凤凰出版社2009年版，第118页。
⑤《清实录·高宗纯皇帝实录》卷40，乾隆二年四月癸亥，中华书局1985年影印版，第712页。

面积共有 150 多顷。清代河西地区灌渠的兴建较多，曾乔迁内地移民来此开垦①。清代甘肃地方政府将水利兴修作为防旱的重要举措，以永昌县为例，"永邑土性坚硬，非水不能以耕，现在水源清澈，渠坝疏通，无兼并吞噬之患，亦云美矣。独其于蓄泄之方，所以备旱涝者，尚有未备，后此各当于官水闲广之时，修塘蓄聚，先时备之，时至用之，庶天物不至暴弃，而水旱亦不能为灾"。②可见，完善的农田水利可以有效预防旱灾，天固有旱情，但因水利设施的完善而不致出现灾荒，降低旱灾对社会造成的损害，例如"康熙六年大旱，郡人长捷、杨於陵等自西古城引大夏水至十里屯三十里，灌田无数，年久废坏，康熙四十三年监督同知郭朝佐、知州王全臣重修，并引水入城，居民利焉"③。在甘肃这一干旱地区，农田水利修建的主要目的是灌溉，水利的防旱救灾作用也取决于其本身的灌溉功能。为了应对旱灾，不只地方政府组织水利事业的兴建，当地的民间人士也会自发组织兴修水利，比如"张世儒，字子珍，同治时遭兵燹，时值天旱，头坝倒岸数十丈，世儒率坝民修筑，不数日而工成灌溉，有资人心"④。

清代甘肃地区常发生"水案"，即河流上游与下游为争夺农业用水引起的纷争。这在很大程度上与甘肃当地缺水的环境有关，如若处理不当，不但会引起下游地区的农田因缺水而禾苗枯槁，更甚者会引起上下游双方农民的械斗，严重扰乱地方的治安。《高台县志》中的《重修镇夷龙王庙碑》记载了如下案例："上游之水被张掖抚高各渠拦河阻坝，河水立时涸竭，直待五六月大雨时，行山水涨发，始能见水，水不畅旺，上河竭泽，此地田禾大半土枯，而苗槁矣。"⑤当地生员岳阁公不忍看到这样的情况，于是将情况诉讼到陕甘总督年羹尧部堂，并由政府奏准定案："以芒种前十日，委安肃道宪亲赴张、抚、高各渠，封闭渠口十日，俾河水下流浇灌镇夷五堡及毛目二屯田苗，十日内不遵定章，擅犯水规渠分，每一时罚制钱二百串文，各县不得干预。"⑥ 这种官民合作管理水利的规定，

---

① 孟昭华：《中国灾荒史记》，中国社会出版社 1999 年版，第 685 页。
② (乾隆)《永昌县志》卷 3《祥异》，《中国地方志集成·甘肃府县志辑》第 38 册，凤凰出版社 2009 年版，第 514 页。
③ (康熙)《河州志》卷 2《水利》，《中国地方志集成·甘肃府县志辑》第 40 册，凤凰出版社 2009 年版，第 154 页。
④ [民国]《东乐县志》卷 3《人物》，《中国地方志集成·甘肃府县志辑》第 45 册，凤凰出版社 2009 年版，第 197 页。
⑤ [民国]《高台县志》卷 8《艺文》，《中国地方志集成·甘肃府县志辑》第 47 册，凤凰出版社 2009 年版，第 314 页。
⑥ [民国]《高台县志》卷 8《艺文》，《中国地方志集成·甘肃府县志辑》第 47 册，凤凰出版社 2009 年版，第 314 页。

有助于合理调配河流上下游水资源，在很大程度上防止了人为旱灾的发生。

民国时期，虽然战乱不断，政治腐败，但是民国政府在救灾方面还是做了一些事情，其中较为突出的一项便是发展水利。从农田水利建设的投资金额来看，"案查甘肃省本年度土地、金融、农田水利及普通农贷几项，贷款经本处核完后共计九亿五千余万元，其中农田水利垫款一亿五千万元，铺沙贷款一亿元，共二亿五千万元"①。可见，民国时期政府在甘肃农田水利方面的投资还是比较大的。甘肃地处西北内陆，当地农业生产在很大程度上依赖地表水的灌溉，尤其是河西地区，水利灌溉的好坏直接决定旱情的严重程度。以河西武威县为例，民国三十四年（1945）"入夏以来，三月久未降滴雨，夏禾歉收，秋禾复因缺水缺雨遍地黄枯，群情惶惶，哀号遍野……查旱灾固然可忧，而大柳乡河道之破烂最为致旱之主因。本年旱灾严重，秋夏皆歉，每逢水期，祇流微小，水因主河道破烂，九流十溢，水渗地中不能下流，其遭受此空前之旱灾者，若不积极设法修筑，其前途不堪设想"②。对于此，国民政府呈请采取如下处理方式："令武威水利工作站派员勘查，迅速整理，由南而北其至标准水道，集中水利，藉资灌溉，而防荒旱以保元气。"③

古浪县位于甘肃河西地区，"农民之藉灌田畴者，全赖祁连山之冬季积雪至春溶化为水"④。民国时期政府开林禁，祁连山大片的森林被砍伐用于道路、城市等各方面的建设，导致祁连山林蓄雪功能下降，开春以后冰雪融水锐减，"每逢四五月间，天气若旱，非惟无灌田之水，且乏可饮之浆。近几年以来，荒旱频仍，民生凋敝，困苦之状已达极点"⑤。由此可见，河西地区经常出现旱情不仅是因为自然气象的异常干燥，很大程度上还要归咎于人为因素。由于民国时期人们不注重保护山林，乱垦滥伐，严重降低了山林涵养水源的功能，这才导致旱情的加重与频仍。为了解决古浪地区的旱情，当地民众派出代表呈请县政府修筑水利，县政府将此呈递省政府，最后由省政府批示水利委员会拨款修建。档案记载："甘肃水利林木公司据古浪县政府本年七月八日呈称，案据县属振育、泗水两乡镇民众代表郑忠国、张天伦、王得儒等十名呈称……可否转请水

---

① 甘肃省档案馆藏：《甘肃省旱灾救济委员会：关于准延期贷款期限及增加农贷的来往公函》，1945年12月13日，全宗号：55，目录号：2，案卷号：586。
② 甘肃省档案馆藏：《武威县：修筑河堤防治旱灾原呈》，全宗号：39，目录号：1，案卷号：508。
③ 甘肃省档案馆藏：《武威县：修筑河堤防治旱灾原呈》，全宗号：39，目录号：1，案卷号：508。
④ 甘肃省档案馆藏：《甘肃省政府：为据古浪县呈开凿河水一案点希查照的代电》，全宗号：39，目录号：1，案卷号：508。
⑤ 甘肃省档案馆藏：《甘肃省政府：为据古浪县呈开凿河水一案点希查照的代电》，全宗号：39，目录号：1，案卷号：508。

利委员会核援大批水利专款,并派工程师查勘、估工,以资疏导。"① 通过古浪县的案例可以看到民国时期地方兴修水利的大体程序。与上文武威县修筑过去旧有河堤的案例相比,古浪县的水利案例体现在新开水利工程上,而不是对过去旧有水利的修补。通过整理民国时期甘肃的水利资料,从防旱、抗旱角度看,甘肃水利的功能主要体现在农业灌溉与居民用水方面;水利建设主要有修补过去旧有的水利设施与新开水利工程两大方面;水利修建的地域主要集中于河西地区。

与清代相比,民国时期甘肃某些地区的水利兴修存在着一定的缺陷,慕少堂在《新西北·甘州水利溯源》中记述:盈科、大小古浪、城北、加官、大官、齐家、永利等渠,灌溉面积比明清时期减少5万亩;明麦、葫芦湾、永济诸渠减少了一半;大满、平顺、大满新渠减少了5.7万亩,造成水资源的大量浪费。另外,民国时期虽然政府重视水利建设,但是却没有一套完善的水利管理制度,从而导致水利设施没有发挥其最大的防旱、抗旱功效。比如《古浪县志》载:"据记载,仅古浪河每年就要摊派民夫3万多工日,柴草2万余斤。同时由于水规制度不完善,你毁我渠,我挖你坝,水利纠纷不断。"② 再者,由于缺乏必要的地下水源勘探技术,民国时期甘肃的水利建设常常具有盲目性。例如:"镇原十年九旱,请求水利者,拟仿照陕西办法,集资挖洋井,倘无滞碍,何乐不为。尝见平原之掘井者矣,往往至二十余丈而不及泉,以地形甚高故也。民国二十四年二月,省建设厅在皋兰颜家沟,钻洋井数月之久,尚未取出甜水。据此情形,陇东钻洋井亦恐不易。"③ 这种仿效他处盲目开凿水井的行为,不仅没能取得理想的效果,还浪费了大量的人力物力。由此可见,兴修水利必须要有一定的科学技术作为支撑,同时还要注意因地制宜,不能一味盲从。

(三)临灾赈济

清至民国时期,甘肃地区临灾赈济的主要形式可分为正赈、展赈、大赈、粥赈和工赈等,赈济的物资主要是米谷,特殊情势可兼给银钱④。民国时期,地方政府增加了一些新的赈济措施,比如将新崛起的银行系统与救灾事业紧密联

---

① 甘肃省档案馆藏:《甘肃省政府:为据古浪县呈开凿河水一案点希查照的代电》,全宗号:39,目录号:1,案卷号:508。
② 古浪县志编纂委员会:《古浪县志》,甘肃文化出版社1996年版,第300页。
③ [民国]《重修镇原县志》卷6《民政志·水利》,《中国地方志集成·甘肃府县志辑》第28册,凤凰出版社2009年版,第475页。
④ 张涛、项永琴、檀晶:《中国传统救灾思想研究》,社会科学文献出版社2009年版,第310页。

系在一起、加大以工代赈的投资力度等，这些新的举措填补了清代救灾的不足之处，为以后救灾体制的完善提供了借鉴。

1. 粮食赈济

粮食赈济是赈济灾民最重要的方式，康熙帝曾曰："赈荒一事，苟非地方官实心奉行，往往生事，盖聚饥寒之人于一乡，势必争夺。明时流贼亦以散粮而起，此不可不慎也。"① 清代对灾民的赈济有具体规定，赈济钱粮额一般为大口日给米五合，小口日给米二合五勺，米谷不足，银米兼给。此规定在甘肃紧急赈灾之时稍有变动，具体的赈济钱粮数依据地方的实际贮粮情况与灾情的轻重程度而定。

（1）赈济粮食

粮食赈济一般动用常平仓、社仓、义仓的储粮。比如"康熙四十一年（1702），覆准甘肃河州所属土司今岁亦被旱灾，照依内地每大口给一仓斗，小口给五仓升"②；"康熙五十三年（1714），覆准陕西甘属去岁薄收，于附近贮粮内发赈，自二月起至六月发止，每日大口给粮三合，小口二合，其有耕田缺乏籽种牛具者，每亩给粮五升"③。另外，依据赈济时间的长短，临灾赈济的形式又可分为"正赈""大赈""展赈"等。例如："自乾隆二十八九年（1763、1764）及三十年（1765），连年亢旱，田无良苗，野无茂草，屡业皇恩浩荡，赈济五月外，又展赈二月"④；"嘉庆十五年（1810）旱灾，赈济九、十两月，又次年三月展赈一月"⑤。1764 年，乾隆皇帝"将夏秋两次被灾之永昌、西宁、碾伯三县，无论极次贫民，俱各展赈两个月。其夏禾被旱之皋兰县，并所属之红水、张掖县，并所属之东乐以及抚彝厅、山丹、庄浪厅、武威、镇番、古浪、平番、中卫，秋禾被灾之狄道、河州、靖远、平凉、华亭、固原、隆德、盐茶厅、巴燕、荣格厅等十九厅州县，无论极次贫民，俱各展赈一个月，以资接济"⑥。

---

① 《清实录·圣祖仁皇帝实录》卷 266，康熙五十四年十一月辛丑，中华书局 1985 年影印版，第 612 页。
② （乾隆）《甘肃通志》卷 17，《钦定四库全书·史部》，上海古籍出版社 2014 年版，第 168 页。
③ （乾隆）《肃州新志》卷 6《蠲恤》，《中国地方志集成·甘肃府县志辑》第 48 册，凤凰出版社 2009 年版，第 196 页。
④ （道光）《靖远县志》卷 6《碑记》，《中国地方志集成·甘肃府县志辑》第 16 册，凤凰出版社 2009 年版，第 318 页。
⑤ （道光）《会宁县志》卷 5《赋役志》，《中国地方志集成·甘肃府县志辑》第 8 册，凤凰出版社 2009 年版，第 127—128 页。
⑥ 《宁夏府志》卷 1《恩纶纪·恩诏》，宁夏人民出版社 1992 年版，第 56 页。

（2）粥赈

粥赈是清与民国时期甘肃地区重要的粮食赈济方式，地方政府与乡绅群体多在受灾区域的公共场所设立粥厂施粥。粥赈属于急赈，可以缓解旱灾造成的严峻形势，为政府后期采取大规模的救灾措施争取足够的时间。在清至民国时期甘肃处于旱灾的高发期，在过去救灾体制相对落后的背景下，粥赈在当时发挥了举足轻重的作用。当时，有关粥赈的案例不胜枚举，例如：康熙四十一年（1702），"覆准陕西甘肃去岁被旱，动用仓粮于被灾之兰州等县卫十一处，开厂煮粥赈济，至三月终止，陇西、安定等州县至四月初止。但甘肃土地寒凉，入夏田始种植，入秋麦才收获，目下正值青黄不接之时，再动库银一万两于原设粥厂处仍行煮粥赈济，并令各州县凡有饥民，地方亦行煮粥，俟麦熟收成之日停止"①。"民国十六年（1927），全县（指金塔县）大饥。国民政府无力救济灾民，县长齐溥提倡劝捐赈恤，委令绅商赵积寿、吴永昌赴肃州劝捐，复委令绅商刘怀基、李经年等4人在城内关帝庙设粥场，历时3个月零6天"②。从这两则事例中可以看出，清至民国时期的粥赈组织者为地方政府与绅商团体。也就是说，一方面地方政府从仓储之中拨出一定存粮用于煮粥赈济灾民，另一方面还号召地方绅商捐献钱粮用于地方的粥厂事业。这种官民合办粥厂的行为可以扩大粥赈的赈济幅度，恩惠更多的灾民，因为单靠政府的力量毕竟是有限的。粥赈的时间也有一定的规律，通常开始于青黄不接的旱灾易发期，一直持续到农作物的收获时节。粥赈的地点选择也有一定的限制因素，多设立于寺庙、县城等地，因为寺庙属于公共场合，人口流动幅度大；而县城属于人口的密集聚居区，可以避免灾民的长途跋涉。

粥赈并非无序的散赈，也有一套适合自身的简易程序。例如《邑侯冷公捐俸赈粥碑记》载："择公平正直、计算明通者等李作栋、赵岐等十人及本城乡约共勷厥事，俾之钱谷薪水轮流执掌，出纳各有攸司。至食粥之口数，始犹数百人，继而至于数千，人给一签，使其照签领粥，无得冒滥，亦无得遗漏，务使均沾实惠。"③ 粥赈管理虽然要求选贤任能，但这并不能保证每一个粥厂都是清正廉洁的，当粥赈中出现腐败乱纪现象时，政府通常要严厉整治。比如：乾隆三十五年（1770），"大旱，奇明捐廉设粥厂，为粥食饿者，吏惜薪，杂石灰煮粥，食者或死，辄以疫疠为辞。奇明廉，知其弊，重杖吏，躬宿厂中，

---

① （乾隆）《甘肃通志》卷17，《钦定四库全书·史部》，上海古籍出版社2014年版，第168页。
② 金塔县地方志编纂委员会：《金塔县志》，甘肃人民出版社1992年版，第507页。
③ （道光）《靖远县志》卷6《碑记》，《中国地方志集成·甘肃府县志辑》第16册，凤凰出版社2009年版，第320页。

检阅薪米,每釜粥熟,必亲尝之"①。从这则案例中可以看出,地方政府对于粥赈是十分重视的,并且也反映出粥赈在清代救灾事业中所处的重要地位。

(3) 平粜

平粜是灾害发生后,政府低于市价将粮食出售给灾民,最终达到平抑市场粮价的效果。平粜的粮食主要来源于常平仓,出粜的对象是具有一定购买能力的贫户。此项措施既能使一部分灾民获得救助,同时又能使政府赚取一定的利润,被统治者认为是一种"惠而不费"的仁政。清代甘肃旱灾的赈济经常采用平粜之策,如康熙五十二年(1713),"赈贷、平粜、缓征,时夏秋荒旱,诏发仓粮贷贫民,又出粟平市价,俾毋昂贵,不能自存者赈之"②。道光十四年(1834),"夏旱,小麦一斗钱七百,出粜仓粮以平市价,详情缓征"③。平粜之策常与"借""赈"并行,如据《静宁州志》记载:康熙五十三年(1714),"夏旱,知州廷钰报灾,停征,奉上借、赈、粜三法并行(时州仓粮不足,奉发州粮三千石)"④。清代平粜之法在旱灾中的运用极为常见,虽然它并非积极的应灾策略,但若与借、赈完美的结合,则会发挥很大的救灾效果,就像《庄浪县志》中描述的那样:"加赈银粮并济,借粜兼行,各城乡广设粥厂以集流民,故岁虽饥而民不害。"⑤与清代相比,民国时期甘肃、宁夏地区的平粜就要少得多了。

2. 钱币赈济

在古代社会,虽然粮食赈济是主要的形式,但有时也会采取钱币赈济。有清一代,甘肃曾多次拨款赈灾,如康熙三十六年(1697)甘肃安化等州县发生旱灾,"覆准甘肃安化等州县被旱,动积谷借给穷民,再动司库银赈济"⑥;乾隆二十四年(1759)狄道州出现大旱,"知州松德详请奉旨发帑金四十余万赈济,全活无数"⑦;嘉庆六年(1801)皋兰县遭遇旱情,"奉上谕,赈恤贫民,共粮

---

① 慕寿祺:《甘宁青史略正编》卷18,兰州俊华印书馆1972年版,第44页。
② (乾隆)《甘州府志》卷3《国朝辑略》,《中国方志丛书·华北地方》第561号,台湾成文出版社1976年版,第305页。
③ (宣统)《狄道州续志》卷1《祥异》,《中国地方志集成·甘肃府县志辑》第12册,凤凰出版社2009年版,第348页。
④ (乾隆)《静宁州志》卷8《灾异》,《中国地方志集成·甘肃府县志辑》第17册,凤凰出版社2009年版,第447页。
⑤ (乾隆)《庄浪县志略》卷19《灾祥》,《中国地方志集成·甘肃府县志辑》第18册,凤凰出版社2009年版,第400页。
⑥ (乾隆)《甘肃通志》卷17《蠲恤》,《钦定四库全书·史部》,上海古籍出版社2014年版,第167页。
⑦ (乾隆)《狄道州志》卷11《祥异》,《中国地方志集成·甘肃府县志辑》第12册,凤凰出版社2009年版,第9页。

六万七千八百余石，银五万一千五百余两"①。在整理清代甘肃钱币赈济的资料时，笔者发现，其出现的时间段主要集中于清代中前期，尤其以康熙、乾隆年间居多，到清末基本很难看到政府为应对旱灾而大量拨款的史料记载。旱灾中的钱币赈济与国家力量的强弱即国库财力的充实与否存在着密切的关系，康乾盛世代表着整个清代最繁荣的时期，国库充足，政府有能力从国库中拨出大量的金钱（帑金）用于抗旱事业；而清末国力衰落，国库空虚，即使有一定的存款也优先用于军事或给外国的赔款，故遇到旱灾，国家根本没有能力调拨库银用于赈灾。

到民国时期，用钱币赈济灾民成为常用的赈灾方式。如民国十三年（1924）甘肃通省春夏亢旱，庄稼几乎绝收，其中以皋兰、定西、甘谷、武山等17县灾情最为严重，定西斗麦竟达到18元（银圆），"省拨9万元急赈"②；民国三十四年（1945）甘肃旱情严重，"省上拨救济款4 097 000元，拨救济粮69 505石，运粮回程费90 605 305元，作为赈济灾民粮款"③；民国三十六年（1947）平凉市遭受旱、雹、霜灾，有15个乡镇受灾，"政府拨冬令赈款2400万元"④。与清代相比，民国时期钱币赈济比较明显的特点在于，不只有政府直接拨款，还有一些赈灾专门机构筹募赈款，其所筹款数也不容小觑。比如民国十八年（1929）榆中县持续大旱，"省赈会派委员同县赈会按五区灾民分上中下等散发大洋1.1万元，二次又散发大洋5000元"⑤。民国十八年是甘肃、宁夏历史上的大旱之年，几乎全省都出现不同程度的旱灾，像清水县先大旱，后又遭受冰雹、病虫等灾害，省赈会赈济大洋5000元，就地募捐大洋5900元，并按照地方查报的灾情轻重，划分赈济数量，派员分赴各区挨户散发。民国十九年（1930），省赈会又拨大洋3000元，派员协同县赈务会散发⑥。由此可见，民国时期地方成立的赈灾委员会在钱币赈灾中占据着举足轻重的地位。另外，除了官方的专门救灾机构组织钱币赈灾外，还有民间社团组织钱币赈灾，其中最具代表性的便是"华洋义赈会"，其在甘肃也曾组织了多次捐款赈灾。民国时期的钱币赈灾相比清代更加程序化、系统化，根据灾情的轻重程度与受灾群体的不同分发赈款。

---

① (道光)《皋兰县续志》卷4《田赋》，《中国西北文献丛书·西北稀见方志文献》第34卷，兰州古籍出版社1990年版，第234页。
② 武山县志编纂委员会：《武山县志》，陕西人民出版社2002年版，第105页。
③ 甘肃省甘谷县县志编纂委员会：《甘谷县志》，中国社会出版社1999年版，第433页。
④ 平凉市地方志编纂委员会：《平凉市志》，中华书局1996年版，第494页。
⑤ 榆中县志编纂委员会：《榆中县志》，甘肃人民出版社2001年版，第143页。
⑥ 清水县志编纂委员会：《清水县志》，陕西人民出版社2001年版，第349—350页。

以合水县为例,政府在发放青黄不接民食赈款时,不但将受灾群体分为赤贫与次贫,而且将中学生与小学生单独划分群体(表5-1),从中可以看出民国政府对教育事业的重视程度。

表5-1 合水县政府发放青黄不接民食赈款支出分配表

受灾类别	受灾人数	人均赈款(元)	总计赈款(元)
赤贫	37	3365	124 505
次贫	139	1680	233 520
中学生	10	3365	33 650
小学生	49	1680	82 320

资料来源:

甘肃省档案馆藏:《合水县政府发放青黄不接民食赈款现金出纳表》,1946年,全宗号:9,目录号:1,案卷号:219。

但是民国时期的钱币赈济体制也存在一定的弊端。以"李兰公呈省赈款康县灾民"为例,1930年春,康县被灾,饿殍载道,万分困危,四周更是有土匪盘踞,各机关人员多不能到差,省政府派来放赈的委员也在其中。在此困难之时,该县竟然以委员不至为由而不给灾民发放已到的两千余元赈款。面对这样的尴尬局面,宣传员李兰公呈请钧会命令属员等监放,以救燃眉①。从这则案例中可以看出,民国时期甘肃、宁夏等地的钱币赈济太过拘泥于程序,缺少必要的灵活性,这就极大地限制了钱币赈济本身应该发挥出的救灾成效。

3. 工赈之法

清代甘肃旱灾,时常采取工赈策略,诸如修筑地方城墙、学校等公共设施。清代的甘肃县城都有城墙,由于风吹日晒等自然的侵蚀及人为的破坏(比如战争),许多城墙被破坏得十分严重,城墙的防御功能严重退化。故当出现旱情时,地方官员若采取以工代赈的方式救灾,首选的工程便是修城墙,这在清代甘肃的许多地方志中都有体现。例如"康熙五十三年(1714)覆准陕西甘属去岁薄收……又覆准甘属各州县修城,使穷民得以佣工度日"②;"光绪二十年(1894),狄道州时连岁荒歉,民多逃亡,焘至见城堞倾圮,慨捐廉俸,召集流民,缮治之"③。另外,清代甘肃的一些地区,或是受当地重教风气的影响,或

---

①康县志编纂委员会:《康县志》,甘肃人民出版社1989年版,第847页。
②(乾隆)《甘肃通志》,《钦定四库全书·史部》,上海古籍出版社2014年版,第167页。
③(宣统)《甘肃新通志》卷59《职官志》,《中国西北文献丛书·西北稀见方志文献》,兰州古籍出版社1990年版,第126页。

是因当地父母官提倡发展教育事业,故当地方遭受旱灾时,知县会组织灾民修筑学宫。从长远考虑,这种修学校的工赈方式要比筑城墙的影响深远得多。如乾隆三十年(1765)张掖地区出现旱灾,"知县富斌重修学宫,是岁歉,以工代赈"①。清末,政府也采取兴修水利的工赈办法抗御旱灾。比如宣统元年(1909)六月,陕甘总督升允奏报:"甘肃皋兰一带旱灾奇重,拟设法引水开渠,以培地利,并借此以工代赈。"② 这种兴修农田水利的工赈法,体现了工赈所具有的生产自救特点。

到民国时期,政府为应对旱灾,经常采取以工代赈的方法,组织灾民疏浚河道、开挖水渠、植树造林等,使灾民在获得救济的同时,也为恢复生产创造了条件。不仅是政府,当时社会上的许多有识之士也看到了工赈在救济灾民与发展生产之间所起的兼顾作用,认为"为一时之急计,则以急赈为宜,若为增进社会生产力及铲除灾源并筹各地永久福利计,则工振实为当务之急"③。

民国时期甘肃地方政府在采取工赈之法应对旱灾方面有具体的措施,下面以《民国三十四年甘肃旱灾区工振计划大纲》④ 为例作简要的分析:

4. 工振办法。省政府鉴于本年情形严重,自六月初便着手节约食粮,就各县被灾程度,拟定救济工作纲要,分饬有关各厅署切实实施,举办以工代赈。先就灾情最重区域拟定工赈原则:

(1) 需赈人数:此项工振以农民为限,须赈者至少有五十万人,其中有不能劳力者约十万人。

(2) 工作种类:男工以修筑铁路、公路、水渠及其他土木工程;女工以纺织军毯、毛线为范围。

(3) 工作地点:工作地点须在以人就粮及以粮就工两方面权衡定之。

(4) 工作时节:女工在本年冬季及明年春季均可工作,男工既以土木泥水工程为主,结合甘肃冬季较长的特点及考虑到自耕农收获农作物的需要,将工作时间仅限于明年四月半至七月半之三个月,但一切计划须于本年秋季拟定,全部准备必于本年冬季完成。

---

① [民国]《新修张掖县志·大事纪》,《中国地方志集成·甘肃府县志辑》第45册,凤凰出版社2009年版,第465页。
②《清实录·宣统政纪》卷15,宣统元年六月丁亥,中华书局1987年影印版,第298页。
③《救灾周刊》第12期,1921年1月16日,第33—34页。
④ 甘肃省档案馆藏:《三十四年甘肃旱灾区工振计划大纲》,1945年,全宗号:15,目录号:10,案卷号:52。

(5) 工民待遇：此次工赈绝非平时可比，一面使工民有事有食，同时应对其家庭供给少量食粮以妥其心。故每一民工每日应给麦及杂粮三市斤，二斤自食，一斤安家；至于工具及衣服，必须自备；因工具所需甚多，一小部分如铁锹、背斗等农家所有者，仍应由民工自备，大部分则由赈款内备置。像灾重区域柴草均缺，所需燃料应完全由赈款内购买供给或由远地设法购运。

(6) 管理机构：各项工程如原设有正式管理机构，即由原机构主持；未设机构者由省府与有关方面洽设新机构。

5. 工振事项。包括有：军毯毛纱纺制；天兰铁路土方工程之修筑、南疆公路甘段之修筑、徽白公路之修筑、兰宁公路甘段铺修路面工程、岷夏公路铺修路面工程、甘川公路临洮至武都路面工程、定岷路定洮段铺修路面工程；高台马尾湖灌溉工程、武威杂木河四项护渠工程、古浪柳条河渠工程、永昌金川峡水库及铧尖滩灌溉工程、靖乐渠饮水及灌溉工程、永靖永乐渠工程、平凉平丰渠工程、兰丰渠灌溉工程；铺沙工程。

综上《民国三十四年甘肃旱灾区工振计划大纲》的内容可以看出，民国时期的工赈策略条理清晰，不但列举相关的工赈内容，而且还要分析当年所受旱灾的具体情况，结合现实采取以工代赈的方法，与清代相比要进步许多。另外，在考虑民工待遇的基础上还考虑到民工家属的生活，这不但让受灾的家庭单元得以保全，而且极大地调动了民工工作的积极性，若是依照条文贯彻实施，定会收到良好的效果。与清代地方官员采取修筑城墙的工赈措施相比，民国时期工赈最显著的特点体现在工赈事项的丰富性上，除女工纺纱制衣外，民国甘肃工赈事项主要分为道路修建与水利兴修两大方面，而这两大工程的修建需要大量的民力、物力与财力。若从当前看，此工程可以解决大批灾民的生计问题，让灾区百姓顺利渡过旱灾；若从长远考虑，只要工程顺利完工，又会成为造福后世子孙的伟绩！道路修建与水利兴修单靠个人之力或地方组织难以完成，必须依靠政府。从这一点来考虑，民国时期甘肃政府的力量要比清代强大许多。

(四) 灾后补救

旱灾过后田地荒芜，农耕废弃，不仅影响农民生计和国税收入，而且也危及社会安定，甚至影响政权的巩固，因此灾后补救也是政府的一项重要任务。灾后补救措施不但可以帮助灾民减轻压力和损失，而且还能帮助灾民休养生息、恢复生产，最终摆脱灾害影响。清至民国时期甘肃政府的灾后补救措施主要集中在蠲缓、借贷、安辑等方面。

1. 蠲缓之策

蠲缓实际上指的是灾蠲与缓征。灾蠲是清朝赈灾措施的一个重要组成部分,早在顺治二年(1645)就开始实行,但有关蠲免的具体数字却没有定制。顺治十年(1653),清政府将全部额赋分作10分,按田亩受灾分数的不同程度进行酌减,以后各代相继增加灾免比例。缓征是将受灾程度略轻地区的应征额赋暂缓征收。一般而言,成灾5分以上州县的成熟地亩应征钱粮例准缓征,即延缓至次年启征。虽然与蠲免不同,缓征百姓终要缴纳赋税,但遇灾缓征可以略纾民力,起到了事实上的救灾作用①。

针对甘肃地区的旱灾,清政府采取的蠲缓措施不胜枚举,仅据《清实录》的不完全统计,清代历代帝王下达的蠲缓诏令就达103次之多,其中康熙年间有16次,乾隆年间有37次,嘉庆年间有14次,道光年间有21次,光绪年间有5次,几乎平均每隔两年就实行一次蠲缓措施。可见,面对甘肃旱灾政府频繁采取蠲缓对策,这也体现出统治阶级对蠲缓赈灾的重视程度。但是蠲缓政策本身也有自身的缺陷,由于蠲缓针对的主要是有产者,即拥有自己土地的自耕农,并且清初仅针对业户蠲缓钱粮,佃户的赋税要照例缴纳,这就极大地限制了这一措施的直接受益范围。到清朝后期,甘肃土地集中的现象与南方相比虽不典型,但依然日益严重,大片耕田被集中到少数大地主手中,大部分的农民仅靠租佃维持生计,蠲缓政策的赈灾成效因此也大打折扣。

民国时期政府的灾后救助措施虽然没有用"蠲缓"字样,却采取了豁免、减免的救灾举措。如民国三十六年(1947)平凉出现旱灾,"旱,免田赋"②。不过需要说明的是,民国时期,甘肃社会动荡,豁免、减免钱粮等政策在执行过程中问题颇多。例如当旱灾在甘肃州县肆虐时,许多地方的州县政府因各种原因出现赈灾不力的情况,为此许多灾民联名上报省政府诉说旱灾实情,请求省政府予以处理。这些呈请中多涉及免纳粮款的内容,比如"入夏以来,天道异常,亢阳肆虐,雨泽愆期……迭据各乡镇人民纷纷报请免纳粮款,并予以救济"③;"当此国赋繁甚,差徭沉繁之际,不意夏禾被旱,秋禾无望……上忧国赋奚供,下忧蚁命难存……"④;等等。民众迫切要求政府免除赋税,但是政府的

---

① 张涛、项永琴、檀晶:《中国传统救灾思想研究》,中国社会科学文献出版社2009年版,第314—315页。
② 平凉市地方志编纂委员会:《平凉市志》,中华书局1996年版,第114页。
③ 甘肃省档案馆藏:《临夏参议会:电报本县旱灾奇重,恳请赈恤以救灾黎由》,1945年7月10日。
④ 甘肃省档案馆藏:《酒泉河西乡民众闫自信等:呈为亢旱过重、禾苗晒枯,请豁免田赋以救蚁命由》,1945年7月9日,全宗号:14,目录号:2,案卷号:76。

答复通常令百姓失望，不但不体恤灾民的苦难，反而照常征收赋税钱粮，就像诗歌中所唱的那样："夜半打门声类鬼，委员提款自来催。……纷纷乞赈书流血，等是空谈纸上兵。"① 民国时期的甘肃虽然名义上归中央政府管辖，但是地方政府的自治力很强，对于赋税钱粮的征收，地方政府很多时候视自身情况而定；而清代中央是直接掌控地方的钱粮征收，二者之间的差异最终导致民国时期甘肃出现"蠲缓"不力的情况。

2. 借贷之策

"灾荒之后，农民若生机未绝，徒以穷乏，不能恢复生计，则当予以假贷，助其复业，使谋发展，此历代所以有放贷之议也。"② 邓拓先生在《中国救荒史》的灾后补救篇中道出了借贷之法的真谛。灾后借贷实际上是指国家将钱粮等物资借给灾民，让灾民在秋收以后偿还。这项措施是针对尚能在灾后维持生计，却又没有能力进行再生产的灾民而施行的救灾措施。清政府十分重视灾后借贷政策的制定与执行，甘肃地区也不例外。如清代乾隆年间甘肃布政使在奏章中这样提道："须借以牛具籽种，赏给口粮，方得永安生业……所借牛具银两，匀作八年征收；所借籽种粮石，匀作三年征收。则现在耕作有资，而陆续归还，又为民所易办。"③ 灾后的借贷物资包括钱财、口粮、籽种、耕牛四种，其中尤以贷给口粮与籽种最为频繁。据《清实录》记载：乾隆二十七年（1762）九月，"贷给甘肃陇西、靖远、宁远等十四厅县本年被旱贫民口粮、籽种"④；嘉庆二十三年（1818）正月，"贷甘肃灵台、镇原、宁远等十一州县上年被旱灾民籽种、口粮"⑤；道光十五年（1835）正月，"贷甘肃靖远、秦二州县上年灾民籽种；靖远、平凉、隆德、盐茶、秦、镇原六厅州县灾民两月口粮"⑥。口粮借贷主要是为了缓解灾后食物短缺，保证更多的灾民可以依靠国家的赈灾物资存活下去，因为人力是灾后农业恢复生产的最根本动力，只有让灾民存活下来才能保证灾后重建工作的顺利实施，所以口粮借贷一般是灾后借贷之策的必备选

---

① 镇原县志编辑委员会：《镇原县志》，庆阳地区印刷厂印刷，1987年，第1157页。
② 邓云特：《中国救荒史》，河南大学出版社2010年版，第191页。
③《乾隆五年四月二十四日甘肃布政使徐杞为报酬借新渠宝丰新旧民户牛具籽种事奏折》，《历史档案》2001年第4期，第20页。
④《清实录·高宗纯皇帝实录》卷670，乾隆二十七年九月戊辰，中华书局1986年影印版，第491页。
⑤《清实录·仁宗睿皇帝实录》卷338，嘉庆二十三年正月乙巳，中华书局1986年影印版，第463页。
⑥《清实录·宣宗成皇帝实录》卷262，道光十五年正月丁卯，中华书局1986年影印版，第5页。

择。籽种借贷更多是为了灾后农业的恢复与再生产，旱灾发生时，许多灾民迫不得已将储备的粮食籽种用以充饥以求维持生计，这种做法导致灾后农民失去了用于农业重建所需的必备物资，为此政府在为灾民提供口粮的同时，还借贷给灾民大量籽种。

民国时期，甘肃地方政府继承了清代的灾后借贷之策，并将灾后借贷列入"关于灾后之政"的明文之中："（丁）关于灾后之政：大灾之后，饥民流离他方，田园荒芜，举凡耕牛、籽种之贷给、路费之发放等，均须事先计划。"① 在继承清朝借贷措施的同时，民国政府还多有创新发展之处，其中在钱财借贷之上体现得最为明显。钱财借贷不但可以保证灾民购买口粮度日，更能让灾民购买农业生产所需的籽种与耕牛，如甘肃档案中涉及的"广粮款之贷"条文："关于秋冬粮食播种之籽种，应广筹粮款，普遍及时贷予农户，以免失种。"② 与清代相比，民国时期的银行系统在灾歉借贷中充当了十分重要的角色。以甘肃徽县为例，1946年徽县出现大旱灾，徽县参议会向兰州甘肃省政府主席谷正伦请求救灾，其中第一条便是："向农行交涉壹万万贷款，以资普遍发放农贷，以免辍耕。"③ 从中可以看出，银行在借贷中提供的财政数额是十分庞大的，这也在一定程度上突显出银行在赈灾中的重要性。正如前文所说，民国时期的灾歉借贷继承了清代的做法，徽县参议会除了首先请求省政府批准农行提供贷款外，其次也要求县田粮处提供粮食籽种，"饬本县田粮处将来年种麦时由县仓贷放麦种三千石，以便下种"④。

借贷作为灾后应对的重要措施，对灾民开展自救、恢复生产具有较大的作用，但这些措施必须建立在国家钱粮充裕和吏治清廉的基础之上。就清代来说，单以《清实录》为据，自道光以后很难见到政府为甘肃旱灾实行借贷之法，民国时期，虽然政府明文强调借贷之法，但因地方官员的层层盘剥与贯彻不力，借贷之法往往收效甚微，甚至成为一纸空文。比如《武威市志》记载："每当灾情发生之后，国民政府也采取免田赋、贷种子、发口粮等措施，但多被官绅层层盘剥，到灾民手中已寥寥无几。"⑤ 可见，在"上有政策，下有对策"的现实面前，受灾百姓还是难得借贷恩惠。总的说来，民国时期甘肃地区的借贷之策一方面继承了清代的传统借贷方式，另一方面在钱币借贷方面有所发展与创新，

---

① 甘肃省档案馆藏：《关于本省备荒救灾管见》，1945年，全宗号：15，目录号：10，案卷号：52。
② 甘肃省档案馆藏：《关于本省备荒救灾管见》，1945年，全宗号：15，目录号：10，案卷号：52。
③ 甘肃省档案馆藏，全宗号：9，目录号：1，案卷号：337。
④ 甘肃省档案馆藏，全宗号：9，目录号：1，案卷号：337。
⑤ 甘肃省武威市志编纂委员会：《武威市志》，兰州大学出版社1998年版，第185页。

实现了由实物借贷向资本借贷的跨越式发展。

3. 安辑之策

安辑是指对遇灾流亡在外的灾民的安置。由于灾民流亡在外，田地荒芜，严重影响国家的赋税收入，若流民得不到妥善的安置，还会酿成事端，最终影响地方的统治秩序，故历代政府都十分重视对灾后流民的安辑，甘肃地方政府自然也不例外。如据《肃州新志》记载："康熙四十二年（1703），覆准甘肃所属连岁被灾，饥民流散，限一年内招回，实在穷民，大口给米五升，小口给米一升，原无产业者，令地方官将无主荒地发与耕种。"①《甘肃通志》又载："康熙五十三年（1714），覆准陕西甘属去岁薄收，其有耕田缺乏籽粒、牛具者，每亩给粮五升，有未回籍者，令该地方官酌给路费搬回。"②

民国时期，甘肃地方政府在旱灾发生后也采取了相应的安辑之策，其落实点集中于对灾区土地的处理上。在"灾后之政"中对土地的处理方式如下："（二）严禁土劣侵渔：饥民他去，田地、房屋抛弃，应由乡公所负责登记，指人保管，以免被土劣侵占，至饥民困乏食粮；（三）整理无主土地：凡逃亡绝户所遗之田地、房屋，应逐一查明，拨作地方公产，不能任土劣随意侵占。"③从中可以看出，民国时期的灾后安辑之策，虽未直接服务于流民，但是却抓住了安辑之法的要害所在——土地。土地自古以来便是农民的根基，旱灾让大批的灾民流离失所，导致田地荒芜，政府为防止地主土豪私自侵占这些无主荒地，将其编案造册，可以说在一定程度上为流亡灾民保住了根基。这种协调处理灾后田地的做法，不但防止了土地兼并现象的出现，而且为灾民重返家园提供了保障，就此一点，要比清代的传统做法进步得多。

二、民间应对旱灾的措施与实践

救灾措施的制度化，让清代荒政达到了中国传统社会救灾制度的顶峰。但仅靠政府的救济不能完全解决旱灾问题，并且到清代后期，中国社会面临内忧外患的窘况，巨大的财政与军事压力导致清政府的调控能力与整合能力大幅度降低，当旱灾肆虐时，政府根本无法全面、协调地调动人力、物力、财力用于救灾事业。在这种情况之下，民间"义赈"兴起，并在以后的救灾事业中发挥出了举足轻重的作用。到民国时期，更是形成了以"华洋义赈会"为代表的专

---

①（乾隆）《肃州新志》卷6《蠲恤》，《中国地方志集成·甘肃府县志辑》第48册，凤凰出版社2009年版，第195页。
②（乾隆）《甘肃通志》卷17，《钦定四库全书·史部》，上海古籍出版社2014年版；第167页。
③甘肃省档案馆藏：《关于本省备荒救灾管见》，1945年，全宗号：15，目录号：10，案卷号：52。

门民间救灾组织，民间救灾力量登上中国救灾事业的舞台。清至民国时期，承担甘肃旱灾救济的民间力量主要有个体乡绅、社会组织、外国力量三个方面。

（一）士绅的个体"义举"

在中国封建社会，存在着一个特殊的群体——士绅。士绅阶层可以笼统理解为平民百姓之上、政府官员之下的优势团体，即地方的精英势力，他们是官府的附庸，协助地方官府维持地方的统治秩序。可以说，士绅们的利益在很多时候与政府的利益相一致。由于士绅能够与下层百姓直接接触，故他们熟知民间的灾况与动向。当地方出现旱灾时，因其本身所具有的抗灾优势条件（富裕、领导力等），一系列的慈善救灾行为也就由他们而起。

在清代的甘肃，旱灾时士绅救灾现象比比皆是。如乾隆年间，靖远县屡遭荒歉，贫苦百姓缺乏食粮，"张思睿、潘绍尧、路斌生……悯其桑梓，或在乡自行出粟赈济，或在城煮粥，每年连及数月，全活甚众，邑侯姚莱勒其石于四牌楼下，继任邑侯冷文炜悬额于城隍庙曰：存活万岁"①；乾隆二十三年（1758）、二十四年（1759），靖远县岁荒，"伊自出粟米济本村穷乏者，兰州府增讳福嘉其善行，以旌其闾曰：推解可风"②；"毛鹏飞，字雲程，清廪生，光绪壬辰、辛丑间，岁大饥，出粟百余石，周济邻里，全活者多，泾原道道尹王学伊奖以'积善之家'四字，县长宋运贡奖以'尊师重儒'匾额，孟江霖榜其门曰：义士"③。士绅自发救灾的行为不仅出现于清代，民国时期也非常普遍。例如民国十七年（1928）镇原大旱，太平镇人张海澂，"岁值旱荒，村人筑堡而居，有贫民弗能上堡者，出粟赈济"④；"民国十八年（1929），善士张映兰等赈济乡邻，张五岳等集资救饥"⑤；等等。由于甘肃地区当时交通不便，加之受当时家庭宗族观念的束缚，士绅们的救灾范围仅限于自己的邻里乡亲。

虽然士绅的自发救灾力度有限，但是却在这相对狭小的范围内发挥了政府所不能的作用。不论其救活灾民人数的多寡，这种善举本身就让灾民感到了温

---

① （道光）《靖远县志》卷4《义士》，《中国地方志集成·甘肃府县志辑》第16册，凤凰出版社2009年版，第111页。
② （道光）《靖远县志》卷4《义士》，《中国地方志集成·甘肃府县志辑》第16册，凤凰出版社2009年版，第111页。
③ ［民国］《重修镇原县志》卷14《孝友》，《中国地方志集成·甘肃府县志辑》第28册，凤凰出版社2009年版，第36页。
④ ［民国］《重修镇原县志》卷14《孝友》，《中国地方志集成·甘肃府县志辑》第28册，凤凰出版社2009年版，第39页。
⑤ ［民国］《重修灵台县志》卷3《慈善》，《中国地方志集成·甘肃府县志辑》第19册，凤凰出版社2009年版，第444页。

暖，故而在民众心理上达到了一种团结一致、共御旱灾的理想效果。纵观以上几则士绅的"义举"，大多受到了政府或者士人的表彰，而这样的结果在很大程度上又与上文所提到的梁其姿先生对慈善目的的分析相对应。某些士绅们的救灾义行确实体现出了中华民族乐于助人的传统美德，但同时也不能排除某些行为中对"义"与"利"关系的权衡，毕竟有些人追求的就是功名与荣誉。

在士绅个人的救灾过程中，政府官员以个人名义捐廉捐薪救济旱灾的史料也不少，同时官员又代表政府对民间士绅的义举进行表彰，如赐字、颁匾等。士绅们的赈灾行为虽间接地存在政府官员的参与，但其主体还是"士绅自助"。除此之外，士绅与政府之间还存在合作赈灾现象，即"官办绅助"。清至民国时期的地方官只要不糊涂，心里都明白：真正熟悉地方实情的并非他们这些父母官，而是各个地方的士绅，在某种程度上，士绅才是地方的真正管理者。所以，政府为了应对旱灾，必然需要士绅提供帮助。例如自乾隆二十八年（1763）至三十年（1765），靖远县连年亢旱，地方邑侯为赈粥之举，"劝谕绅衿士民之家号素封者，量力捐济……然不敢委之胥吏，恐有侵渔之弊，因于绅士中择其精敏强干、办事廉能者得二人焉"①；光绪二十七年（1901），灵台县又大旱，"知县李鸾倡立粥厂，绅士梁廷用、王朝俊等经手散放，经书黄兆吉、杨茂林等发放籽种，并散食粮，虽属公办，亦属私助"②。这种官办绅助的赈灾现象在很大程度上保证了救灾措施的贯彻实施，使受灾民众能够更好地受到政府与民间的合力赈济，是赈灾事业中一项值得推荐的措施。这从某种程度上突出了士绅富民的重要地位，正如民国大总统徐世昌所说的那样："就中国一般社会周济贫困、乐善好施几视为富人唯一之天职，且因侧重家族制度之故，邻族间之患难相助、有无相通，更视为应尽之义务……盖各国借政府一部之力采行国家社会政策，欲以维持社会而未足者；吾乃借全国社会自身之力，沿用古来家族制度，借以维持社会而有余也。"③

（二）社会组织的专业赈灾

义赈诞生于中国晚清时期，是民间社会慈善事业的重要表现形式，代表着中西慈善文化的结合。李文海先生在《晚清义赈的兴起与发展》中指出："所谓

---

① （道光）《靖远县志》卷6《碑记》，《中国地方志集成·甘肃府县志辑》第16册，凤凰出版社2009年版，第319页。
② [民国]《重修灵台县志》卷3《慈善》，《中国地方志集成·甘肃府县志辑》第19册，凤凰出版社2009年版，第444页。
③ [民国]《重修镇原县志》卷6《民政志·赈恤》，《中国地方志集成·甘肃府县志辑》第28册，凤凰出版社2009年版，第496页。

义赈就是由民间自行组织劝赈、自行募集经费,并自行向灾民直接散发救灾物资的活动,其根本宗旨是'民捐民办',它突破了传统的善会善堂办理慈善救济事业的保守性与局限性,创立了一套新的救赈机制,顺应了时代的发展。"①

清末出现的江南义赈对当时甘肃地区的旱灾赈济提供了帮助。光绪二十七年(1901)是甘肃的大旱之年,陇东地区的灾民遭受饥饿之苦,镇原更是重灾区,为救济当地灾民,"邑贡生包中廉商同知县汪宗瀚,借公款银贰仟两、仓粮四千石,又借江南义赈银三千两分散,饥民全活"②。与别省相比,江南义赈对清末甘肃的赈灾,不论从赈灾次数还是赈灾物资上讲,都是十分少的。虽然江南义赈的援助作用有限,但是与甘肃个体士绅的社区救助相比,却实现了跨地域赈灾的重大意义。

民国时期的社会赈灾组织与清代相比显得更具有组织性、专门性,其中最具有代表性的便是中国华洋义赈救灾总会。这是一个以"筹办天灾赈济"和"提倡防灾工作"为准则的民间专业赈灾组织,该组织的存在时间在20世纪20年代至40年代之间,由一批怀揣梦想、希望造福苍生的中外人士联合组成,其影响遍及全国16个省,而甘肃省便是其中之一③。民国十八年(1929),甘肃榆中县持续大旱,"华洋义赈会以工代赈银洋16万余元,粮共160余石"④。虽然华洋义赈会是民国时期社会赈灾组织的典型代表,但是据笔者统计的资料看,民国时期甘肃因旱灾而接受华洋义赈会援助的次数并不多,所以华洋义赈会在民国时期甘肃地区的赈灾事业中发挥的作用也是非常有限的。

那么,民国时期甘肃社会赈灾组织的主体是谁呢?依据档案史料,笔者认为其组织主体应为在政府的协助之下成立的省级赈济会与县级赈济会。甘肃省档案馆所藏的《甘肃省旱灾救济委员会组织规程表》在第二条中明文规定:"本会以联合社会各界人士、集中社会力量、共谋救济本省旱灾、安定后方民生、增强抗战力量为宗旨。"⑤民国时期甘肃省成立的众多赈济会在具体的抗旱实践中发挥了十分重要的作用。民国十七年(1928)、十八年(1929)为甘肃省特大旱灾年,全省各地都遭受到旱灾的威胁,如今的临夏地区也不例外,为求抗旱,

---

① 靳环宇:《晚清义赈组织研究》,湖南人民出版社2008年版,第31页。
② [民国]《重修镇原县志》卷17《大事纪》,《中国地方志集成·甘肃府县志辑》第28册,凤凰出版社2009年版,第345页。
③ 蔡勤禹:《民间组织与灾荒救助——民国华洋义赈会研究》,商务印书馆2005年版,第1页。
④ 榆中县编纂委员会编:《榆中县志》,甘肃人民出版社2001年版,第143页。
⑤ 甘肃省档案馆藏:《甘肃省旱灾救济委员会组织规程表》,1945年,全宗号:15,目录号:10,案卷号:52。

"地方绅士马麟、张建等27人发起成立导河县旱灾赈济委员会，呼吁全省募捐。经过多方筹集，共募捐白银8030多两，银洋34 457元，粮食11石多，救济银洋27 408元，户均3元，粮食平均发给9136户"①；再如民国十八年（1929），清水县先大旱，后遭冰雹、洪水、病虫灾害，粮食无收，"省赈会赈济大洋5000元，就地募捐大洋5900元。十九年（1930），省赈务会又拨大洋3000元，派员协同县赈务会散发"②。民国时期，甘肃省的省级、县级旱灾救济会为抗旱事业做出了重大贡献，由于它是由政府组织，并且联合了社会各界力量，故其本身具有"官民合作"的性质。

（三）外国力量的救灾

外国人在中国的救灾活动一直是中西交流史研究的重要领域。自鸦片战争以后，外国势力大量涌入中国内陆，其中尤以外国传教士的活动范围最为广泛。在清末光绪初年的"丁戊奇荒"期间，大量的外国传教士穿梭于山西、陕西等地区从事赈灾事业——当然他们这样做在很大程度上有宣传教义的目的。清至民国时期，外国传教士在甘肃也组织了多次赈灾活动。1877年至1920年间，甘肃旱灾频发，其中仅兰州就发生了11次较严重的旱灾。在此期间，许多外国传教士抓住机会，以宣传宗教为目的，开展赈济灾民的活动，就像传教士李提摩太说的那样："因为我在灾民中发放赈款，对于广大的民众是一个可以使他们信服的证据，证明我们传的宗教是好的。"③ 民国时期，传教士为甘肃旱灾的赈济事业做出了一定的贡献，比如"1928年甘肃大旱，在岷县传教的基督教神召总会，以创办贫儿院的方式实施赈济；传教士新普逊分别在岷县县城、宕昌两地办起了贫儿院，收容邻近各县流离失所的儿童600多人"④。参与甘肃赈灾的外国力量除了传教士外，还有专门的救济机构，比如美国援华救济会"贷款宁定县兴修水利"⑤。1945年，甘肃旱灾严重，但是缺乏交通工具，往来运输非常困难，为此"所有向国际救济机关请拨赈款，最好请以汽车拨抵，可解决运输问题，且增进工作效率"⑥。

外国力量在甘肃的赈灾集中于清代后期与民国时期。自清代后期中国中央

---

① 临夏市地方志编纂委员会：《临夏市志》，甘肃人民出版社1995年版，第641页。
② 清水县志编纂委员会：《清水县志》，陕西人民出版社2001年版，第349—350页。
③ 王慧：《1877—1920年的甘肃基督新教》，硕士学位论文，兰州大学，2007年。
④ 尚季芳：《传教士与民国甘宁青社会赈灾研究》，《宗教学研究》2010年第3期。
⑤ 广河县志编纂委员会：《广河县志》，兰州大学出版社1995年版，第11页。
⑥ 甘肃省档案馆藏：《查本省本年旱灾严重方设法救济并拟以工代赈计划大纲》，1945年7月，全宗号：15，目录号：10，案卷号：52。

政府的权势便开始衰微，内忧外患不断，政府已无余力顾及边远地区的旱灾赈济；加之甘肃本就贫穷，地方政府财政十分困窘。在这样的情势下，外国传教士与救济组织不断地参与甘肃的赈灾，给甘肃当时的救灾事业贡献了力量。外国力量在第一时间将甘肃的旱情进行报道并组织有效赈济，有助于引起国内外仁人志士的广泛关注，可以有效调动更多的人力参与到甘肃的旱灾救助中来。在当时政府责任缺失之际，其救灾作用是值得肯定的。

第六章 清至民国宁夏地区的禳灾思想与旱灾应对

旱灾的影响深入社会的各个方面,从个人的生存到社会的稳定。面对此种状况,清到民国时期的中央和地方社会建立了健全的应灾系统,但由于宁夏地区自身的特点,便有了其不同的一面。

第一节 清至民国宁夏地区的禳灾思想——以雨神信仰为例

中国传统社会中对于"神"的信仰非常普遍,各种庙宇更是遍布全国。对于农民来说,借助一些神祇的形象,用祭祀与祷告的形式,以期达到消除自然灾害、保证生产的目的;对于政府来说,承认并尊重这种信仰,可以保证其统治的稳定。故而,农业社会中的禳灾思想非常流行。

在农业社会的禳灾思想中,雨神的信仰占据绝对的统治地位,因为降雨直接决定着农业收成的好坏,从某种程度上说雨神信仰影响农村乃至整个社会的稳定与发展。

表6-1 宁夏地区雨神坛庙表

坛庙	县别	地点	备注
海神河神龙神泉神祠庙	银川	城内正西	乾隆三十八年(1773)梦麟等建,民国五年提调黄国华重修
海神河神龙神泉神祠庙	银川	镇远门外	—
海神河神龙神泉神祠庙	银川	任春堡惠农渠	乾隆七年(1742)动帑建

续表

坛庙	县别	地点	备注
龙王庙	银川	大坝堡唐徕渠口	乾隆四十二年（1777）宁夏道王廷赞建
海神河神龙神泉神祠庙	银川	小坝堡汉渠正闸	—
海神河神龙神泉神祠庙	银川	昌润渠口	—
海神河神龙神泉神祠庙	银川	沙罗模山灵武口	—
北龙庙	银川	北门外	光绪年间修
龙王庙	平罗县	南门外	—
龙王庙	平罗县	贺兰山大水口	—
龙王庙	平罗县	永安门外	乾隆十八年（1753），新渠县水利通判刘文重修
海神河神龙神泉神祠庙	平罗县	县北	—
海神河神龙神泉神祠庙	平罗县	拜寺口肖泉	—
龙王庙	灵武	南门外	—
龙王庙	灵武	南郭门外	—
海神河神龙神泉神祠庙	灵武	□渠口	清光绪三年（1877）被水冲毁，移建于□□间，减水沟南
海神河神龙神泉神祠庙	灵武	县西	—
海神河神龙神泉神祠庙	灵武	县西南三十里青祠安口	—

续表

坛庙	县别	地点	备注
河渠龙王庙	中卫县	城内	乾隆二十四年（1759）署西路同知富斌、知县黄恩锡倡率士民捐建。乾隆三十八年（1773），知县邱卿云建厅房三间。嘉庆十七年（1812）知县翟树滋，改建厅房六间。道光十年（1830）知县冯侍稷添建厅房二间，厨房一间，茶房一间。同治间被贼焚毁，光绪二年重修，张若敏有记
龙王庙	同心	县南门外	—
龙神庙	吴忠	厅城内西面	—
龙王庙	青铜峡	城外东南	—
龙王庙	盐池	城北门外	—
海神河神龙神泉神祠庙	盐池	县北惠安堡	—
海神河神龙神泉神祠庙	盐池	中路崇兴口	—
龙神祠	海原	县南门外	春秋致祭
龙王庙	海原	县城东南	古城堡内
海神河神龙神泉神祠庙	固原	县北十里临桃	—
龙王庙	固原	州城南门外逸东河沿	兵燹后建修，民国二十七年（1938）重建庙门，以砖砌成
龙王宫	固原	西海子峡山山顶	
龙王宫	固原	花石崖峡内	
关帝立马祠	固原	—	参将正坤以祷雨感应，倡议捐廉重修……遇旱必淘斯泉，祈祷累应

续表

坛庙	县别	地点	备注
龙王庙	固原	东门外菜园子	—
惠泽大王庙	隆德	灵湫，县东北三十五里山麓中	始于春秋，上建惠泽大王庙，邑人遇旱祷雨于此
龙王庙	隆德	县东街莲花池	—
惠泽大王庙	隆德	北乱池：在县东六盘山	上建惠泽大王庙，遇旱祷雨，每多灵验
海神河神龙神泉神祠庙	隆德	县东一里	—
惠泽祠	隆德	县东北四十里	清同治时毁，光绪间重修
黑水龙王庙	隆德	县西三十里	—

注：

1. 同一县内，基本相同的记载只录一次。
2. 资料来源于各州、县、厅方志。

据表6-1，可知雨神坛庙的位置多位于城内、城门附近、灌溉渠渠口、山中和泉池旁；从神祇形象看，宁北地区基本全为龙王庙，宁南地区以惠泽大王庙为主。这是什么原因所致？

雍正七年（1729），清政府"敕封陕西宁夏大渠龙神为宁渠普利龙王之神①"。可见，宁夏府也就是今宁北地区，龙神是经过官方册封的神，官方的作用促使其具有了普遍性与统一性。而宁南地区则由于自身的特殊性，拥有了自己独特的雨神信仰：

> 隆德人祀惠泽大王，原庙在六盘山中北乱池。严氏昆仲辉、茂陇千人障御西夏，宋乾德三年，勒祀辉居北乱，茂居南乱，方言水神为乱。旧祠记，静宁人转池为石，称乱石神。固旱，祷，辄应，即湫神号也。但隆人画像，男神一称惠泽大王，女神一称妃子元君。按：崇信武康王庙祀李元谅王，本姓安胄，姓骆氏，尚唐公主，德宗时与，李晟平朱泚、御吐蕃，屡着勋伐，赐今姓名，为陇右节度使，进封武康王，殁后功被生民土人建祠，以妃系唐公主，抑王像于右，华亭人

---

① 《清实录·世宗宪皇帝实录》卷83，雍正七年七月癸丑，中华书局1985年版，第109页。

称盖国大王，以威能摄敌也。然盖国二字，文不雅驯，赵浚谷以为无所据而名不正，谓隆静之称，惠泽于义为。近究之，惠泽为严辉封号，于武康无涉也，隆人之绘塑男女神像者，缘与崇信华亭，闻见相习，土人不识掌故，号仍惠泽像，从武康一误再误，莫知其非。①

由此段记载可知，隆德地区祭祀的雨神为惠泽大王，由唐朝的将领形象转变而来，因其平定叛乱、抵御外族、保一方平安，故立庙祭祀。随着时间的推移，其保境安民的意义减弱甚至消失，逐渐转变成了雨神的形象。虽然文中也指出，其人物形象和称号相矛盾，是误传所致，但这也恰好表明了雨神信仰的功利性。正如中卫县志记载：

宋始有五龙庙、九龙堂，以祈雨。龙王之祀，古无有也，然礼有功德于民，则祀之。中邑导河引水，斥卤皆可耕，推之通舟载物，食河之泽多矣，其祀河渠龙神也，固宜。②

对龙王的祭祀到了宋朝才开始出现，具体的原因是其"有功德于民"。对中卫而言，从灌溉用水到交通运输都深得黄河的便利，故而，龙神的祭祀也就应运而生。以此推之整个宁北地区，也应当是合适的，这也使其功利性不言而喻。

既然雨神信仰在宁夏如此普遍，那么官方和民间在这方面有什么样的表现？

乾隆二十四年四月丙辰，谕军机大臣等：甘省望雨之处甚多，朕心深切轸念。所有祈求雨泽事宜，前已降旨令该督虔诚申祷，此时更宜多方设法祈求，并博访能祈雨泽之人，齐心协力以冀感格，或得甘霖普降，有裨农田也。③

在大旱灾来临的时候，作为封建王朝的最高统治者皇帝，专门就求雨一事多次对甘肃地方官员做了要求，并且还命令其重视民间力量，从民间寻找善于求雨的人士共同祈雨，由此可见中央对求雨的重视。

对于官员来说，重视雨神信仰，不只是中央的命令，也是自己作为父母官的政治责任。更重要的是，在以农业为基础的传统中国，雨对农业的意义是不言而喻的，因此，重视雨神信仰也是维护统治的需要。如中卫县的河渠

---

① 《民国隆德县志》，民国二十四年石印本，爱如生中国方志库，第458—459页。
② [清] 郑元吉撰，中卫县县志编纂委员会点校：《校点注释中卫县志》，宁夏人民出版社1990年版，第88页。
③ 《甘肃全省新通志》，《中国西北文献丛书·西北稀见方志文献》第23卷，兰州古籍书店1990年版，第41页。

龙神庙：

> 乾隆二十四署西路同知富斌、知县黄恩锡倡率士民捐建。教渝张若敏有记。乾隆五十八，知县邱卿云建厅房三间。嘉庆十七知县瞿树滋，改建厅房六间，道光十年（1830）知县冯侍稷添建厅房二间，厨房一间，茶房一间。①

可见，从雨神庙的修建之始到其后的改建、重建，官方都处于绝对的主导地位。

缙绅处于统治阶层，并且自身有一定的经济能力，在民间也有相当的影响力，因此在龙神庙的修建中亦常有其身影。在旱灾来临时，他们也会利用自己的影响力求雨，从而获取良好的声誉，并进而巩固自己的地位。

百姓由于自身影响力的弱小和经济实力不足，故没有以家庭为单位进行祭祀的能力。同时，"旱灾一大片"的现象，又使民间有意无意间形成了以村社为团体进行祭祀的习俗："社会则教育会、商会而已，社则本属无，有惟遇旱涝，祈祷于演戏酬神，或一村或数村联社以便祀神祈福。"②

宁夏地区回族占有相当的比例，和汉族民众的信仰截然不同。在旱灾降临时，回族民众便以自己的方式进行祈雨，"乾隆初，珍以天旱，诵回经"③。

宁夏地区的雨神坛庙不仅分布广，并且从中央、地方到民间、个人都对祈雨非常重视，兴盛的雨神信仰带来的必然是严谨的祈雨形式。在固原地区：

> 凡祈晴、雨，各地择地设坛，文武官必斋沐恭诣，具祝文。延阴阳、道士诵经祈雨，有"五方坛""八卦坛"之名。州牧率绅耆、阴阳、道士等至太白山后，汲泉水以验雨之多寡，谓之"请灵湫"。其礼用皂旗一杆，老者持之；铜锣一面，少者击之；净瓶一具，童子抱之。均头带柳圈，手举香枝。凡锣一响，众念"南无佛"一句，谓之"念雨记"。④

求雨时不仅要专门建立祭坛，而且官员要斋沐表示庄严，更要亲自率领乡民和求雨人士到求雨处求雨。在求雨过程中，老者、少者、童子各司其职，从

---

① [清] 郑元吉撰，中卫县县志编纂委员会点校：《校点注释中卫县志》，宁夏人民出版社1990年版，第88页；刘郁芬：《民国甘肃通志稿》，《中国西北文献丛书·西北稀见方志文献》第27卷，兰州古籍书店1990年版，第345—346页。
② 《民国隆德县志》，民国二十四年石印本，爱如生中国方志库，第123页。
③ 《宣统新修固原直隶州志》，《中国地方志集成·宁夏府县志辑》第9册，凤凰出版社2008年版，第83页。
④ 《明清固原州志·宣统新修固原直隶州志》，平凉红旗印刷有限责任公司印刷，2003年，第533页。

形式到分工上都体现了严谨与庄重。

由于有灌溉渠道,宁北地区的祈雨方式和固原有所不同:"龙王庙,在镇远门外唐来桥,每岁立夏开水日致祭,祭品用羊豕,经费旧由水利同知公项备用。"①

当然,中国的多神论和雨神信仰的功利性,决定了雨神坛庙并不简单只有龙神庙、惠泽大王庙。其余有雨神庙功能的还有城隍庙等:"近年遇雨旸不时,或亢旱为灾,率众祈祷,其应如响……应请旨将陇西、会宁、中卫、靖远四县城隍请加封号,并请赏给匾额"②;"重修太白山神祠碑:旱魃为虐……遂捐廉五百金,以为修葺之需。天一灵祠碑:创建于明嘉靖、万历间,兹因祈雨有应,合文武官吏,捐资重修"③。

对雨神坛庙进行捐建的有知县、水利通判、生员、提调等,都是所谓的精英人士,亦可以说是统治阶层。他们热心于求雨,一方面当然是为了使天气变好,这样不仅可以保证自家的收成,也符合儒家齐天下的理念;另一方面,作为统治阶层,他们深知旱灾的危害,大的旱灾会使人民失去生存的基础,从而产生严重的流民现象,影响社会稳定,使自己的统治产生危机。通过对雨神信仰的绝对控制,他们可以掌握这一方面的领导权,保证自己的统治。故而可知,宁夏地区雨神信仰的普遍与官方的作用密切相关。

第二节 清至民国宁夏地区的备灾措施

备灾措施在整个救灾体系中拥有不可替代的作用,其不仅可以增加地方的防灾能力,减小旱灾的破坏力,还可以为政府集中力量进行赈灾提供时间和物资方面的准备。

一、水利事业的发展

宁夏平原因黄河灌溉的便利,使其成为有名的塞上江南,故从中央到地方对河渠的修筑都非常重视:

> 自古名卿大夫,宣猷布化,保厘一方,能为民捍大患而兴大利,

---

① 《朔方道志》卷5《建置志下》,台北华文书局股份有限公司2008年版,第257页。
② 《申报》,申报数据库,光绪十五年二月初七日,1889年3月8日,第5703号(上海版),第11版。
③ 《明清固原州志·宣统新修固原直隶州志》卷2《艺文志下》,平凉红旗印刷有限责任公司印刷,2003年,第483—484页。

其德泽足以垂千百年而无劳。至于百姓讴歌思慕而不能忘,为之建立祠宇,以祝嘏称寿于天涯,史册所载,遥遥有之。①

本省有鉴于此,唯有努力水利建设,整理农田水利,以解决此项问题,现已不靠天雨,能栽培作物,因河开渠,资有水泽灌溉良田至数十万顷,利生殖于百余万人,故凡言宁夏之建设,莫不以整理河渠为急务也。②

从清代到民国,宁夏地区对修筑河渠的认识基本相同:宁夏地区降雨量不足,但利用黄河水灌溉非常方便,组织修浚河渠不仅可以灌溉开垦的土地,扩大耕地的规模,促使宁夏的社会经济得到发展;而且可以让修筑者获得好的名声,以至被人立生祠进行祭祀的地步。正是由于这亦公亦私的结果,宁夏地区的河渠修筑得到不断的发展延续。既然整个社会都认识到了水利工程的效果,那么宁夏河渠的修筑情况又是怎样?管理方式又是如何呢?

(一) 河渠的修筑——以七星渠为例

康熙间,复经西路同知高士铎倡捐募匠,督修石口,创流恩闸,修盐池闸,挑浚萧家、冯城两阴洞,渠乃通畅,无山水之患。至雍正十二年(1734),宁夏道钮公廷彩于红柳沟创议,详请动帑,建环洞五空,上为石槽,引水下行。乾隆十六年(1751),知县金兆琦请帑修补。乾隆二十一年(1756)夏西路同知伊星阿详请饬修补。光绪二十四年(1898),知县王树枬费帑二万余金。民国初,地方绅民因山水屡为渠害,当地筹款兴修大坝一道,名曰山河大坝,又加修石墩六座以资抵御,水折流入河,颇具成效。民国七年(1918)渠绅王桢又就地筹款创修暗洞。民国八年(1919),渠绅王汝霖从善后,又重修。民国三十年(1941)春工时,责令该渠局增加夫力,按原渠稍引申开拓。③

由上段记载可见,七星渠在清朝共修浚5次,民国时期共修浚4次。从频率上看,民国明显大于清朝。同时,除康熙时期是由地方官募捐搜集资金进行修

---

① [清] 黄恩锡撰,范学灵校注:《乾隆中卫县志校注》,宁夏人民出版社1998年版,第275—277页。
② 宁夏省政府秘书处:《十年来宁夏省政述要(1933—1942)》第5册,宁夏人民出版社1987年版,第295—296页。
③ [清] 黄恩锡撰,范学灵校注:《乾隆中卫县志校注》,宁夏人民出版社1998年版,第22页;马福祥:《朔方道志》卷6《水利志上》,台北华文书局股份有限公司2008年版,第346—348页;傅作霖:《宁夏省考察记》第四节《宁夏之水利》,《近代中国史料丛刊三编》第91辑,台北文海出版社2003年版,第105—107页;宁夏省政府秘书处:《十年来宁夏省政述要(1933—1942)》第五册《水利》,宁夏人民出版社1987年版,第39页。

浚外，其余的4次全部是地方向中央请奏，然后由中央下拨资金，中央在其中明显占了优势。而到了民国时期，4次修浚中的3次都为地方绅民自己筹集资金，仅有1次是水利局出资修补，却也仅仅是对渠稍进行了延长，相对于民间的作为明显处于弱势。河渠的修筑在国家防灾备灾中的地位是毋庸置疑的，清到民国时期中央政府在河渠修筑中占据的比例明显由强变弱，恰好表明了中央与地方力量的变化起伏。

表6-2 清至民国时期宁夏河渠修筑表

渠名	修筑时间	修浚情况	修浚次数 清	修浚次数 民国
大清渠	雍正六年（1728）	乾隆十七年（1752）修浚；光绪十三年（1887）重修汉坝、宋澄各暗洞；光绪三十年（1904）官民协力补修；光绪三十四年（1908）修迎水坝五里；民国十四年（1925）补修	4	1
唐徕渠	—	顺治十五年（1658）巡抚黄图安奏请重修；雍正九年（1731）发帑重修；乾隆四年（1739）发帑重修；乾隆五十一年（1786）发帑重修；嘉庆十七年（1812）发帑重修；宣统元年（1909）开渠口	6	—
惠农渠	雍正四年（1726）	乾隆五年（1740）重修；乾隆九年（1744）增长；乾隆十年（1745）改口；乾隆三十九年（1774年）改口；乾隆四十二年（1777）重修；乾隆五十一年（1786）重修；嘉庆十七年（1812）重修；道光三年（1823）重修；道光四年（1824）重修；道光三十一年（1905）改筑道；光绪二十五年（1899）改渠口；宣统二年（1910）改渠口；民国三年（1914）另开新口	12	1
昌润渠	雍正四年（1726）	乾隆三年（1738）重修；乾隆七年（1742）建遥堤；乾隆三十年（1765）改口；乾隆四十二年（1777）重修；嘉庆十七年（1812）重修；嘉庆二十一年（1816）重修；道光四年（1824）重修	7	—
汉渠	—	康熙四十五年（1706年）改深闸底；康熙五十二年（1713）重修；乾隆三十八年（1773）修迎水新口；光绪二十五年（1899）重修魏信暗洞；光绪癸卯（1903）改渠口；民国三年（1914）改开新口	5	1

续表

渠名	修筑时间	修浚情况	修浚次数 清	修浚次数 民国
滂渠	—	道光五年（1825）改渠口	1	—
秦渠	—	光绪三十年（1904）重修；光绪三十二年（1906）重修；光绪三十三年（1907）大加修理	3	—
天水渠	光绪三十四年（1908）	民国二年（1913）延长渠梢	—	1
美利渠	—	康熙三十年（1691）开石渠弗成；康熙四十年（1701）开石坝迭坂；康熙四十五年（1706）开凿；宣统三年（1911）修固坝桥	4	—
长永渠	乾隆二十三年（1758）	—	—	—
石灰渠	—	康熙中疏滞	1	—
羚羊殿渠	—	康熙四十七年（1708）搭暗洞一道；雍正十二年（1734）筑坝；道光十三年（1833）疏浚倪家滩西北渠；道光十五年（1835）疏浚晏公庙东渠，开新口；光绪三十三年（1907）筑坝里余	5	—
羚羊峡渠	—	康熙十五年（1676）开新口；光绪五年（1879）开新口；光绪二十二年（1896）重开旧口；近数年另开一口	3	1
七星渠	—	康熙间重修；雍正十二年（1734）建环洞；乾隆十六年（1751）修补；乾隆二十一年（1756）重修；光绪二十四年（1898）重修；民国初修山河大坝，石墩；民国七年（1918）创修暗洞；民国八年（1819）重修；民国三十年（1941）开拓渠梢	5	4
新顺水渠	—	乾隆十五年（1750）开减水闸五道；光绪三十年（1904）修筑引水渠	2	—

续表

渠名	修筑时间	修浚情况	修浚次数 清	修浚次数 民国
镇兴渠	—	民国八年（1919）筑新口	—	1
柳青渠	—	道光二十三年（1843）修筑大坝卫佑渠口；光绪八年（1882）创开顺水渠；民国六年（1917）开新南渠	2	1
通济渠	—	康熙年间修马滩渠；乾隆年间修硝磺滩渠	2	—
五桥沟渠（玉泉水）	—	民国十二年（1923）开浚	—	—
云亭渠	民国二十三年（1934）	—	—	—
总计			62	11
新修河渠数			5	1

资料来源：

各州、县、厅方志。

由表6-2可见，有清一代的河渠修筑，经费来源正如上述七星渠一样，主要是中央下拨的"帑银"和民间倡捐，中央财政的支持占据绝对的优势地位，这必然是以中央财政能力充沛为前提的。清中前期，由于对西北作战的原因，宁夏的战略地位摆在了中央的面前，这就让河渠的修筑有了必然的条件。晚清时期，中央势弱，财政能力不足，在这种情况下，地方的作用就得到提升。"光绪二十五年（1899），宁夏道胡景桂委派巨绅于自乐等，重修魏信暗洞，费用制钱五万余缗，皆由受水农户计亩均摊，故以修渠料款遂由民间负担"。[①] 地方遂成为修筑河渠的主角，但鉴于个人财力的缺乏，不得不由受水的农户均摊费用。这种看似公平的均摊，把重担压在了农民身上，不仅让其负担倍增，更使河渠的修筑无法保证。但是我们也不得不承认，在当时中央势弱的背景下，地方修筑的及时性是不可替代的。

民国初期依旧延续了清末的措施，由民间均摊经费，到了后期才开始有中

---

① 傅作霖：《宁夏省考察记》，《近代中国史料丛刊三编》第91辑，台北文海出版社2003年版，第96页。

央固定的财政支持。"以往系向受水农民征收,二十八年后,始请由中央年补助三十万元,作为水利建设经费"。① 当然,民间组织及个人也发挥了力量,如,"玉泉水:今名五桥沟渠,民国十二年(1923)华洋赈灾救济会拨赈款开浚"。②

纵观两个时期,民间和中央的力量不同程度地参与了水利修筑的过程,不同的是,清代中央明显处于优势,地方是补充;民国则是到了后期中央才给予固定的财政支持。

(二)河渠的管理

1. 管理机构

宁夏的水利事业在经历长时间的开发后,"至民国二十八年(1939)底共有渠四十二道,全长二千六百九十二里,支渠二千九百四十三道,共溉田二百二十八万亩"③。维持进而发展规模庞大的河渠系统,需要有效而系统的管理。

由表6-3可知,民国前期的灌溉田亩总数为888 948亩,和民国中后期相比差距甚远,但这是经历清末、民初的动荡,水利工程破坏非常严重的结果。即便如此,这依旧庞大的规模就显示了水利机构的巨大作用。

表6-3 宁北渠道灌溉状况表

渠名	位置	灌溉面积(亩)
唐徕渠	河西	179 003
汉延渠	河西	128 154
大清渠	河西	16 240
惠农渠	河西	111 471
昌润渠	河西平罗县	97 850
滂渠	河西平罗县	26 640
秦渠	河东灵武县	42 000
汉渠	河东金积县	60 000
天水渠	河东	5000

①叶祖灏:《宁夏纪要》,南京正论出版社1947年版,第83页。
②刘郁芬:《民国甘肃通志稿(二)》,《中国西北文献丛书·西北稀见方志文献》第28卷,兰州古籍书店1990年版,第47页。
③叶祖灏:《宁夏纪要》,南京正论出版社1947年版,第83页。

续表

渠名	位置	灌溉面积（亩）
美利渠	中卫	45 000
七星渠	中卫	27 890
太平渠	中卫	17 600
北渠	中卫	3070
镇兴渠	中卫	10 500
胜水渠	中卫	16 900
复盛渠	中卫	3670
顺水渠	中卫	700
新顺水	中卫	36 800
长永渠	中卫	2300
丰乐渠	中卫	2600
羚羊角渠	中卫	1170
羚羊寿渠	中卫	6950
羚羊峡渠	中卫	15 330
柳青渠	中卫	29 690
通济渠	中卫	2420
合计		888 948

资料来源：

马福祥：《朔方道志》卷6《水利志上》，台北华文书局股份有限公司2008年版，第319—360页。

清初，宁夏地区继承明代的管理措施，由水利都司专管河渠的兴修；雍正二年（1724），裁水利都司，改设水利同知负责管理地方水利，同时地方上的通判、县丞也负责渠务；同治十一年（1872）改水利同知为宁灵抚民同知后，不再专设水利官员，渠务由地方管理。①

民国初年设宁夏道并兼管水利事务；民国十四年（1925）薛笃弼改设宁夏

---

① 岳云霄：《清至民国时期宁夏平原的水利开发与环境变迁》，博士学位论文，复旦大学，2013年，第90—91页。

区水利总局专司水利，地方下设渠局；民国十八年（1929）宁夏建省后由建设厅专管，改名宁夏省全省河渠水利办公处，地方归县建设局管理；民国二十四年（1935）改地方水利渠局为水利执行委员会；民国三十年（1941）又改地方机构为水利局。①

可见，从清雍正时期始，随着对地方行政的大规模调整，宁夏地区设置了水利同知这一职官专司水利事务，并持续到同治年间。但是，受同治西北战乱的影响，地方的稳定与恢复就成为政府的首要事务，因而水利同知便被取代，其职责由地方兼管。到了民国时期，地方兼管水利的弊端和先进管理理念的应用使宁夏再次出现了省级和县级的专业水利机构，特别是宁夏建省后，水利局的设立为综合规划渠务建立了有效途径，这就为政府及时对河渠进行调查并进行补救做了准备："水利督导专员李盛春，水利局副局长李樹元，即日同往西河口展修迎水工程，并分电各渠遵照外，急电该局长率领全体水手，会同相机筹做具报备查，并注意撙节需水量，以免靡费为要！"②

但是再严谨的体系也需要财政的支持：

>惟近年来，灾祸频仍，以致民不聊生。是故每年估定经费，即经如何催征，其尾欠之数，常在二三成以上。甚有一般经征渠长，往往以良田捏报荒地，存心拖欠，希图幸免……其有主耕田尾次之款，多由渠长收入私囊。③

地方摊派费用必然会导致款项的拖欠、经费不足，频繁的灾害引发的人口流失也导致了渠工的缺失。同时，地方管理者的中饱私囊也加速了渠政的衰落。

2. 渠工

在宁夏河渠在灌溉史上，引黄河水带来的泥沙问题始终存在，致使渠道中沉积了大量的泥沙，不仅减少了渠道的来水量，更影响了渠道的使用寿命。在没有更先进的泥沙过滤和修浚技术之前，人工修浚河渠就是最有效的手段。

---

① 傅作霖：《宁夏省考察记》，《近代中国史料丛刊三编》第91辑，台北文海出版社2003年版，第96、103页。
② 宁夏省政府秘书处公报室：《宁夏省政府公报》第134期，民国三十年7月30日，第60页，全宗号31，档案号249，卷号2。
③ 宁夏省政府秘书处：《宁夏省政府工作报告》，民国二十六年4月，第26页，全宗号31，档案号258。

凡霖雨不时，山水暴涨，冲口断决，沙市壅淤，此天时之难防，用人功之数倍，春疏秋浚而外，岁所难免者。①

自然与人为的原因，使河渠时常遭到破坏，决口、壅淤不可避免。为了保证河渠的寿命，专门的修浚制度就应运而生。每年于清明时开始动工修浚河渠，至立夏日结束，是为春工；秋收后为了方便冬季的用水，也有秋浚。正是在这成体系的修浚制度下，宁夏的河渠才不断延续、发展。

由于劳力对河渠的修浚非常重要，故而对其的管理也非常明确。清朝宁夏府"旧例每田一分出夫一名，共挑浚一月。田半分者挑十五日，又有零夫挑一二日者。唐渠额夫 6665 名，汉渠额夫 4872 名，清渠额夫 912 名，惠农渠额夫 3972 名，昌润渠额夫 2259 名，共额夫 18 680 名；西河额夫共额夫 861 名"②，总有额夫 19 541 名。

民国继续延续了清末"按田出夫"的规定：

表6-4 民国修渠出夫表

渠道	出夫规定
唐徕渠	田六十亩出夫一名
汉延渠	六十亩出夫一名（旧志六十亩名为一分）
大清渠	三十亩出夫一名（旧志六十亩名为一分）
惠农渠	田一分出夫一名，近视渠工大小先年计估（或四五十亩出夫一名，或六七十亩出夫一名）无定夫数
秦渠	田一顷出夫一名（百亩为一顷）
汉渠	—
天水渠	堡民共同合作，自为经理

资料来源：

马福祥：《朔方道志》卷6《水利志上》，台北华文书局股份有限公司2008年版，第319—343页；刘郁芬：《民国甘肃通志稿》《中国西北文献丛书·西北稀见方志文献》，兰州古籍出版社1900年版，第63页。

---

① [清] 郑元吉撰，中卫县县志编纂委员会校注：《校点注释中卫县志》，宁夏人民出版社1990年版，第22页。
② 《乾隆宁夏府志》卷8《田赋·水利》，《中国地方志集成·宁夏府县志辑》第1册，凤凰出版社2008年版，第156页。

相较于清代明确的60亩出夫1名的规定，民国显得十分混乱：有60亩者，有30亩者，也有百亩者，更有不确定出夫定额视情况而定者。不同的规定，似乎能更符合实际，但这一看似因地制宜的方法背后，隐藏的却是地方夫额不足和渠务不稳定的现象。

民国中后期马鸿逵主政宁夏后，民力不足、经费缺失，导致河渠废弛。民国三十一年（1942），政府"发动大量兵工，实施整治，共计官兵二万五千二百九十六人，约计可得粮田三百余万亩，本年垦种者，已有十余万亩"①。用军工整治河渠，渠工的缺失可见一斑。

二、仓储体系

以粮食储备为基础的仓储制度，自出现以来就受到历朝统治者的推崇，经过不断的继承与发展，形成了以常平仓等官仓为主，社仓、义仓等民间仓储为辅的仓储体系，把上至中央政府下到民间个人结合起来，共同组成了一套行之有效的防灾备灾制度。

> 乾隆二十六年，巡抚明德言甘省偏处西陲，舟楫不通，附近临省止有川陕二处，拨运粮石肯系陆运，脚价既繁，民力亦多劳瘁。兼以路远，往往运送后，时缓不济急是。甘省郡城之积贮较他省尤为关紧要，而甘属各府多系裁卫改设，均未设有府仓。查甘省地土高燥，积贮仓粮不虑陈腐，即如小麦一项，各省俱不能久贮，惟甘省存贮一二十年并不霉变，况甘省地广民稀，土无他产，农民收获之粮除完赋、养家外大都赴市出籴以资一切用度，屡丰之后，市粮壅滞，籴买无人，往往又有谷贱伤农之虞……现在甘省州县俱收捐监粮，若令各府与州县一体收捐，不需动用帑项另为筹办，而各府之积贮俱得渐次充实以资储备。平凉、巩昌、宁夏三府路当中、边、南三路衡要，且属邑较多，亦应广为贮蓄，应请各定额收捐京斗盐粮八万石。②

由上可见，宁夏地区的仓储建设一直受到政府的重视。

---

① 宁夏省政府秘书处：《十年来宁夏省政述要（1933—1942）》，宁夏人民出版社1987年版，附录页。
② [清] 席裕福、沈师徐：《皇朝政典类纂》卷149《仓库·积储·常平仓》，《近代中国史料丛刊续编》第89辑第886册，台北文海出版社1974年版，第1983—1984页。

(一) 常平仓

从表6-5可见,清康熙年间,宁夏地区只有平罗、宁夏、宁朔、中卫、灵武和固原分布有官仓,仓储的覆盖率极低。宁北地区除了在府县等城内设有官仓外,城外的乡堡也有仓廪出现;宁南地区仅有固原州城内有,其余地方并无。清中期,特别是乾隆到道光时期,宁夏地区的仓储发生了明显的增长,不仅在数量上增多,更重要的是,其分布遍及各个县级单位。有关清末仓储的记载很少,但从几条关于光绪年间仓储的零星记载中不难看出,这时的仓储体系显然已走向衰落。这是什么原因所致?

表6-5 清到民国时期宁夏地区官仓表

地点	时期	数量(座)	仓储
平罗	康熙	5	平罗县仓,李钢仓,威镇仓,洪广仓,镇所仓
平罗	乾隆	5	一在县城西,一在洪广营,一在李纲堡,一在宝丰县,一在府城东南
平罗	道光	5	一在县城西,一在洪广营,一在李纲堡,一在旧宝丰县,一在县城东南
平罗	民国初	2	一在本城西,一在洪广营
宁夏	康熙	2	宁夏仓,左仓
宁夏	清中后期	4	一在左营游记署,一在左营守备署东,一在府署西,一在南门大街东
宁夏	民国初	1	县仓一:在城东南角库在堂左
宁朔	康熙	5	右仓,镇北仓,玉泉仓,大坝仓,平羌仓
宁朔	清中后期	4	一在郡城文庙南,一在郡城大仓后,一在郡城喇嘛寺西,一在玉泉营,今移治满城
宁朔	民国初	2	县仓二
中卫	康熙	5	广武仓,枣园仓,应理州仓,古水仓,百空寺仓
中卫	乾隆	7	应理仓二:一在南门大街石空堡,一在老关庙,一在石空堡,一在枣园堡,一在广武堡,一在古水堡,一在宁安堡
中卫	道光	8	应理仓二:一在南门大街石空堡,一在老关庙,一在石空堡,一在枣园堡,一在白马滩,一在广武堡,一在古水堡,一在宁安堡
中卫	民国初	7	一在本城,一在石空寺堡,一在枣园堡,一在广武堡,一在宁安保,一在恩和堡,一在鸣沙州

续表

地点	时期	数量（座）	仓储
灵武	康熙	1	灵州仓
	清中后期	5	一大仓在本城中街，一草场仓在东城，一东园仓、新府仓俱在文庙街，一道府仓在中庙
	民国初	1	在本城中街
吴忠	清后期	1	—
	民国初	1	在本城
盐池	清	1	—
	民国初	1	在本署西偏
固原	康熙	1	固原州大官仓
	乾隆	18	旧仓固城仓十座，计五十间；乾隆十一年（1746年）固城新建仓廒八座，计四十间
	清末	4	县仓四：一在县府，一在内城东门，一在内城西门，一在小教场旧提督署前
同心	清初	1	平远所仓一座，计三间
	乾隆	3	乾隆十一年（1746）平远所新建仓廒二座，计八间
	光绪	1	仓六间在署左库，一间在大堂左，亦予创建
	民国初	1	在本城
海原	清初	2	海喇都一座，计五间；西安所仓一座，计四间
	乾隆	5	乾隆十一年（1746）海喇都新建仓廒二座，计一十一间；西安所新建仓廒一座，计六间
	光绪	1	常平仓设在县署右，北廒十间，南廒八间
	民国	1	现有县仓九间
西吉	乾隆	4	乾隆十一年（1746）武延川新建仓廒四座，计一十六间
泾源	清后期	1	在县府左
隆德	清	1	在县府侧
	民国	1	—

资料来源：

各州、县、厅方志。

清初，国家政局动荡，中央没有精力和能力对仓储进行系统的建设。康熙时期因对西北用兵，宁夏军需供给的作用凸显，同时宁北地区自身拥有良好的农业生产条件，在此基础上，中央逐步加大了对宁夏仓储的建设，初步建立了宁夏的官仓体系。清中期，宁夏地区的行政体系发生了大规模的变化，从"卫所"这一军事性单位变成了府、州、县这一常规的地方行政体制，这就为宁夏社会经济的恢复发展奠定了基础；同时，这一时期国力强盛，国家有足够的能力进行大规模的仓储建设，进而奠定了宁夏仓储的格局。咸丰以后，由于社会矛盾的激发，特别是同治西北战乱的破坏，使宁夏地区的仓储系统遭到了严重的破坏。战乱平息后，特别是光绪时期，政府又对仓储体系进行了一定规模的恢复重建，但限于国力，只是小范围的努力，仓储的衰落已不可逆转。

从表中还可以发现这样一个特殊的现象，清中期宁南地区仓廪数量的增长远大于宁北地区，而宁北地区不管是从农作物的生长环境还是仓储基础都优于宁南地区。那么为什么会出现这样截然相反的现象？清朱亨衍对此有这样的记载：

> 固原，兵马重地，饱腾之资，惟土地粮是赖。每岁支兵之后，仓贮无多，一遭饥馑，则逃荒之外，更无余策……前院宪黄仰体圣明西顾之意，于乾隆七、八、九、十数年，奏发库帑，采买粮石，分贮城乡，以备荒歉。①

清初，固原的军事战略地位重要，驻军数量大，因此仓储的布局以满足军事需求为主，忽视了民间仓储的防灾作用，使民间逃荒的情形不断发生。到了乾隆年间，鉴于固原边地的情形和蓄积不足的现状，为了加强固原的防灾备灾能力，中央多次发银采买，"共买常平粮六万二千一百二十二石有零"，储藏于州城内和周边乡间以备灾。虽历经平粜和民间借贷，到了乾隆十七年（1752）依旧有粮"五万七千五百一十三石零"②。可见，正是国家对仓储民事作用的重视促进了其发展壮大。

乾隆十三年（1748）以后，盐茶厅驻地由固原移驻海原，海原的政治地位得到提升，仓储的必要性提高，故"于海城、西安州、预王城、武延川四处粮地，大小各建乡仓，多寡不等，而以采买常平粮分贮"③。这次的兴建，突破了盐茶厅所在的中心位置，扩展到了其南边的武延川（今西吉）和北边的预王城，

---

① 《乾隆盐茶厅志》第十四卷《积贮·仓廪》，宁夏人民出版社2007年版，第131页。
② 《乾隆盐茶厅志》第十四卷《积贮·仓廪》，宁夏人民出版社2007年版，第131页。
③ 《乾隆盐茶厅志》第十四卷《积贮·仓廪》，宁夏人民出版社2007年版，第132页。

宁南地区官方仓储的基本格局就此形成。

但是应当注意，宁南地区的仓储虽然扩展很快，但其规模相对于宁北地区，明显处于劣势。乾隆年间，固原地区"新旧仓共一百四十三间，内固城新旧仓共九十间"①；但同时期的中卫应理仓"一在南门大街，新建大仓四十五间，旧仓九十五间；一在老关庙共仓八十间，俱新建"②。整个宁南地区的仓廪数量还不如中卫应理仓的多，而中卫除此之外还有石空仓、枣园仓、广武仓等大的官仓。究其原因，"素鲜盖藏，霾旱之尤，频年不免"，恰好说明了问题。固原地区环境恶劣，农业生产条件不足，仓储基础薄弱，自然灾害频繁，不具备持续扩大的条件。鉴于此，固原修建仓储的主要目的就是"备凶荒"，其仓储的选址深入到了乡；再加上固原地区地形复杂，不具备宁北地区以大规模仓廪为主的仓储建设模式，也就形成了具有自己特色的以小规模仓廪为主的仓储形式。宁南小规模仓廪建设所需的物质条件少，周期更短，故而增长也就较快，但从总体规模而言，仍不及宁北。

清末，宁夏的官仓体系除了在仓储数量上明显减少外，仓储的储粮也明显下降。《民国甘肃通志稿》记载了光绪三十四年（1908）和宣统二年（1910）宁夏地区的储备粮石数量：

表6-6 清末宁夏地区实储粮石表

区域	地点	征存正耗	
		光绪三十四年（1908）陕甘总督衙门统计表	宣统二年（1910）甘肃财政说明书
宁北地区	吴忠	京斗 10 009 621	23 101 003
	宁夏	京斗 27 708 621	32 991 781
	宁朔	京斗 36 531 938	18 071 903
	平罗	京斗 22 111 745	23 569 012
	灵州	京斗 11 111 745	9 437 998
	盐池	京斗 389 109	396 576
	中卫	京斗 31 791 156	7 110 214

---

① 《乾隆盐茶厅志》第十四卷《积贮·仓廪》，宁夏人民出版社2007年版，第133页。
② [清] 黄恩锡撰，范学灵校注：《乾隆中卫县志校注》，宁夏人民出版社1998年版，第70—71页。

续表

区域	地点	征存正耗	
		光绪三十四年（1908）陕甘总督衙门统计表	宣统二年（1910）甘肃财政说明书
宁南地区	隆德	京斗 1 144 495	2 311 197
	固原	京斗 7 012 880	7 835 011
	西吉	京斗 512 740	230 070
	同心	京斗 1 141 288	1 682 923
	海原	京斗 2 130 731	5 536 688
	泾源	—	—
共计		京斗 151 596 069	132 274 376

资料来源：

刘郁芬：《民国甘肃通志稿》，《中国西北文献丛书·西北稀见方志文献》第28卷，兰州古籍出版社1990年版，第170—173页。

此段时间内，宁夏地区并没有发生大的战乱，但两年的时间内，宁夏的仓储少了京斗近2万石，这与清末的形势有必然的联系："财政艰穷，搜提各县盈余，反征收本色者多征折征，而仓储日减。"① 政府势弱、财政不足，虽然地方知道仓储的重要性，中央也不断命令地方整备仓储，但地方支出与收入的缺额，使得地方政府在征收赋税时，提高了折色的比重，也就相应减少了粮石征收的数量，进而减少了仓储的储粮。

（二）义仓和社仓

清初，宁夏地区没有任何关于社仓和义仓的记载。宁夏最早见于记载的社仓出现在雍正年间的固原地区，"兰州巡抚许容奏：甘省固、环本地无业之民，及移就邠封随地安插之民，请发社仓粮石赈给三个月口粮，得旨，览奏，知道了"②；而义仓则见于道光五年（1825）的平罗，"义仓：《县册》：在本城东，仓贮粮二千七百石有奇，道光五年知县徐保字立"③。

---

① 刘郁芬：《民国甘肃通志稿》，《中国西北文献丛书·西北稀见方志文献》第28卷，兰州古籍书店1990年版，第170页。
② 《清实录·高宗纯皇帝实录》卷7，雍正十三年十一月乙丑，中华书局1985年版，第294页。
③ 《道光平罗记略·续增平罗记略》卷2《建置·仓廪》，宁夏人民出版社2003年版，第57页。

究其原因，正如前文所述，清初宁夏地区社会经济落后，国家力量不足，仓储建设集中在最紧要也是对统治阶层最有益的官仓方面，对民间仓储关注较少；同时，民间仓储在康熙时期试行时的弊端，引起了社会各阶层的反对，其发展也就很慢。到了清中期，国力充足，仓储制度在宁夏地区得到了快速发展，民间仓储有了发展的外部条件，而其本身具备的救灾时效性则提供了发展的内在动力。

宁夏地区见于记载的社仓并不多，不过从中我们依旧可以窥探社仓的一些信息（表6-7）：

表6-7　宁夏社仓表

地点	时期	储额（石）	备注
宁夏	乾隆	—	社仓二：一在杨和堡，一在任春堡
	民国	—	仅存在城一仓
吴忠	光绪	197.2966	在所属之金积、忠营、秦坝、汉伯以及马家河等堡存储，各就本地绅耆、社正、社副经理，向未建置仓厫
中卫	乾隆	554.772	—
	道光	377.423	—
同心	光绪	400	光绪四年有力之家捐秋粮四百石
隆德	光绪	1 587.9965	前清光绪五六两年公捐存储
海原	光绪	县城 638.6 东乡 232.5 西乡 46.05 南乡 1 496.25 共 2 413.4	本城社仓六间，在常平仓西面官地，光绪四年（1878）公建
泾源	光绪	—	清光绪元年，置社仓十二间，由圣谕、白面、香水、化临四里公捐社粮。官督商办，派仓正、副八人经理，历年出陈易新
	民国十五年（1926）	100	陇东镇守使张兆钾由隆德拨来仓麦一百石，旋供马辅臣司令驻军饷糈
	民国二十五年（1936）	132.09	—
	民国二十八年（1939）	—	均出放于民

资料来源：

各州、县、厅方志。

在表 6-7 中，存在一个奇怪的现象：宁北地区的中卫，在乾隆时期社仓储粮 554 石多，到了道光年间降为 377 石多，符合随着清代国力的下降仓储也走向衰落的趋势；但是光绪年间宁南地区的社仓储额，隆德达到 1587 石多，海原更是达到 2433 石多，其时间更晚，但储量却远高于清中期的中卫社仓储额，也远高于同时期吴忠的社仓储粮。由常理推断，一个地方仓储的多少，应当由当地的社会经济、粮食产量和政府重视程度等多种因素决定。仅从此看，宁北地区的社仓储粮理应超过宁南地区，而事实都与此相反。那么，这个反常的现象是怎么出现的？

首先，从常平仓来看，宁北地区无论从规模还是积储数量上，都大于宁南地区，也就是说，宁北官仓在救济的能力及覆盖面上大于宁南，这就使宁南缺乏社仓建设紧迫性；同时，在自然环境和灌溉条件上，宁南无法与宁北媲美，宁北因灌溉便利、土地肥沃粮食充裕，对社仓建设的期望也随之减小。

那么这个结论是否适用于，或者说在义仓的规模或储额上是否有南盛北弱的形势？

表 6-8 宁夏义仓表

地点	时期	储额（石）	备注
平罗	道光	2700 余	在本城东，道光五年（1825）知县徐保字立
固原	光绪	6800 余	光绪四年（1878），州牧喻公长铭奉文劝办，建仓五所，原捐各乡。本城义仓一所，东乡上王家庄义仓一所，东乡白家塬义仓一所，南乡瓦亭镇义仓一所，北乡黑城镇义仓一所
	宣统	4900 余	
隆德	道光	1000	倡捐粮五百石，又劝捐粮五百石，统归一仓，而名之曰"义仓"
	民国	1 385.346 5	每岁由地方绅民公举仓正副经理官，给委状以专责成此项义仓为备饥荒计

资料来源：
《道光平罗记略·续增平罗记略》卷 2《建置》，宁夏人民出版社 2003 年版，第 57 页；[清] 王学伊：《明清固原州志·宣统新修固原直隶州志》，平凉红旗印刷有限责任公司印刷，2003 年，第 266 页；《道光隆德县续志》，阳光出版社 2010 年版，第 58—59 页；《民国重修隆德县志》，第 2 册，宁夏图书馆藏本，第 15—16 页。

由表 6-8 可见，在有记载的义仓储额中，宁南地区的固原在光绪年间初建义仓时储额达到了 6800 多石，到了宣统年间也有 4900 多石，而宁北的平罗出现更早却只有 2700 多石，仅有固原初建时的 39.7%。在规模上，平罗义仓仅在县城内有一座，而固原除了城内，在周边的各乡也设有仓廪，和上文社仓的规律相符；宁南地区的义仓更加兴盛。

当然，民间仓储的发展也非一帆风顺，清末西北战乱影响的不仅是官仓，民间仓储也无法避免："甘肃社仓自逆回乱后，悉成焦土。"① 有关义仓在战争中所遭受的破坏程度，并没有明确的资料提及，但官仓、社仓都遭受了毁灭性的破坏，义仓没有幸免于难的道理。

不只在储额上民间仓储有了大的发展，在仓储的修建上亦是如此。清末特别是光绪年间，政府开始恢复仓储体系，限于国力，官仓无法恢复到往日的兴盛；但是民间仓储却在地方"筹荒政"的宣传和引导下有了另一番发展："清光绪元年（1875），置社仓十二间，由圣谕、白面、香水、化临四里公捐社粮。官督商办，派仓正、副八人经理"②；"固原从光绪四年（1878），州牧喻公长铭奉文劝办，建仓（义仓）五所"③。在建设中，为了避免仓储管理的弊端，"由绅耆经管，而官吏不与杜侵渔也"④。正是在官方的重视下，地方"阊闾有力之家捐秋粮四百石"⑤，使清末宁夏的民间仓储有了快速的发展。但在腐朽的体制内，其也不可避免在短暂的发展后走向衰落："催收不齐，在仓之粮，岁久霉变，奉令出粜，颗粒无存。"⑥

（三）民国时期仓储的衰败与恢复

民国初期，国家政局动荡，地方军阀混战，这也使本应在新时期重新恢复进而兴盛的仓储体系反而衰退。

从上文的官仓和民仓表中可见，民国初期的仓储体系远不如清朝。在官仓仓廪数量上，除了中卫依旧保持着一个较高的水平，其余各地都仅有一两座。至于民间仓储，见于记载的更是只有宁夏、海原、隆德三县，除了隆德义仓的储额有确切的数字记载，且略微超过了清朝的规模，其余两县则到了"均出放于民"而最终无储额的地步。

对于民国初年官仓仓储缺失的情况，时人有这样的记载：

---

① 《光绪平远县志》，《中国地方志集成·宁夏府县志辑》第6册，凤凰出版社2008年版，第586页。
② 盖世儒撰，李子杰校注：《标点注释民国化平县志》，宁夏人民出版社1992年版，第67页。
③ 《道光隆德县续志》，阳光出版社2010年版，第59页。
④ 《光绪平远县志》，《中国地方志集成·宁夏府县志辑》第6册，凤凰出版社2008年版，第586页。
⑤ 《光绪平远县志》，《中国地方志集成·宁夏府县志辑》第6册，凤凰出版社2008年版，第586页。
⑥ 盖世儒撰，李子杰校注：《标点注释民国化平县志》，宁夏人民出版社1992年版，第67页。

民国以来，仓粮分别本折征收，以粮价昂贵，粮折数目日增，本色日减。十四年前省西北路各县额征本色多储至次年，春夏间派员监督。迨后财政日穷，搜罗一空，驻军之县随时供支共食，余亦皆随时按市估粜出，各县发款恒，逾征入额甚有至十倍外者，盖无复仓储可言。①

分析可知，其衰败的原因有：

①征折色。正如材料中提到，进入民国，出于财政方面的需求，在赋税征收时，本色、折色一并征收，也就相对减少了储粮的数量，更有折色比重超过本色的现象："民国以来，奉令仍收本色，旋又折收四成，折价六成收粮。"② 如此，仓储储量的下降也就成为必然。

②财政不足。官仓的形成与维持必定是以政府财政为依托的，从民国初年国家与地方的形势看，其财政能力明显不足，官仓体系没有建立起来亦是必然。

③充作军粮。地方军阀割据带来了军队的无限制增加，同时，由于这些军队的军阀性质，使军粮的负担压到了地方上。仓储不属于农民的私产，对其挪用不会激起太大的民愤，因而不断被充作军饷，如"隆德仓储于民国三年（1914）奉令变价拨支军饷所有前清本色粮石。民国以来收本色粮四百余石，除本县兵站动用一百余石，实存三百余石，奉令运送平凉籍顾军饷"③；"海原县仓，民国二十九年（1940）征获公粮，业经奉拨保安团队，仓用无余"④。

④管理不善。仓储的一个重要作用在地方贫乏时，可以通过借贷、出粜保证民众的生存，但在具体实行中，由于管理者中饱私囊，加以民间积欠严重，从而使仓储的正常运行难以维持。当然，对于管理者的腐败，可以加以监管，但民间的积欠，却只有政府的强制力才能处理。在清代，蠲免民间积欠的仓储数额并拨帑银采买粮石就是对此的应对，但民国初年的国力则让这种方式成为了奢望。

⑤天灾人祸。"本县（海原）过去迭遭天灾人祸，民不聊生。故对建仓积谷，曾经呈难缓办"⑤。仓储归根到底是一项国家的基础工程建设，其出现以充足的国力为前提。在连续的天灾人祸面前，救灾与灾后的社会恢复成为第

---

① 刘郁芬：《民国甘肃通志稿》，《中国西北文献丛书·西北稀见方志文献》第28卷，兰州古籍书店1990年版，第173页。
②《民国重修隆德县志》第2册，宁夏图书馆藏本，第15页。
③《民国重修隆德县志》第2册，宁夏图书馆藏本，第15页。
④ 刘华：《明清民国海原史料汇编·民国海原文献调查》，宁夏人民出版社2007年版，第172页。
⑤ 刘华：《明清民国海原史料汇编·民国海原文献调查》，宁夏人民出版社2007年版，第172页。

一要务，但天灾人祸频发，使政府从时间到能力上都失去建设仓储的条件。

至于民间仓储衰落的原因，也如上述"奈近年因世多故，经理者率多怠……加以积岁之霉变与经手之沾润，以故凭地废弛者多数。今岁地方遭无边凶旱，饥民竟有未享颗粒之赐者，古人云救荒无善政，良非诬也"①。

到了民国中期，在国家基本统一的前提下，南京国民政府开始对地方仓储系统进行整体规划，民国十九年（1930）内政部颁布了《各地方仓储管理规则》，规定：各地方为备荒恤贫设立之积谷仓，分为县仓、市仓、区仓、乡仓、镇仓、义仓六种。其中，义仓由民间捐办，其他 5 种由国家兴办②。确立了民国时期仓储建设的指导方针。宁夏建省后，独立的地方财政系统为地方仓储提供了独立的资金支持，故而，宁夏地区的仓储开始了恢复与发展。

首先，对旧有仓储进行调查。"民政厅令各县政府为设法恢复各县旧有仓储，并谋创设新仓储，以维民食而备灾歉，特制就调查表一种，随今附发，仰遵照，按当地仓储实际情形逐项填文，到 10 日内寄厅以凭统筹办理"③。查明仓廪现状和仓储的实际储粮，最后汇总到省民政厅进行统一的评估规划，便于从总体上进行把握，继而进行恢复重建。

其次，在官仓体系的建设过程中，制定了详细的方案和实施方法：

二、县仓管理：各县县仓，均设管理委员会；倘某一委员，有违法舞弊情事，其他委员不加检举者，连带惩罚；委员均系义务职，不另支薪；委员会下，酌设事物员役，分为常驻及临时二种，依其职务之繁简，酌与工资；县仓储存粮，均受民政厅之统计统筹；县仓每年年度须总稽核一次

三、仓储修筑：利用旧有仓储地址；择庙宇祠堂房屋等地，加以适当改造

四、仓储粮款来源，暨每县仓储谷最低额

1. 县仓储谷：最低限度，须储足全县人民食用三月之粮。
2. 县仓粮食来源：

A. 派支：每年秋收后，由县仓管理委员会会同县府详细调查，按户实收数量，选增派储……

B. 义务捐助：凡乐善好施之人，不论多寡，随时捐款，或捐粮于

---

① 《民国重修隆德县志》第 2 册，宁夏图书馆藏本，第 16 页。
② 徐百齐：《中华民国法规大全》第 1 册，商务印书馆 1936 年版，第 807 页。
③ 宁夏省政府秘书处公报室：《宁夏省政府公报》，第 74、75 期合刊，民国二十五年 4 月 22 日，第 24 页，全宗号 31，档案号 246，卷号 2。

各县仓储，遇必要时，且由县仓管理委员会，向各地殷实民户，或热心公益者劝募之。①

就这样，宁夏在中央法令的规定下，并参照本地的实情，改造旧有的仓储或选址重建，"拨到建仓费450 840元，当即选定省垣佑民巷旧宁夏地址，建筑国仓一座，计五十间，容量五万市石，已于3月15日开始兴工"②。

同时，为了规避仓储管理上的弊端，还专门设置了管理委员会进行日常管理。实施方案规定了仓储储粮的最低限度，并在具体征收中考虑到了自耕农与佃农的区别，把主要派收任务放在了自耕农身上。同时，也对派收的等级进行了划分，收入越多派收的也越多，这有一定的合理性。更重要的是，其明确对民间的捐助做了说明，让民间力量参与仓储恢复中，从官方角度承认了民间力量的崛起。

但是，在具体实施中不免有一些缺失。在县仓管理委员会中，委员的劳动是义务的，没有薪资报酬，并且无权过问仓储存粮的多少，这使得他们在工作中缺乏动力，甚至通过各种手段为自己谋利。同时，储粮的来源中仅见从地方按户征收，并无政府的拨款采买，把官仓建设的主要任务从政府转移到了民间。虽然从地方征收可以达到快速恢复仓储的目的，但地方微弱的实力决定了派征措施的不足：收成好时，农民有足够的粮食储备，派征可以获得一定的效果；收成不足时，农民自身的生存都难以维持，更别论这庞大的派征负担。另外，派征加速了农民的破产，加重了农村的贫困化程度，继而又影响了仓储体系的恢复效果。

三、民国时期备灾方式的发展

鉴于传统备灾方式的弊病，以及新思想、理念和技术的传入，民国政府除了发展河渠和仓储进行，也从改善农作物的结构和品种、植树造林、修筑交通路线等方面进行了新的尝试。

（一）改善农作物品种和结构

经历民国初期的长期动乱后，宁夏社会经济的恢复发展就成了当地最主要的任务。为了保证粮食丰收，宁夏于民国二十九年（1940）"成立农业改进所，隶属于建设厅，专司农业之改进"③，并在农业的推广过程中，形成了省上指导、地方实行的系统方针：

---

① 宁夏省政府秘书处：《十年来宁夏省政述要（1933—1942）》，第2册，宁夏人民出版社1987年版，第181—183页。
② 宁夏省政府秘书处：《宁夏省政府工作报告》，民国三十二年4、5、6月份，第37页，全宗号31，档案号259。
③ 宁夏省政府秘书处：《十年来宁夏省政述要（1933—1942）》第5册，宁夏人民出版社1987年版，第291、295页。

甲、推广优良麦种：A：由本省农业改进厅派遣技术人员在各县就地严密检选佳良之品种作为过渡推广之品种；B：收购优良麦种；C：良种推广，由各县收购之良种后，依实物贷放作牧贷放加以耕种。

乙、利用冬夏季休闲地种植麦豆农作物。

丁、减少非必须作物，改良食粮作物：限制烟草等非必须作物栽培面积。

戊、推广杂粮良种：指导农混选优良马铃薯种植。

辛、推广推肥、绿肥枯饼骨粉。

壬、改良薯窖。[1]

可见，在农业推广过程中，首要也是最受重视的就是对农作物种子的改良，政府强力推广优良麦种，以保证其存活率，从源头保证粮食的产量。除了对种子加以改良外，也在耕地的利用率、作物结构、肥料、粮食储藏等方面作了相关的政策规定。

民国时期，宁夏的罂粟种植十分普遍。在中央禁烟的政策下，宁夏地区也实施了禁烟政策，并在作物上谋求替代罂粟的作物。同时，鉴于宁夏不产棉花，布料全靠从外省购买，耗费巨大，故而，"民国二十五年以来，在省内各县积极推广试种棉花，民国二十八年度棉田面积为1.4万亩"[2]。这不仅可以节约成本，更能给农民增产，故而尽力推广，"今年拟推广种植两万亩"[3]。另外，政府对杂粮作物的种植作了规定："每乡试种落花生、红薯、芝麻各一亩"[4]，以增加粮食生产。虽然棉花与杂粮种植的区域与面积并无准确的数据，但不能否认政府在这方面的努力。

（二）植树造林

清代一些人士就认识到了植被在改善环境及防灾备灾方面的作用，但当时的宁夏地区并没有大范围的植树造林活动。民国时期，宁夏地区环境不断恶化、灾害频发，民国二十九年（1940）8月成立"林务局，多办育苗造林事宜"，[5]

---

[1] 朱允明：《民国甘肃省乡土志稿》，《中国西北文献丛书·西北稀见方志文献》第30卷，兰州古籍书店1990年版，第509—512页。

[2] 和奭、任德山：《新修支那省别全志·宁夏史料辑译》，燕山出版社1995年版，第135—136页。

[3] 宁夏省政府秘书处：《十年来宁夏省政述要（1933—1942）》第1册，宁夏人民出版社1987年版，第169页。

[4] 宁夏省政府秘书处：《十年来宁夏省政述要（1933—1942）》第1册，宁夏人民出版社1987年版，第169页。

[5] 宁夏省政府秘书处：《十年来宁夏省政述要（1933—1942）》第1册，宁夏人民出版社1987年版，第169页。

以谋求减少灾害的发生（表6-9）。

表6-9　宁夏省人工造林一览表

年度	育苗面积（亩）	育苗株数	造林开辟面积（亩）	植树株数
1936年	—	702 640	—	445 196
1941年	555	632 299	7842	6 211 269
1942年	234	2 807 595	9424	8 611 263
1943年	458	368 445	1760	493 863
1944年	183	2 190 000	2480	1 368 192
1945年	233	1 336 814	310	604 867

资料来源：

和奚、任德山：《新修支那省别全志·宁夏史料辑译》，燕山出版社1995年版，第155—156页；胡平生：《民国时期的宁夏省（1929—1949）》，台湾学生书局1988年版，第51—52页。

1945年，宁北地区更是"发动兵工造林：计补植旧林场造林27万余株，移苗造林计20余万株"①。由此可见，民国时期宁夏省对造林的重视。

（三）修筑道路

道路对于身处西北内陆的宁夏而言，不仅是与外部联系的交通线，也影响赈济的时效性。民国十七年（1928）、十八年（1929）的宁夏大旱时就因交通不便而深受其害，故而宁夏进行了一系列的交通建设（表6-10）。

表6-10　民国三十年宁夏省公路表

路线名	起点	终点	主要经过地	里程	开通年月
甘宁公路	皋兰	宁夏	靖远、贺家集、新堡子、寺口子、中卫、石空堡、宁朔、杨和堡	573	民国三十年
平宁公路	平凉	宁夏	瓦亭、固原、黑城镇、李旺堡、同心城、中宁、石空堡	430	民国二十八年
宁包公路宁临段	宁夏	临河	李冈堡、平罗、黄渠桥、石嘴子、磴口、三盛公	370	民国三十年
靖固支路	靖远	固原	打拉池、海源、黑城镇	224	民国三十年
宁盐支路	宁夏	盐池	横城、水洞沟、清水营、土宝塔、天池	200	民国二十九年

---

①宁夏省政府秘书处：《宁夏省政府工作报告》，民国三十四年1月到6月份，第48页，全宗号：31，档案号：261。

续表

路线名	起点	终点	主要经过地	里程	开通年月
盐韦支路	韦州	盐池	惠安堡、大水坑、高家门	172	民国二十九年
灵韦支路	回汉堡	韦州	胡回堡、石渠驿	115	民国二十八年
金灵支路	金积	灵武	吴忠堡、回汉堡、大寨子	26	民国二十五年
宁灵支路	宁朔	灵武	河中堡	23	民国二十五年

资料来源：

和龚、任德山：《新修支那省别全志·宁夏史料辑译》，燕山出版社1995年版，第208—209页。

宁夏地区的道路建设，除了增强省内联系外，最主要的就是加强银川地区与外省的联系，其连接点有甘肃的平凉、皋兰和内蒙古包头，除了因为这是周边重要的城市，更因为这三个城市都有与内地联系的交通大道，可以便利宁夏与外界的联系。

第三节　清至民国宁夏地区官方的旱灾救济

旱灾等自然灾害不仅影响人的生产生活，导致人口的迁移、死亡，而且会影响社会经济的发展，引发社会的动荡，进而危害国家的稳定。历朝为了维护自身的统治，形成了内容丰富且完备的救荒体系，称之为"荒政"，清代是其集大成者。到了民国时期，在先进理念的影响下，又对其进行了补充，留下了自己的印记。

一、救灾程序

（一）清代

清代的荒政在经过前中期的实践与发展后，逐渐形成了报灾、勘灾、审户和赈济这一固定的程序。

1. 报灾

即地方发生灾害时，由地方先逐级上报，汇总到督抚后，由督抚上奏朝廷。及时性和准确性就成为报灾的条件。顺治十年（1653）规定："夏灾不出六月，秋灾不出九月。"① 但是由于甘肃（含宁夏地区）多灾，"六、九月间禾稼在地，

---

① [清] 万维翰：《荒政琐言》，转引自李文海、夏明方：《中国荒政全书》第2辑第1卷，北京古籍出版社2004年版，第466页。

本属青葱，而此后忽被灾伤，不报则穷黎失所，报则时已逾期"①。为了应对此种状况，乾隆七年（1742）规定"夏灾不出七月半，秋灾不出十月半"②，从时间上给予了调整。

2. 勘灾

即调查统计受灾田亩数、方位、人口数、家庭财产损失情况等，然后据此确定成灾等级。地方呈报后，中央还会"命大吏察勘"③，以确保报奏的真实性。对于成灾等级及蠲免体例，顺治十年（1653）规定"被灾八、九、十分者免十分之三，五、六、七分者免十分之二，四分者免十分之一"④；到了康熙十年（1671）改为"被灾五分为不成灾，无蠲免；六分者免十分之一，七、八分者免十分之二，九、十分者免十分之三"⑤；乾隆三年（1738）又规定"被灾五分之处亦准报灾，地方官查勘明确，蠲免钱粮十分之一"⑥。基本确立了清代的勘灾准则。

3. 审户

就是核查具体的受灾人口、统计大小口数，划分极贫、次贫以备赈济。乾隆四年（1739）规定："大口日给米五合，小口二合五勺。"⑦ 此后，清代基本继承了这个标准。

4. 赈济

国家了解灾害情况后做出的救济措施，因成灾等级、受灾人群的不同而不同。到了乾隆二十二年（1757），"此番办赈，唯通行以村庄为率。有一县俱不成灾而某村某庄不妨十分者；有一县俱成灾而某村某庄全不成灾者，不得仍前牵混"⑧。这对赈济的区域作了明确的规定。

正是由于有一套行之有效的程序，清代的灾荒救济收到了明显的成效。"每

---

①中国第一历史档案馆：《清代奏折汇编——农业·环境》，商务印书馆2005年版，第64页。
②中国第一历史档案馆：《清代奏折汇编——农业·环境》，商务印书馆2005年版，第64页。
③[清]彭元瑞：《孚惠全书》，民国罗振玉石印本，中国基本古籍库·史地库，第12页。
④[清]杨景仁：《筹济篇》，转引自李文海、夏明方：《中国荒政全书》第2辑第4卷，北京古籍出版社2004年版，第218页。
⑤[清]杨景仁：《筹济篇》，转引自李文海、夏明方：《中国荒政全书》第2辑第4卷，北京古籍出版社2004年版，第218页。
⑥[清]彭元瑞：《孚惠全书》卷12，民国罗振玉石印本，中国基本古籍库·史地库，第351页。
⑦同治四年《户部则例》卷83，转引自萬全胜：《中国自然灾害风险综合评估初步研究》，科学出版社2008年版，第33页。
⑧中国第一历史档案馆藏宫中全宗朱批奏折内政类：乾隆二十二年七月二日裘曰修奏，转引自李向军：《清代荒政研究》，中国农业出版社1995年版，第25页。

岁编户审丁，汇册报部。间遇水旱偏灾，发帑赈恤，按册而稽，自不至于浮冒，立法最为详密"①。但是，因清政府赈灾的基础就是政府掌握的花名册，随着时间的推移，外加地方官员的腐败，不免出现弊端："一详灾不得其实也。查向章各府州县，某村田亩若干，粮银若干，田亩坐落某村，粮名即列载某村，均有图册可凭不能任意蒙混。无如日久弊生，粮书借灾肥私。一缓免不得其实也。查向章遇有水涝偏灾，勘得某村成灾系何，花名造册详报，不能任意挪移。无如近年详灾只举大数，何户成灾，缓免若干，并无清册。"② 也就影响了灾民的救济。

（二）民国时期

民国时期的灾赈程序基本继承了清代，并有了一定的发展。民国二十三年（1934），宁夏根据行政院公布的修正勘报灾歉条例，并结合自身的情况，制定了《宁夏省勘报灾歉蠲免分数单行办法》③：

一、本办法按照本省实际情形，及部颁勘报灾歉条例所未载者，补充定之。

二、水、旱、风、雹、虫伤诸灾，先由县长督同区乡闾长，履地会勘，分别被灾成分，造册具结，分呈省政府及民政厅财政厅，派员复勘。

……

五、民财两厅，或民财两厅地政局派员查明后，即由所派各员会同县长造具册结各三份，或四份，送呈民政厅或财政厅地政局复核加结。

六、被灾地亩，勘查属实时，灾户应纳本年地价税，作十分计算，按灾情蠲免之。

……

八、被灾十分之地亩，暂时不能耕种者，经省府查明，得将地价税全数蠲免，并限令原户垦復。

……

十、各县勘报灾案清册，应将区乡图分别灾户姓名，及地亩坵号，地价税款数，逐一详细注明。

十一、被灾地亩地价税，业经勘实应行蠲免者，须自奉省政府核

---

① 《清实录·仁宗睿皇帝实录》卷85，嘉庆十五年四月己酉，中华书局1986年版，第66页。
② 《录副档》，光绪三年四月十八日御史唐树楠折，转引自张高臣：《光绪朝（1875—1908）灾荒研究》，博士学位论文，山东大学，2010年。
③ 宁夏省政府秘书处：《十年来宁夏省政述要（1933—1942）》第3册，宁夏人民出版社1987年版，第31页。

定之日起施行。

十二、被灾地亩地价税,有输纳在前者,其应蠲分数,准其抵作次年应完地价税。

十三、各县长及曾勘委员,于灾伤不能依限勘报或查报不实,以及贻误农事时,得依部颁勘报灾歉条例第二十条办理之。①

可见,民国时期宁夏地区对报灾蠲免有明确的规定与要求:在报灾上,明确区分田亩的受灾种类;其次,由民政厅专门制定了勘报田清册式样②来登记灾田信息。在勘灾蠲免上,对受灾的地亩都有蠲免,突破了清代成灾五分的限制。在勘灾程序上,先由受灾所在地的官员勘灾,造册报告省,由省民、财两厅派专员复勘,省政府据复勘的结果决定相应的蠲免或赈济。相比于清代,民国报灾无须上报中央,由中央复查来决定蠲赈,蠲免权由地方掌握,拥有了一定的自主性,可以充分发挥赈济的时效性。但其弊端也是显而易见的,地方财力的不足注定了其在赈灾上的无力;同时,田赋是财政的重要来源,那么在财政与救灾之间就会出现矛盾,而这一矛盾也就影响了蠲赈的动力。

民国时期宁夏也借助舆论的力量,通过对灾害的报道,寻求社会各阶层的救助。首先,寻求官方救济。其一,通过电报向中央求赈:"宁夏电:马鸿逵筹款办急赈,并向中央乞赈"③;其二,派代表到中央请愿救济:"宁夏民众代表马三级等五人,廿七日由宁来平,定廿九日谒何委员长,日内将赴京赣分谒汪院长、蒋委员长请求救济战区灾黎"④。其次,寻求民间力量的支持。一方面,向慈善组织求赈:"本会等日睹同胞死亡,实难缄默,除联电各当局请求拨发急赈以资救济外,尚望国内仁人、海外善士,悯边民遭灾之深,体上天好生之德,慈悲大发,迅赐赈济"⑤;另一方面,向私人求赈:"马鸿逵电杜月笙,为宁夏灾民乞振"⑥。

---

① 宁夏省政府秘书处公报室:《宁夏省政府公报》第10期,民国二十四年1月16日,全宗号31,案卷号245,卷号1。
② 宁夏省政府秘书处公报室:《宁夏省政府公报》第80、81期合刊,民国二十五年6月2日,第30页,全宗号31,案卷号246,卷号2。
③《申报》,申报数据库,民国二十二年十月二十六日(1933年10月26日)第21745号(上海版)第3版。
④《申报》,申报数据库,民国二十三年四月二十九日(1934年4月29日)第21921号(上海版)第6版。
⑤《申报》,申报数据库,民国二十四年二月二十日(1935年2月20日)第22206号(上海版)第8版。
⑥《申报》,申报数据库,民国二十三年六月七日(1934年6月7日)第21958号(上海版)第11版。

二、旱灾赈济措施

旱灾发生后，政府在经过系统的灾情调查与统计后，即采取措施进行救灾。清到民国时期，救灾措施主要有蠲缓、调粟、借贷、平粜、赈济、安辑等。

（一）蠲缓

旱灾的突发，加重了地方民众的贫困度，此时繁重的赋税就成为民众最重要的负担，甚至会激起民众的暴力反抗。蠲缓政策能缓解这种矛盾。蠲缓分为缓征和蠲免两种。

缓征是在灾荒发生后延迟赋税的征收，以便于民间渡过灾荒。如：乾隆十三年（1748）二月，"上年甘肃兰州等府属有被旱成灾之处，将盐茶厅、平番、中卫、灵州等十三处地方，所有本年应纳钱粮，缓至秋成后再行征收"①。国家通过放宽赋税征收期限，减轻灾区的压力，使其有渡过灾荒的可能。

蠲免是免征赋税，相对于缓征而言，其赈灾力度更大，受灾的程度、区域也相对更大。如"乾隆五年奉上谕：本年平罗地方又有被水被旱之处……着格外加恩，将银粮草束概予全免"②。

但其依旧有自身的缺陷，清代的蠲免政策主要是针对自耕农，特别是地主，对佃农的蠲缓在经历政府硬性规定后，变成了听凭业主决定。究其原因，清代的自耕农和地主是统治的基础。民国时期，虽蠲免政策的规定非常完备，但地方割据的形势，也影响了其实施的效果。

（二）调粟

调粟，即利用灾害时空上的不同和地方备灾储备的差距，达到跨区域救灾的目的。

宁夏宁南和宁北地区自然环境及地方备荒储备的差距，致使其在调粟上处于不同的地位。宁南地区基本是调粟的输入区，"覆准甘属固原州等二十州、县、卫夏禾被灾动粮、借赈。并于西安藩库存贮康熙五十九年（1720）地丁钱粮内动银十万两，解送甘肃，以备散赈"③。虽然这是此次旱灾等级高所致，但不能否认宁南地区自身备灾能力不足也是原因之一。相反，宁北地区由于自身条件优越、仓储丰富，多成为输出区，"著于巩昌、宁夏、西宁、秦州四府州

---

① [清] 彭元瑞：《孚惠全书》，民国罗振玉石印本，中国基本古籍库·史地库，第145页。
② [清] 张金城：《乾隆宁夏府志》，《中国地方志集成·宁夏府县志辑》第1册，凤凰出版社2008年版，第39页。
③ [清] 许容：《乾隆甘肃通志》，清文渊阁四库全书本，爱如生中国方志库，第1966页。

仓储有余之处，除留本地备用外，再酌拨十余万石，就近运赴被灾各属"①。

由于宁夏身处内陆，决定了其旱灾应对能力相对有限，当旱灾超出宁夏自身承受力时，那么整个宁夏地区就成为需要赈济的对象。乾隆三十六年（1771）"夏禾被灾，如泾州、固原、静宁、盐茶厅、隆德……花马池州同、河州、宁远、漳县、岷县、宁夏、宁朔、平罗、清水三十四州县厅，所拨甘粮二十万石、陕粮十万石，现在次第起运，按被灾轻重之处分别运往，以备接济"②。

（三）借贷

借贷是国家在灾后贷给灾民钱粮以供其恢复、发展生产的一种救灾措施。此法不仅可以使灾民维持生计，国家也能从中收取一定的利息。

具体而言，借贷主要有口粮和籽种。如：乾隆二十七年（1762）九月，"贷给甘肃中卫、花马池等十四厅、县本年被旱贫民口粮、籽种"③。口粮是维持灾民灾后生存的基础，故而粮食的借贷最为众多；而籽种则是为了保证灾后的土地复垦，保障灾区的恢复。当然，银钱的借贷也有，如前文所提，旱灾中大量的生产工具被出售，牲畜特别是耕牛死亡或被食用，获得资金的支持就可以保证民间购买生产资料，保障农业生产的正常进行。

民国基本继承了清代的借贷政策，但是，民国初期政局的混乱、地方的无序、政府的衰弱等都使得官方借贷无从谈起，民间的借贷因此趁机飞速发展。到了民国二十二年（1933），"据中央农业实验所调查，宁夏借钱的占51%，借粮的占47%"④。民间借贷的份额高，变相加重了农民的负担。到了民国中后期，政局渐趋稳定，中央始在宁夏地区设立农贷机构，"为本年度农贷，在未核定前商得农民银行同意，全省先贷放二千万元以作合作社社员购买肥料之用，抄发分配表一分，仰即遵照办理"⑤。

当然，宁夏地方政府的借贷也有建树：

> 马鸿逵于民国三十年（1941）二月，拨捐私款九十二万元，充

---

① 《清实录·高宗纯皇帝实录》卷604，乾隆二十五年正月己酉，中华书局1986年版，第780页。
② 《清实录·高宗纯皇帝实录》卷884，乾隆三十六年五月癸卯，中华书局1986年版，第941—842页。
③ 《清实录·高宗纯皇帝实录》卷670，乾隆二十七年九月戊辰，中华书局1986年版，第491页。
④ 朱义农：《十年来的中国农业》，中国文化建设协会：《十年来的中国》，（上海）商务印书馆1937年版，第204页。
⑤ 宁夏省政府秘书处公报室：《宁夏省政府公报》，第188、189、190期合刊，民国三十五年3月31日，第75页。

作基金，成立敦厚堂教养院，同年春耕时由敦厚堂特拨私款一百五十万元，作为免息春耕贷款之用，并拟定放款原则：有地十亩以内者，每亩三元，二十亩以内者，每亩二元，五十亩以内者，每亩一元，百亩以内者，每亩三角，一百亩以上者每亩一角。并在九月核对数目。①

相对于清代而言，在借贷对象上，民国时期突破了"贫民"等身份的限制，覆盖了整个农民范围；规定了借贷的等级差异，小农经营每亩获得的贷款较多，便于贫困农民得到实惠。更重要的是，政府重新掌握了农贷市场的主导权，打破了私人高利贷在农村的垄断地位，对于农民来说减轻了一定的债务负担，有助于其生活或生产的发展；而政府也加强了对地方的控制，逐渐形成了近代的农贷市场，促进了乡村的进步。

（四）平粜

平粜是政府在灾害发生后，对因粮食短缺而引起的粮价上涨做出的应对之策。政府以仓储粮为主要来源，把粮食以低于市价的价格出售，在平抑市价和打击囤积上有一定的作用。虽具体实行过程中也有一些弊端，但因其掌握在政府的手中，所以民众亦会收到一定的实效。如清嘉庆十五年（1811），"以甘肃春夏缺雨，粮价昂贵，命于省城减价平粜"②。经历清末和民国初年的战乱，宁夏地区的仓储体系已经破坏殆尽，到了"无复市粜可言"③的地步。政局稳定后，平粜因其无法替代的作用再次出现。民国十七年（1928）宁夏"春夏亢旱，于省垣设平粜"④。

（五）安辑

旱灾发生后，大量的农民走上流亡道路，安辑就是针对流民进行的留养和资送之策。清乾隆年间，为了规避安辑之法的弊端，曾取消了这个措施。民国时期，宁夏地区在战乱的影响下，人口大量流失，耕地荒芜，有安辑流民的需要。民国二十八年（1939），"郝县长向省府请拨赈款，并布告暨咨文临县，令各逃农回县，并发给安家费、农具、籽种等，逃民闻风返里者络绎不绝"⑤。可

---

① 宁夏省政府秘书处：《十年来宁夏省政述要（1933—1942）》第 2 册，宁夏人民出版社 1987 年版，第 204—207 页。
② 《清实录·仁宗睿皇帝实录》卷 243，嘉庆十六年五月甲申，中华书局 1986 年版，第 276 页。
③ 刘郁芬：《民国甘肃通志稿》，《中国西北文献丛书·西北稀见方志文献》第 28 卷，兰州古籍书店 1990 年版，第 173 页。
④ 刘郁芬：《民国甘肃通志稿》，《中国西北文献丛书·西北稀见方志文献》第 28 卷，兰州古籍书店 1990 年版，第 103 页。
⑤ 盖世儒著，李子杰校注：《标点注释民国化平县志》，宁夏人民出版社 1992 年版，第 104 页。

见，此时宁夏由于劳动力的缺乏，严重影响了经济的恢复。鉴于本地的实际情况，政府从住宅、耕地、赋税等方面入手，发展了安辑之策，安辑对象不再局限于本地的流民，也在外省进行宣传，鼓励外省移民到宁夏生活。

三、清至民国时期宁夏旱灾赈济的对比分析

（一）清代

1. 清代的赈济对象及方式

清初的赈济对象有一定的限制，无业贫民、贫生等不从事生产的群体不属赈济对象。"姚进祸，惠安堡人，子值岁大旱，山堡一带皆赴州领赈。惠安仅产盐，非地丁不在赈例"①。到了乾隆年间，改变了这个限制，俱一体给赈。

赈济方式主要有：正振，"念边氓生计拮据，春耕在即，而例赈将停，恐不足资接济"②；展赈，"乾隆四十一年奉上谕：甘肃省皋兰等三十一厅、州、县夏禾间有被旱、被雹之处，着加恩于青黄不接之时，各展赈一个月"③；加赈，"加赈甘肃固原、隆德等四十厅、州、县被水、被旱灾民"④；还有折赈，就是把赈粮转换成银两发给灾民，以便于其购买相应的物资，如"乾隆二十四（1759）十一月十八日，内阁奉上谕：甘省折赈，向例每石给银一两"⑤。

在这些赈济措施外，同时实行的还有以工代赈，如嘉庆十五年（1810）宁夏被旱，赈济之外"余银三十万两先经奏准作为皋兰、固原二处修理城工，以工代赈之"⑥。用以工代赈之法修筑城墙，对民众而言，不至于因无事生产而流离，并可以获得一定的报酬，得以养家糊口；对于国家而言，首先可以修筑城墙工程，同时，能使灾民处于政府的有效管理下，减少了动乱发生的可能性。但是，因以工代赈中不注重于水利、交通等基础工程的建设，没有把有限的资源用于加强当地的防灾、备灾体系中，故而成效是可以预见的。

赈济中一些灾民出于私利而破坏赈济，对不同的身份，政府的处理方式也有一定的差别。如在嘉庆十五年旱灾赈济中，少数饥民"聚众抢夺及阻挡委员查户散票，必欲照其虚报户口领赈而后止"。考虑这是迫于生存压力的无奈之

---

① 《嘉庆灵州志迹》，《中国地方志集成·宁夏府县志辑》第 6 册，凤凰出版社 2008 年版，第 263 页。
② 《清实录·高宗纯皇帝实录》卷604，乾隆二十五年正月己酉，中华书局1986年版，第780页。
③ 《乾隆宁夏府志》，《中国地方志集成·宁夏府县志辑》第 1 册，凤凰出版社 2008 年版，第 46—47 页。
④ 《清实录·仁宗睿皇帝实录》卷92，嘉庆六年十二月甲寅，中华书局1986年版，第220页。
⑤ [清]黄恩锡著，范学灵校注：《乾隆中卫县志校注》，宁夏人民出版社1998年版，第106页。
⑥ [清]那彦成：《那文毅公奏议》，清道光十四年刻本，中国基本古籍库·史地库，第525页。

举，并且影响力小，只是由地方官按照正常的办法办理。但是固原州的生员白淑通"贿嘱委员，捏领赈票，同时聚众夺犯"。鉴于白氏属于文生并处于领导者的地位，为了对"固原、盐茶积悍难治之区"进行整顿，对于首犯的白淑通"请旨即行办理，以儆刁恶，而靖地方"①；从犯则按照律法惩罚，以示区别。这是因为白氏身份特殊，属于国家的储备人才，产生的影响更加恶劣，对其从严惩办更能达到警示的目的。

由上可见，在宁夏地区此次旱灾赈济中，清政府一直占据着绝对的主导地位。虽然关于此次旱灾中的民间善举并没有确切的资料记载，但由有清一代民间的行为可以推断，其必不可少，只不过相对于政府的作为而言处于弱势。

(二) 民国时期

1. 赈灾组织

民国初年，时局动荡，政府虽设置了赈务处，但先天不足决定了其成效的有限，加以当时社会力量的发展，民间救灾力量的崛起就成为必然。

宁北地区在民国十八年（1929）正式成立宁夏省前，其赈灾事务统归甘肃省管辖；民国十九年（1930）在国民政府的干预下筹设了宁夏省赈务委员会；二十五年（1936）复加以改组，办理全省赈务事宜；"二十八年（1939）九月，在中央调整各省救济机关，敕令改设省赈济会的命令下，遵即于是年十月一日，依章组织成立，暂附设民政厅办公，自后一切赈灾事宜，统归赈济会办理"②。此时，宁北地区赈务的管理与能力，相较于民国初年当是更加有力。

民国十三年（1924），"甘肃省全省春夏亢旱，督军兼省长陆洪涛以隆德、西宁、金积等十七县被灾最重入告，而固原、合水等县继复报灾，于是更设筹赈处"③。就此，甘肃（含宁夏）地区的省级赈务机构开始出现。但由于军阀割据的影响，地方赈务机构多为临时性的救济机构，其运行也不免受影响。民国十五年（1926）：

> 甘肃省长薛笃弼以连年亢旱，不可无赈济机关，适北京赈务处发关税附加洋五万元，遂令邮政局长意大利人卦特及地方绅士与教会教

---

① [清] 那彦成：《那文毅公奏议》，清道光十四年刻本，中国基本古籍库·史地库，第631页。
② 宁夏省政府秘书处：《十年来宁夏省政述要（1933—1942）》第2册，宁夏人民出版社1987年版，第195页。
③ 刘郁芬：《民国甘肃通志稿》，《中国西北文献丛书·西北稀见方志文献》第28卷，兰州古籍书店1990年版，第102—103页。

士共设华洋赈务会,总工两赈。①

也就是说,两年前设立的筹赈处已经消失,新设立的赈济机构是以中央赈务处下拨的资金为支持,并在甘肃省政府的监督下,由地方绅士和外籍人士共同筹设了华洋赈务会,同时在开明官绅的倡议下,捐设了红十字会。民国十七年(1928)民间绅士再次倡立筹赈会进行救济,但1926年成立的华洋赈务会依旧存在,并"举皋兰、榆中、等县工赈"②,依旧发挥着赈济的作用。

从上述可见,民国初期宁夏地区的赈济组织中,官方机构不仅数量少,而且存在的时间较短;相反,民间的赈济组织不断出现并持续性发挥作用,从其成立、运行到赈款来源和赈济施行都是民间自发性的行为,官方只处于监察和组织的地位,这正好符合清末到民国前期社会力量崛起的趋势。究其原因,主要是此时国家政权不统一、地方动荡财力不足,在赈济上的投入力度也就不足。故而,可以说民国初期宁夏地区的赈灾主体为民间力量。

2. 民国中后期宁夏地区的赈灾分析

民国中期以后,宁夏地区不仅设立了省级的赈济会,而且政府也对赈济会给予了支持,每年从财政上提供51 807.1元以保证其运行。但由于宁夏地区的财政极为困难,且军费需求量大,其保证性大打折扣;同时,国民政府也处于内忧外患中,对宁夏的赈济有限,故民间的力量依旧起很大的作用。

民国二十五年(1936),"灾黎遍地,待哺情殷,省赈委会为谋救济,特就省会及各县普遍设立粥厂,以资救济,计省垣决定筹设粥厂两处。至各县粥厂则责成县长筹划办理"③。相较于那彦成办赈时的粥厂设置,此次的分布格局更为合理。但在资金来源上,省城的两处粥厂除第一粥厂由赈会拨款办理外,第二粥厂是由马太夫人捐付一部分,剩余的由赈会补助1200余元,至于各县粥厂的资金则无明确的来源,主要靠地方官员筹集,省赈会只是提供补助。总的来说,此次办赈投入落后于那彦成办赈时许多,也影响了赈济的效果。

---

① 刘郁芬:《民国甘肃通志稿》,《中国西北文献丛书·西北稀见方志文献》第28卷,兰州古籍书店1990年版,第102—103页。
② 刘郁芬:《民国甘肃通志稿》,《中国西北文献丛书·西北稀见方志文献》第28卷,兰州古籍书店1990年版,第102—103页。
③ 宁夏省政府秘书处:《宁夏省政府工作报告》,民国二十五年12月份,第15—16页,档案号:31,案卷号:257。

表6-11 宁夏省赈济会历年赈款收支数目统计表

年度	收入	支出	结余
二十八年度	180 980.55	35 974.85	145 005.70
二十九年度	20 000.00	7 245.20	12 754.80
三十年度	—	88 159.10	—
总计	200 980.55	131 379.15	69 601.40
附记	于二十八年度，由省地方款收入项下，按百分之二提支救灾储金洋五万一千八百零七元一角，系由财政厅专款保管，故未列计在内		

资料来源：

宁夏省政府秘书处：《十年来宁夏省政述要（1933—1942）》第2册，宁夏人民出版社1987年版，第195页。

此种现象在民国时期并不鲜见。民国二十四年（1935），中卫县请筹设粥厂进行赈济，省政府通过了其请求，但规定"经费三千元，由该县长筹募半数，由赈务会补助半数"[①]。可见，在民国中后期的赈济中，省赈务会拨发的资金占据的比例很低，多靠地方官员募集，而募集的对象必为地方的慈善团体和居民，这就相应加大了民间力量在赈灾中的作用。但与民国初期不同的是，此时民间力量的参与方式不再是自己组建慈善组织，而是处于政府和省赈务会的领导下，也就是说，其为赈济的参与者。此时的赈济中心是政府，并非民间力量。

民国中后期，宁夏地区的赈济虽然存在许多不足，但是伴随一些先进理念的传入，赈济的方式发生了一些改变，在以工代赈上更注重基础工程的修筑。如民国二十年（1931），"为了赈济宁夏灾荒，代表们提请采用以工代赈的办法，速办黄河水利、包宁公路"[②]。这就突破了清代的局限，把工赈的注意力转移到了水利和道路的修筑上。水利修筑不仅可以达到工赈的效果，还可以让灾区更快地恢复；而道路的修筑，又为外界救济物资的输入提供了方便。

第四节　清至民国宁夏地区民间的旱灾救济

在中国的传统文化中，"仁者爱人"的道德准则指导着人们的行为。面对灾荒，民间互助互救的形式一直存在。清代中前期的民间救济是孤立的、无组织

[①] 宁夏省政府秘书处公报室：《宁夏省政府公报》，第7、8期合刊，民国二十四年1月9日，第42页，档案号：31，案卷号：257，卷号：1。
[②] 薛毅：《中国华洋义赈救灾总会研究》，武汉大学出版社2008年版，第289页。

的个人行为；到了清末，由于清政府的控制能力降低，在新的经济社会环境下，以"义赈"为形式的民间社会救济力量开始兴起，并逐渐在全国兴盛起来，进而持续到了民国时期。民国初期，中央政府势弱，地方军阀割据，在此情况下，已经开始崛起的社会力量开始代替国家在灾荒救济中的地位，弥补政府在民生政策方面的缺失。南京国民政府成立后，国家取得名义上的统一，并开始重新整合社会力量，对社会组织进行改组，加强对其的监督与控制，民间力量失去了民国初年的地位。

一、清代

在中国传统社会特别是乡村中，领导权归于所谓的"乡村精英"，其合法性"是建立在村众对其权威的广泛认可和接受的基础之上的，而这种认可和接受又与他们坚持村社成员的价值观和规范联系在一起"[①]。对乡族的救济就是这种现象的一种表现。如"张琔，宁朔县汉坝堡人，康熙二十七年（1688）、二十八年（1689）各堡荒旱，饥者比户，琔倾囊赈恤犹不给，借粮数十石，周亲族里当保全无算"[②]；"连丰，隆德人，咸丰十一年大旱荒，乡民乏食者十余村，丰出积粟救饥，全活甚众"[③]；等等。可见，不管是清初还是清末，民间的救济一直存在，并且其救助的对象都为亲族或者邻里，换言之，都为自己血缘或情理上的亲属。故而，这种救济只能是宗族体系下的内部保障行为。

当然，清政府在社会救济中的领导地位是肯定的，由于民间财力的不足，故而官民合作的现象就会出现。乾隆二十三年（1758）、二十四年（1759），中卫接连旱灾，"奉各县暨郡守婺源王公札，饬设法筹济，多开粥厂，劝民出粟，共襄义举。计城乡各堡乐善好施，共捐菽粟八百余石，银三百余两。捐制毡衣裤一千一百七十件，布裤三百八十条以给之"[④]。在官方的领导下，充分利用了民间的救济力量，达到了更好的效果，也规避了因民间救助无序化所引发的混乱。

清末，政府的衰落引发了官赈的不足，也就加速了民间救助的发展，华洋义

---

①［美］李怀印：《华北村治——晚晴和民国时期的国家与乡村》，岁有生、王士皓译，中华书局2008年版，第163页。

②《乾隆宁夏府志》，《中国地方志集成·宁夏府县志辑》第1册，凤凰出版社2008年版，第354页。

③［清］升充、长庚：《甘肃全省新通志》，《中国西北文献丛书·西北稀见方志文献》第25卷，兰州古籍书店1990年版，第609页。

④［清］黄恩锡著，范学灵校注：《乾隆中卫县志校注》，宁夏人民出版社1998年版，第107—108页。

赈会的形成遂成为中国救荒机制的一个重要组合部分。但是"就义赈本身而言，它只不过是以往民间捐赈救灾活动的延续。换言之，义赈是在民间社会已有的互助互救的救荒活动基础上产生和发展的"①。宁夏地区由于经济落后和地理位置上偏僻，其社会救助力量弱小，跨地域义赈这种形式并没有出现在这一区域。

二、民国时期

民国初期，中央的持续势弱导致了政府救济的严重不足，同时，西方思想的传入、全国义赈的大规模兴起和宁夏地区灾害频繁等原因，都促使了宁夏民间救济的发展。如，"民国十五年（1926），海原、环县、盐池、中卫、灵武、皋兰等县旱灾严重，遂由邮政局长意大利人卦特及地方绅士与教会教士共设华洋赈务会，同时还在开明官绅的捐设下成立了红十字会"②。可见，此时宁夏地区的民间力量不仅拥有很大的独立性，而且在赈济中处于中心地位。但也正如前文所述，此时宁夏的民间赈济组织依旧是临时性的，故而，其效果是有限的。

民国十九年（1930），宁夏始设省赈务委员会，宁夏地区官方常设的赈灾组织开始出现，并领导了本地其后的赈济事务。但由于此时宁夏灾害频发，又处于大旱之后，救济力量不足，遂不得不向当时在全国有影响力的全国性赈务组织——华洋义赈会求赈：

> 1931年6月宁夏省代表马福祥等人向华洋义赈会发电：宁夏不幸连遭6年灾劫，自西北军南口退却，全部数十万人集中我宁，索饷搜粮，供给浩繁。兵灾、匪灾、旱灾、地震种种奇灾又接踵而至，十室十空，致宁民限于绝境。全省灾民无衣无食者达数十万人……春耕既无籽种，秋收更无希望③。

这是仅有的关于宁夏地区和华洋义赈会联系的资料。至于华洋义赈会的回应，并无具体的描述。民国二十年（1931），"中国济生会顷接朱君庆澜自甘肃平凉发来有电云：陇东之固原、镇原，春夏无收，平凉南北两原及隆德、静宁、会宁、定西等县，灾黎嗷嗷待哺"④。其中提到了宁南的固原、海原、隆德等县，

---

① 陈桦、刘宗志：《救灾与济贫——中国封建时代的社会救助活动（1750—1911）》，中国人民大学出版社2005年版，第442页。
② 刘郁芬：《民国甘肃通志稿》，《中国西北文献丛书·西北稀见方志文献》第28卷，兰州古籍书店影印出版，1990年，第103页。
③ 第二历史档案馆藏华洋义赈会全档案，全宗573，第110卷，转引自薛毅：《中国华洋义赈救灾总会研究》，武汉大学出版社2008年版，第288—289页。
④《申报》，申报数据库，民国二十年七月三十一日，1931年7月31日，第20949号（上海版）第14版。

而对宁北地区却丝毫无涉，无非是因为宁南的固原等县位于甘肃省会附近，并处于内陆与西北联系的交通要线上。由于宁夏地处中国西北边域，当时信息交流落后、交通不便，不仅当地的灾情不能尽快被外界得知，而且社会救助组织难以进入。

到了民国二十五年（1936）宁夏省赈务会改组，特别是二十八年（1939）改设省赈济会后，官方开始掌握了宁夏地区的救助事务，此后民间救助机构的施救行为都是在政府组织的领导下进行的，属于官方救济的协助者。在此种形势下，官方对宁夏省的慈善团体组织进行了整合，规定参加联合救济事业的慈善团体为"佛教居士林；理门公所；红万字会；同养社；医药联合会；全省各清真寺，并由各团体会员中推定联合会厅干事"[①]。

另外，由于宁夏为回族聚居区，一直以来以清真寺为基本救济单位。此时，"中国回教协会宁夏省分会于三十一年冬见到一般贫民生活艰苦，乃设法于灵武崇兴寨筹设粥场一处，所用经费，系向各殷实教胞劝募，共计募款洋二万三千元，救活贫民在一千人以上"[②]。宗教性质的救济也处于回教协会的领导之下，更加表明了官方力量的主导作用。

[①] 宁夏省政府秘书处：《十年来宁夏省政述要（1933—1942）》第 2 册，宁夏人民出版社 1987 年版，第 194—195 页。
[②] 甘肃省图书馆书目参考部：《西北民族宗教史料文摘·宁夏分册》，甘肃省图书馆 1986 年版，第 231 页。

第七章　清至民国青海旱灾的应对措施与实践

清至民国时期,青海旱灾多发,给当地的政治、经济和社会造成了巨大冲击。为了快速恢复社会秩序和民众的生产生活,并且减少人口死亡率和流民潮,政府采取了一系列防灾减灾措施,使应灾机制逐渐完备;另外,还有一部分民间的力量也加入到救灾的队伍中来。这两者的有效结合,使应灾措施多样化,并且使灾民能得到及时的救治,快速地投入当地的经济建设之中。

第一节　清至民国青海官方的应灾机制与实践

一个国家社会秩序是否安定,人民是否丰衣足食,关系到一个政府的统治是否能够维持。当旱灾这种极端灾害发生后,人们缺衣少粮,社会秩序混乱,统治者要想维护统治,就要积极地采取应灾措施。中国的荒政由来已久,发展到清朝,已形成了一套比较成熟的应灾机制;随着辛亥革命枪声的打响,科学与民主的影响,以及旱灾的频发,使民国时期的应灾机制有了进一步发展,不仅继续采取积谷备荒的措施,而且还实行救灾准备金,禁种鸦片,使应灾措施日益多样化。为了保证这些措施能得到有效执行,民国时期中央和地方还分别设置了专门的救灾机构,如1920年设立的赈务处,1929年成立的赈灾委员会。青海地方的救灾机构有1929成立的青海民政厅和1939年成立的青海赈济委员会,各县也相应地成立了赈济会(表7-1)。在各个救灾机构设立的同时,又颁布了一系列法律和规章制度,如《救灾准备金法》《青海省赈济委员会办事细则》《青海省各县赈济委员会组织规程》。这些法律和规章制度的颁布与实行,使救灾得以在法律的规范下进行。

表 7-1　青海省各县赈济会成立一览表

县别	成立时间
循化县	民国二十八年（1939）八月二十四日
门源县	民国二十八年（1939）九月
西宁县	民国二十八年（1939）九月十一日
湟源县	民国二十八年（1939）九月三十日
民和县	民国二十八年（1939）八月二十八日
化隆县	民国二十八年（1939）九月四日
贵德县	民国二十八年（1939）九月四日
同仁县	民国二十八年（1939）八月二十日
互助县	民国二十八年（1939）九月十三日
大通县	民国二十八年（1939）九月十四日

资料来源：

《青海省赈济资料》，青海省图书馆辑，油印本。

一、灾前备荒措施

（一）清代的灾前备荒措施

清朝作为中国传统社会的最后一个朝代，对历代的灾前备荒措施进行了继承和发展。清代青海地区灾前备荒措施主要是积谷备荒。根据马斯洛的需求理论，人们最基本的需求是生存需求，人们只有保证了基本的生存需求，才能追求更高层次的需求。在旱灾发生时，人们面对饥饿的威胁，首先需要的就是粮食，如果国家有大量的储备粮食，就能快速地对灾民进行救助，清朝青海地方政府采取的积谷备荒措施主要有三种形式：常平仓等官仓性质的积储、乡里积储的社仓、宗族积储的义仓。但是有关青海义仓的记载较少，只有在《西宁府续志》中有一条碾伯县义仓的记载："义仓，道光六年西宁府知府巴彦珠、碾伯县知县陈士桢倡捐粮六百石创设。"[①] 由于义仓与社仓的作用一样，所以，以下只论述常平仓和社仓。

1. 常平仓

仓储制度是积谷备荒和国家经济制度的重要保证，而常平仓更是清代仓储

---

① 《西宁府续志》卷2《建置志》，青海人民出版社1985年版，第109页。

制度的重要组成部分。清代的常平仓除调节经济的作用,还有对灾荒和战乱的赈济作用。

常平仓始建于西汉,最初的作用是丰年平籴、荒年平粜,唐宋发展为赈粜兼行。清代初期,灾荒频繁,统治者认为有必要恢复和重建常平仓制度。顺治十二年(1655),"题准州县自理罚金,春夏积银,秋冬积谷,悉入常平仓备赈"①。清代的常平仓仍然发挥着赈贷与平粜两大功能,春夏出粜,秋冬籴还,如遇凶荒,按数赈给灾民。仓谷存粜的比例为"存七粜三"。清代常平仓的谷本主要有三个来源:捐纳、截漕及采买。捐纳是指"政府通过直接出卖官位或通过加级、议叙、旌奖的办法,用以筹措经费、增加财政收入的措施"②。利用当地的捐纳,节省了各地的转运费,所以它成为清朝前期谷本的主要来源。截漕是指政府允许地方在一定限度内截留漕粮,用来补充常平仓,"其随时截留蠲缓者,无定额"③。从这可以看出,截漕只是一种临时性措施,在一定时间段内补充常平仓的谷本。随着清朝经济的不断发展,国家的财力逐渐富裕,采买逐渐成为谷本的主要来源,即从国库和地方的财务经费中拨款采购。

常平仓所存的谷数均有定额。康熙四十三年(1704)规定,大州县存万石,中州县8千石,小州县6千石。清代的西宁府属于甘肃省,西宁府的常平仓到底存粮数多少,没有直接的数据,但是从《西宁府新志》中看到,乾隆十二年(1747),"故余得与守令广粜徵贮,今四属仓粮几达二十万,而城乡皆有社谷"④。可见,当时西宁的官仓储粮已达到20万石,常平仓又是官仓中分布最普遍的仓储,所以这些官仓存量可能就是当时西宁常平仓的存粮数。从《西宁府新志》和《西宁府续志》中可以看出,大多数的官仓建于雍正和乾隆年间,但是到同治年间大多已荒废。如循化厅的韩家集仓:计10间,乾隆二十八年(1763)同知孙世玗建,同治三年(1864)废⑤。也正是因为这个缘故,到光绪初年的"丁戊奇荒"时,死亡人口众多。

到清朝后期,由于国力日渐衰弱,常平仓的存粮也大大减少(见表7-2)。甘肃省在乾隆十三年(1748)时常平仓的存粮还是328万石,但到嘉庆十七年(1812),就只剩60万石了。与此相对应,青海地区常平仓的存粮也大为减少。

---

① [清]席裕福、沈师徐同辑:《皇朝政典类纂》卷149《仓库九·积储·常平仓》,文海出版社1982年版,第1966页。
② 陈锋:《清代军费研究》,武汉大学出版社1992年版,第325页。
③ 王庆云:《石渠余纪》卷4《纪漕粮》,中国书店2009年版,第153页。
④ 《西宁府新志》卷13《建置·社仓》,青海人民出版社1966年版,第432页。
⑤ 《西宁府续志》卷2《建置志》,青海人民出版社1985年版,第104页。

如西宁县的在城旧仓，原有100间①，同治二年（1863）拆损，仅存56间②。储存粮食的仓库面积削减了近一半，存量肯定也会相应减少。西宁府的存粮减少，赈灾的作用自然也相应减弱。此外，清朝前期和中期，对常平仓的管理比较严格，制定了严格的盘查追赔制度，如果官员失职，导致存仓米谷霉烂损失，亦须革职留任，限期赔补③。到了清朝后期，由于管理松散，导致西宁府的官仓米谷霉烂，仓库面积减少，使赈济的粮食也随之减少。清代的常平仓还有养兵的义务，西北地区是边陲军事重地，同治元年（1862）发生的陕甘回民大起义，历经12年才结束，西北地区用兵量多，所用的军需也多，常平仓的粮食多用于军需，必然导致赈灾粮食的减少。

表7-2 清代全国常平仓总额变化情况（单位：万石）

乾隆十年（1745）2800	道光十五年（1835年）2400
乾隆十三年（1748）3379	咸丰十年（1986年）523
嘉庆十年（1805）2941	光绪三十四年（1908年）348

资料来源：
张岩：《试论清代的常平仓制度》，载《清史研究》1993年第4期。

2. 社仓

社仓是有别于官仓的一种民间储粮备荒的形式，对当地的赈灾有重大的影响。社仓初创于宋代，由大理学家朱熹倡导，后世称之为"朱子社仓之法"。清代的社仓基本继承了朱子社仓法。雍正年间，清廷下令全国各地普遍建社仓，并在雍正二年（1724）颁布《社仓条例》，规定了社仓谷本的来源、对捐纳者的奖励、社仓的管理和监督等内容。在《社仓条例》颁布以后，各省积极建立社仓。青海社仓的建立，主要归功于杨应琚。在西宁道佥事杨应琚《社仓碑记》中，杨应琚解释了为何要在西宁建立社仓：

> 西宁，古西平郡也。逼介青海，岁仅一收，春耕之时，多借官仓籽粒，既借之后，或刈割欠薄，或民力维艰，征还既有未能，次岁又需称贷，是以官粜常年请行，而仓贮每苦不足，筹思至再，欲官仓裕而民困苏，非力行社仓不可。遂与太守申君梦玺、宁邑王令镐、碾邑徐令志丙、大通卫孙备捷谋协，决意为之。是岁，乾隆五年也④。

---

① 《西宁府新志》卷13《建置·社仓》，青海人民出版社1966年版，第492页。
② 《西宁府续志》卷2《建置志》，青海人民出版社1985年版，第102页。
③ 李向军：《清代荒政研究》，中国农业出版社1995年版，第44页。
④ 《西宁府新志》卷13《建置·社仓》，青海人民出版社1966年版，第434页。

从上述的材料可以看出，西宁在乾隆五年（1740）才开始建立社仓，但是发展很快。乾隆十年（1745），西宁府四属共建起社仓 27 处，多分布在乡村，共储粮 13 664 石①。到乾隆十一年（1741），"宁邑社粮以石计，凡四千六百有九，分贮诸乡一十五所；碾邑社粮六千四百五十有六，分贮诸乡十所；大通卫社粮两千八十有四，诸乡四所以分贮；贵德所社粮五百一十有五，以地峡而咸贮于城。故数年以来小民春耕籽粒皆取之社仓，而官庾积贮方得充裕，官庾充裕因时平粜，而民困益苏矣"②。宣统二年（1910），青海各厅县社仓储粮分别为：循化厅 371 石，贵德厅 1235 石，丹噶尔厅 6447 石，西宁县 7454 石（另籽种粮 14 石），碾伯县 448 石，另籽种粮 2972 石，大通县 3333 石，以上共计储粮 22 274 石③。从这些可以看出，西宁府的社仓发展较快，储粮较多。而这也反映出，社仓储粮的多少与旱灾发生的频率有一定的关系，西宁府旱灾发生频率高、等级强的县是西宁县、碾伯县，这两个县储粮相比其他县丰富。

西宁的社仓发展迅速，与当地对社仓的严格管理是分不开的。如据《西宁府续志》记载："城乡贫民缺乏籽种，借用社仓，无论多寡，均须觅取本川、本街绅耆及商富人等连环保结，并出立借券，由绅耆造册，汇交县中存案，再行开仓，照数盘给。秋后加利归清，仍将交存结券，抽还收锁。尚有拖欠及逾期不交者，着落保人赔补。"④ 此外，青海的社仓不同于常平仓，"即有军需，亦不挪用社仓颗粒"⑤。

（二）民国时期的灾前备荒措施

随着辛亥革命枪声的打响，结束了传统的封建统治，进入了新的时期——民国时期。民国时期，各地军阀混战，社会动荡不安，再加上旱灾的发生比清代更加频繁，社会秩序也随之更加混乱。为了维护统治，救助灾民，减少灾害的发生，实行了一系列的灾前备荒措施。

1. 积谷备荒

不管处于哪个时代，在灾荒发生时，粮食的救济永远是最重要的，所以在灾荒发生前要积极地储备粮食，以备灾荒赈济之需。清代后期，常平仓因为管理松散和大量的军需，赈灾的功能大大减弱。到民国初期，社会混乱，政府无暇顾及仓储的建设和恢复，使清朝建立的大批仓储趋于荒废。这样的仓储怎么

---

① 王昱：《青海方志资料类编》，青海人民出版社 1988 年版，第 414—422 页。
②《西宁府新志》卷 13《建置·社仓》，青海人民出版社 1966 年版，第 435—436 页。
③ 青海省地方志编纂委员会：《青海省志·民政志》，黄山书社 1998 年版，第 195 页。
④《西宁府续志》卷 2《建置志》，青海人民出版社 1985 年版，第 106 页。
⑤ 青海省地方志编纂委员会：《青海省志·民政志》，黄山书社 1998 年版，第 193 页。

能在灾害发生时救济灾民呢？直到南京国民政府成立后，仓储建设才被重视起来。1930年，南京国民政府颁布了《各地方仓储管理规则》，对各地方仓储建设作了详细的规定："各地方为备荒恤贫设立之积谷仓分为县仓、市仓、区仓、镇仓、乡仓、义仓六种"；"县仓、市仓归县政府或市政府，区仓归区公所，乡仓镇仓归乡公所或镇公所办理，其由私人捐办之仓称为义仓，依《监督慈善团体法》之规定"；"各仓积谷数目，县市各仓由民政厅定之，区仓由县政府定之，乡镇各仓以一户积谷一石为准按数递加。前项谷数适用《度量衡法》第四条容量之规定"。①

民国初年，青海地区战争不断，如"拉卜楞寺事件"等，使旧有的储粮大量消耗；加之灾害频繁发生，尤其是旱灾，在民国短短的38年里，旱灾就发生了35次。所以人们开始积极地恢复和重建仓储，其中最著名的就是"丰黎仓"。据《西宁丰黎社仓记》记载：民国十一年（1922），西宁建立丰黎仓，"仓内实存杂色市斗粮四百五十八石七斗，即以为西宁丰黎社仓之基本，并泐章程于后，以资遵守，窃维设仓所以备荒"②。从这可以看出，丰黎仓的作用主要是救荒。此外，民国十一年（1922）至民国十七年（1928），青海的乐都和大通也建有丰黎仓③。由于民国十七年（1928）到民国十九年（1930）青海各地连续发生特大灾害，各县的储粮被发放殆尽，在灾害年间人们又无力偿还，导致各个仓储没有存粮，无以为继，随之荒废。1930年，南京国民政府颁布《各地方仓储管理规则》，要求各地大力发展仓储，青海的仓储随之快速发展。到民国二十四年（1935）9月，西宁等13县共有各类社仓32处（比民国初的10处增长2倍还多），贮存青稞11.23万石、小麦16536石、豌豆19 526石、大豆152石，总计14.185万石④。民国时期旱灾发生的频率高，所以仓储的建设比清代更加迅速。

1938年以后，马步芳统治青海，不断加重人民的赋役负担。据有人统计，西宁县每亩产值为银圆3.9元，而缴纳的正、附田赋合计达2.6元，田赋额占亩产值的66%；民和县每亩田赋额占亩产值的61%；贵德县每亩田赋额占亩产值的81%⑤。除此之外，还有各种苛捐杂税，如丈地税、替丁军马款、献礼税等。这么多的赋税，人们怎么可能还有多余的钱粮捐给社仓？青海仓储制度的发展因此受到很大影响。

---

① 《中华民国法规大全》第1册，商务印书馆1936年版，第807—808页。
② 王昱：《青海方志资料类编》，青海人民出版社1988年版，第1141页。
③ 甘肃省民政志编纂委员会：《甘肃省志·民政志》，甘肃人民出版社1994年版，第579页。
④ 史国枢：《青海自然灾害》，青海人民出版社2003年版，第395页。
⑤ 《新青海》第3卷第9期，1935年9月。

2. 救灾准备金

在救灾时，政府比较常用的措施是赈谷与赈银，但是赈银的流通速度要远快于赈谷。救灾贵在速，但是在1935年以前，政府的救助资金都是在灾害发生后才开始筹备，影响了救灾的时效性。1930年10月28日，国民政府终于正式颁布了《救灾准备金法》，对中央和省一级救灾准备金的设置作了明确规定："国民政府每年应由经常预算收入总额内支出1%为中央救灾准备金，但积存满5000万后得停止之。省政府每年应由经常预算收入总额内支出2%为省救灾准备金。省救灾准备金以人口为比例，于每100万人口积存达20万元后得停止前项预算支出。"① 但是由于种种原因，直到1935年才颁布了《救灾准备金实施办法》和《救灾准备金保管委员会组织条例》，救灾准备金才正式纳入国家的预算中。民国时期，全国各地灾害频发，每年这些不多的救灾准备金对广大的灾区来说可谓杯水车薪。与全国其他省相比较，青海省的执行情况也不容乐观。从表7-3可以看出，1938年青海省的救灾准备金比其他年份高出很多，但是这些资金也没有达到《救灾准备金法》的规定。

表7-3 青海省救灾准备金执行情况表

年份	救灾准备金（元）	经常岁入总额（元）	资料来源（国民政府公报）
1938年	100 000	9 497 133	渝字225号
1939年全年	18 058	957 915	渝字228号
1940年全年	18 058	952 228元	渝字277号

在青海这个马氏家族统治的地方，中央与省政府的救灾准备金能全部发放到灾民手中吗？范长江考察研究了青海的时局后尖锐地指出，当时青海的"政治军事财政皆脱了正轨，本来是公的活动，转为私的经营"②。马麟任青海省主席之时，正是马步芳扩充军队之时，财政奇绌，民困日深，遂呈请国民政府予以接济，南京国民政府准于每月发给行政经费20万银圆，但马麟将10个月的行政经费暗自藏于河州的私宅③。在20世纪30年代，马步芳为发展军队，将青海省每年财政收入的80%用于军费开支④。这说明不管是中央的救灾准备金还是省政府的救灾准备金，最后都有可能转为马氏家族的私有资金，用到灾民手中的

---

① 《中华民国法规大全》第1册，商务印书馆1936年版，第806页。
② 崔永红：《青海通史》，青海人民出版社2010年版，第569页。
③ 中国人民政治协商会议青海省委员会文史资料研究委员会：《青海文史资料选辑》第4辑，1965年，第59页。
④ 崔永红：《青海通史》，青海人民出版社2010年版，第514页。

自然就相当少了。救灾准备金虽然在中央和地方的执行都不太乐观，但是不可否认，这些资金在救灾过程中也发挥了一定作用，并且为后世救灾制度的发展完善做了很好的探索和实践。

3. 禁种鸦片

种植鸦片能获得丰厚利润，故自清朝末期以来，人们大量种植鸦片，在西宁所属的7县中，除湟源、大通、化隆县因气候寒冷不适宜种植鸦片，其他4县皆种植鸦片。据估计，当时的青海每年生产烟土700万两[①]。

鸦片的种植给当地社会带来种种的灾难，不仅占用了大量良田，使粮食作物的种植面积大量减少，而且还严重危害人的身体健康，并造成社会的不安定。1915年，马麒响应北京政府总统徐世昌的号召，下令西宁道属各县一律禁种鸦片，改种粮食，对违规者，派出军队进行践踏，并追缴罚款。经过3年的执行，到1918年，青海各地烟苗基本禁绝，河湟地区的农田全部改种粮食。但是，还有少数不法分子种植与贩卖鸦片。在马步芳任青海省主席后，也积极开展禁烟活动，分别在1943年、1946年制定和公布禁毒治罪法规，对种植、吸食和贩卖鸦片者分别进行罚款、判刑甚至除死。民国时期，青海一直进行严厉的禁烟运动，国民政府还曾授予青海"禁烟模范省"称号。

青海开展禁烟运动，最主要的成果是改变了当地的种植结构，使可耕地尽可能地种上粮食作物，保证了人们生存所需要的食物。在灾害发生时，如人们家中尚有节余的食物，可先进行自救。

二、临灾救济措施

青海历来地瘠民贫，灾害频发，人民生活较为艰辛。如遇大的旱灾，饥民到处流亡，土匪横生，社会处在动荡不安之中。政府为了维护统治，政府会积极地采取各种措施救灾。

（一）赈济措施

赈济措施是官方临灾救济的首选，同时也是官方经常采取的措施。旱灾发生后，粮食减产，粮价翻倍，直接威胁人们的生存。政府在灾害发生后，通常采取赈粮和赈款等措施，以维持人民生命，维护社会稳定。

1. 赈粮

赈粮是政府供给灾民粮食。清至民国时期，每当青海发生旱灾后，政府一

[①] 崔永红：《青海通史》，青海人民出版社2010年版，第484页。

般都会采取赈粮措施,包括赈谷、赈粜、施粥。

赈谷是直接把粮食无偿地发放给灾民,这也是政府最常用的急赈措施。如乾隆二十四年(1759年)十二月,"赈碾伯县本年旱灾贫民"①。粮食的来源一般都是当地常平仓、社仓和义仓的储粮。青海的农作物一年一收,农民家中本来就没有节余,灾害发生后,最及时的救灾粮就是支取当地的储粮,这才能快速地救济灾民。

赈粜是政府以低于市场价格把粮食出售给灾民。旱灾发生后,奸商往往囤积居奇,造成粮食价格的翻倍增长,使稍有购买力的灾民无力承担。如果政府进行赈粜,会使这部分灾民暂时获救,流民、饥民的人数将会减少。如乾隆四年(1739),"西宁、碾伯饥,佥事杨应琚请拨河州、狄道州仓粮,运宁赈粜"②。民国十八年(1929),青海东部农业区和甘肃省遭受特大旱灾,粮价暴涨,化隆县政府出粜并捐赠义仓粮救灾③。

施粥是当地政府在灾害发生后,在城市或乡村建立粥厂,给灾民施粥。救灾要求时效性,救灾物资在灾后能及时有效地送到灾民的手中,那无疑是雪中送炭。施粥这种措施具有及时性和简单可操作性,所以历代政府在灾害发生后,都积极地采用这种措施。如嘉庆十五年(1810),由于甘肃连年旱荒,民大饥,于西宁等地分设粥厂,赈恤饥民④。民国十年(1921),岁大饥,乡民之来城觅食者约万人,西宁县县长周希武、巡警局局长明璋在大仓院设粥场,以活民命⑤。

青海只有东部农业区种植粮食作物,这些粮食作物供给整个青海地区,所以人们家中一般没有节余,只要有灾荒,就会造成大批的灾民。青海的赈粮机构多会选在西宁及所属7县,从而造成灾民多机构少的局面,而这样的局面容易造成现场拥挤,甚至造成伤亡。如光绪十九年(1893),岁大饥,乡民纷纷进城觅食,县城开仓平粜,每人准粮五升,民众竞相拥挤,竟将头门鼓尔石踏倒⑥。

---

①《清实录·高宗纯皇帝实录》卷602,乾隆二十四年十二月甲申,影印本,中华书局1986年版,第756页。
②《西宁府新志》卷31《纲领志(下)》,《中国地方志集成·青海府县志辑》第1册,凤凰出版社2008年版,第397页。
③化隆回族自治县地方志编纂委员会:《化隆县志》,陕西人民出版社1994年版,第17页。
④史国枢:《青海自然灾害》,青海人民出版社2003年版,第146页。
⑤《西宁府续志》卷10《志余·官师志·循良》,《中国地方志集成·青海府县志辑》第2册,凤凰出版社2008年版,第351页。
⑥《西宁府续志》卷10《志余》,青海人民出版社1985年版,第510页。

总之，赈粮是救济最重要的措施，能使灾民迅速地从饥饿的恐惧中走出来，增加对政府的信心，有利于快速恢复生产。赈粮讲求时效性，所以赈济的粮食首先应从当地仓储中调配。乾隆时期，青海的官仓和社仓获得了快速的发展，但是到清后期，因为战争和管理的疏忽，仓储的存粮直线下降。民国时期，社会动荡不安、战争不断、灾害频发，并且马氏家族长期统治青海，政治腐败，对人民进行残酷的剥削，造成丰黎仓及各处义仓的存粮严重不足。如民国二十四年（1935），西宁地区连年旱涝，农民生活陷入绝境，慈善施舍多因无米而停办[1]。由此可以看出，官方的赈粮措施对救灾的作用也是有限的。

2. 赈款

赈款是直接拨给灾区钱款，以救济灾民。赈款也是救灾的一种措施，并且是必不可少的。一方面，赈粮中有赈粜这一措施，实施赈粜需要人们手中有钱，如果没有钱款，赈粜如何实施？另一方面，青海的税收在1915年开始实行不同比例的本色兼征[2]，即不再像清朝只征收粮食，而是粮食与钱币按不同比例同时征收。

赈款比赈粮更容易流通，救灾的速度更快，所以历代政府广为采用。如宣统元年（1909）四月谕：甘肃连年旱灾，兰州、凉州、巩昌各属前岁被灾，去秋尤甚，入春雪雨愆期，迄今尚未得有透雨，碾伯、会宁及各土司先后报灾，现在粮少价昂，饥民哀号乞命，牲畜多致饿仆，著赏给帑银六万两，分往散发[3]。与清代相比，民国时期的赈济更偏向于赈款。青海连年灾害，中央政府从1929年后几乎是年年拨款赈灾。如民国三十年（1941），青海省因上年旱涝成灾，是年春夏期间发生饥荒，省府给西宁等10县发放赈灾款17.36万元；又因疫病流行，中赈委先后拨付青海省救济费8万元[4]。还有民国三十七年（1948），"青海省政府据社会部呈请，救济该省共和等十一县水旱灾害，兹饬财政部撙汇金圆一千七百元，交该省政府统筹"[5]。

民国时期，政府对救济款进行严格的管理，中央拨给地方的赈济款，地方要给中央汇报救济款的用处及去向。如民国三十年（1941）青海省对赈济费的支配情况，专门做了报告表。

---

[1] 史国枢：《青海自然灾害》，青海人民出版社2003年版，第396页。
[2] 崔永红：《青海通史》，青海人民出版社2010年版，第485页。
[3] 《清实录·宣统政纪》卷12，宣统元年四月丙申，中华书局1987年影印版，第245页。
[4] 史国枢：《青海自然灾害》，青海人民出版社2003年版，第397页。
[5] 《青海灾情灾况》，青海省图书馆辑，油印本。

表7-4 民国三十年（1941）青海省赈济会领用赈济费支配情形报告表

月份	款额	事由	支用情形	领款银行	日期
一月	20 000元	核拨青海难民救济费	配拨各灾区急救款	中央银行	一月一日
四月	20 000元	加拨青海各县救济费	配拨各灾区购粮、散放籽种	中央银行	四月十八日
八月	10 000元	拨发青海空袭救济准备金	配拨被炸死三人棺木费	中央银行	八月十二日
八月	30 000元	加拨青海赈款	配拨各地疫疠救济费	农民银行	八月十二日
九月	90 000元	加拨青海空袭救济费	配拨被炸灾民损失房屋财产等赈济费	中央银行	九月二十三日
十月	2000元	拨互助县雹灾救济费	配拨购粮、散放籽种	中央银行	十月十日
十月	5000元	拨湟源等县雹灾救济费	配拨购粮、散放籽种	中央银行	十月十日
十二月	5000元	加拨互助等县雹灾救济等费	配拨各灾区购粮、散放籽种	中央银行	十二月三十日
十二月	10 000元	加拨本省难民寒衣费	拟合同有关机关赶速调查灾民	中国银行	十二月三十日
总计	142 000元	—	—	—	—

资料来源：

《青海省之灾害》，青海图书馆辑，油印本。

虽然中央政府规定，地方政府要对中央赈济款的支用情况进行报告，使中央了解款项的用途，但实际执行情况并不理想。如在民国三十一年（1942）的一份电文中，中央政府指责青海省政府，一味申请救灾款，但是对上年救济款的发放情况没有进行报告，电文如下：

又青海省振会呈报互助、湟源、大通等县雹灾，请求施赈等情，按所报灾情发生于农历六月早前，先后呈报到会，计互助已予拨赈二千元，湟源等县已予拨五千元，嗣又准青海省政府函，请加拨五千元统筹，配拨在案卷。乃该会对于收到各次振款及查放情形，一字未提，又未叙明如何，不敷理由，只在请求配振。该省地瘠民贫，远处绝塞，值抗日之时，尤应特示怀柔之意，以此踪迹鲂，借灾要求，无以实属，威信所失，未便率准①。

省政府为什么没有报告呢？民国时期，青海处于马氏家族的统治之下，他们残酷剥削人民，克扣中央拨款为己所用，所以说这些拨款可能没有全部用于灾民。

（二）抚恤措施

旱灾发生后，政府首先选择的是赈济措施，对灾区发放赈粮和赈款，但是在这些措施之外政府还要施行一些抚恤措施，以安抚灾民的情绪，使社会的秩序趋于稳定，以维护统治与管理。

1. 安抚流民

流民是社会发展的一个重大安全隐患，如果不加以安置、收留，就会造成社会的大动荡。流民是土匪和乞丐的重要后备军。西北地区由于自然和历史原因，历来土匪猖獗，旱灾发生后，会有大量的流民成为土匪，威胁当地的社会安定。另外，大量的饥民流入城市，没有一技之长的流民，只有沦为社会的最底层——乞丐。这些不稳定的因素，使政府必须采取措施，对流民进行暂时的安置，以至不造成社会的动乱，灾后再遣送原籍。

光绪末，西宁县有养济院、恤老院、救济院、残废院、育婴院共5所，每年收养孤贫约在50名左右，由官府按月发给口粮，年支仓斗口粮86石，支银82两9钱。碾伯县孤贫院每年收养老人和孤儿10余名，年支仓斗口粮90石。贵德厅养济院每年收养残废、乞丐，存有基金200两，发商生息，到年终发给每人。巴燕戎格厅每年收养孤贫数额不定，年支仓斗口粮34石2斗②。民国初，青海省东部各县设立养老院、保节堂、救济堂、育婴堂、饭粥厂、栖流所等慈善单位，按季度发给孤贫口粮③。民国十九年（1930），西宁先后建立第一养济院和第二养济院，两院共有房舍49间，收养孤老残废和贫苦无业群众；11月间，西宁政府还公布了《养济院章程》④。

政府设立的养济院救助了大量的灾民，维持了基本的生存，但是由于资金的缺乏，有些养济院无力维持，到后来只能荒废。如民国二十一年（1932），青海省民政厅组织赈灾义演，用捐款在西宁设立3个灾民收容所，历时3个月，收

---

① 《青海民间报刊资料辑录·青海各地被遭灾害概况》，青海省图书馆辑，油印本。
② 青海省地方志编纂委员会：《青海省志·民政志》，黄山书社1998年版，第256页。
③ 青海省地方志编纂委员会：《青海省志·民政志》，黄山书社1998年版，第257页。
④ 青海省地方志编纂委员会：《青海省志·民政志》，黄山书社1998年版，第303页。

容灾民 2000 余人，后因经费无来源，遂将灾民遣返原籍①。

2. 祛疫

旱灾发生后，往往容易引发瘟疫。青海历来畜牧业发达，瘟疫的发生使人畜大量损伤。采取的应对措施有掩埋尸骸和医疗措施。

灾害造成人口大量死亡，有的是因为饥饿而死，有的是因为疾病去世。人们经过灾害，已经没有条件掩埋亲人的尸骸。尸骸长时间的堆积、腐化，容易造成各种疾病传染。政府为了控制疫情，首先要掩埋尸骸，以控制疫情的传播以及新疾病的产生。民国十八年（1929）春，由于上年大旱和兵乱，甘青一带发生严重灾荒，外地饥民纷纷逃来今天的民和地区，并多集中在上川口，饿死者无计，政府在上川口汪边台斜沟掘大坑掩埋尸骸，人称"万人坑"②。

祛除瘟疫的最根本措施是医疗措施。疫病只有进行治疗，才能根治。民国政府对灾区瘟疫的流行十分重视，拨款买药。如民国三十年（1941），青海省赈济会决议先以 4 万元购买药品，防治疫疠③。并且安排部署对疫病的救治，"一面组织本会临时防疫医疗队前往疫疠最烈区域治疗，一面分函各县政府成立国医义诊处，施药、义诊。又以共同生活团体内病菌尤易传播，特在赈款内分别配拨各团体医药费，俾资自购药品，而便防治"④。同时，建立了一系列医院，如民国十六年（1927）在西宁设立平民医院和牛痘局；民国十九年（1930）成立青海中山医院；民国二十四年（1935）建立兽医检验室；民国三十一年（1942）建立兽疫防治大队⑤。

抚恤措施的实行，不仅使灾民得到心理上的抚慰，并且身体素质也得到了提高，使灾后的恢复与生产能快速进行，所以说抚恤政策也是一项重要的救灾措施。但是由于政府资金有限，不能给这些机构提供充足的资金，从而使这项措施的实行效果大打折扣。

（三）以工代赈

以工代赈是灾害发生后，政府招募灾民修建公路、兴修水利和植树造林等，并发给灾民一定的钱粮，以维持其基本的生存，是一种积极的救灾措施。一方面，灾害发生后，造成大量的饥民、流民，如果政府不加以管理，则会造成社会的动荡。另一方面，政府的资金与粮食是有限的，对灾民的急赈只能是短时

---

① 史国枢：《青海自然灾害》，青海人民出版社 2003 年版，第 401 页。
② 民和回族土族自治县志编纂委员会编：《民和县志》，陕西人民出版社 1993 年版，第 17 页。
③《青海省之灾害》，青海省图书馆辑，油印本。
④《青海省之灾害》，青海省图书馆辑，油印本。
⑤ 史国枢：《青海自然灾害》，青海人民出版社 2003 年版，第 401 页。

间的措施，不是长久之计。所以，工赈就是政府以较少的资金支出，既能使灾民处于政府的控制之下，又能使社会经济得到恢复与发展，故历来统治者都会在灾后采取该项措施。如乾隆四年（1739），西宁、碾伯饥，佥事杨应琚请筑巴燕戎等九城堡，每夫日给银五分，口粮一升六合六勺，以工协赈①。民国三十三年（1944），修建曹家堡渠，部分工程实施以工代赈②。

相比其他救灾措施，以工代赈有它积极的一面，但是由于在实行过程中缺乏全面考虑，也不可避免地引起了一些消极的影响：一方面，大量的灾民参加工程建设，无暇顾及农田的耕种，造成大量农田荒芜；另一方面，青海当地矿产资源比较丰富，在当时背景下采用不科学的方式组织人们开矿和挖矿，破坏了生态环境，使灾害更加频发，造成了一种恶性循环。

三、灾后恢复措施

政府的临灾救济措施只能暂时挽救人们的生命，要使灾区经济快速恢复，政府需要实行一系列恢复措施，如蠲免、借贷、兴修水利、植树造林等。

（一）蠲免

灾害发生后，灾区的人们困苦不堪，为了与民休息，以便尽快地恢复生产，政府往往会蠲免灾民赋税，这样既体现了仁政，又能使灾区人们的心理得到一定程度的安慰。

1. 清代的蠲免

蠲免是免除赋税徭役，减轻人民负担。国家自从实行赋役制度以来，蠲免也随之产生。在青海这片土地上，蠲免是历代统治者灾后实行的重要措施，尤其是在清代，对该地方实行的蠲免次数与历朝相比是最多的。

蠲免是否实行和实行次数的多少，与中央的财力是否充足密切相关。蠲免的实行减少了国家的财政收入，所以国家在财力雄厚时，多实行蠲免。根据资料统计，青海地区在清代因旱蠲免11次（表7-5），其中有10次是在乾隆年间实行的。如果国家财政拮据，不能实行蠲免，但是又想缓和与人民的矛盾，蠲缓就是一个很好的选择。蠲缓是对蠲免的发展，是对人民的赋税徭役进行缓征，而不是免除。这样一来，国家的财政税收不会减少，只是缓征一段时间。根据资料统计，青海地区在清代因旱蠲缓34次（表7-6）。

---

① 《西宁府新志》卷31《纲领志（下）》，《中国地方志集成·青海府县志辑》第1册，凤凰出版社2008年版，第397页。
② 史国枢：《青海自然灾害》，青海人民出版社2003年版，第398页。

表7-5 青海清代因旱蠲免情况表

时间	蠲免情况
乾隆十六年（1751）	四月，免西宁、碾伯等县十四年被水、旱、雹灾民额赋
	八月，豁免西宁县十五年被雹、被旱成灾地亩额赋
乾隆二十四年（1759）	十月，豁免西宁、大通等县二十三年被雹、被水、被旱灾地额赋
乾隆二十八年（1763）	十一月，蠲赈西宁、碾伯等县旱灾饥民
乾隆二十九年（1764）	八月，蠲免被旱西宁、碾伯等县本年地丁钱粮
乾隆三十七年（1772）	六月，补蠲循化厅三十三年旱灾钱粮
乾隆四十二年（1777）	七月，免西宁县四十一年夏旱灾地额赋
乾隆四十三年（1778）	十月，蠲免巴燕戎格厅、西宁、碾道、大通等县（厅）四十二年旱灾地亩额赋
乾隆四十四年（1779）	十月，蠲免西宁县四十三年秋禾被（旱）灾额征正银番粮
乾隆四十六年（1781）	八月谕：碾伯、大通等县秋禾被旱，加恩蠲免本年额征一半
宣统二年（1910）	九月，蠲循化厅年被（旱）灾地亩钱粮草束

资料来源：

袁林：《西北灾荒史》，甘肃人民出版社1994年版，第438—618页。

表7-6 青海清代因旱蠲缓情况表

时间	蠲缓情况
乾隆二十八年（1763）	六月，赈恤西宁县二十七年分水、旱、霜、雹灾饥民，缓征额赋
乾隆二十九年（1764）	十一月，赈恤西宁县旱灾贫民，缓征额赋
乾隆三十一年（1766）	缓碾伯县额赋，并贷给籽种
乾隆三十二年（1767）	十一月，抚恤西宁、碾伯、大通等县本年旱、雹灾民，蠲缓额赋
乾隆三十五年（1770）	三月，赈恤巴燕戎格厅、西宁、大通等县（厅）三十四年水、旱、霜、雹等灾贫民，缓征额赋
乾隆三十六年（1771）	八月，赈恤循化厅本年旱灾贫民，并予缓征
乾隆四十年（1775）	八月，赈恤循化厅、西宁、碾伯、大通、巴燕戎格厅等县（厅）本年旱灾、雹灾饥民，并予缓征
乾隆四十三年（1778）	十二月，赈恤西宁县本年水旱、雹、霜灾贫民，蠲缓额赋
乾隆四十五年（1780）	八月奏：西宁县夏田被旱成灾，应分别赈恤，缓征新旧正借钱粮。其循化厅虽不成灾，收成未免歉薄，亦应一体缓征

续表

时间	蠲缓情况
嘉庆十五年（1810）	六月，缓征碾伯县被旱灾民新旧正借银粮草束
嘉庆二十年（1815）	十一月，缓征西宁县雹灾、旱灾、霜灾新旧额赋
嘉庆二十年（1815）	十一月，以甘肃被雹、被旱、收成歉薄，缓征西宁县钱粮
嘉庆二十三年（1818）	九月，缓征西宁、大通县被旱、被雹、被水地亩本年额赋
道光四年（1824）	十一月，缓征西宁、碾伯、大通等县（被水、被旱、被雹）灾区新旧额赋
道光十四年（1834）	十一月，缓征碾伯、大通等县被雹、被水、被旱歉区新旧额赋
道光十五年（1835）	十一月，缓征碾伯县（被旱）新旧钱粮草束
道光十七年（1837）	十一月，缓征碾伯县被雹、被水、被旱、被霜灾区新旧额赋
道光二十二年（1842）	十一月，缓征碾伯、西宁县（被旱、被水、被雹）歉收村庄新旧额赋
道光二十三年（1843）	十一月，缓征碾伯县（被雹、被水、被旱）歉收村庄额赋
道光二十四年（1844）	十一月，缓征西宁、碾伯县（被旱、被雹、被水）歉收地亩新旧正杂额赋
道光二十五年（1845）	十一月，缓征碾伯县（被旱）歉收村庄新旧额赋
道光二十六年（1846）	十一月，缓征碾伯县被雹、被水、被旱、被霜灾区新旧额赋
道光二十七年（1847）	十一月，缓征西宁、碾伯、大通等县被雹、被水、被旱、被霜村庄新旧正杂额赋
道光二十八年（1848）	十一月，缓征西宁县（被雹、被水、被旱）歉收村庄新旧额赋
咸丰元年（1851）	十一月，缓征西宁、大通、碾伯等县被水、被雪、被风、被旱灾区未完新旧钱粮草束
咸丰二年（1852）	十二月，缓征西宁、大通县被旱、被水、被雹、被霜地方新旧额赋。
咸丰三年（1853）	十一月，缓征碾伯县被水、被旱、被霜、被雹地方旧欠额赋。
咸丰六年（1856）	十一月，展缓碾伯、西宁县被水、被雹、被旱灾区新旧额赋。
咸丰七年（1857）	十二月，缓征碾伯县被雹、被水、被旱灾区新旧银粮草束。
光绪二十四年（1898）	十二月，蠲缓碾伯县（被旱、水、雹灾）应征正耗银两并粮草。

续表

时间	蠲缓情况
光绪二十六年（1900）	正月，蠲缓巴燕戎格、西宁、大通、贵德、碾伯县（厅）被（旱、雹、水、霜）灾地方额赋粮草。
光绪二十八年（1902）	正月，蠲缓西宁、大通县被（旱）灾地方粮赋有差。
光绪三十三年（1907）	十二月，蠲缓碾伯县被（旱）灾地亩钱粮。
光绪三十四年（1908）	十二月，蠲缓碾伯县被（旱、雹、冻）灾地方钱粮。

资料来源：

袁林：《西北灾荒史》，甘肃人民出版社1994年版，第438—618页。

综上所述，在整个清代，统治者很重视青海旱灾的救助，多次实行蠲免与蠲缓措施，减轻了灾民的负担，使灾民有了恢复生产的信心，能更迅速地投入灾后的重建。

2. 民国时期的蠲免

蠲免措施是一项仁政，历代统治者都有采用，民国时期的中央政府也不例外。旱灾发生后，人民穷困至极，如果政府这时逼民上交赋税，只会使社会更加动乱，不利于政府的统治，也不利于灾后的生产恢复。民国时期，青海省政府为了规范减免措施，还颁布了《青海省田赋灾欠减免办法》，规定："当年受灾地亩的粮食收获量未达中等年景收获量之二成者，其可纳之田赋准予全免；收获量达中等年景产量二成以上不足三成者，减免应征承纳田赋的80%。"如民国三十六年（1947），青海省遭受水、旱、霜、雹等自然灾害的民和、乐都、互助、湟源、化隆、循化、大通、海晏、祁连、贵德、共和、同仁12县，受灾面积263万亩，成灾面积69.64万亩，原承田赋粮额33 767石6斗，实减免赋额14 394石。民国三十七年（1948），湟中、乐都、湟源、贵德、西宁、大通、海晏、祁连、民和、互助、同仁、循化、共和、门源、称多、玉树16县受灾，是年减免田赋43 098石[①]。

（二）借贷

借贷是政府借给灾民一定的生产和生活资料，在灾害缓解后灾民需偿还政府的一种有偿措施。中国自古以农为本，政府历来重视农业，所以灾后政府一般出借给灾民籽种和钱款，以期尽快恢复农业生产。这样既能保证国家的赋税收入，又能使社会快速地恢复安定。

---

① 青海省地方志编纂委员会：《青海省志·民政志》，黄山书社1998年版，第202页。

旱灾发生后，造成农业大面积减产和绝收，人们没有了籽种，如何在灾后耕种庄稼呢？政府如果不提供籽种，只会造成恶性循环。在青海地区，灾害发生后，政府不仅给灾民发放赈粮和赈款，并且出借一些籽种，使灾民在灾害缓解后能及时地耕种，不误农时。如乾隆二十三年（1758）八月，赈贷西宁县旱灾户口籽种口粮①。道光二年（1822）正月，贷西宁县上年被水、被旱、被雹灾民籽种口粮②。民国三十年（1941），各县仓向农民借出仓储粮4.81万石，用作春耕籽种③。除借贷钱款与籽种，政府还在灾后收养一定的耕牛，在农耕时借贷给农民。

青海不仅有农业，而且畜牧业也比较发达。灾害发生后，牲畜大量被宰杀或因染疾而死。为了恢复当地的畜牧经济，政府给当地进行专项贷款，用于购买牲畜。如民国三十二年（1943），省政府在牧区发放畜牧贷款2000万元④。

借贷是一种有偿行为，规定人们在灾情缓解时归还，要收取一定的利息。如《西宁府续志》中提到社仓的借贷："各川乡民每春耕借种，定于清明前半月内为期；秋收归还，定于中秋后一月为期。按时收放，不得先后，每斗加息一升八合。"⑤ 但是有时连年灾害，人们无力偿还，只能豁免。

（三）兴修水利

青海地处西北内陆，降水较少，并且东部农业区多是旱地，为了减少旱灾造成的农业损失，兴修水利成为农业发展和防旱排涝的重要措施，所以历代政府都非常注重水利的兴修。

在清代，青海地方官员除继续管理历朝所修建的水利，还在大通、贵德、巴燕戎格厅、循化厅、丹噶尔厅等地进行农田灌溉。乾隆年间，由于杨应琚的倡导，河湟地区见于记载的干渠有222道，分支渠524条，渠道总长3400余里，灌溉约46.8万亩农田（见表7-7）⑥。清中后期在巴燕戎格厅、丹噶尔厅又建成新的水渠。清代修建水渠的数量虽多，但是由于当时科技条件的限制，水渠的质量不高，渗透严重。

---

① 《清实录·高宗纯皇帝实录》卷569，乾隆二十三年八月丁丑，中华书局1986年影印版，第219页。
② 《清实录·宣宗成皇帝实录》卷28，道光二年正月甲寅，中华书局1986年影印版，第501—502页。
③ 史国枢：《青海自然灾害》，青海人民出版社2003年版，第400页。
④ 史国枢：《青海自然灾害》，青海人民出版社2003年版，第400页。
⑤ 《西宁府续志》卷2《建置志》，青海人民出版社1985年版，第105页。
⑥ 崔永红：《青海经济史（古代卷）》，青海人民出版社1998年版，第181页。

表 7-7　清乾隆（1736—1795）时期青海河湟地区渠道概况表

渠系及部分渠道名称、数量	支渠（条）	渠道长度（华里）	灌地段数（段）	下籽数（市石）	按每下籽一市石为35亩折合亩数（亩）
西宁县　四大渠系　136道干渠	270	2405	82 183	7 070.26	247 459.9
西川渠系　36道干渠	75	546	11 511	1 493.46	52 271.1
北川渠系　30道干渠	42	503.5	21 082	1 815.1	63 528.5
南川渠系　23道干渠	43	459	8817	1 360.8	47 628
东川渠系　47道干渠	110	896.5	40 769	2 400.9	84 032.3
碾伯县　三大渠系　68道干渠	190	927	46 453	2 489.12	87 119.1
河北渠系　18道干渠	50	324	15 391	1 015.93	35 557.6
河南渠系　19道干渠	56	403	14 776	908.23	31 788.1
山南堡渠系　31道干渠	84	200	16 286	564.96	19 773.5
大通县　4道干渠	11	105	5747	1 516.03	53 061.2
河东渠（今宝库河水系）	3	30	2437	633.59	22 175.8
河西水系（今黑林河水系）	5	40	1814	478.2	16 737
东峡渠	3	20	648	154.10	5 393.3
祁家渠	—	15	848	250.12	8 754.2
贵德所　6道干渠	40	—	4252	931.56	32 607.9
周屯渠	14		941	175.43	6 139.9
四十八户渠	12		2181	314.5	11 007.5
河东渠	8		710	107	3745
刘屯渠	6		420	99.59	3 485.5
康杨李屯渠	—	—	215.05	7527	
浪哇沟渠	—	—	20.09	703	
循化厅 三个水系 8道干渠	13		16 081	—	47 509
起台沟渠系	4	—	—	—	
边都沟渠系	7	—	—	—	
保安河渠（今隆务河渠）	2				
合计　　222道干渠	524	3437	15 4716	—	467 757.1

资料来源：

崔永红：《青海经济史（古代卷）》，青海人民出版社1998年版，第181页。

民国初，由于社会动荡不安，政府无暇兴修水利，直到南京国民政府成立，农田水利建设才又重新受到政府的重视。1929年青海建省之初，孙连仲在兰州发表《青海省政府发言》，发言中提到了八条发展措施，其中第五条就是"创兴水利"，并且在当年颁布了《青海各县兴修水利办法八条》，主要内容如下：

> 各县设水利局，县长兼任局长；数镇数村联合兴办的水利，应设水利分局，推举董事3人，督率办理；每年农隙时派夫修水利，不能出夫之户，出资代雇；对兴修水利，防御水灾成绩显著者和捐资或募集巨款补助水利工程者，由各县县长按国民政府的有关规定查明呈请奖励；各县联合兴办水利时，其经费由各县分筹，或数县协筹；但雇佣工匠，均须酌给口粮，渠道占地，均应给价，并呈请豁免钱粮，以昭公允；水渠每年秋后必须修补，并由督修人员不时查勘有无损坏之处，随时呈明县长核办①。

青海建省后，水利事业重新受到重视，加速了水利事业的发展。在中央和省政府的共同努力下，青海省对原有水渠的修补、新水渠的建设及水车的建造（见表7-8），在一定程度上改善了青海农业的生产条件。

表7-8 青海省各县办理水利情形一览表

县别	办理情形	备注
西宁县	查西宁新开彭家寨渠长3里，赈款补助洋320元 中红堡渠长10里，赈款补助洋947元2角 罗家湾渠长15里，赈款补助洋100元 平戎东堡渠长20余里，赈款补助洋950元 平戎西堡渠长20余里，赈款补助洋903元 上下松家寨伏羌堡渠长20余里，已领赈款补助洋41元8角 西川扎马隆渠长20余里 云泽渠长20余里 北川马家庄渠长20余里，赈款补助洋80元	除松家寨、云泽两渠自有本山硖外，其余皆引湟水灌溉
大通县	查大通县新开南北两大渠，赈款补助洋264元	北渠由兴隆河引水；南渠由北川河引水灌溉

---

① 翟松天：《青海经济史（近代卷）》，青海人民出版社1998年版，第47页。

续表

县别	办理情形	备注
循化县	查循化瓦匠庄新修水车一架（该县本计划在黄河沿岸修水车八架，正在筹款之间）	由黄河引水灌溉
门源县	查门源新开北大渠一道，长20余里，赈款补助洋750元	由老虎沟引水灌田
同仁县	查同仁拟开铁吾庄渠一道，长20余里；又保安镇渠长15里（尚在筹借经费中）	均由同仁河引水灌溉
乐都县	查乐都新开羊官渠长20余里；老雅渠长20余里；羊其堡渠长10余里；深沟渠长30余里；以上4渠共计赈款补助洋3100元	除羊官渠由胜番沟引水灌田，其余三渠均由湟水引水灌溉
湟源县	查湟源临城可开渠一道（尚在计划中）	引湟水灌溉
共和县	查共和县兴修口磨底水车一架；苏乎拉渠长4里；民生渠长15里（查共分配赈款补助2070元，已领洋1000元）	均由黄河引水灌溉
民和县	查民和官亭三庄兴修水车三架；马厂原兴修水车二架	官亭三庄兴修的水车引黄河水灌溉；马厂原兴修的水车引湟水灌溉
贵德县	查贵德岌岌滩兴修水车一架；古录窑水车一架	—
互助县	查该县高寨堡渠，曹家堡废渠一道，均以无款可筹，尚未举办	—

资料来源：

西安市档案馆：《民国开发西北》，西安建筑科技大学2003年版，第573页。

综上所述，清到民国时期，青海的水利事业得到了一定发展：①建立了县级水利机构。在《青海各县兴修水利办法八条》颁布后，1930年乐都县率先设立了水利委员会①。②投资。在清代，水利设施的建立多为捐建，如贵德千户所，"向无渠道，皆决口漫浇。乾隆六年（1741），经西宁道佥事杨应琚、知府申梦空、所千总李滋宏捐俸创筑支干渠，就渠道远近，定引水庄堡，并设立渠长，每岁按地派夫浚筑，渐获水利焉"②。从表7-4可以看出，民国兴建的水渠和水车，皆有中央赈款的补助。③水车的出现。兴修水利不再只是水渠，还出现了水车，使当地的灌溉技术得到提高。④制定了一些水利兴修规章，如1929年颁布的《青海各县兴修水利办法八条》。

（四）植树造林

森林可以涵养水分，调节干旱的气候。冯玉祥曾说："水旱灾害之多寡，殆可以森林之盛衰为转移：森林盛者，水旱灾害均可减少；反之则水旱频仍，为害甚巨。"③清代以来，由于人们的毁林开荒，造成林业资源不断减少，自然环境恶化。为了调节气候，减少灾荒的发生，官方历来重视植树造林。

清光绪二十三年（1897），丹噶尔厅同知张某捐资，在湟源县城东北的北山和城东河南药水河滩栽植杨柳万株，"丹地古无育林，有之，由此始"④。清代官方植树造林的记载较少，但是到了民国，政府特别重视植树造林。民国元年（1912）9月，国民政府颁布第一部《森林法》，其中林政纲要有11条⑤。民国四年（1915），政府规定每年清明节为植树节，大力提倡种树。青海建省后，把"注重发展林业"作为发展青海措施的第二条，可见政府对林业的重视程度。1929年至1938年，青海省共植树789 637株，平均每年植树7.9万株。1938年后，马步芳任青海省主席，更加推进了植树造林，1939年至1949年共植树5 940.7万株，平均每年植树594万株（见表7-9）。由于大力提倡植树造林，在民国三十五年（1946），青海得到国民党中央政府农林部的明令嘉奖，"论者谓为全国之冠"。中华人民共和国成立后，经森林资源调查，马步芳统治时期造林保存面积有5.04万亩⑥。

---

①崔永红：《青海通史》，青海人民出版社2010年版，第657页。
②《西宁府新志》卷6《地理志·水利》，青海人民出版社1966年版，第265页。
③冯玉祥：《冯玉祥选集》（中卷），人民出版社1998年版，第298页。
④青海省地方志编纂委员会：《青海省志·林业志》，青海人民出版社1993年版，第42页。
⑤青海省农林厅：《青海农业大事记》，青海人民出版社1992年版，第12页。
⑥青海省地方志编纂委员会：《青海省志·林业志》，青海人民出版社1993年版，第48页。

表 7-9　1929—1949 年青海省历年植树统计表

年度	树种	株数
1929 年	杨、榆、柳	40 765
1930 年	杨、榆、柳	29 111
1931 年	杨、榆、柳	33 782
1932 年	杨、榆、柳	39 700
1933 年	杨、柳	16 961
1934 年	杨、柳	35 714
1935 年	杨、柳	67 520
1936 年	杨、柳	77 557
1937 年	杨、柳	116 705
1938 年	杨、柳	331 822
1939 年	杨、柳	1 658 000
1940 年	杨、柳	453 200
1941 年	杨、柳	407 760
1942 年	杨、柳	1 000 000
1943 年	杨、柳	3 114 020
1944 年	杨、柳	516 923
1945 年	杨、柳、榆、柏、松、果、花、杏	8 418 870
1946 年	杨、柳、松	16 378 733
1947 年	杨、柳、松	9 516 284
1948 年	杨、柳、榆、杏	17 943 639
1949 年	—	10 000
合计	—	60 207 066

资料来源：

青海省地方志编纂委员会：《青海省志·林业志》，青海人民出版社 1993 年版，第 47 页。

由于政府的重视，青海的林业得到大力发展。但是在植树造林过程中，除征派农夫外，还强行要求军队、学校师生和农民种树，这不仅耽误了教育，而且耽误了农时，造成农业减产和社会的不安。

第二节　清至民国青海赈灾中的民间力量

青海是自然灾害频发地区，清至民国时期，不只政府重视救灾，青海的社会团体和个体组织等民间力量也积极参与救灾活动。民国三十年（1941）4月8日，青海省政府给南京国民政府的一份电报言道：

> 辛蒙钧会先后拨发赈款八万元，又承各方捐助，连同本省自筹之赈款……将配拨各县局购放籽种。赈款数目分述于次：计西宁县三万四千元，乐都县二万元，民和县一万八千元，湟源县一万五千八百元，化隆县一万六千元，互助县一万六千四百元，大通县一万七千四百元，贵德、亹源、共和、循化四县各一万二千元，同德、同仁、都兰、玉树、囊谦、称多六县各六千四百元，兴海、祁连、海晏、通新四设治局各四千元。①

从这份电报中可以看到，青海省政府分配给各县的赈款总额为24万元，但是南京国民政府只拨给了8万元，其余都是各方捐助和省政府自筹的。

面对自然灾害的发生，社会的责任感往往会使各种社会组织和民间力量竭尽所能进行赈灾救济。青海民间的救灾力量主要有当地乡绅、华洋义赈会、西方传教士。

一、地方乡绅

乡绅是一批当地有影响的人物，他们近似于官而异于官，近似于民而又在民之上。在政治上，乡绅扮演的是沟通政府与乡村的角色，政府有任何指令都需通过乡绅传达于民，乡绅代表政府管理人民；人民有任何意见也可通过乡绅传达到政府。乡绅中的一部分人是中小地主，在当地占有大量土地，通过出租土地获取经济利益。还有一部分人通过科举取士，文化水平高，对儒学也相当推崇。总而言之，乡绅在当地有较高的政治地位、经济能力和文化水平，他们在儒学的耳濡目染下，对灾民有怜悯之心，自己又有经济能力，所以一般灾害发生后，当地的乡绅会及时对灾民伸出援助之手。

乡绅的救助一般都是无偿行为，对人们散粮、施粥等。如杨永华，西宁人，赋性仁厚，好施与，夏舍衣裤。康熙四十一年（1702）岁饥，道有饿殍，华煮粥制药，无倦色，凡无主尸骸施槥椟收掩，流寓有贫穷不能葬者，捐贷瘗于所置义

---

① 《青海各地被遭灾害概况》，青海省图书馆辑，油印本。

冢，有婚嫁乞贷者，应之并不取偿①。民国十八年（1929），青海东部农业区遭受特大旱灾，巴燕县受灾80个村庄，灾民35 700人，占全县总人口的4/5，邻近各县饥民大量涌入，粮食暴涨，县城士绅捐粮款，设粥场②。

灾害发生后，乡绅对灾民不仅给予食物上的救助，并且创办学校提高他们的文化水平。像马云龙，字御云，宁邑太学生，性笃孝友，五十同居，相睦无间言，且轻财重义，乐善好施。每春耕时，散种于乡贫者，不取值。康熙四十一年（1702），岁饿，米价踊腾，龙尽出所积，以济贫乏，赖以全活者不可数计。设家塾，延师以课宗族子弟③。

乡绅在灾后虽然对灾民进行积极的救助，但是因资金有限，只能提供一时的救济。在救助的范围上，乡绅往往先考虑自己的宗族，具有狭隘的地域性。如马云龙建立私塾，主要是教育自己宗族的子弟。但是我们不能忽视当地乡绅的救助，毕竟他们在灾难之时伸出了援助之手。

二、华洋义赈会

华洋义赈会是一个以"筹办天灾赈济"和"提倡防灾工作"为职志的民间组织④。该组织于1921年11月16日在上海成立，1949年7月27日宣告解散。该会由一批有改良民生、造福黎民理想的中外人士联合组成，在全国多个地方设有分会，对民国时期各地的救灾起到了积极的作用。

民国时期，社会动荡，自然灾害频发，华洋义赈会在各地实行积极的急赈和防灾工作。目前尚未发现关于华洋义赈会在青海具体的救济活动资料，但是有一份华洋义赈会根据青海的灾害写的电报，登在民国十八年（1929）二十七日《大公报》第四版，请求各界人士帮助青海，电文如下：

> 平讯 青海华洋义赈会，因青海灾荒，特电各求助，电已到宁，兹禄如次（衔略）青海地处边陲，本极瘠苦，近虽闻新闻行者，力求升发，然数年来，雨泽愆期，高原尽荒乏术，延生海上民众，所需日食，向仰给于西宁、大通各县，以连年无粮接济，哀鸿遍野，且土匪鼠入境内，所过之处，奸淫掳掠，无所不为。在湟源县城屠杀尤惨，不过

---

①《西宁府新志》卷28《献征志·孝义》，《中国地方志集成·青海府县志辑》第1册，凤凰出版社2008年版，第360页。
②化隆回族自治县地方志编纂委员会：《化隆县志》，陕西人民出版社1994年版，第18页。
③《西宁府新志》卷28《献征志·孝义》，《中国地方志集成·青海府县志辑》第1册，凤凰出版社2008年版，第360页。
④蔡勤禹：《民间组织与灾荒救治——民国华洋义赈会研究》，商务印书馆2005年版，第1页。

两时，尸积如山。姑遭天灾，继被人祸，吾民何幸、罹此浩劫。现在死者亟待掩埋，生者风餐露宿，奄奄待毙，尤应维持。值兹播种之时，籽种缺乏，农时亦从用。若春耕失时，秋收又无希望。瞻念前途，实深悚惶。本会因人本极溺救苦之意，作集腋成裘之请，总理博精神，救世主义，乐于解难，共图救济，倘荷惠施，以苏涸鲋，不独全省灾黎之幸，实亦国家边防之幸也。临电神驰，不腾迫切待命之至。①

从上述电文可以看出，华洋义赈会对青海的灾荒进行了认真的调查和走访，积极开展救济灾荒的活动，并请求各方对青海进行救助。

三、外国传教士

外国传教士在青海的主要赈灾活动是为灾民医治疾病。灾害发生后，生存环境恶化，极易传染疾病。但是在传统封建社会，青海医学落后，人们在医治疾病时大多采用巫医的方法，如治胃痛用香粉或在油灯里浸过的灯芯；对有的病则用写有经文的符团成一团让病人吃，再不见效则用高僧的骨粉②。

外国传教士在青海传教时发现当地医疗落后，遂采取为人们医治疾病来传教布道。如1914年，西宁基督教福音堂开设诊所③。民国十八年（1929），西宁南大街天主教堂在县门街开办了公教医院，教会派来了4位德国籍修女作医师、护士。此外，在大通、乐都、互助开办了医院和诊所，对就诊病人收取一些医药费，支付不起的贫困者，酌情少收或免收④。

此外，灾害发生后，人们一味地寻找食物，无暇顾及子女的教育，使教育荒废，不利于灾后的恢复发展。传教士为了扩大在青海的传教事业，还开办学校，利用教育进行思想的灌输，但是同时也提高了人们的文化水平。民国九年（1920），天主堂在西宁兵部街开办了一所完全小学，名为西宁培英小学，并且在互助、乐都等县也开办了学校⑤。

综上所述，在清至民国这段时间，青海的社会组织和民间力量积极参与救灾，采取了各种形式的救灾措施。但是我们也应该看到，青海地处西北内陆，地瘠民贫，社会组织和民间力量的救灾是非常有限的，政府还是救灾的主要承担者。

---

① 《青海民间报刊资料辑录》，青海省图书馆辑，油印本。
② 房建昌：《加拿大基督教传教士瑞吉纳特夫妇在青海藏族地区的传教活动及其它》，载《青海师范大学学报》1988年第2期。
③ 崔永红：《青海通史》，青海人民出版社2010年版，第814页。
④ 青海省地方志编纂委员：《青海省志·宗教志》，西安出版社2000年版，第381页。
⑤ 青海省地方志编纂委员：《青海省志·宗教志》，西安出版社2000年版，第381页。

第八章 清至民国陕、甘、宁、青旱灾应对活动的特点与启示

清至民国时期，是我国社会从古代到近现代发展转型的时期，一方面，各级政府对旱灾引起的灾荒都非常重视，由灾前备荒措施、临灾赈济措施和灾后补救措施等组成的减灾救荒体系比较系统和全面；另一方面，晚清以后，整个国家内忧外患、风雨飘摇，国家的垄断能力、整合能力都大幅度减弱，再加之巨大的财政、军事压力，使政府在面对频发的旱灾时往往有些力不从心，传统的荒政已经很难凸显成效。与此同时，国外先进的救灾理念开始传入我国，原本由政府独立承担的赈灾责任开始有民间救灾力量的介入，二者既合作又碰撞。借鉴西方模式的现代新型救灾机制在形式上逐步建立，民间赈灾主体如外国传教士、本地乡绅，尤其是华洋义赈会等的强力参与，以及现代化交通与通信技术的利用，凸显了该阶段社会救灾机制的时代性和特殊性。因此，清至民国时期陕、甘、宁、青地区的旱灾应对活动，既是一场全民运动，也是一场深刻的社会变革。在这一过程中，既呈现出时代的新特点，也给我们带来了有益的启示。

第一节 清至民国陕、甘、宁、青旱灾应对活动的特点

清至民国时期，中国社会开始由中央高度集权的封建社会一步步沦为半殖民地半封建社会，传统的社会结构逐渐解体，社会各阶层、力量、因素重新分化、组合，中国社会在新旧冲突、中西交合中发生巨变，逐渐步入近现代社会，从而也使这一时期的旱灾应对活动呈现出前所未有的特点。

一、清代

清代中期以前，虽然陕、甘、宁、青地区旱灾的发生频率较之晚清、民国时期要低，但也给广大劳动人民的生产和生活带来了严重影响，而且还直接导致封

建政府财政收入的减少,社会、经济、政治、文化等各个方面的秩序也被打破,增加了社会不稳定的因素,给封建统治以严重威胁。因此,清朝统治者从自身的利益出发,对预防旱灾、消除灾害造成的重大影响等问题都极为重视。加之这一时期社会安定,经济发展,政治清明,国力强盛,政府对社会的掌控能力较强,由灾前备荒措施、临灾赈济措施和灾后补救措施等组成的传统的减灾救荒体系比较系统化和全面化,从而保证了救灾活动能够比较顺利地进行。比如在灾前备荒措施之仓储体系中,常平仓无疑是最重要的官仓,清代中前期,尤其是康、雍、乾三朝,常平仓储备达到了顶峰。由于常平仓储粮充足,所以在备荒赈灾方面发挥了显著的作用,如康熙二十九年(1690),甘肃靖远等处出现旱情,康熙皇帝批示:"覆准甘肃靖远卫今春鲜雨水,米价腾贵,土瘠民穷,极宜拯救,先动用常平仓及捐输粮石支给,其不敷者在各年存贮粮内动支,秋收买补还仓。"① 道光二十六年(1846),关中大旱,谷价骤昂,陕抚林则徐查知西、同、凤、乾四府州常平仓有储粮一百一十余万石,故依"存七出三"之惯例出仓平粜,全活甚众②。再比如水利事业,从康熙初年到嘉庆末年的 159 年中,陕西全省共新开渠堰 59 道,比较大的疏浚渠堰工程 67 次,灌溉数万亩到千亩不等的大、中型水利设施占有相当的比重;而宁夏地区不仅在清代新修凿了大清渠、惠农渠、昌润渠三大主干渠,而且包括新渠和旧渠在内的渠道修整疏浚工作也取得了很大成绩③,引黄灌溉能力大幅度增长,乾隆年间引黄灌溉面积大约 1 755 025 亩;到了嘉庆年间,宁夏地区的直接引黄渠道大小共有 23 条,灌溉面积已达 2 104 800 亩④;乾隆年间,河湟地区见于记载的干渠有 222 道,分支渠 524 条,渠道总长 3400 余里,灌溉约 46.8 万亩农田⑤。仓储与水利事业的发展为这一时期抵御旱灾、减轻灾害造成的损失发挥了重要作用。因此,这一时期陕、甘、宁、青地区的旱灾应对活动,可谓集中国历代传统救荒思想之大成。在应对灾害方面,虽然民间乡绅"社区救助"之事时有所闻,但主要是传统的同宗、同社区救助,其力量尚未强大到可以跨地区帮助政府赈济灾民,故政府仍是赈灾的主体,发挥着主导作用。政府在灾前、灾中和灾后都采取了一系列救灾减灾的措施,形成

---

① (乾隆)《甘肃通志》卷 17《蠲恤四》,《钦定四库全书·史部》,上海古籍出版社 2014 年版,第 167 页。
② [民国]《续修陕西通志稿》卷 127《荒政一》,《中国西北文献丛书》第 1 辑第 9 卷,兰州古籍出版社 1990 年版,第 149 页。
③ 左书谔:《明清时期宁夏水利述论》,载《宁夏社会科学》1988 年第 1 期。
④ 张维慎:《宁夏农牧业发展与环境变迁研究》,文物出版社 2012 年版,第 175 页。
⑤ 崔永红:《青海经济史》(古代卷),青海人民出版社 1998 年版,第 181 页。

了一套系统的减灾救灾体系。所以，这一时期陕、甘、宁、青地区的旱灾应对活动比较集中地体现为它的"传统性"。

鸦片战争以后，整个国家内忧外患，国家的垄断能力、整合能力都大幅度减弱，清朝前期大规模的赈济活动到嘉庆以后无疑越来越难以实行了；与此同时，国外先进的救灾理念开始传入我国，晚清时期的赈灾体现出社会转型时期的特点，原本由政府独立承担的赈灾责任开始有民间救灾力量的介入，并从协助政府赈灾发展到独立发挥赈灾的作用，成为赈灾的另一个重要主体。所以，到了晚清时期，陕、甘、宁、青地区旱灾救济活动的主体开始趋向多元化，官方和民间都参与了赈灾活动，发挥了不同的作用。

就晚清赈灾的主体而言，无论从救灾范围、救灾力度等方面来说，政府都是救灾活动最主要的力量，发挥了主导的作用。一方面，政府投入的赈灾银粮数量巨大。以陕西为例，"丁戊奇荒"期间，清政府共计调拨赈灾银230余万两，赈灾粮110余万石，受赈民众达到314万口；到庚子大旱，由于两宫驻跸西安，清政府调拨钱粮更是达到了前所未有的高潮，筹措赈银924万两，赈粮172万石（见表8-1），可谓是举全国之力而救陕西一省。

表8-1 庚子大旱陕西赈务银、粮明细表

分类	分项名称	数量	合计
赈银	部拨库平银	1 700 000 两	9 240 000 两
	部拨接运宁、鄂米石运费银	50 000 两	
	各省奉部捐协赈款银	250 000 两	
	各省筹垫赈款银	62 000 两	
	秦晋实官捐输银	3 414 000 两	
	封衔贡监翎枝捐输银	2 600 000 两	
	各省捐款专案请奖实官银	12 000 两	
	各省捐款另案请奖衔监翎枝银	15 000 两	
	各属富户捐款	476 000 两	
	各省官绅报效陕西赈款	349 000 两	
	各省陕赈义捐	101 000 两	
	格册塔捐	42 000 两	
	各属积存备荒款	22 000 两	

续表

分类	分项名称	数量	合计
赈粮	常平仓粮	24 000 石	172 万石
	社仓粮	192 石	
	义仓粮	316 000 石	
	各州县支剩兵粮	16 000 石	
	部拨京斗粮	28 000 石	
	湖北省协济粮	15 000 石	
	河南省协济粮	5000 石	
	甘肃省借粮	8000 石	
	陕西省道仓粮	12 000 石	
	省及各属采买粮	1 014 000 石	
	各省官绅报效陕赈粮	2400 石	
	各属富户捐粮	219 000 石	
	各属积存粮	53 000 石	
	各属抽囤捐款	6400 石	

资料来源：

[民国]《续修陕西通志稿》卷129《荒政三·光绪二十八年陕西巡抚升允奏报庚子赈务核销单》，《中国西北文献丛书》第1辑第9卷，兰州古籍出版社1990年版。

  由此可见，即使晚清时期国力一蹶不振，但政府仍然承担了救灾的主导责任，是赈灾活动的组织者和主要参与者。另一方面，晚清赈灾的一个重要特点是邻谷协济达到了空前的规模，全国多个省份参与了对西北地区旱灾的救助，体现了"一方有难，八方支援"的救灾精神，是中国传统荒政发展的高峰。但是，由于这一时期国家在社会控制方面能力减弱，使得赈灾虽然表面规模庞大，但其内部结构呈现出畸形化的态势，是传统荒政走向终结前的回光返照。以晚清陕西最大规模的庚子旱灾赈济情况来看（表8-1），直接来源于"部拨"的赈银仅175万两，占全部赈灾银的比例不到1/5；相对而言，通过赈捐筹集的赈银达到600万两，约占全部赈灾银的2/3。再以赈灾粮而论，赈灾应以积极的仓储备荒为主，采买属于临灾措施，成本高、时效低。庚子大旱时，用以备荒的常平仓、社仓、义仓共出赈粮不到35万石，其他约3/5的粮食来源于采买。因而，虽然说晚清荒政达到了清代的最高峰，但其总体的趋势是向下的，过了这个最高峰，荒政就伴随清代的结束迅速走向了不可挽回的没落。

由于晚清时期清朝国力的衰落，政府对民间力量的依赖越来越强，民间力量在赈灾中的作用也越来越突出。早在"丁戊奇荒"期间，江南绅商就已经参与了对陕西的赈灾；庚子大旱发生后，民间绅商的义赈第一次受到政府的正式邀请，江南绅商不仅参与了对陕西的赈灾，而且还参与了对甘肃等地的赈灾。就其赈灾活动涉及人数之多及在中国义赈史上的意义而言，无疑非常重要，标志着中国传统义赈方式由地方性认同提升到国家认同[①]。而传教士的跨国义赈，对于中国现代意义上国际红十字组织的萌芽起到了促进作用。

晚清时期西北地区的赈灾活动与中国传统社会的赈灾相比，发生了巨大的变化，具有时代性特征。一方面，在思想观念上从排拒到认同。在"丁戊奇荒"时，当地官方对外国传教士还是排斥的态度，而到了"庚子大旱"期间，传教士的赈灾活动就已受到从中央到地方的一致支持；具有现代意义的江南绅商的"跨省义赈"在"丁戊奇荒"时只是起到辅助作用，到庚子大旱期间则受到中央政府的正式邀请而发挥了巨大作用，体现了从官方到民间在思想观念方面的进步。另一方面，在赈灾实践中，各主体的作用也发生了变化，从开始的以中央政府为主导到后来的以地方、民间为主导。以陕西为例，在"丁戊奇荒"期间，中央政府与地方、民间捐助之间的比例基本为1∶1，但到了庚子大旱期间，地方、民间的捐助占据了赈灾物资来源的70%。这一方面是时代进步的必然，同时也从一个侧面反映出这一时期清朝国力的下降，中央政府对地方、民间的依赖日益加强。所以，这一时期陕、甘、宁、青地区救灾活动所体现的"传统性"开始减弱，而"现代性"开始兴起，并随着时间的推移逐步增强。当然，这种"传统性"的减弱和"现代性"的兴起也是有地区差异的，即越往东"现代性"越强、"传统性"越弱，而越偏远"现代性"越弱、"传统性"越强。

[①] 朱浒：《地方系谱向国家场域的蔓延——1900—1901年的陕西旱灾与义赈》，载《清史研究》2006年第2期。

二、民国时期

民国时期，整个社会处于由传统向现代的嬗变之中，因此，这一时期的旱灾应对活动也逐渐抛弃了传统救灾活动的弊端，开始转向现代化的轨道。在救灾理念上，由传统的认为"荒政"是政府施行"仁政"的一部分，转向现代"责任政府"意识，由传统的"消极救灾"思想转向"积极救灾"思想；在救灾制度上，由传统的"道德原则"转向"法律原则"，依法制定出台了一系列的救灾制度和法律规章；在救灾机构上，由传统的依靠以皇权为核心的金字塔式的等级官僚体系，转向现代科层式的管理模式，组建了专司救灾的各级管理机构；在管理人员上，从传统的封建官僚转向现代专业化管理人才；在救灾措施上，由传统的、单一的治标措施逐渐转向现代化的、多元化的治本措施，建立了救灾准备金制度，实行了禁种鸦片、植树造林等多种治本之策，工赈之法也得以大力推行，救灾措施日益多样化。

旱灾应对活动现代化一个最明显的标志就是现代科学技术的应用。民国时期，现代交通、通信与大众媒体网络的参与，使救灾活动一定程度上摆脱了时间和空间上的限制，人、物、信息得到了有效的流通，加大了社会对灾害发生、发展的有效控制程度。

救灾机制的现代化构建和交通关系密切，在一定程度上，有无多样、畅通的交通网，决定了救灾物资与人员能否及时运送到灾区、灾区人民能否快速转移到安全地区、灾区与非灾区能否进行有效的信息沟通。孙中山先生曾很明确地阐释了灾荒与交通的关系，认为中国灾难的原因，"很多与不适当的交通方法，再加上铁路、公路稀少，不完善的、阻滞的水道"有关[①]。以陕西为例，民国时期，陕西省逐步修建了以铁路、公路、航空、航运为主的现代交通网（如表8-2示）。

---

① 《孙中山全集》第1卷，中华书局1981年版，第90页。

表 8-2 民国时期陕西的交通网

	名称	起讫地点		经过地（县）与修筑情况	里程 千米	通车年月
		起点	讫点			
公路	西潼路	西安	潼关	临潼、渭南、华县、华阴	170	1922年1月
	西长路	西安	长武	咸阳、醴泉、乾县、邠县	216	1928年5月
	西凤路	西安	凤翔	咸阳、兴平、武功、岐山	212	1931年2月
	西朝路	西安	朝邑	咸阳、蒲城、泾阳、大荔、三原、富平	224	1931年5月
	西路	西安	盩厔	盩厔	88	1931年5月
	西南路	西安	南五台	—	29	1931年5月
	西午路	西安	子午口	—	29	1931年5月
	原渭路	三原	渭南	高陵	80	1934年5月
	咸榆路	咸阳	榆林	泾阳、三原、耀县、同官、宜君、中部、洛川、鄜县、甘泉、肤施、延长、延川、清涧、绥德、米脂	878	1935年2月通至肤施（约420.5千米）
	渭蒲路	渭南	蒲城	—	66	1935年2月
	渭大路	渭南	大荔	—	60	1935年4月
	凤陇路	凤翔	陇县	—	129	1935年5月
	汉宁路	汉中	宁强	褒城、勉县	154	1936年2月
	凤汉路	凤翔	汉中	宝鸡、凤县、留坝、褒城	296	1936年3月
	西荆路	西安	荆紫关	蓝田、商县、商南	277	1936年3月
	汉安路	汉中	安康	城固、西乡、石泉、汉阴	271	1936年7月通车至石泉长152千米
	绥宋路	绥德	宋家川	—	63.8	1936年8月
	鄜宜路	鄜县	宜川	—	108	1936年8月
	总计	—	—	—	2 775.80	—

续表

	名称	起讫地点		经过地（县）与修筑情况	里程 千米	通车年月
		起点	讫点			
铁路	陇海铁路陕西段干线	潼关	宝鸡	灵宝、潼关、西安、咸阳、武功、宝鸡	304.8	1936年12月
	渭白支线	渭南	白水	时称轻便铁路，系1米宽的窄轨铁路，中经蒲城，为运煤专线，1950年拆除	78.0	1938年
	宝凤支线	宝鸡	凤县	系窄轨铁路，由宝鸡至凤县双石铺，1945年拆除	106.2	1938年
	咸同支线	咸阳	同官	1939年6月开工，经三原、富平、耀县，主要用来运煤	138.4	1941年12月
航空	沪新线	上海	迪化	上海—南京—洛阳—西安—兰州—迪化（今乌鲁木齐）	4060	1932年
	陕滇线	陕西	昆明	西安—汉中—成都	1300	1936年4月1日
	渝哈线	重庆	哈密	重庆—汉中—兰州—凉州—肃州—哈密	—	—
	上海、北平西安线	上海 北平	西安	上海—西安 北平（今北京）—西安	—	1945年8月
	南京、天津西安西线	南京	西安	南京—汉口—西安—兰州—肃州（今酒泉） 天津—北平（今北京）—太原—西安	—	1948年5月28日

续表

名称	起讫地点		经过地（县）与修筑情况	里程	通车年月
	起点	讫点		千米	
航运 嘉陵江	—	—	1938年9月开始勘测，沟通陕、甘、川、鄂诸省货运	—	1940年9月
丹江	—	—	1941年6月，陕西省驿运管理处拟开办丹江水路驿站，以利龙驹寨至荆紫关水运	—	

资料来源：

樊如森：《陕西抗战时期经济发展述评》，载《云南大学学报》（社会科学版）2009年第5期；陕西省银行经济研究室：《十年来之陕西经济》（1932年8月），载西安市档案馆《民国开发西北》，2003年内部资料，第507、520—526页。

现代交通，尤其是铁路运输，在民国时期陕西的救灾活动中发挥了巨大的作用，使快速、大规模地运送灾民、物资成为可能，一定程度上解决了灾民的生存问题。不仅如此，民国时期，陕西省还建立了现代邮政、电话网。邮政方面，1936年，局所达到524处，邮路达到9972千米，函件业务量升至1468.2万件；1942年，局所增至1210处，邮路达到23 645千米，函件业务量升至7402万件。电话网方面，1912年，西安官商合股创建了西安市内电话，启动了陕西电话建设。1931年省办陕西长途电话局成立，筹建了全省县际联络电话和县内环境电话线路，开通了西安到潼关、凤翔、耀县、长武、邠县、盩厔等11个县的长话电路。1936年开始架设长话线路，陆续开通了长安到郑州、成都、兰州、太原、荆紫关等省际长话电路。1945年陕西电信管理局改为交通部第一区电信管理局，管辖范围扩大到陕、甘、宁、青、绥远、河南、山西、安徽长江以北地区[①]。而在现代交通、通信等现代科学技术的应用方面，陕西明显要好于甘肃，而甘肃又要好于宁夏和青海，这自然与各省所处的地理位置和经济发展状况不无关系。

大众媒体作为"社会的守望者"，在救灾活动中充分发挥了其社会职能，成为公众了解、解决灾害问题的平台：①灾情传递。连续不断地向受众传递灾害

---

① 陕西省地方志编纂委员会：《陕西省志·邮电志》，陕西人民出版社1996年版，第2—3页。

信息是媒体的首要功能。灾害信息包括灾害发生的时间、地点、范围、程度、后果、灾区情况及救援情况等。媒体及时传递灾情，使政府及社会各界救灾力量能够快速、准确地获得灾害信息，并在第一时间内采取针对性的措施，大大提高了社会整体救灾效率。在救灾过程中，媒体能够跟踪报道救灾进展，使灾情发展情况全面呈现在大众面前，为政府和社会进一步实施救灾提供依据。②动员社会各界救灾力量。大众媒体对灾情的报道，有利于动员社会各界的人力、物力、财力，形成中央和地方、政府和社会、国内和国外之间的协同合作局面，共同抗灾救灾。③舆论督导作用。报刊媒介的报道，使救灾场景公开、透明、全方位地呈现在民众面前，成为社会监督救灾活动的窗口。此外，新闻媒体还发挥了监督政府的天职，以揭露、批评、谴责为手段，一定程度上遏制了政府救灾活动中的贪污、腐败等行为。④集思广益，集腋成裘。大众媒体是社会各界人士发表救灾建议的一方阵地，尤其是《大公报》《申报》《陕灾周报》《东方日报》《新陕西》等报纸杂志，以短评、专栏、小说等形式，激起全社会对灾害防治的关注与探讨，有利于汇集中外各界人士先进的灾害防治理念与措施。⑤公众"喉舌"。大众媒介强调公民的参与性，以公共性为基础和核心，以增进和分配公共利益为根本目的，关注通过政府及非政府的途径来解决社会问题，如刊发各地的请赈报告、各地求赈报告等。从这个角度讲，救灾过程中，大众传媒成为表达公众诉求、传播民声的有效工具。

综上，现代媒介网的建立和发展打破了区域隔绝的状态，将各地紧密地联系起来，既迅速及时地传递了灾情信息，也传播了新知识，启迪了民智，促进了社会经济生产模式的变革。这些深层次的变革，无疑为救灾机制的现代化构建提供了有利的文化氛围与物质基础。

无疑，新旧变革是个缓慢而复杂的社会过程，涉及政治体制、经济结构、社会价值观、大众思想观念的转变等多个层面，不可能一蹴而就。事实上，这一时期陕、甘、宁、青地区救灾机制的现代化构建过程，并不是对"传统"的绝对摒弃，更多的是继承与嬗变。如救灾资金的筹措方式中的社会捐赠之法，古已有之，民国时期则用法律形式加以制度化；再比如灾后为恢复生产而实行的借贷之策，民国时期是在清代的基础之上引入了现代银行金融系统，在很大程度上实现了由传统的物资救灾向新型的资本救灾的转变；再如仓储制度，也带有现代商品经济的特点。换言之，这一时期的救灾措施相较传统而言，形似但质已变。

但是，民国时期种种传统救灾因子仍旧活跃，有着不可忽视的社会原因。

其一，"传统"本身的可继承性。历代封建统治者都十分重视救灾活动，逐渐形成了一套系统、完善的荒政，虽然其以维护封建统治为直接目的，但其中不乏许多可借鉴之处。事实上，民国时期的很多救灾措施、制度都是在传统荒政的基础上的现代化转型，赋予传统以新的生命。

其二，现实社会环境的需要。中国传统社会以自给自足的小农经济为基础，儒家伦理纲常为内在凝聚力，实行以皇权为核心的官僚体制和乡村自治相结合的社会治理模式，具有极强的稳定性。因此，传统社会的灾荒治理实际存在着官方和非官方两种控制系统：封建国家的灾害控制系统，以及以"乡村权威"和"地方精英"为核心、以"血缘"和"地域"为范围的乡村自助式灾害控制系统。实质上，传统社会中政府在基层的灾害救济任务，很大程度上由乡村宗族来执行。1840年鸦片战争以后，中国社会经历了经济、文化与政治结构的剧烈变革，但是，对于陕西、甘肃、宁夏、青海这些地处内陆、社会环境相对封闭、以传统农耕为主、兼有部分牧区的地区来讲，新生政权的力量对基层社会的管理是有限度的，传统的力量仍旧是维系社会秩序的有效选择。因此，在这一时期乡村社会的灾荒救济活动中，传统士绅的身影依旧活跃，"血缘"与"地域"功能依旧发挥着一定功效。大量团体从事传统慈善活动，如同仁善济堂、保息养局、公济堂、普济善会、盛德善社等，替代国家从事着施米、施粥、掩埋、恤嫠、慈幼、医病乃至施教等救济活动。

其三，国家无奈的选择。1912年之后的民国新政权，虽然采取了一系列救灾措施，但民生凋敝、时艰款绌、战争频仍，为了维护统治，政府不得不寻求任何可以利用的社会救灾形式。因此在这一时期，一些植根于民间的传统的救灾组织就自然而然地代替政府行使社会公共职能，从而减轻了政府的救济成本，在一定程度上缓和了社会矛盾和冲突。

总之，传统存在的合理性是值得思考的。1912年之后的中国，陷入了这样一种尴尬境地：旧的社会已经崩塌，而新的社会尚未构建。在这样一种社会现实之上，构建现代化的社会救灾机制，必然出现"传统"与"现代"之间"方生方死""交替重叠""传统性与现代性并存"的状态。

第二节　清至民国陕、甘、宁、青旱灾应对活动的启示

自然灾害与荒政是互相影响、互相依存的，灾害促使政府采取应对措施，而应对措施会反过来对灾害产生消减作用。分析清至民国时期陕、甘、宁、青地区各级官府与民间社会历次救灾实践，对于我们正确认识中国历史上旱灾的影响，深入了解清至民国时期防灾、减灾、救灾的经验教训，为现代政府实现

"农民增收、农业增长、农村稳定"的目标,有效防灾、减灾、救灾,具有重要的理论意义和现实意义。

清至民国时期陕、甘、宁、青地区的救灾史,既是人类的灾难史,也是人类的成长史;既是人类与自然灾害的抗争史,也是人类自我认知的历史。它给了我们深刻的启示。

其一,防灾减灾需要一个安定的社会环境。与传统救灾活动相比,现代化的救灾活动能够更有效地控制灾害的破坏程度。但是,值得深思的是,鸦片战争以后,虽然西北地区的旱灾应对活动在逐步由传统向现代转型,但现代化救灾活动的实际效力却在一定程度上不及封建社会传统救灾活动的效果。可以说,这一时期因旱灾而造成的灾荒,本质上仍是自然破坏力的社会化过程。从自然因素方面讲,这一时期旱灾频发,破坏了农业生产条件,直接造成了以粮食缺乏为核心的生存危机;从社会因素方面讲,传统—现代转型时期,以政治力量为核心的社会(政治、经济、文化)控制体系的无力又进一步激化了生存危机,造成了灾害社会效应普遍化,从而影响了救灾成效。鸦片战争以后,列强入侵,农民起义,整个国家内忧外患、风雨飘摇,清政府在面对频发的旱灾时往往心有余而力不足。而到了民国时期,西北地区又是军阀割据、战乱频仍的状态,不断加剧"天灾"制造"人祸"。频繁的战争使政府始终把权力争夺作为第一要务,对于赈济灾荒漠不关心;地方政府亦当中央政令为一纸空文,敷衍应付。如1920年大灾荒,陕西当局因"内部四分五裂,统驭无力,遂专注精神于巩固势位之一途,早置小民生死于不顾,省城虽立有赈抚局,按之实际,直等虚设"[1]。1930年11月国民党三届四中全会决定发行救济陕灾公债八百万,被时人称为"党国救灾恤民之第一重要事件",但结果"陕西公私电催,财部迄不允办,争执数月,完全搁浅"[2]。由此可见,为把民众从灾荒的噩梦中拯救出来。首要的是要有一个安定的社会环境。

其二,旱灾应对机制要发挥应有的成效还需要清明的吏治。清至民国时期,政府官员在灾荒救济过程中的贪污腐败现象非常严重,尤其是清末民国时期,这就使救灾活动非但没有起到救民于水火的作用,反而加剧了灾荒。正如孙中山所指:"中国所有一切的灾难只有一个原因,那就是普遍的又有系统的贪污。这种贪污是产生饥荒、水灾、疫病的主要原因……官吏贪污和疫病、粮食缺乏、洪水横流等等自然灾害之间的关系,可能是不明显的,但是它很实在,确有因

---

[1] 李文海:《中国近代十大灾荒》,上海人民出版社1994年版,第159—160页。
[2] 李文海:《中国近代十大灾荒》,上海人民出版社1994年版,第199页。

果关系。"① 甘肃《岷县志》中也写道："历代统治阶级，对灾荒之年，虽有减免、赈济等措施，而贪官污吏、豪绅地主互相勾结，借救灾之机中饱私囊。乾隆四十六年（1781）前后，甘肃全省官员，虚报灾情，冒领赈款，历20余年；民国十八年（1929）全省空前大旱，政府拨发的赈济款，多被经手官员、地方劣绅从中贪污。'灾民领发赈济款，大口所得当10铜圆13枚，小口7枚。当时银币1枚兑换当10铜圆2050—2060枚，小口所得不到5分钱'。杯水车薪，无济于事。"② 可见，因吏治的腐败，赈灾之策上行而下不效，很难收到应有的成效。所以说，救灾成效如何，是与吏治的清明与否分不开的。因此，目前我国的救灾活动，必须建立健全的监督体系，一方面，加强立法，开放社会监管渠道，救灾程序、资金透明化；另一方面，加大执法力度，加强对救灾官员的监管，严惩救灾活动中的腐败行为。

其三，应对自然灾害，必须发挥政府的主体领导作用。一是必须进一步推进救灾制度法制化。虽然民国时期形成了较为完善的、法制化的现代救灾机制，但是在这样一个非法制化的社会，"惯例"与"人治"仍旧发挥着很大的作用，严重影响了救灾成效。因此，颁布一部综合性的国家救灾法，进一步健全我国的救灾法律体系，是中国救灾制度法制化的首要任务。二是要建立科学的、专业的、专门的救灾管理机构。民国时期现代化的科层式救灾机构的建立，逐渐脱离了封建官僚管理模式，但是各个机构的职责不明确、分工与配合欠缺、救灾人员素质有限等问题突出，仍旧摆脱不了"名人效应"和"宗族管理"的模式。因此，加强救灾机制改革，促进救灾工作科学化、专业化，改变救灾机构职能交叉、分工不明确等问题，意义重大。

其四，应对自然灾害，一定要重视社会力量的参与。国家必须从战略层面上提升对协调型公益性组织价值与功能的认识，建立一个全国性的、公益性的、协调性的、整合社会各界力量的、致力于公共事业的社会平台，并不断推进其制度化建设，积极予以法律保障，使其更加规范化、合理化、有效化。政府要在鼓励、尊重民间团体自主性与发展空间的同时，积极与其展开合作，使其成为政府救灾活动的有益补充。

其五，应对自然灾害，必须提高全社会整体的灾害防范意识与水平。清至民国时期惨重的灾荒也警示我们：要提升完善我国的现代化救灾机制，必须重视防灾建设，尤其要重视仓储体系和水利工程设施建设，防范、化解潜在风险。

---

①《孙中山全集》第1卷，中华书局1982年版，第89页。
②岷县志编纂委员会：《岷县志》，甘肃人民出版社1995年版，第568页。

而要提高抗旱的能力和水平，现代先进节水滴灌技术的运用和抗旱作物品种的选育是必不可少的。尤其是陕、甘、宁、青四省区深居西北内陆，绝大部分地区气候干旱，降水稀少，充分运用先进的节水滴灌技术、选种优良的抗旱作物品种，就显得更为重要。

救灾机制的现代化构建是个庞杂的社会问题和经济问题，涉及一个国家与社会的经济水平、文化传统、社会价值观等各方面，并不能仅停留在制度表层，而需要社会方方面面的协同推进。清至民国时期，西北地区落后的经济水平、人们保守迷信的思想，加剧了灾荒的程度，严重阻碍了救灾活动。如今，随着科学的进步和文化素质的提高，人民对灾害的发生机制、特点与规律有了更深层次的认识，并逐步健全了灾害预警机制，提高了抗灾能力。但是，在当今中国，地震、泥石流、疫病、台风、水旱等灾害仍旧是危害社会稳定的一大因素，因此，充分利用各种媒体、讲座等形式，向民众大力宣传防灾减灾知识，加强全社会对灾害发生、发展的认识，提高灾害防范水平与能力，仍是我们建设社会主义和谐社会的重大课题。

恩格斯曾说："没有哪一次巨大的历史灾难不是以历史的进步为补偿的。"[①]的确，清至民国时期的救灾实践无疑给予我国建设现代化救灾机制以深刻的启示，这也是本书研究的最终目的所在：了解过去，更好地创造未来。

[①]《马克思恩格斯全集》第39卷，转引自李文海：《中国近代十大灾荒》，上海人民出版社1994年版，第165页。

主要参考书目

一、史籍文献

[1]〔清〕穆彰阿、潘锡恩等:《大清一统志》,上海古籍出版社 2008 年版。
[2]〔清〕张廷玉等:《清朝文献通考》,浙江古籍出版社 2000 年版。
[3]〔清〕席裕福、沈师徐:《皇朝政典类纂》,文海出版社 1974 年版。
[4]〔清〕昆冈等:《钦定大清会典事例》,中华书局 1976 年版。
[5]〔清〕旻宁:《钦定户部则例》,清道光十一年刻本。
[6]〔清〕朱寿朋:《光绪朝东华录》,中华书局 1958 年版。
[7]〔清〕彭元瑞:《孚惠全书》,民国罗振玉石印本。
[8]〔清〕王先谦:《东华录》,清光绪十年长沙王氏刻本。
[9]〔清〕王先谦:《东华续录(道光朝)》,清光绪十年长沙王氏刻本。
[10]〔清〕那彦成:《那文毅公奏议》,清道光十四年刻本。
[11]〔清〕王庆云:《石渠余记》,北京古籍出版社 1985 年版。
[12]〔清〕盛宣怀:《愚斋存稿》,文海出版社 1974 年版。
[13]〔清〕刘锦藻:《清朝续文献通考》,浙江古籍出版社 2000 年版。
[14]〔清〕姚钧谨:《海城县地理调查表》(清宣统元年),甘肃省图书馆藏本。
[15]〔清〕徐珂:《清稗类钞》,中华书局 1984 年版。
[16]〔清〕左宗棠:《左宗棠全集》,岳麓书社 1996 年版。
[17]〔清〕贺长龄:《皇朝经世文编》,文海出版社 1972 年影印本。
[18]〔清〕八咏楼主人:《西巡回銮始末记》,光绪三十二年本。
[19] 中国历史研究社:《庚子国变记》,神州国光社民国三十五年版。
[20] 国家图书馆文献缩微复制中心:《清代孤本内阁六部档案》第 38 册《筹办各省荒政案》,2005 年。
[21] 中山大学历史系中国近代现代史教研组、研究室:《林则徐集·奏

稿》，中华书局 1965 年版。

［22］中国华洋义赈救灾总会丛刊甲种第 10 号：《赈务指南》，1924 年。

［23］中国华洋义赈救灾总会：《赈务实施手册》，1924 年。

［24］中国华洋义赈救灾总会：《建设救灾》，1934 年。

［25］中国华洋义赈救灾总会：《中国华洋义赈救灾总会概况》，1936 年。

［26］中国华洋义赈救灾总会：《救灾会刊》，1937 年第 14 卷第 8 册。

［27］中国第二历史档案馆：《中华民国史档案资料汇编》，江苏古籍出版社 1991 年版。

［28］国民政府赈务处：《各省灾情概况》，1929 年。

［29］陕西泾惠渠管理局：《泾惠渠报告书》，1934 年 12 月。

［30］国民政府主计处统计局：《中华民国统计提要》，1947 年 7 月 15 日。

［31］行政院新闻局：《社会救济》，1947 年。

［32］国民政府实业部：《民国二十二年中国劳动年鉴》第 5 编，文海出版社 1992 年版。

［33］古籍影印室：《民国赈灾史料初编》，国家图书馆出版社 2008 年版。

［34］殷梦霞、李强：《民国善后救济史料汇编》，国家图书馆出版社 2008 年版。

［35］古籍影印室：《民国赈灾史料续编》，国家图书馆出版社 2009 年版。

［36］西安市档案馆：《民国开发西北》，2003 年。

［37］陕甘宁边区政府秘书处：《西北统计资料汇编》，1949 年。

［38］陕西省政府统计室：《陕西省统计资料汇刊》，1941、1943、1945 年。

［39］宁夏省政府秘书处：《十年来宁夏省政述要（1933—1942）》，宁夏人民出版社 1987 年版。

［40］宁夏省政府秘书处：《宁夏省政府行政报告》。

［41］行政院新闻局：《人口行政》，行政院新闻局印行，1947 年。

［42］宁夏省档案馆：《宁夏历史、地理（1919—1948）》。

［43］宁夏省档案馆：《宁夏社会政治（1929—1948）》。

［44］宁夏省政府秘书处公报室：《宁夏省政府公报》。

［45］宁夏省政府秘书处：《宁夏省政府工作报告》。

［46］中国人民政治协商会议青海省委员会文史资料研究委员会：《青海文史资料选辑》第 4 辑，1965、1987、1997 年。

［47］蔡鸿源：《民国法规集成》，黄山书社 1999 年版。

［48］傅作霖：《宁夏省考察记》，《近代中国史料丛刊三编》第 91 辑，文

海出版社 2003 年版。

[49] 刘华：《明清民国海原史料汇编》，宁夏人民出版社 2007 年版。

[50] 林竞：《蒙新甘宁考察记》，甘肃人民出版社 2003 年版。

[51] 慕寿祺：《甘宁青史略》，兰州古籍书店 1990 年版。

[52] 庞齐编：《于右任诗歌萃编》，陕西人民出版社 1986 年版。

[53] 吴忠礼、杨新才：《〈清实录〉宁夏资料辑录》，宁夏人民出版社 1986 年版。

[54] 杨国祯：《林则徐书简》（增订本），福建人民出版社 1985 年版。

[55] 叶祖灏：《宁夏纪要》，正论出版社 1947 年版。

[56] 赵尔巽：《清史稿》，中华书局 1976 年版。

[57] 赵之恒、牛耕、巴图：《大清十朝圣训》，燕山出版社 1998 年版。

[58] 章开沅：《清通鉴》，岳麓书社 2000 年版。

[59]《清实录》，中华书局 1987 年版。

[60]《中国方志丛书》，成文出版社 1976 年版。

[61]《中国地方志集成·陕西府县志辑》，凤凰出版社 2007 年版。

[62]《中国地方志集成·甘肃府县志辑》，凤凰出版社 2009 年版。

[63]《中国地方志集成·青海府县志辑》，凤凰出版社 2008 年版。

[64]《中国地方志集成·宁夏府县志辑》，凤凰出版社 2008 年版。

[65]《中国西北文献丛书》，兰州古籍出版社 1990 年版。

[66]《陕西省图书馆稀见方志丛刊》，北京图书馆出版社 2006 年版。

[67]《青海省政府报灾电文汇集》，青海省图书馆辑，油印本。

[68]《青海省赈济资料》，青海省图书馆辑，油印本。

[69]《青海民间报刊资料辑录》，青海省图书馆辑，油印本。

[70]《青海省之灾害》，青海省图书馆辑，油印本。

[71]《青海灾情灾况》，青海省图书馆辑，油印本。

[72]《陕西省人口统计报告表》，1937 年，陕西省档案馆，馆藏号：C4，案卷号：46。

[73]《陕西省人口统计报告表》，1938 年，陕西省档案馆，馆藏号：C4，案卷号：7。

[74]《各省荒山荒地调查表》，陕西省档案馆，馆藏号：9，案卷号：5，目录号：580。

二、研究著作

[1] 邓拓：《中国救荒史》，生活·读书·新知三联书店 1961 年版。

［2］袁林：《西北灾荒史》，甘肃人民出版社1994年版。

［3］宋正海等：《中国古代重大自然灾害和异常年表总集》，广东教育出版社1992年版。

［4］李文海等：《近代中国灾荒纪年》，湖南教育出版社1990年版。

［5］李文海等：《近代中国灾荒纪年续编》，湖南教育出版社1993年版。

［6］李文海等：《中国近代十大灾荒》，上海人民出版社1994年版。

［7］李文海、周源：《灾荒与饥馑：1840—1919》，高等教育出版社1991年版。

［8］李文海、夏明方：《中国荒政全书》，北京古籍出版社2003年版。

［9］池子华：《流民问题与社会控制》，广西人民出版社2001年版。

［10］朱凤祥：《中国灾害通史·清代卷》，郑州大学出版社2009年版。

［11］赵连赏、翟清福：《中国历代荒政史料》，京华出版社2010年版。

［12］钟明善：《长安学丛书·于右任卷》，三秦出版社2011年版。

［13］陈高佣等：《中国历代天灾人祸表》，北京图书馆出版社2007年版。

［14］郑曦原译：《帝国的回忆——〈纽约时报〉晚清观察记（1854—1911年)》，当代中国出版社2011年版。

［15］黄泽苍：《中国天灾问题》，上海商务印书馆1935年版。

［16］耿占军：《清代陕西农业地理研究》，西北大学出版社1996年版。

［17］李令福：《关中水利开发与环境》，人民出版社2004年版。

［18］朱浒：《地方性流动及其超越——晚清义赈与近代中国的新陈代谢》，中国人民大学出版社2006年版。

［19］虞和平：《经元善集》，华中师范大学出版社1988年版。

［20］李允俊：《晚清经济史事编年》，上海古籍出版社2000年版。

［21］李凤梧：《中国历代治吏通观》，山东人民出版社2010年版。

［22］唐海彬：《陕西经济地理》，新华出版社1988年版。

［23］李建超：《陕西地理》，陕西人民出版社1984年版。

［24］耿怀英、曹才润：《自然灾害与防灾减灾》，气象出版社2000年版。

［25］郑宝嘉：《甘肃省经济地理》，新华出版社1985年版。

［26］李向军：《清代荒政研究》，中国农业出版社1995年版。

［27］夏明方：《民国时期自然灾害与乡村社会》，中华书局2000年版。

［28］刘仰东、夏明方：《灾荒史话》，社会科学文献出版社2000年版。

［29］马宗晋：《中国重大自然灾害及减灾对策》，科学出版社1993年版。

［30］马宗晋：《灾害与社会》，地震出版社1990年版。

［31］孙绍骋：《中国救灾制度研究》，商务印书馆2004年版。

［32］孟昭华：《中国灾荒史记》，中国社会出版社2003年版。

［33］文芳：《天灾人祸》，文史出版社2004年版。

［34］曹树基：《田祖有神——明清以来的自然灾害及其社会应对机制》，上海交通大学出版社2007年版。

［35］汪汉忠：《灾害、社会与现代化——以苏北民国时期为中心的考察》，社会科学文献出版社2005年版。

［36］蔡勤禹：《民间组织与灾荒救治——民国华洋义赈会研究》，商务印书馆2005年版。

［37］薛毅：《中国华洋义赈救灾总会研究》，武汉大学出版社2008年版。

［38］席会芬、郭彦森、郭学德等：《百年大灾难》，中国经济出版社2000年版。

［39］钱钢、耿庆国：《20世纪中国重灾百录》，上海人民出版社1999年版。

［40］卜风贤：《农业灾荒论》，中国农业出版社2006年版。

［41］李原、黄资慧：《20世纪灾变图》，福建教育出版社1992年版。

［42］王林：《古今大灾难实录》，中国青年出版社1992年版。

［43］科技部、国家计委、国家经贸委灾害综合研究组：《灾害、社会、减灾、发展——中国百年自然灾害态势与21世纪减灾策略分析》，气象出版社2000年版。

［44］陕西省气象局气象台：《陕西省自然灾害史料》，陕西省气象局气象台1976年版。

［45］陕西历史自然灾害简要纪实编委会：《陕西历史自然灾害简要纪实》，气象出版社2002年版。

［46］张波等：《中国农业自然灾害史料集》，陕西科学技术出版社1994年版。

［47］中央气象局气象科学研究院：《中国近五百年旱涝分布图集》，地图出版社1981年版。

［48］国家经贸委灾害综合研究组：《中国重大自然灾害与社会图集》，广东科技出版社2004年版。

［49］白虎志：《中国西北地区近五百年旱涝分布图集（1470—2008）》，气象出版社2010年版。

［50］章有义：《中国近代农业史资料》，生活·读书·新知三联书店1957

年版。

[51] 冯和法：《中国农村经济资料（上）》，上海黎明书局1935年版。

[52] 冯和法：《中国农村经济资料（下）》，华世出版社1978年版。

[53] 蒋杰：《关中农村人口问题》，国立西北农林专科学校1938年版。

[54] 千家驹：《中国农村经济论文集》，中华书局1936年版。

[55] 千家驹：《旧中国公债史资料（1894—1949）》，中华书局1984年版。

[56] 薛慕桥：《旧中国的农村经济》，农业出版社1980年版。

[57] 乔启明、蒋杰：《中国人口与食粮问题》，中华书局1937年版。

[58] 赵文林、谢淑君：《中国人口史》，人民出版社1988年版。

[59] 池子华：《中国流民史（近代卷)》，安徽人民出版社2001年版。

[60] 赵泉民：《政府·合作社·乡村社会——国民政府农村合作运动研究》，上海社会科学院出版社2007年版。

[61] 朱汉国：《中国社会通史·民国卷》，山西教育出版社1996年版。

[62] 郭琦、史念海、张岂之：《陕西通史·民国卷》，陕西师范大学出版社1997年版。

[63] 郭润宇：《陕西民国战争史》，三秦出版社1999年版。

[64] 陕西省卫生厅：《陕西省预防医学简史》，陕西人民出版社1981年版。

[65] 陈翰笙：《陈翰笙集》，中国社会科学出版社2002年版。

[66] 陶内：《中国之农业和工业》，中华书局1937年版。

[67] 忏盦：《赈灾辑要》，广益书局1936年版。

[68] 孙中山：《孙中山全集》第1卷，中华书局1982年版。

[69] 王开：《陕西古代道路交通史》，人民交通出版社1989年版。

[70] 葛剑雄：《中国移民史》，福建人民出版社1997年版。

[71] 葛剑雄、安介生：《四海同根：移民与中国传统文化》，山西人民出版社2004版。

[72] 耿占军、雷亚妮等：《清至民国陕西农业自然灾害研究》，中国社会科学出版社2015年版。

[73] 曹树基：《中国人口史》第五卷，复旦大学出版社2001年版。

[74] 侯杨方：《中国人口史》第六卷，复旦大学出版社2001年版。

[75] 康沛竹：《灾荒与晚清政治》，北京大学出版社2002年版。

[76] 张德二：《中国三千年气象记录总集》，凤凰出版社2004年版。

[77] 梁其姿：《施善与教化——明清时期的慈善组织》，北京师范大学出版社2013年版。

［78］赫志清：《中国古代灾害史研究》，中国社会科学院出版社 2007 年版。

［79］李文海、夏明方：《天有凶年——清代灾荒与中国社会》，生活·读书·新知三联书店 2007 年版。

［80］张艳丽：《嘉道时期的灾荒与社会》，人民出版社 2008 年版。

［81］靳环宇：《晚清义赈组织研究》，湖南人民出版社 2008 年版。

［82］杨琪：《民国时期的减灾研究（1912—1937）》，齐鲁书社 2009 年版。

［83］张涛、项永琴、檀晶：《中国传统救灾思想研究》，社会科学文献出版社 2009 年版。

［84］李军：《中国传统社会的救灾——供给阻滞与演进》，中国农业出版社 2011 年版。

［85］张维慎：《宁夏农牧业发展与环境变迁研究》，文物出版社 2012 年版。

［86］王莘：《中国气象灾害大典·青海卷》，气象出版社 2007 年版。

［87］王昱：《青海方志资料类编》，青海人民出版社 1987 年版。

［88］史国枢：《青海自然灾害》，青海人民出版社 2003 年版。

［89］青海省志编纂委员会：《青海历史纪要》，青海人民出版社 1987 年版。

［90］崔永红：《青海通史》，青海人民出版社 1999 年版。

［91］青海省农林厅：《青海农业大事记》，青海人民出版社 1992 年版。

［92］翟松天：《中国人口·青海分册》，中国财政经济出版社 1989 年版。

［93］王昱、李庆涛：《青海风土概况调查集》，青海人民出版社 1985 年版。

［94］崔永红：《青海经济史（古代卷）》，青海人民出版社 1998 年版。

［95］翟松天：《青海经济史（近代卷）》，青海人民出版社 1998 年版。

［96］高建国：《中国减灾史话》，大象出版社 1999 年版。

［97］邓慧君：《青海近代社会史》，青海人民出版社 2001 年版。

［98］刘文海：《西行见闻记》，甘肃人民出版社 2003 年版。

［99］复旦大学历史地理研究中心：《自然灾害与中国社会历史结构》，复旦大学出版社 2001 年版。

［100］陈新海：《历史时期青海经济开发与自然环境变迁》，青海人民出版社 2009 年版。

［101］池子华：《流民问题与近代社会》，合肥工业大学出版社 2013 年版。

［102］胡平生：《民国时期的宁夏省（1929—1949）》，台湾学生书局 1988 年版。

［103］陈桦、刘宗志：《救灾与济贫——中国封建社会时代的社会救助活动（1750—1911）》，中国人民大学出版社 2005 年版。

[104] 池子华：《中国近代流民》，社会科学文献出版社2007年版。

[105] 吴忠礼、鲁人勇、吴晓红：《宁夏历史地理变迁》，宁夏人民出版社2008年版。

[106] 朱浒：《民胞物与——中国近代义赈（1876—1912）》，人民出版社2012年版。

[107] 陈万里：《西行日记》，甘肃人民出版社2002年版。

[108] 顾执中、陆诒：《到青海去》，商务印书馆1934年版。

[109] 邓云特：《邓拓文集》，北京出版社1986年版。

[110] 张水良：《中国灾荒史（1927—1937）》，厦门大学出版社1990年版。

[111] 蔡少卿：《民国时期的土匪》，中国人民大学出版社1993年版。

[112] 李庆东：《烟毒祸陕述评》，陕西旅游出版社1992年版。

[113] 郭步陶：《西北旅行日记》，大东书局1932年版。

[114] 宗鸣安：《陕西近代歌谣辑注》，陕西人民教育出版社2007年版。

[115] 王子平：《灾害社会学》，湖南人民出版社1998年版。

[116] 〔美〕埃德加·斯诺：《红星照耀中国》，董乐山译，新华出版社1984年版。

[117] 〔美〕罗斯：《病痛时代——19—20世纪之交的中国》，张彩虹译，中央编译出版社2005年版。

[118] 〔美〕菲尔·比林斯利：《民国时期的土匪》，王贤知等译，中国青年出版社1991年版。

[119] 〔美〕哈里森·索尔兹伯里：《长征——前所未闻的故事》，过家鼎、程镇球、张援远等译，解放军出版社2001年版。

[120] 〔美〕尼克尔斯：《穿越神秘的陕西》，史红帅译，三秦出版社2009年版。

[121] 〔美〕彭尼·凯恩：《中国的大饥荒》，毕健康等译，中国社会科学出版社1993年版。

[122] 〔美〕艾志端：《铁泪图——19世纪中国对于饥馑的文化反应》，曹曦译，江苏人民出版社2011年版。

[123] 〔美〕爱德华·斯诺：《我在旧中国13年》，夏翠薇译，香港朝阳出版社1972年版。

[124] 〔美〕费正清：《剑桥中国晚清史（1800—1911）》，中国社科院历史研究所编译室译，中国社会科学出版社1985年版。

[125] 〔英〕贝思飞：《民国时期的土匪》，徐有威等译，上海人民出版社

1992年版。

［126］〔英〕李提摩太：《亲历晚清四十五年——李提摩太在华回忆录》，李宪堂、侯林莉译，人民出版社2011年版。

［127］〔英〕E. J. 霍布斯鲍姆：《匪徒》，李立玮、谷晓静译，中国友谊出版公司2001年版。

［128］〔法〕魏丕信：《18世纪中国的官僚制度与荒政》，徐建青译，江苏人民出版社2006年版。

［129］〔巴西〕约绪·德·卡斯特罗：《饥饿地理》，生活·读书·新知三联书店1959年版。

后　　记

　　我出生于河南农村，祖祖辈辈也都是农民，因而从小就熟悉农村，也会干农活，并对农村、农业、农民怀有一种与生俱来的特殊感情。1988 年，我从河南大学历史系毕业以后，有幸考取了我国著名历史地理学家史念海先生和朱士光先生的硕士研究生，开始中国历史地理学的学习和研究工作。中国自古以来就是一个农业大国，农业历来被视为各业之本，备受历代统治者的重视。本着有用于世的指导思想，当时，在史念海先生的指导和带领下，陕西师范大学历史地理研究所正重点开展中国历史农业地理的研究工作。根据自己的兴趣和研究工作的需要，笔者选择了"清代陕西农业地理"作为自己学位论文的研究内容，而"清代陕西农业自然灾害的时空分布规律及其影响"就是其中的一个部分。大家知道，农业生产的好坏与气候关系密切，而气候的变化是不以人的意志为转移的，农业生产难免会受到水、旱、风、雹、蝗等自然灾害的侵袭，以致给农业生产和农民生活造成极大的灾难，亟待学界研究预防灾害、减灾救灾的有效机制。研究生毕业以后，我来到西安联合大学（即现在的西安文理学院）工作，在教学之余，我一直没有放弃对历史农业地理、对农业自然灾害的关注和研究。

　　2006 年，我有幸成为陕西师范大学历史地理专业的硕士研究生导师，又开始指导研究生开展历史灾害地理方面的研究，刘英、赵锐、雷亚妮先后以《唐代关中地区水旱灾害与政府应对策略相互关系研究》《两汉关中地区自然灾害与政府应对策略相互关系研究》《晚清陕西水旱灾害与社会应对研究》为题撰写自己的硕士学位论文，并顺利通过答辩，刘英、雷亚妮的学位论文还获得了"优秀"的等次。2011 年，我以"清至民国陕西农业自然灾害研究"为题申报了陕西省社会科学基金项目，并获准立项资助。作为项目组的成员，我的两名研究生高禹、郑恕哲分别以《民国时期陕西地区农业自然灾害及救灾机制的现代化构建》和《清代陕西农业自然灾害的影响与社会应对》为题写作硕士学位论文，其中高禹的学位论文获得了各位评审专家的一致好评。以此为基础，2012 年我又以"中国西部旱灾的社会应对研究（1644—1949）"为题申报了国家社会科学基金项目，并获准立项。在项目获准后，我又指导我的研究生魏光、岳巧茹、李乐分别对甘肃、青海、宁夏地区的旱灾进行了资料的搜集和研究。这些都为"中国西部旱灾的社会应对研究（1644—1949）"课题的顺利完成奠定了良好的基础。为了保证课题研究的质量，在前期研究的基础上，我又按照研究大纲和课题组成员各自的特长对最后成稿的撰写进行了分工：由我负责第一章"绪论"和第八章"清至民国陕、甘、宁、青旱灾应对活动的特点与启示"的撰写，仇立慧负责第二章"清至民国陕、甘、宁、青旱灾发生的时空规律"的撰写，王建国负责第三章"清至民国陕甘宁青旱灾影响的多角度分析"的撰写，李喜霞负责第四章"清至民国陕西旱灾应对机制的发展与完善"、第五章"清至民国甘肃旱灾的应对思想与实践"、第七章"清至民国青海旱灾的应对措施与实践"的撰写，李乐负责第六章"清至民国宁夏地区的禳灾思想与旱灾应对"的撰写。最后由笔者负责完成最终的统稿工作。所以说，本项目的最终完成是课题组成员共同努力的结果。

希望我们对历史时期农业自然灾害，尤其是西北地区旱灾应对的研究能够为我国当前的灾害预防和减灾救灾工作提供有益的借鉴与帮助，对农业的稳定发展发挥应有的作用，这样也算不负课题组成员的一番辛苦和努力了。